改性水泥与现代水泥混凝土路面

申爱琴　著

人民交通出版社

内 容 提 要

本书以作者近年来的科研成果为基础，详细地阐述了水泥基材料的改性机理，介绍了不同类型改性水泥基裂缝修补材料的性能及其施工工艺，对聚合物改性水泥混凝土进行了宏观和微观水平上的深入研究，探讨了改性水泥混凝土复合式路面的设计方法，同时对纤维混凝土和高性能路面混凝土的结构性能也进行了细致分析，并介绍了透水性混凝土路面、低噪声混凝土路面、彩色混凝土路面等多种新型路面结构。

本书内容丰富，全面系统，可作为高等学校道路工程及材料专业的研究生和高年级本科生的学习参考书，也可供公路工程路面材料研究、路面设计及施工人员参考使用。

图书在版编目(CIP)数据

改性水泥与现代水泥混凝土路面/申爱琴著. —北京：人民交通出版社，2008.11

ISBN 978-7-114-07306-9

Ⅰ.改… Ⅱ.申… Ⅲ.①改性—水泥②水泥混凝土路面—道路工程 Ⅳ.TQ172 U416.216

中国版本图书馆 CIP 数据核字(2008)第 118540 号

书　　名：改性水泥与现代水泥混凝土路面
著 作 者：申爱琴
责任编辑：丁润铎
出版发行：人民交通出版社
地　　址：(100011)北京市朝阳区安定门外外馆斜街 3 号
网　　址：http://www.ccpress.com.cn
销售电话：(010)59757969，59757973
总 经 销：北京中交盛世书刊有限公司
经　　销：各地新华书店
印　　刷：北京宝莲鸿图科技有限公司
开　　本：787 × 960　1/16
印　　张：20.75
字　　数：369 千
版　　次：2008 年 11 月第 1 版
印　　次：2008 年 11 月第 1 次印刷
书　　号：ISBN 978-7-114-07306-9
定　　价：48.00 元

前　言

21 世纪是我国经济和社会建设的重要阶段，也是全面推进交通事业新的跨越式发展的关键时期。世纪之初，交通运输部提出了我国交通发展的宏伟蓝图，即2010 年前东部地区基本形成高速公路网，国省干线公路等级全面提高，农村公路交通条件得到明显改善，再经过 15 年的努力，全国基本形成国家高速公路网。进入“十一五”以来，我国的公路交通事业依然保持了较快的发展势头，2006 年召开的全国交通工作会议明确提出了建设便捷、通畅、高效、安全的公路交通运输体系的要求，以促进经济社会全面、协调、可持续发展。

按照“十一五”期间公路发展的具体目标，五年内我国公路总里程将增加 38 万公里，高速公路里程达到 6.5 万公里，新改建农村公路 120 万公里。由此可见，我国的公路建设任务依然繁重。目前，国内路面的主要结构形式为沥青路面和水泥路面，其中水泥路面占有相当大的比重。据交通运输部统计，截至2007 年年底，全国有铺装路面中沥青混凝土路面为 401 600km，水泥混凝土路面为 848 800km。在一定时期内，水泥混凝土路面仍将是我国路面结构的主体。从具体国情来看，我国是一个石油消费大国，但在道路沥青生产能力方面却与国外存在较大差距，而且生产的道路沥青质量较差。相比之下，我国水泥产量连年位居世界前列，而且石料资源丰富，铺筑水泥混凝土路面对发展国民经济大有裨益。更为重要的是，在遭遇自然灾害和资源短缺的特殊时期，水泥混凝土路面的优点更加明显。以 20 世纪 90 年代我国发生的特大洪涝灾害为例，在沥青路面多数被冲断的情况下，水泥混凝土路面依然维持着抗洪物资的运输，体现了其特有的坚固性。此外，在世界道路会议上，大多数专家一致认为：在经济危机的持续以及石油产品价格的重大调整时期，应修筑水泥混凝土路面，可见其重要性非同一般。

虽然水泥混凝土路面具有诸多优点，但是在发展过程中也遇到了一些棘手问题，其中最为突出的当属混凝土材料的耐久性问题。随着水泥路面的不断建设，路面病害及维修问题愈加突出。就我国水泥混凝土路面整体现状而言，存在着设计强度低、面板薄、施工质量差等弊端，加之维修不及时，路面损坏现象随处可见，而且日益严重。在水泥混凝土路面的破坏形式中，裂缝类、变形类、接缝损坏类以及表面损坏类破坏最为普遍，这些病害严重影响了路面的使用性能。多年来，国内许多设计、施工、管理养护单位以及大专院校、科研院所都对水泥混凝土路面常见病害和防治对策进行了研究，但最终未能彻底根治。仔细探究新建水泥混凝土路面产生损坏的原因，除设计、施工等方面的因素外，材料性能差也是不容忽视的。研究发现，当前广泛应用于各级路面的普通水泥混凝土材料由于早期干缩和温缩作用，硬化后材料内部将产生许多微裂缝，造成混凝土材料过早破坏，再加上混凝土材料柔韧性不足，存在抗压强度高、抗折强度低以及耐磨性差等缺点，致使路面表面性能可能会过早丧失。鉴于水泥混凝土材料对路面整体性能的巨大影响，无论是在科研领域还是工程实践中，对水泥混凝土进行改性以提高其主要路用性能指标已经迫在眉睫。

长期以来，对水泥混凝土材料性能进行改进的课题，国内外学术和工程界已进行了深入的探讨和研究。早在20世纪60~70年代，一些学者就已经开始使用聚合物对水泥混凝土进行改性。掺入聚合物后，水泥混凝土的工作性、强度、耐久性以及抗疲劳与耐冲击性能均有显著提高，水泥混凝土的柔性上升而脆性下降，逐渐向柔性材料转化。此外，美国、前苏联、英国、德国和日本等国家还先后制订了相关规范，例如日本制订了JIS系列聚合物乳液型水泥改性剂和改性砂浆工业标准，德国制订了聚合物改性水泥砂浆（混凝土）DIN 18555-2标准等。在水泥混凝土路面裂缝以及路表损坏修补方面，聚合物改性水泥基材料的应用也十分广泛,而且效果明显,具有良好的发展前景。20 世纪 80 年代末,"高性能混凝土"的概念应运而生,人们广泛地在水泥混凝土中掺入高效减水剂和矿物细掺料,水泥混凝土的强度和耐久性得到很大改善。自此,水泥混凝土材料进入了高强高性能的发展时代。时至今日,国内外已经开发出了数种不同类型的改性水泥混凝土材料,各种材料均具有其独特的技术性能和施工方法,又分别适用于某一场合和环境。同时,聚合物改性水泥混凝土路面、纤维混凝土路面等一系列新型路面结构也层出不穷。工程实践证明,改性水泥基材料具有良好的工程经济效益,纵观其未来,具有广阔的应用空间。

近几年来,围绕着水泥混凝土路面建设中出现的许多热点和难点问题,特别是水泥基材料改性问题,笔者先后与广东省惠州公路局、广西壮族自治区高速公路管理局、吉林省交通科研所、新疆交通科研所等多家单位合作,研究开发了新型改性水泥基材料,用以水泥路面裂缝修补和公路小型构造物的防腐蚀,并铺筑了聚合物改性水泥混凝土复合式路面、纤维混凝土路面、高性能混凝土路面等多种新型路面试验段,研究成果获得多项省部级科技奖励。作者主持的交通部西部项目"道路混凝土组成设计"提出了一套真正基于路用性能的全新的多指标组成设计方法,该项目即将鉴定。多年的科研实践为改性水泥基材料的大规模应用以及本书的撰写提供了坚实的理论基础,同时积累了丰富的素材和宝贵的经验。

《改性水泥与现代水泥混凝土路面》以作者近年来的科研成果为基础,详细阐述了水泥基材料的改性机理,介绍了不同类型改性水泥基裂缝修补材料的性能及其施工工艺,对聚合物改性水泥混凝土进行了宏观和微观水平上的深入研究,探讨了改性水泥混凝土复合式路面的设计方法,同时对纤维混凝土和高性能路面混凝土的结构性能也进行了细致分析。作者在本书中引用了国内外最新研究资料,介绍了透水性混凝土路面、低噪声混凝土路面、彩色混凝土路面等多种新型路面结构,阐述了我国水泥混凝土路面的发展机遇及广阔前景,在依托实体工程的基础上，力求为广大同行读者呈献一本全面、系统地介绍水泥混凝土材料新发展、新技术的著作，以期为我国公路交通事业的发展，特别是水泥混凝土路面的可持续发展尽一点微薄之力。

课题研究过程中，得到了广西壮族自治区高速公路管理局、广西交通科研所、吉林省交通科研所、广东省惠州市公路管理局、新疆交通科研所等多家合作单位的鼎力支持，每一项研究成果的取得都凝聚着许多课题参与者的智慧与心血。在资料收集及书稿整理过程中，研究生肖葳做了大量的工作。本书能够顺利与读者见面，作者要深深地感谢相关科研合作单位及课题研究参与者。

由于混凝土材料新技术发展非常迅速，加上作者掌握的技术资料不全和水平有限，书中不足之处在所难免，敬请专家和读者提出宝贵意见。

本书的编写及出版得到了国家西部交通科技项目的经费资助。

申爱琴

2008 年 5 月于西安

目 录

第一篇 绪 论

第二篇 改性水泥基路面裂缝修补材料

第三篇　新型水泥混凝土路面

绪　论

第一章 水泥混凝土路面综述

第一节 水泥混凝土路面发展概况

一、水泥混凝土路面发展历史

水泥混凝土路面的发展历史已相当悠久,最早可追溯到很古老的年代[1,2]。公元前1世纪,罗马人就利用具有胶凝性质的火山灰修筑了一些道路和广场工程,这从近代进行的考古发掘中可得到证明。由历史记载可知,我国混凝土路面和地坪的最早使用始于秦汉时期,在一些考古发掘中见到的"混凝土"就是以熟糯米浆和石灰作为胶凝材料,以砂和河卵石作为充填料,其粒料级配组成与现代水泥混凝土很接近,唯独胶凝材料不是水泥。

在水泥混凝土路面出现之前,英国工匠约瑟夫·阿斯普丁(J. Aspdin)于1824年取得了波特兰水泥的发明专利,这为水泥混凝土的出现及大规模生产应用提供了先决条件,从此近现代意义上的水泥混凝土路面开始发展起来。

1865年,英国在因佛内斯修建了全世界第一条水泥混凝土路面。

1913年,美国在阿肯色州的派因·布拉夫附近修筑了第一条水泥混凝土公路,该公路采用了24mile(1mile = 1 609.344m)长、9ft(1ft = 0.304 8m)宽、5in(1in = 0.025 4m)厚的条状混凝土路面。截至1914年年末,美国共使用波特兰水泥混凝土铺筑了2 348mile的公路。

1914年,德国工程师弗里德里希·托德(Friedrich Todt)博士在柏林修筑了水泥混凝土路面汽车专用城市道路。

1924年,法国公路总部工程师Daniel Boutet在法国43号公路上开始进行连续板块式混凝土路面试验,随后铺筑了长度大约100km的水泥混凝土公路,当时采用的路面厚度为18cm。在此期间,比利时矿区道路也开始使用水泥混凝土路面。

1932年,德国试建了从科隆到波恩的双向四车道汽车专用公路,这是远程公路中技术标准最高的一类公路,路上车流连续高速行驶,取名Autobahn,英译为 freeway 或 motorway，它是世界上第一条高速公路，全部采用水泥混凝土路面[3]。德国于 1936 ~ 1939 年间建成的 Autobahn 公路如图 1-1 所示。

图 1-1 德国早期的 Autobahn 高速公路

第二次世界大战爆发之前，德国修建了上千公里高速公路，在战争期间，其里程数又增加了 561km，截至二战结束时，德国的高速公路总里程达到2 128km。但是，战争给德国高速公路发展带来了沉重打击，在战后数年间，其建设进度几乎趋于停滞。与此同时，由于受战争影响较小，美国在道路设计与修筑技术上取得了很大突破，道路技术的进步使得混凝土路面铺筑更为迅速，成本更加低廉，耐久性不断提高。

进入 20 世纪 50 年代，各国经济逐渐恢复并出现了强劲的发展势头，西方主要发达国家纷纷出台了支持公路建设的政策和法案。最具代表性的为美国于 1956 年颁布的《联邦资助公路法案》(Federal Highway Act)，该法案授权修建贯穿美国全境的公路网，确立了美国公路的发展框架。在这一时期，世界范围内的水泥混凝土公路建设飞速发展。20 世纪 70 年代，石油危机导致了世界性的经济危机，由于石油减产，日益蓬勃发展的沥青路面遭遇了严重挫折，世界各国的道路建设者再次将目光聚集到了水泥混凝土路面上。1983 年在澳大利亚悉尼召开的第十七届世界道路会议上，与会专家一致认为：在经济危机的持续以及石油产品价格的重大调整时期，水泥混凝土路面的重要性已很明显地被认识到。

20 世纪 90 年代末期，一些主要发达国家的水泥混凝土路面里程已经达到一个很高的水平，以美国为例，其国内水泥混凝土路面已达 20 多万公里。由此可以看出，世界水泥混凝土路面的发展还是相当迅速的。总的来说，经过数十年的探索与研究，各种类型的水泥混凝土路面相关设计理论与方法已经日臻完善，与之相对应的施工技术在规范化方面也取得了实质性的进展。

二、国外水泥混凝土路面发展概况

国际上水泥混凝土路面的发展经历了两大时期，第一个时期在 20 世纪 30 ~ 40 年代，汽车工业的发展、战争物质和军队的调运，客观上对路面的质量提出了更高要求。当时几乎所有的发达国家，如美国、英国、法国、德国、比利时、日本等都竞相发展水泥混凝土路面，有的甚至将水泥混凝土路面技术扩散

图1-2 美国宾夕法尼亚州的收费公路

到其殖民地、半殖民地国家。在这段时期内，水泥混凝土路面的施工方式主要依靠小规模人工操作并辅以少量小型机具。在公路建设蓬勃发展的同时，这个时期的公路投资方式也出现了一些新的变化：公路投资不再全部依靠政府，收费公路开始出现。20世纪30年代中期，美国修建了全美第一条重要城市间的收费快速公路——宾夕法尼亚收费公路(Pennsylvania Turnpike)，如图1-2所示。该公路是美国第一条实行收费的水泥混凝土公路。

第二个发展时期在20世纪60～70年代，世界性的石油能源危机使美国、法国、联邦德国等主要使用沥青建造高速公路网的国家认识到：必须尽量降低高速公路建设对石油沥青的依赖程度，以节约沥青资源和能源。在此期间，针对水泥混凝土路面的技术研究不断深入，发展了适用于多种地质条件的水泥混凝土新型路面结构，例如法国发展了预应力混凝土路面，闻名于世的巴黎奥利(Orly)机场跑道就采用了这种路面结构；美国则率先使用了连续配筋混凝土路面，取得了良好的工程效果。目前，美国大量高速公路和机场道面都采用了连续配筋混凝土路面，据统计，这种路面的总里程已超过32 000km，经过二十多年的使用实践，绝大部分仍完好无损。

近年来，世界范围内的水泥混凝土路面仍保持了较好的发展势头，滑模摊铺等一系列施工技术得以普遍推广，低噪声混凝土路面、透水性混凝土路面等诸多新型路面结构被提倡使用。尽管人们对沥青路面的需求持续增加，但据相关资料统计[4]，在国外已建成的不同等级道路中，水泥混凝土路面仍占有很大的比重。在美国，经历了交通量与轴重大幅增长之后，使用年限能够超出设计寿命(20年)的道路多数为水泥混凝土路面，美国的水泥混凝土路面占高级路面的比例达到48.5%；在英国的新建干线道路中，水泥混凝土路面占到55%；德国是大量使用水泥混凝土路面最早的国家，1960年以前建成的高速公路几乎都是水泥混凝土路面，近年来新建的高速公路大部分也采用水泥混凝土路面；法国高速公路中有30%为水泥混凝土路面；比利时目前有50%的高速公路是水泥混凝土路面，并且规定新建高速公路全部采用水泥混凝土路面。

三、国内水泥混凝土路面发展概况

(一)我国水泥混凝土路面发展现状

我国水泥混凝土路面已有70余年的发展历史,目前已经成为高等级路面的主要结构形式之一。水泥混凝土路面凭借其具有强度高、稳定性好、耐久性优良、日常养护工作量少、施工机械简单、抗水害能力强、材料来源广泛以及便于夜间行车等优点,在全国各级公路中被广泛采用。在我国高速公路以及城市道路中,水泥混凝土路面占有相当大的比重。

1924年,浙江奉化溪口镇铺筑了我国第一条波特兰水泥混凝土路面[5],当时的路面材料采用了由日本进口的水泥。后来,天津、沈阳等地也修筑了一些水泥混凝土路面,板厚大约20cm。新中国成立后,原交通部对水泥混凝土路面给予了高度重视,水泥路面在城市道路中得到了大规模应用,但在公路上使用并不多。随着我国经济持续发展以及改革开放的不断深入,进入20世纪90年代,我国迎来了高速交通体系的大发展。在此期间,我国第一条水泥混凝土高速公路——安徽合宁高速公路(图1-3)于1991年10月4日建成通车。合宁高速公路是安徽省第一条高速公路,也是安徽通往东部沿海地区的快速通道。值得一提的是,在1991年夏季的特大洪涝灾害中,肆虐的洪水淹没了大片城市和公路,唯有建成试通车的合宁高速公路成为安徽省与外界陆上联系的“诺亚方舟”。在这场特大灾害中,合宁路的水泥混凝土路面经受住了严峻自然条件的考验,显示出了优越的性能。因此,合宁路被原交通部评选为改革开放以来“全国十大公路工程”(第三名),国内外媒体也称其为“救命路”、“华东第一路”,合宁路成为水泥混凝土路面在高等级道路中成功应用的典范。

图1-3 我国第一条水泥混凝土高速公路

进入21世纪,我国延续了加大基础设施投资的战略决策,国家对公路交通基础设施的投资逐年递增,公路建设呈现出一片欣欣向荣的景象。事实证明,大力发展交通基础设施的战略决策极大地拉动了内需,为我国经济的持续、健康、快速发展作出了不可磨灭的贡献。经过“九五”、“十五”两个时期的建设,全国公路总里程、全国高速公路总里程均实现了较大幅度的跨越。截至2007年年底,我国公路总里程已达358.37万公里,其中高速公路总里程达到

5.39 万公里。在全国有铺装路面中,水泥混凝土路面总里程达到 84.88 万公里,在我国现有路面结构中继续占据主导地位。从 1990 年到 2007 年的 17 年间,我国水泥混凝土路面里程共增长 837 427km,年平均增长率达 30.48%,实现了建国以来最辉煌的飞跃。我国水泥混凝土路面建设里程增长情况见表 1-1[6]。

我国水泥混凝土路面建设里程　　表 1-1

年　份	1990	1996	1997	2000	2001	2002	2003	2004	2005	2006	2007
里程(km)	11 373	56 625	68 740	118 576	140 745	167 517	199 000	257 125	306 622	646 400	848 800
在高级、次高级路面中的比例(%)	4.4	13.3	14.7	46.2	52.1	58.0	58.0	58.2	57.6	64.9	67.89

注:以上数据摘自交通运输部年度统计公报。

(二)我国水泥混凝土路面的发展历程

我国水泥混凝土路面的发展历程,大致可分为四个阶段。

第一阶段为探索学习阶段。建国初期,我国借鉴原苏联的建设经验和研究成果,制订了我国的《水泥混凝土路面设计规范》。后来受到"文革"的严重影响,国内针对水泥混凝土路面的研究工作被迫中断。这一阶段,由于我国的水泥工业落后以及汽车保有量少,全国水泥混凝土路面总里程在 1 000km 以内。

第二阶段为技术准备阶段。"文革"结束后,国家设立了水泥混凝土路面技术的重大攻关项目,原交通部组织了国内众多高校和科研院所展开联合研究,并取得了重大进展,编制了我国第一部以自身研究成果为基础的《水泥混凝土路面设计规范》(JTJ 12—84)。这些研究成果和规范对我国水泥混凝土路面技术的发展起到了巨大的推动作用。经过此阶段的发展,我国水泥混凝土路面里程达到数千公里。

第三阶段为快速发展阶段。随着我国经济实力不断增强,发展与经济水平相适应的交通体系已迫在眉睫,特别是亚洲金融危机之后,国家加大了对以公路为代表的基础设施的投资力度。在这种形势下,我国水泥混凝土路面总里程由数千公里快速跃升至数万公里,年建成水泥混凝土路面达 10 000 ~ 20 000km。由于路面里程不断增加,水泥混凝土路面设计、计算理论也进一步深化,在许多方面达到或接近了国际先进水平。

第四阶段为稳步增长阶段。进入新世纪,党和政府将更多精力投入到"三农”工作之中，国家加大了对农村基础设施建设的投资力度。鉴于我国是水泥生产大国的基本国情，许多地方政府部门鼓励当地修筑水泥混凝土路面。在国内大部分高等级公路纷纷采用沥青路面的情势下，水泥混凝土路面在农村公路建设中实现了新的发展突破，其数量也呈现出稳步增长的趋势。

（三）我国发展水泥混凝土路面的社会、经济条件

我国水泥混凝土路面能够得到迅猛发展，这与我国的具体国情是紧密联系的。我国经济、社会、资源等不同领域所存在的特色和特殊性为水泥混凝土路面发展提供了难得的有利条件，具体表现在以下几个方面。

(1)国家政策及交通运输部的大力支持为水泥混凝土路面创造了良好的发展机遇。十一届三中全会以来，我国实施了“改革开放”的基本国策，经济实力大为增强。加快全国高等级主干线公路网建设逐渐成为我国主要决策机构和全国人民的共识，这为我国水泥混凝土路面的发展提供了优越的内部环境。20 世纪 80 年代中期，原交通部在对比分析了我国水泥和沥青资源的供给情况后，明确提出大规模推广水泥混凝土路面的要求，并设立了相应的配套资金。这为我国水泥混凝土路面的发展提供了有力的政策和财政支持。

(2)我国水泥工业的发展以及汽车保有量的增长为水泥混凝土路面提供了强大的发展动力。目前，我国是世界上连续 20 年水泥生产和出口的第一大国，拥有丰富而廉价的原材料资源，修建水泥混凝十路面所需的水泥、砂石料、钢材、外加剂、粉煤灰等全部原材料都能实现国内自给。相比之下，我国道路沥青产能不足，大部分需要由国外进口，从长远来看，水泥混凝土路面更具经济性。此外，我国的汽车拥有量自改革开放以来迅猛增长，汽车工业不仅极大地促进了国民经济的增长，同时也对公路建设提出了更为迫切的需求，这成为推动水泥混凝土路面发展的重要经济因素。

(3)水泥混凝土材料科学与路面修筑技术的进步，为水泥混凝土路面的大规模推广提供了必要的技术支撑。我国水泥混凝土路面的迅速发展不仅体现在建设速度与规模上，其设计及施工水平也有较大幅度的跨越。近年来，以改性水泥混凝土为代表的材料技术变革在延长水泥混凝土路面寿命方面取得了突出的成效，以滑模施工为代表的施工技术变革在控制水泥混凝土路面质量方面显示出了独特的优越性，这些都是我国水泥混凝土路面蓬勃发展的重要促进因素。另外，路面新技术的迅速转化、新规范在实际工程中的逐步普及，也对我国水泥混凝土路面建设质量的提高起到了积极有益的作用。

(4)我国发展水泥混凝土路面比沥青路面更具经济性。以 2005 年为例，在国际油价持续攀高的情况下，普通重交沥青由 2 000 元/t 上涨至约 4 000 元/t，

改性沥青价格接近 5 300 元/t,湖沥青 7 300 元/t。据测算,当厚度为 1cm 时,沥青路面每平方米投资比水泥混凝土路面高出 50%。在相同设计和施工水平下,水泥混凝土路面到大修的使用年限也比沥青路面长一倍,与路面设计使用的基准期相当。另外,从公路运输经济学角度来看,在相同的平整度水平下,沥青路面比水泥混凝土路面要舒适,但舒适是以高油耗为代价的。国外研究检测表明,水泥混凝土路面运营的经济性要优于沥青路面,这种经济性与车速有关,当车速为 40km/h 时,水泥路面的油耗比沥青路面节省 8%;当车速为 60km/h 时,水泥路面的油耗比沥青路面节省约 15%。

(5)水泥混凝土路面的环保性能、耐水性能及耐高温性能符合我国城市建设和区域交通发展的要求。众所周知,沥青路面对公路周围的土壤、地下水等会造成污染,沥青的自然分解与降解过程也需要几十年时间,因此国际上的绿色环保组织反对大量建造沥青路面。此外,我国海南、广东、广西等南方省区,年降雨量很大,这些地区的沥青路面在雨季的水损坏相当严重,有些路面在一个雨季过后就需要返修面层。再加上这些地区靠近赤道,夏季沥青路面上的温度高达 75℃,持续高温导致沥青软化产生了严重车辙,而水泥混凝土路面的耐水性能和耐高温性能比沥青路面强得多。考虑到上述原因,我国长江以南各省区建造的水泥混凝土路面明显比北方省份多。

第二节　水泥混凝土路面养护与维修现状

一、国外水泥混凝土路面养护与维修技术概况

由于欧美发达国家的路网建设已基本完成,这些国家的水泥混凝土路面面临的最大问题就是如何进行养护与维修。国外水泥混凝土路面养护和维修方面的研究工作起步较早,相关标准和规范也比较完善,经过长时间的发展,国外水泥混凝土路面的养护维修工作呈现出投资多、技术先进、机械化程度高、新材料应用广泛、注重预防性养护等诸多特点。

美国水泥混凝土路面的养护与维修体系,在发达国家中首屈一指。由于美国国家公路网早已建成,在经历了长期的交通量增长与使用之后,目前其国内许多水泥混凝土路面的使用状况都比较差。美国水泥混凝土路面协会曾经开展过路面使用状况的相关调查[7],其统计结果如图 1-4 所示。该调查显示,在剩余使用寿命为 8 ~ 12 年的水泥混凝土路面中有近 40% 的路段需要维修,在剩余使用寿命为 28 ~ 32 年的水泥混凝土路面中也有大约 20% 的路段需要进行养护维

修。在路面使用性能对经济运行的影响方面,美国土木工程师协会则给出了较为精确的统计结论:对使用性能较差的道路进行运营和维修,每年会花费美国车主540亿美元资金,平均每位车主需承担275美元[8]。

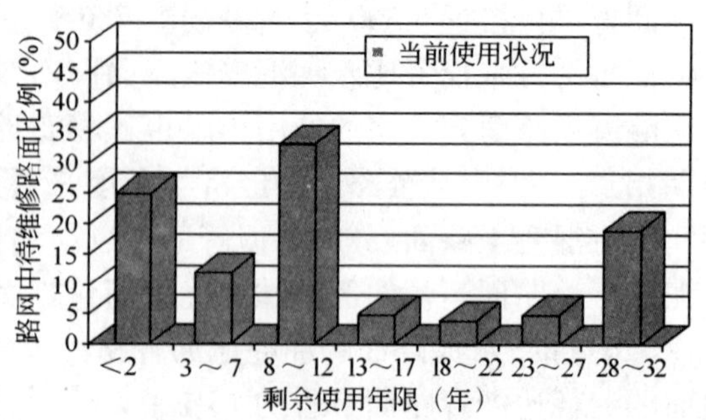

图1-4 美国水泥混凝土路面的路面使用状况调查

正是由于路面使用状况对道路运营经济性有着重要影响,美国对公路养护、维修十分重视。美国联邦公路管理局在1985年就已经编制出版了《水泥混凝土路面修复手册》,该手册系统地介绍了美国水泥混凝土路面维修方面的内容,对水泥混凝土路面的回收、全深度混凝土的补块、板下封堵、水泥混凝土路面的破碎稳固、路面结构边缘渗透排水、防止罩面反射裂缝等都做出了具体规定。此外,美国国内还设立了专门的水泥混凝土路面医院。这些机构在开发水泥混凝土路面养护和维修技术方面发挥着重要作用,其中许多技术已经推广到我国,例如水泥混凝土路面的板底浅层低压灌浆技术、超快硬水泥混凝土路面修补材料与技术、破碎稳固技术、使用寿命在5～10年的填缝材料技术等。美国在20世纪90年代还提出了预防性养护的概念,美国相关部门研究表明[9]:在预防性养护上每投入1美元,可以节省6～10美元其他养护和改建费用,而道路的服务性能会更好。

英国于1986年由运输部和水泥、混凝土协会共同编制出版了《水泥混凝土路面养护与维修手册》,这本手册全面总结了英国的养护经验,介绍了水泥混凝土路面的损坏种类、损坏原因、养护维修方法、修复工艺、养护材料以及维修设备等内容。该手册对旧水泥混凝土路面的损坏检查、接缝损坏修复、表面损坏修复、结构损坏补强、紧急与临时修复等方面也给出了相关技术规定。

法国水泥混凝土路面的养护维修机制与美国、英国略有不同。在法国,国家对公路养护实行集中研究和发展,公路承包人既承担着质量保证义务又要发展各种养护技术,他们通过应用国家推荐的公路养护新工艺和新产品获得经济效益。法国运输部每年还要进行用户调查,一般情况下,每年询问同样的问题以便确定发展的趋势、检查服务质量,最后由养护部门依据调查结果修改养护优先项目的顺序和预算。

在道路养护维修工作中,建立行之有效的路面管理系统同样非常重要。世界上第一个路面使用性能评价模型PSI(Present Serviceability Index)由美国

AASHTO 于20世纪60年代在约10年的试验观测基础上提出,它对公路养护管理技术特别是路面管理系统的发展起到了巨大的推进作用。自20世纪70年代起,美国加利福尼亚州、亚利桑那州等地区的公路管理部门分别建立并实施了路面养护管理系统,它们通常由路况分析、路况预测和养护维修计划等三个重要部分组成。到目前为止,世界上许多国家都建立了各自的路面管理系统并且各具特色。加拿大、南非等国已将先进计算机技术和全球定位技术应用到路面管理系统中,它们采用动态数据调查的方法对路面使用数据进行采集,并且通过固定人员将数据存储到数据库中。这样,路面管理系统就可以决定路面的养护等级。

二、国内水泥混凝土路面养护与维修技术发展概述

我国许多现存水泥混凝土路面修建于20世纪90年代,在经历了交通量持续增长及长期使用之后,各种路面病害不断出现,致使大量道路必须提前进入维修阶段。面对这种情况,我国许多道路管理部门相继引进国外先进的养护维修技术,国内从事道路研究的科研院所、高校也将更多精力投入到水泥混凝土路面的养护与维修技术开发上。水泥混凝土路面不同于沥青路面,其特点是在养护良好的条件下使用年限比其他路面长,然而混凝土路面一旦出现局部损坏,若维修不及时,将会迅速发展。因此,做好预防性养护、经常性养护对于保持水泥混凝土路面的良好路面状况具有重要意义。

(一)路面养护分类及质量标准

我国水泥混凝土路面的养护维修根据规模可分为四种类型:

(1)**日常养护**:指维持路面状况和延缓路面状况恶化的一些措施,包括清扫保洁、接缝保养及填缝料更换、排水设施养护等;

(2)**小修**:指在小面积范围内进行恢复路面状况的措施,包括修补、换板、板底灌浆、抬高板块和磨平板面等,修理面积通常小于路段面积的3.5%;

(3)**中修**:指小修的扩大,措施相仿,但修理面积大于路段面积的3.5%;

(4)**大修**:指在整个路段内进行的修理,目的是为了提高路面的承载能力、平整度或抗滑性能,具体措施包括铺筑沥青混合料或水泥混凝土加铺层、拆除旧路面或破碎旧路面并在其上铺筑新面层等。

对于水泥混凝土路面养护维修的质量标准,《水泥混凝土路面养护技术规范》(JTJ 073.1—2001)中规定:恢复和改善工程的质量标准,可参照《公路工程质量检验评定标准》(JTG F80/1—2004)执行。水泥混凝土路面养护质量标准见表1-2[10]。

水泥混凝土路面养护质量标准　表1-2

项目		高速公路、一级公路	其他等级公路
平整度(mm)	平整度仪 σ	2.5	3.5
	3m 直尺(h)	5	8
	国际平整度指数 IRI(m/km)	4.2	5.8
抗滑	构造深度 TD(mm)	0.4	0.3
	抗滑值 SRV(BPN)	45	35
	横向力系数 SFC	0.38	0.30
相邻板高差(mm)		3	5
接缝填缝料凹凸(mm)		3	5
路面状况指数(PCI)		≥70	≥55

(二)预防性养护

预防性养护的目的在于保护路面并且减缓路面使用性能进一步恶化,它通常用于没有发生损坏或只有轻微病害迹象的路面。美国 AASHTO 路面预防性养护研究组对预防性养护进行了如下定义:预防性养护是指那些以保护路面、防止路面轻微病害进一步扩展,延长路面使用寿命为目的的养护作业。预防性养护实质上是一种周期性的强制保养措施,它有两个主要观点:

(1)让状态良好的道路使用更长时间,延缓未来的破坏,在不增加结构承载力的前提下改善系统的功能状况;

(2)在恰当的时间,用合适的方法,在适宜的路段进行养护。

水泥混凝土路面在病害程度较轻时,必须采取预防性养护措施,例如接缝填缝的失效会使不可压缩的杂物进入缝内,使水分下渗到基层,这将导致接缝碎裂、拱起、唧泥、错台等损坏出现,及时填缝和修补裂缝是最经济有效的预防性对策。

国内对预防性养护技术正处于认识和推广的阶段,预防性养护技术已经引起相关部门及专家学者的高度重视;但与之相配套的养护材料和养护工艺还不完善,机械设备的技术水平、实用性能与国外相比还有较大差距,可以说我国在应用预防性养护技术上尚处于起步阶段。美国是世界上应用预防性养护技术比较成熟的国家,美国 SHRP 计划的一个重要成果就是指出了预防性养护在延缓路面使用性能恶化速率、延长路面使用寿命和节约寿命周期费用等方面的重要意义。美国道路业曾对几十万公里不同等级道路进行追踪,发现这些道路的使用性能和寿命有一个共同的变化特征[9]:一条质量合格的道路,在使用寿命75%的时间内性能下降40%,这一阶段称之为预防性养护阶段(Preventive Maintenance Stage);如不能及时养护,在随后12%的寿命时间内,性能再次下降40%,从而使养护成本大幅度增加,这一阶段称为矫正性养护阶段(Corrective Maintenance Stage)。该调查还给出一个统计结论:在预防性养护上每投入1美元资金,可节省310美元矫正性养护费用。美国水泥混凝土路面协会对混凝土路面前期保养的经济性进行了研究,图1-5是由研究得出的水泥混凝土路面使用状况与时间的变化曲线。由图中可以看出,路面的寿命周期包括前期保养、修补/修复、大修和重建四个阶段。随着路面使用时间的增长,路面的使用状况急剧恶化,且越到后期恶化速率越快。同时,这项研究的成果指出,在前期保养阶段如果加大投资,可以延长路面的使用寿命,并且在此阶段投资的费效比及经济性要明显优于在其他三个阶段投资的效果[11,12]。

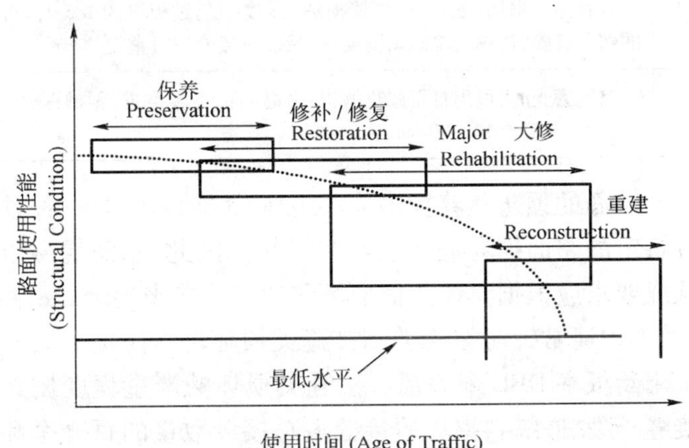

图1-5 水泥混凝土路面使用状况变化与时间的关系

水泥混凝土路面的损坏可分为裂缝类、接缝损坏类、表面损坏类和变形类四种。预防性养护措施主要针对裂缝类、接缝类路面损坏进行预防和处治。水泥混凝土路面常用的预防性养护措施有稀浆封层、接缝补封、板底灌浆、金刚砂打磨、设置传力杆、全深度修补、部分深度修补、封缝、灌缝和刻槽等。各种预防性养护措施的技术特点见表1-3[13,15]。

各种预防性养护措施的技术特点　　表1-3

预防性养护措施	技术特点
稀浆封层	在常温条件下，将乳化沥青、级配矿料、填料、水及添加剂按一定比例拌成糊状流动的混合料，并及时用摊铺机将其均匀地摊铺在路上，形成厚3～8mm的表面薄层
接缝补封	对嵌缝料损坏的接缝进行重新填封。根据施工方式，水泥混凝土路面嵌缝料有三种类型：加热施工式、常温施工式和预制密封条
板底灌浆	将具有胶凝和固化性能的材料配制成浆液，用泵压设备将其灌入脱空面板的底层或缝隙内。灌注浆液分为化学浆液和水泥浆液两种
灌缝	对于宽度小于3mm的轻微裂缝，可扩缝灌浆
封缝	对于贯穿全厚的宽度在3～15mm之间的中等裂缝，可采取条带罩面进行封缝
金刚砂打磨	使用打磨机具大约磨掉6mm厚的水泥混凝土表面层
设置传力杆	使用切割机具在垂直接缝或裂缝处切割出一条缝，缝深至1/2板厚处，将传力杆放入切缝中，然后将缝回填并且再进行金刚砂打磨
全深度修补	即贯穿路面板全厚进行切割修补，主要用于板边严重裂缝的修补，包括集料嵌锁法、刨挖法和传荷恢复法等
部分深度修补	各种路表损坏（如接缝/裂缝损坏）深度不超过板厚的1/3时，可将板上部损坏的部分移除，清理后浇筑新混凝土，然后对接缝进行重置
刻槽	路面磨光时，可用自行式刻槽机，由高向低逐步推进，刻槽深度3～5mm，槽宽3～5mm，缝距为10～20mm

水泥混凝土路面的预防性养护多为小范围的局部处理，一种预防性养护措施一般只针对特定的路面损坏进行预防和修复。因此，水泥混凝土路面预防性养护的路面状况要求应根据具体路面损坏和功能性能来确定。从路面损坏的角度来说，预防性养护通常针对裂缝类和接缝类损坏进行防治。裂缝类损坏的严重程度可以采用断板率DBL来表征。接缝类损坏的严重程度按其分类分别可以采用出现接缝碎裂、嵌缝料损坏的接缝占总接缝数量的百分率和平均错台量来表征。路面磨光引起的抗滑损失可以采用横向力系数SFC来表征。路面的功能性能主要是指路面的平整度。表征路面平整度的指标有很多，如IRI、PSR（五分制）等。我国常用路面行驶质量指数RQI来表征。我国水泥混凝土路面预防性养护的路面状况要求建议按公路等级划分为高等级公路（包括高速、一级公路）、二级公路和三、四级公路三类，各项技术指标的限界如表1-4所示[16]。美国水泥混凝土路面协会建议的水泥混凝土路面预防性养护的路面状况要求如表1-5所示[17]。

我国水泥混凝土路面预防性养护的路面状况要求　　表 1-4

路面类型		普通混凝土路面(JPCP)			钢筋混凝土路面(JRCP)		
公路等级		高速、一级	二级	三、四级	高速、一级	二级	三、四级
路面损坏	DBL(%)	1~5	2~10	2.5~15	2~20	3~30	4~40
	接缝碎裂(%)	1.5~15	2~17.5	2.5~20	2~10	3~20	4~30
	平均错台量(mm)	2~12	3~15	3~18	3~12	4~15	4~18
	嵌缝料损坏(%)	>20	>25	>25	>20	>25	>25
	抗滑损失(SFC)	<0.44	<0.37	<0.35	>0.44	>0.37	<0.35
功能性能	RQI	6.9~8.4	6~7.5	5.5~7	6.9~8.4	6~7.5	5.5~7

美国水泥混凝土路面协会建议的预防性养护路面状况要求　　表 1-5

路面类型		普通混凝土路面(JPCP)			钢筋混凝土路面(JRCP)		
交通量(AADT)		>10 000	3 000~10 000	<3 000	>10 000	3000~10 000	<3 000
路面损坏	开裂率(%)	1.5~5	2~10	2.5~15	2~30	3~40	4~50
	接缝碎裂(%)	1.5~15	2~17.5	2.5~20	2~10	3~20	4~30
	板角破坏(%)	1~8	1.5~10	2~12	1~10	2~20	3~30
	平均错台量(mm)	2~12	2~15	2~18	4~12	4~15	4~18
	嵌缝料损坏(%)	>25					
	传荷能力丧失(%)	<50					
	抗滑损失	当地最低可接受程度以下					
功能性能	IRI(m/km)	1~2.5	1.2~3	1.4~3.5	1~2.5	1.2~3	1.4~3.5
	PSR	3~3.8	2.5~3.6	2~3.4	3~3.8	2.5~3.6	2~3.4

(三)路面养护材料

水泥混凝土路面的养护材料主要指路面损坏后进行维修所使用的修补材料(包括补缝材料和补块材料)。可用于水泥混凝土路面修补的材料很多,按材料性能可分为有机类修补材料、无机类修补材料和有机-无机复合类修补材料。

1. 有机类修补材料

有机类修补材料是以有机化合物为基体,通过有机合成或聚合反应加工而成的链状、网状有机材料。有机类修补材料的特点是在常温或高温下具有一定的塑性、弹性和机械强度;在热、光、化学添加剂等影响下能发生分解、交联以及老化等变化;其物理性质和机械性能随分子结构的不同而存在一定差异。用于水泥混凝土路面修补的有机材料大多数为合成胶黏剂,如可以用于裂缝灌浆修补的环氧树脂类胶黏剂、酚醛树脂类胶黏剂、聚氨酯类胶黏剂、烯类高分子胶黏剂、有机硅胶黏剂、橡胶类胶黏剂和沥青类胶黏剂等。

2. 无机类修补材料

无机类修补材料不含有机化合物。这类修补材料主要是在物理、化学作用下,由浆体变成坚硬的结石体,并胶结其他物料从而产生一定的机械强度,如各种水泥、快硬早强剂等。

3. 有机-无机复合类修补材料

有机-无机复合类修补材料采用有机材料和无机材料复合而成。根据不同的用途,这类材料包括以有机材料为主、无机材料为辅和以无机材料为主、有机材料为辅的两类材料,其中前者多用于水泥混凝土路面裂缝修补,后者多用于水泥混凝土路面整板或局部修补。从一些实际应用中可以发现,使用有机-无机复合类材料进行水泥混凝土路面修补常能获得比单一无机材料或有机材料修补更好的效果,这类材料通常有纤维增强水泥混凝土、聚合物水泥砂浆等。

我国早期最常使用的水泥混凝土路面修补材料为沥青质材料,当时处治裂缝或路表损坏的措施通常为在水泥混凝土路面的裂缝处灌注沥青或在破损严重的水泥混凝土路面上加铺一层沥青混凝土。这种方法只是一种应急措施,不能从根本上解决修复的问题。国内外通用的路面裂缝和接缝损坏的修补工艺如图1-6所示。20世纪80年代末,在原国家科委引导性项目《我国水泥混凝土路面发展对策及修筑技术研究》的实施过程中,国内一些研究单位依据我国国情研制出了数种高早强、收缩小、性能优异的修补材料[18,19]。在裂缝修补方面,人们研制出了改性环氧树脂材料,这种材料具有黏结强度高、防水抗渗性好、抗嵌入性和耐久性优良、使用方便、施工快捷、对环境无污染以及与基质混凝土相容性好等特点。以JN—XF新型改性环氧树脂类混凝土裂缝封闭胶为例,这种裂缝修补材料由多种有机及无机改性材料复合而成,具有良好的裂缝封闭性、韧性、耐磨性,固化速度较快,硬化时基本不收缩,与混凝土颜色接近,抗老化能力强,

图1-6　路面裂缝和接缝损坏修补工艺

耐介质性好,在工程应用中发挥了优良的修补效果。除采用改性环氧树脂修补裂缝外,其他一些修补措施还包括:将低黏度聚合物稀浆用于裂缝宽度为0.5mm左右的细裂缝修补;使用掺加高分子材料的聚合物水泥砂浆及以合成聚合物和焦油为主的油灰胶泥修补较宽的裂缝;采用延性较好的聚氨酯树脂、橡胶-煤焦油填缝料进行路面接缝的修补等。

在水泥混凝土路面的板块修补方面,常采用的方法是将损坏的水泥混凝土除掉,铺上与原路面水泥混凝土相同强度或略高于原路面混凝土强度的普通水泥混凝土,考虑到尽快恢复交通的要求,所使用的修补材料必须要具备较高的早期强度。如江苏省建筑科学研究院研制的JK 系列混凝土快速修补剂,早期强度发展最快的4 ~6h 就可达到通车强度要求。这种材料不仅早期强度高,而且收缩小,新老混凝土黏结力强,凝结时间适中,至今已经在全国多个省、市的道路工程中得到应用。

(四)路面维修技术

维修工艺对水泥混凝土路面性能的恢复有着重要影响。在我国当前的路面维修工程中,根据路面的损坏程度,可将路面维修分为三个档次:

(1)**养护性维修**:指路面的结构强度满足路面设计使用寿命要求,路表面功能达标,仅对路面局部裂缝、接缝等损坏现象进行的小范围维修。

(2)**功能性加铺维修**:指路面的结构强度满足路面设计使用寿命要求,路表面功能不达标时应考虑采用的维修方式。

(3)**结构性加铺维修**:指路面的结构强度不能满足路面设计使用寿命要求时需考虑采用的维修方式。

水泥混凝土路面的养护维修技术包括:裂缝处治技术、错台处治技术、非结构性病害处治技术、脱空板处治技术和旧水泥混凝土面层修复技术等几类。其中前四种路面维修技术将在本篇第三章中进行详细阐述,此处只对旧水泥混凝土面层修复技术作简要介绍。国内外通常采用的旧水泥混凝土面层修复技术主要有三种:加铺沥青混合料面层、加铺新水泥混凝土面层和对原有水泥混凝土路面进行翻修。

1. 加铺沥青混合料面层

在旧水泥混凝土面板上铺筑粒料或半刚性基层后再加铺沥青混合料面层,或者直接在旧水泥混凝土面板上加铺沥青混合料结构层,即“白加黑”。一般认为,这种方法是修复旧水泥混凝土路面的一种有效补强措施,不仅提高了路面的承载能力,消除了原有接缝处易产生唧泥、断裂、脱空等多种病害的不利影响,也提高了路面平整度和抗滑能力,改善了路用性能,提高了路面服务水平。同时,加铺沥青层还有施工迅速、对交通影响小的优点。旧水泥混凝土路面加铺沥青混合料面层前后的路面状况对比如图1-7所示。

2. 加铺新水泥混凝土面层

在旧水泥混凝土面板上铺筑结合式、分离式新水泥混凝土面板，或者铺筑半刚性基层后加铺新水泥混凝土面板，即“白加白”。一般这种措施在盛产水泥的地区使用比较多，常用于路基高度低，重车较多的公路上，能较好地提高路面的承载能力。

a) 加铺前

b) 加铺后

图1-7 旧水泥混凝土路面加铺沥青面层前后的路面状况比较

3. 对原有水泥混凝土路面进行翻修

拆除旧路面，对路基进行处理后，铺筑新的水泥混凝土或沥青混合料路面结构，常用于原路面的路基有严重缺陷而影响正常使用的路段，或旧路面高程严禁升高的路段。

第三节 水泥混凝土路面的技术特点

一、水泥混凝土路面的技术优点

(1)刚度大、承载能力强：表征混凝土路面板刚度的弹性模量在2×10^4 ~ 4×10^4MPa之间，板底分布荷载小，对基层的承载力要求相对较低。

(2)高温稳定性好、耐水性强：水泥混凝土路面能够在降雨量较大或短期浸水的情况下维持其使用功能；与沥青路面相比，在持续高温作用下，水泥混凝土路面不会产生过大的塑性变形。

(3)弯拉强度高、疲劳寿命长：用于高速公路的水泥混凝土面板，在标准轴载的应力强度比下，弯曲疲劳寿命可达500万~1 000万次。

(4)耐候性、耐久性优良：由于无机材料风化较慢，其抗冻、抗滑及耐磨性都较沥青路面优良。

(5)材料易得、有利于环保：由于水泥混凝土路面对粗集料的磨光值和磨耗值要求较低，因而可使用的粗集料岩石种类广泛；当地面水流经或渗透混凝土路面时，对周围土壤和地下水无污染。

(6)油耗低、经济性好：水泥混凝土路面不会产生沥青路面上出现的弯沉盆，在使用期内，车辆的燃油消耗比沥青路面节省约 15% ~20%。

(7)使用寿命长：水泥混凝土路面设计基准期为 30 年，沥青路面为 15 年。尽管由于各种原因，两种路面的使用寿命都达不到基准期，但水泥混凝土路面的大修期限仍为沥青路面的两倍。

(8)色差小、隔热性好：水泥混凝土路面色度低、色差小，光、热反射能力较沥青路面大，能延缓路面冰雪融化速度，对路基有一定的保护作用。

二、水泥混凝土路面的主要缺点

(1)行驶舒适性较差：水泥混凝土路面模量高，反弹颠簸大，减振效果差，荷载、温度、干湿变形较大，路面设置接缝多，行车舒适性较差。

(2)基层抗冲刷性要求高：水泥混凝土路面对基层的抗冲刷性要求高，易在接缝处产生唧泥、错台和啃边，造成路面行车颠簸。

(3)面板不适应大沉降差：由于水泥混凝土路面板刚性大，对于容易产生大变形的基层、软土地基及高填方路基，要求有较高的、稳固的支撑条件。

(4)对超载与脱空非常敏感：水泥混凝土路面在超载条件下对板厚设计不足，超轴载运行对路面极为不利，很容易形成断板、断边、断角等结构性破坏。

(5)维修难度大、眩光疲劳：水泥混凝土路面强度高，维修比较困难；水泥混凝土路面的光、热反射能力较大，容易造成驾驶员眼部疲劳。

第四节　水泥混凝土路面面临的新形势

一、我国水泥混凝土路面中存在的主要问题

尽管我国水泥混凝土路面建设取得了可喜的成绩，但在已建成或正处于建设过程的水泥混凝土路面中仍存在一些问题。

(1)现有水泥混凝土路面中，大部分设计的板厚不足，无法适应现代交通，总体结构偏弱。这些路面在超轴载作用下，结构严重破坏，造成了巨大的经济损失。

(2)水泥混凝土路面普遍存在开裂、断板、沉陷、错台等病害,极大地影响了道路的使用质量。尽管国内许多科研院所和养护单位对此进行了长期不懈的研究,但这些问题并没有得到最终解决。因此,我们还将面临较重的养护和维修任务。

(3)我国水泥混凝土路面的机械化施工程度比较低,滑模摊铺施工等先进技术还不能普及;此外,我国的破损混凝土路面快速修复技术与国外也存在较大差距。

(4)少数水泥混凝土路面使用的原材料存在不合格的情况,有的路面由于原材料中有害物质超标,在短期内就丧失了使用性能,这样的教训是十分惨痛的。

(5)许多地方当前仍使用人工修筑水泥混凝土路面,在施工过程中,欠振、漏振现象比较严重,造成混凝土面板不密实、平整度欠佳,对行车安全性造成了很大的影响。

二、我国水泥混凝土路面的发展前景及机遇

自20世纪80年代以来,以京津塘高速公路建设为契机,我国进入了高等级公路建设的新时期。根据原交通部的相关统计资料,截至“十五”末期,全国共有水泥混凝土路面306 622km,沥青路面226 075km。由此看出,在我国当前的路面类型中,水泥混凝土路面仍占有较大的比重。尽管近年来沥青路面凭借其行驶舒适、噪声小等优点而被大量修筑,但从我国的具体国情以及长远发展来看,水泥混凝土路面仍将在公路体系中扮演至关重要的角色,拥有广阔的发展前景和良好的发展机遇。

在今后的一段时期内,我国水泥混凝土路面的发展具备以下有利条件:

(1)从国家发展战略看,加强国家公路网的规划与建设是全面建设小康社会和实现现代化的迫切需要,也是经济全球化背景下提高国家竞争力的重要条件。国际上经济发达、交通现代化的国家,出于政治、经济、国防等方面的需要,都在一定时期内规划建设国家公路网,美国的“国家州际和国防公路系统”和日本的“高标准干线公路网”就是典型的代表。进入“十一五”时期,国家交通部适时地制订了我国交通事业中长期规划,这其中就包括国家高速公路网规划,如图1-8所示。从长远看,国家高速公路网的建设对于我国保持发展后劲,增强国际竞争力,实现长期持续发展具有重要意义。

我国的高速公路网规划采用放射线与纵横网格相结合的布局方案,由7条首都放射线、9条南北纵线和18条东西横线组成,简称为“7918”网,总规模约

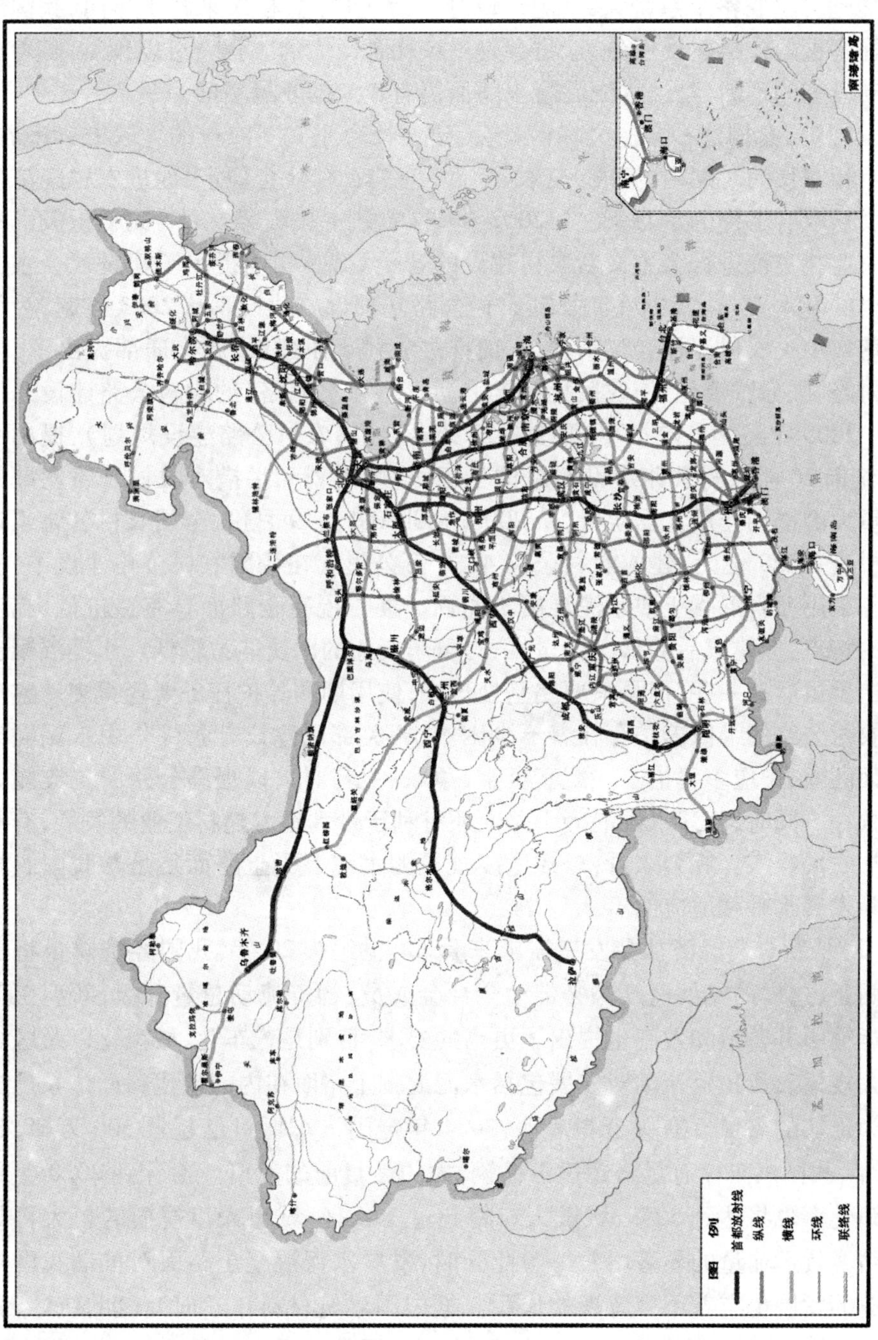

图1-8　国家高速公路网布局方案图

8.5万公里，建成整个系统大约需要30年。综上所述，在未来若干年内，我国还将面临繁重的公路建设任务，这将会是一项耗资巨大的工程。可以预见，随着交通基础设施的不断建设，水泥混凝土路面仍有较大的发展空间。

(2)从国家构建社会主义和谐社会、建设社会主义新农村的大政方针来看，在今后相当长的时期内，解决“三农”问题、维护农村社会稳定、促进农村经济发展将会是政府工作的重心所在。2007年初，中共中央1号文件《关于积极发展现代农业扎实推进社会主义新农村建设的若干意见》明确提出了建设社会主义新农村的基本要求，其中就涉及到农村公路基础设施建设。从2003年起，为了贯彻落实中央农村工作会议精神，全面推进农村小康建设，原交通部提出了“修好农村路、服务城镇化、使农民兄弟走上沥青路和水泥路”的农村公路建设总体目标。2005年经国务院批准，原交通部又出台了《农村公路建设规划》，提出了21世纪前20年农村公路建设的总体目标，这些规划和举措对农村公路发展起到了重大的推动作用。据统计，从2003年到2005年9月份，全国农村公路累计完成投资2 858亿元，建成农村公路46.3万公里。在我国农村公路建设中，政府推荐采用沥青混凝土或水泥混凝土路面。沥青混凝土路面具有造价低、施工方便的特点，但建成后养护工作量大，对重车交通的承受能力较低。水泥混凝土路面造价虽然高一些，但是只要路基处理好，使用期的养护任务要轻得多。鉴于目前农村公路的维修养护存在着不少困难，相关部门建议有条件采用水泥混凝土路面的地方，应多筹措一些配套资金，争取一步到位，以提高公路的抗灾能力和耐久性。同时，修建水泥混凝土路面还有利于带动地方建材工业的发展，有利于增加农民收入。综合来看，修建适度规模的水泥混凝土路面还是与我国农村的实际发展水平相适应的。

(3)从新时期经济社会发展需求来看，21世纪头20年，我国经济总量将实现翻两番，这样的发展速度势必带动全社会人员、物资流动总量升级，新型工业化对运输服务质量和效率也提出了更高的要求，特别是汽车化、城镇化以及区域间的大规模人员物资流动对发展包括水泥混凝土路面在内的现代路面体系提出了更为迫切的需求。有关资料表明，2004年全国汽车增量已超过500万辆，到2020年，我国汽车保有量将超过1亿辆，大约是目前的4倍。预计到2020年我国城镇化率也将达到50%，城镇人口将超过7.4亿，城市人口规模的扩大将导致公路客货运输量的显著增长。与此同时，发展水泥混凝土路面对推动我国建材行业的发展也有着不容忽视的作用。据中国建筑材料科学研究院的统计，我国目前拥有11 000多家水泥生产企业，有着雄厚的水泥工业基础。1978年全国水泥产量6 524万吨,2005年水泥产量10.60亿吨,水泥年产量净增9.95亿吨,如表1-6所示。从1985年起,我国水泥产量已连续22年居世界第一位,目前占世界总量的48%左右。水泥产量的快速增长,从数量上完全可以满足国民经济持续快速发展和大规模经济建设的需要。与沥青相比,我国的水泥资源以及供应状况非常充裕,无需进口。丰富的水泥资源为发展水泥混凝土路面提供了可靠的材料来源,大力发展水泥混凝土路面也会带动水泥产业的消费与发展,通过两者之间的有效资源配置,一定会形成两种行业共赢的局面,这对我国经济的健康协调发展大有裨益。

1978年以来我国历年水泥产量[20]　　表1-6

年份	全国产量（万吨）	增长量（万吨）	增长率（%）	年份	全国产量（万吨）	增长量（万吨）	增长率（%）
1978	6 524	959	17.2	1992	30 822	5 561	22.0
1979	7 390	866	13.3	1993	36 788	5 966	19.4
1980	7 986	596	8.1	1994	42 118	5 330	14.5
1981	8 290	304	3.8	1995	47 561	5 443	12.9
1982	9 520	1 230	14.8	1996	49 118	1 557	3.3
1983	10 825	1 305	13.7	1997	51 174	2 056	4.2
1984	12 302	1 477	13.6	1998	53 600	2 426	4.7
1985	14 595	2 293	18.6	1999	57 300	3 700	6.9
1986	16 606	2 011	13.8	2000	59 700	2 400	4.2
1987	18 625	2 019	12.2	2001	66 104	6 404	10.7
1988	21 014	2 389	12.8	2002	72 500	6 396	9.7
1989	21 029	15	0.1	2003	86 200	13 700	18.9
1990	20 971	−58	−0.3	2004	97 000	10 800	12.5
1991	25 261	4 290	20.5	2005	106 000	9 000	9.3

(4)从我国水泥混凝土路面的自身发展来看,我国水泥混凝土路面的技术发展日新月异,无论是在设计理论、方法上还是在养护、维修技术上都有了较大的改进和提高。在设计规范方面,我国于2003年6月1日起已实施新的《公路水泥混凝土路面设计规范》(JTG D40—2002),与1994年12月1日实施的旧规范相比,新规范在许多方面都做了较大改进,更加适合于我国水泥混凝土路面的发展状况。在路面技术开发方面,水泥混凝土路面路床稳定新技术、贫混凝土基层滑模摊铺技术、高平整度水泥路面滑模摊铺技术、水泥混凝土路面裂缝控制技术等一系列新技术、新成果相继出现,它们在很大程度上保证了水泥混凝土路面的质量和使用性能,这对水泥混凝土路面在高等级公路中的发展还是很有帮助

的。总体上讲，随着上述规范和技术的不断发展完善，水泥混凝土路面的耐久性和舒适性将会持续改善。有理由相信，经过若干年的发展，水泥混凝土路面一定能够以更加舒适、便捷的性能服务于国家的交通体系。

三、加快我国水泥混凝土路面发展的对策

综上所述，我国的水泥混凝土路面既面临着难得的发展机遇，又要迎接严峻的挑战。如何不断完善我国水泥混凝土路面的技术体系和使用质量已经成为道路管理部门和道路工作者必须面对和思考的问题。近年来，关于提高水泥混凝土路面整体质量的对策和科研成果十分丰硕，笔者在参考和借鉴国内外众多专家正确意见的基础上，将具有代表性的建议和措施总结如下。

1. 优化水泥混凝土路面的结构设计方法

水泥混凝土路面结构设计以行车荷载和温度综合作用产生的疲劳断裂作为设计标准，引起路面结构设计结果不确定性的因素有结构设计参数的变异性、交通荷载的预估偏差以及设计方法与实际情况的不相符性三大类。现行《公路水泥混凝土路面设计规范》(JTG D40 —2002)引入了结构可靠度，因此，改确定性设计方法为可靠性设计方法，对于消除上述不确定性影响因素以及提高设计管理水平均具有积极意义。

2. 大胆使用性能可靠的新型水泥混凝土路面

为了满足持续增长的交通需求，适应复杂的地形、地质水文条件，近年来多种新型水泥混凝土路面应运而生，主要包括高性能混凝土路面、低噪声混凝土路面、彩色混凝土路面、纤维混凝土路面、预应力钢筋混凝土路面、聚合物混凝土路面等。在公路工程中，针对具体情况，加强新型混凝土路面的使用力度，有利于我国水泥混凝土路面朝多元化方向发展。

3. 加大水泥混凝土路面材料与技术的开发力度

我国目前所广泛使用的普通水泥混凝土材料，已经不能完全满足日益增长的交通轴载要求，开发具有优良性能的改性材料已势在必行。同时，水泥混凝土路面的发展必须与相关技术的开发同步进行，因此，必须对水泥混凝土路面的科研工作给予足够的重视。

4. 大力推广使用滑模机械施工新技术

鉴于滑模摊铺施工技术的诸多优点，可以考虑通过规范在高等级水泥路面建设中强制推广滑模摊铺技术，保证施工质量。

5. 加强对工程质量的监督

目前，我国还面临着繁重的公路建设任务，但在现行的政府质量监督体系

中,还存在监督体制不完善、监督力度不够等问题,不断加强和完善我国的质量监督体系具有深远的意义。

6. 注重路面早期养护与维修

我国目前的路面使用过程还存在许多不尽合理的地方,路面病害和损坏不断出现。许多道路由于没有预防性的养护和维修措施,致使路面在使用过程中得不到有效维护,出现了严重的结构损坏,造成了不必要的损失,因此,必须加强路面的早期养护与维修。

参 考 文 献

[1] 申爱琴. 水泥与水泥混凝土. 北京:人民交通出版社,2002.

[2] 陈志华. 外国建筑史(十九世纪末叶以前). 北京:中国工业出版社,1962.

[3] 国家计委综合运输研究所. 国外公路建设现状与发展趋势. 2006.

[4] 申爱琴,等. 水泥混凝土路面裂缝修补材料及施工工艺研究. 西安,2004.

[5] 傅智,李红. 公路水泥混凝土路面施工技术规范(JTG F30—2003)实施与应用指南. 北京:人民交通出版社,2003.

[6] 中华人民共和国交通部. 交通部年度行业统计公报. 北京,1990 - 2006

[7] Lon Hawbaker, P. E. "In Search of Better Network Investment Decisions and Strategies". ACPA, 2000INT'L APWA Congress.

[8] Tommy. B, Tony. H. Forum II: It's Up To Us To Optimize Pavement Investment [J/OL]. Pavement Preservation Today, the Foundation for Pavement Preservation (washington), WINTER 2002.

[9] Pavement Management Guide—EXECUTIVE SUMMARY REPORT[R]. Wathington: American Association of State Highway and Transportation Officials, NOV 2001.

[10] 中华人民共和国行业标准. 公路工程质量检验评定标准(JTG F80/1—2004),北京:人民交通出版社,2004.

[11] R. G. Hicks, et al, "Caltrans Concrete Pavement Maintenance Technical Advisory Guide", Caltrans, 2006.

[12] The New Concrete Pavement Preservation Approach. ACPA TECHNICAL EDITORIAL, February, 2007.

[13] U. S. Department of Transportation, Frederal Highway Administration. Pavement Preservation Checklist Series 7: Diamond Grinding of Portland Cement Concrete Pavements[R]. Publication No. FHWA - IF - 03 - 040. Aug. 2005.

[14] Angel L. Correa. Cost – effective load transfer restoration of jointed concrete pavements[J]. Transportation Research Board, January – February 1999:50 – 51.

[15] U. S. Department of Transportation, Frederal Highway Administration. Pavement Preservation Checklist Series 10: Full – Depth Repair of Portland Cement Concrete Pavements[R]. Publication No. FHWA – IF – 03 – 043. Aug. 2005.

[16] 中华人民共和国行业标准. 公路水泥混凝土路面养护技术规范(JTJ 073.1—2001),北京:人民交通出版社,2001.

[17] American Concrete Pavement Association. The Concrete Pavement Restoration Guide[R]. Jul. 1997.

[18] 广东省交通科研所,西安公路交通大学. 超早强水泥混凝土修补材料研究,1995.

[19] 申爱琴. 水泥混凝土路面裂缝修补材料研究. 博士学位论文,西安,2004.

[20] 国家发展和改革委员会. 水泥工业发展专项规划. 北京,2006.

第二章　改性水泥基材料发展综述

第一节　改性水泥基材料发展沿革

一、引言

从1824年波特兰水泥的发明算起，水泥混凝土材料的应用历史至今已有180余年之久。由于水泥混凝土具有原材料丰富、价格低廉、用途广泛、适应性强等诸多优点，已被广泛应用于土木、水利与建筑工程，海洋及港口建设工程，交通运输、公路与铁路工程，甚至航空与航天工程等领域。可以说，水泥混凝土材料为人类的文明与发展做出了巨大的贡献。

但是，长期的应用与试验证明，普通水泥混凝土本质上是一种非均匀的多孔材料，在外界侵蚀性介质，如二氧化碳、水、氯离子、硫酸盐等的侵蚀作用下，水泥混凝土会加速破坏，使用寿命大大缩短，如图2-1所示。此外，普通水泥混凝土还存在体积密度大、导热系数高、抗拉强度偏低以及抗冲击韧性差等缺点。随着工程建设范围和规模的不断扩大，混凝土结构物所处的环境和受力条件更加苛刻，不仅要求具有高的强度，而且还要求混凝土具有低渗透性、高耐化学腐蚀性、高耐久性等性能。面对新的使用要求，普通混凝土的上述缺点都在一定程度上限制了它的应用范围。长期以来，人们一直在寻找对水泥混凝土进行改进的途径，诸如通过改善水泥的性质、优化水泥混凝土配合比、添加纤维材料、掺加外加剂等措施来改良水泥混凝土的性能，使混凝土满足工程的特殊需要。

图2-1　遭受碱-集料反应和化学侵蚀而破坏的混凝土

20世纪70年代高效减水剂的发明与应用，是混凝土技术的一项重要进步，它使混凝土技术进入了高强度与高流态的新领域。在此之后，矿物质超细粉的应用使混凝土技术水平又有了进一步的提高。后来人们发现在混凝土中掺入一定含量的聚合物,可以改善混凝土的一些力学性能,如降低脆性、提高柔性、减小抗压强度与抗折强度的比值等,并且改性效果尤为明显。各种改性方法、改性材料的不断出现与应用,改善了水泥基材料的使用性能,为解决传统混凝土材料存在的固有缺陷提供了一条行之有效的途径。时至今日,对水泥基材料进行改性已经成为一种趋势,它也是水泥基材料复合化思想的重要组成部分。

从数千年前的原始胶凝材料到传统水泥混凝土材料,再发展到具有优良性能的多种改性水泥基材料,水泥混凝土胶凝材料的自身发展不仅体现了材料科学的巨大进步,也印证了人类社会历久弥坚的发展历程。追溯这种重要材料的演变与发展过程,不仅有历史意义,更具有重要的科学技术价值,在每一次变革过程中所展现出来的科学思想和科学方法仍对我们当今的科学和工程实践具有重要的指导作用。例如新的材料品种是如何产生的,材料的性能是如何改进的,被改进了的材料是如何推动工程发展的等,这些都能使广大的道路科技工作者得到启迪,对水泥混凝土材料科学以及改性水泥基材料技术的发展大有裨益。

二、改性水泥基胶凝材料的早期形式与发展

改性水泥基材料的出现,应当追溯到早期的复合材料。早期的水泥基复合材料主要是指将有机材料和无机材料结合而形成的胶凝材料。这种有机-无机复合胶凝材料已有非常悠久的历史,其功效也经过了数百年的考验,至今仍具有一定的工程实践作用和历史意义。

材料复合化思想的重要开端,应当从用草筋来增强黏土材料说起。考古学家曾经在我国甘肃等地的先民故居遗址中发现了有意识的用火焙烧过的草筋泥墙与炕台,至今5 000多年依然坚固发亮,被命名为陶质墙面。经过分析,发现其中还含有$CaCO_3$。在巴格达附近,已有3 500年历史的高达57m的AqarQuf山丘就是用稻草增强的砖头来建造的[1],如图2-2所示。可见,把有机的稻草用于增强黏土,是一种沿用了几千年的建筑材料。与之相比,石灰也是一种有着长久历史的胶凝材料。石灰被掺入黏土中可以制成二合土、三合土之类的复合材料。据史料记载,我国从汉代起开始将石灰大量用于建筑工程。古罗马人、古亚述人和古巴比伦人也有使用石

图2-2　用有机稻草增强黏土砖建造的AqarQuf山丘

灰砌筑结构物的传统[2]。1 000 多年来,石灰作为主要的胶凝材料被广泛用作砌筑石灰砂浆等工程材料,在提高建筑物强度和抗水性能方面发挥了巨大的作用。此外,石灰还与一些有机材料复合来提高耐久、防潮、抗冲击等性能。例如,我国古代城墙一般都兼有防敌入侵和抵御洪水的功能,普通土石混合物有时很难满足这些要求,因此工匠们常常将糯米汁和石灰混合用于城墙的砌筑,效果较好,许多建筑物至今仍能保持较高的强度与承载力。最典型的例子当属南京现存的城墙。在城墙顶部和内外两壁的砖缝里,都浇灌有一种"夹浆",这种夹浆是用石灰、糯米汁(或高粱汁)再加桐油掺和而成,凝固后黏着力很强,能够使城墙经久不坏。因此,南京城墙在经历了多次战乱与自然灾害的洗礼后至今仍保存良好。

在早期的复合化材料体系中,石灰 - 火山灰体系占有十分重要的地位。使用石灰 - 火山灰这种水硬性胶凝材料,使气硬性石灰的功能大大提高,是胶凝材料发展史上的一次重大突破[3]。古罗马人对石灰 - 火山灰的大规模应用,是石灰 - 火山灰体系发展过程中的成功范例,这也成就了古罗马在建筑艺术上的许多经典之作。古罗马有着丰富的火山灰资源,他们把天然卵石等石料加入到火山灰与石灰的混合料浆中,创造出一种新的胶凝材料,这种材料凝固后坚如磐石并且不透水,这就是最早的混凝土[2]。这种形式的混凝土出现以后,古罗马人将其用于住宅以及各种大型公共建筑之中,例如罗马大圆剧场、万神庙等建筑杰作都使用了石灰 - 火山灰混凝土。除此之外,古罗马人还将石灰和火山灰 1∶2 配合,成功地建造了那不勒斯海港[4]。时至今日,海港上的混凝土仍保存完好,这充分说明石灰 - 火山灰胶凝材料具有卓越的耐久性。2 000 年以来,用石灰 - 火山灰制作的混凝土不仅促进了人类建筑技术的发展,而且其优异的技术性能为近现代意义上的水泥基复合胶凝材料的发展提供了宝贵的经验。

三、改性水泥基胶凝材料的近现代演变

进入 18 世纪以后,石灰 - 火山灰体系的混凝土因凝结缓慢和早期强度低而逐渐不能适应社会生产迅速发展的需要。在这个时期,人们通过各种方法不断尝试着创造出一种新的性能优异的胶凝材料。直到 1824 年,英国人阿斯普丁发明了波特兰水泥,近现代水泥基复合胶凝材料的雏形才初步建立[5]。波特兰水泥问世以后,很快出现了水泥砂浆和水泥混凝土,与以往的石灰 - 火山灰混凝土相比,新的胶凝材料和混凝土在各方面的性能上都有了根本性的提高。到 1886 年,美国首先用回转窑煅烧熟料,波特兰水泥进入了大规模工业化生产阶段,水泥混凝土的用量和使用范围也日益扩大。随着水泥混凝土对工业化及社会发展的作用愈加突出,水泥混凝土材料科学开始作为一门新兴的独立学科发展起来。1896 年,法国 Feret

最早提出了以孔隙含量为主要因素的强度公式。1919 年,美国 Abrams. D 通过大量试验提出了著名的水灰比定则,随后又出现了配合比设计方法和各种工艺规程。这为水泥混凝土材料在工程中的广泛应用提供了可靠的依据。

在波特兰水泥混凝土问世后的近百年时间里,人们对于它的需求从起初的数百万立方米发展到了后来的数十亿立方米。这种爆炸式的增长促使混凝土被应用于更多的领域和更苛刻的使用环境之中。与先前出现的任何一种建筑材料相比,波特兰水泥混凝土被给予了最大程度的关注和开发。为了弥补混凝土抗拉强度和抗折强度低的缺陷,人们用钢筋来增强混凝土并建立了专门的计算方法和计算公式。为了使长跨、高耸、重载等结构使用钢筋混凝土作为主体材料成为可能,预应力钢筋混凝土技术又被创造出来。总的来说,无论是钢筋混凝土还是预应力钢筋混凝土技术,它们的出现很大程度上源于使用者对强度的持续追求。但是,在通过增加单方水泥用量、降低水灰比以及单方加水量等措施来改善混凝土强度的同时,混凝土的流动性也随之下降,甚至出现必须依靠强力振捣才能保证密实性和均匀性的干硬性混凝土,这进一步加剧了混凝土强度与其他性能的冲突。

在解决水泥混凝土强度与其他性能之间矛盾的过程中,20 世纪前期的化学外加剂和高分子聚合物的出现无疑具有十分重要的意义。20 世纪 30 年代末,美国发明了松脂类引气剂和纸浆废液减水剂;同样在这一时期,德国在纸浆废液中提取出了木质素磺酸盐减水剂。此后,萘磺酸盐甲醛缩合物、三聚氰胺等高效减水剂先后制成并得到应用。这些外加剂都能极大地提高混凝土的耐久性和流动性,在工程中迅速得到采用和推广。除化学外加剂外,聚合物也是当时混凝土技术中的重要组成部分。1923 年,Cresson[6] 获得了第一个这方面的专利,在这个专利中,用天然胶乳改性道路材料,其中的水泥作为填料使用。1924 年,使用 Lefebure[7] 的专利而制作的混凝土已经是现代意义上的聚合物改性混凝土了,并且其第一个用配合比设计的方法来设计天然胶乳改性的水泥混合料。可以说,这一时期的外加剂和聚合物的应用为当时高强度、高性能混凝土的制备提供了一条新的思路。它不仅奠定了近现代改性水泥基材料发展的基础,更可以被认为是继预应力混凝土技术以后的又一次重大技术突破。

化学外加剂和高分子聚合物在水泥混凝土中的成功应用主要表现为其对水泥混凝土耐久性能有着显著的改善,这让工程人员意识到“改性”在实际工程中有着巨大的应用价值。在随后的数十年间,不同国家对外加剂和聚合物在混凝土中的应用进行了大量研究和实践,取得了丰硕的成果。从 20 世纪 50 年代开始(特别是在 20 世纪 70 年代以后),化学外加剂的品种真正实现了多元化,聚合物混凝土、聚合物浸渍混凝土、聚合物改性混凝土也相继问世。这些重要研究成果的出现标志着改性水泥基复合材料的研究达到了一个新的阶段。1980年，美国率先系统地提出了水泥基复合材料的概念，初步让人们认识到混凝土材料的复合化技术及其生产的效用。在此之后，随着矿物质掺和料的出现及应用，高性能混凝土应运而生。在高性能混凝土中，外加剂和掺和料被认为是必不可少的组分，从某种意义上说，高性能混凝土也是一种改性水泥基复合材料。而今，材料改性和复合化思想在工程应用中已经成为一种趋势，改性水泥基材料有着广阔的发展前景。可以相信，随着材料科学技术的发展，改性水泥基材料必将满足土建工程不断提高的需要。

第二节 改性水泥基材料的研究与应用概况

一、水泥基材料改性剂

鉴于普通混凝土材料存在着自身无法克服的缺陷，“改性”已经成为提高混凝土材料性能的主要手段之一。目前，国内外围绕混凝土“改性”的研究主要集中在改性剂、改性方法和改性机理等方面。综合近年来众多权威专家关于混凝土材料“改性”的研究成果，可将工程中应用较多的改性方法归纳为以下三种：

(1)掺加化学外加剂降低混凝土的水灰比、增大含气量，以提高其强度和耐久性。

(2)掺入聚合物或纤维以改善混凝土的强度、耐久性和柔韧性能。

(3)复合掺加矿物质掺和料及外加剂以制备高强度、高耐久性的高性能混凝土。

以上三种重要的改性方法在当前的公路工程中已被广泛采用，与之紧密相关的化学外加剂、聚合物、矿物质掺和料等改性剂的性质以及它们对混凝土等水泥基材料性能的影响也成为混凝土“改性”研究的焦点。

(一)化学外加剂

外加剂是混凝土中除水泥、砂、石、水以外的另一重要组分，它是在混凝土拌制前或拌制中掺入的物质。在国际上，外加剂概念包括化学外加剂和矿物外加剂两类材料，而我国习惯上将其分为化学外加剂与掺和料两类。化学外加剂对改善新拌混凝土的施工性能和硬化混凝土的性能具有重要作用，几乎混凝土的每一种性能都可以通过掺添化学外加剂在一定程度上得到改进。目前，世界上存在的混凝土化学外加剂估计至少有30 000多个品种和品牌，其类型主要为减水剂、早强剂、引气剂、缓凝剂、防冻剂、膨胀剂、泵送剂、阻锈剂等。按照国际上通用的说法,外加剂在水泥混凝土中的普及程度是衡量一个国家水泥混凝土技术水平高低的重要指标。

根据不同的技术要求,使用不同类型的外加剂可以获得不同的工程和经济效益[8~13]。混凝土中掺加减水剂,可减少水泥用量而达到同样的混凝土强度等级,一般可以节约水泥15%~25%,同时还可以加速模板周转,缩短工期。混凝土中掺加高效减水剂、早强减水剂,可使混凝土的一天强度提高一倍以上,这样配制高强或超高强混凝土就易于实现。混凝土中掺加缓凝减水剂,可延长混凝土由塑性状态进入固态所需的时间,减慢水泥水化放热速率,可满足不同工程特别是大体积混凝土工程的施工及质量要求。混凝土中掺入引气剂能使搅拌过程中形成的气泡稳定,通过降低水的表面张力使大小不同的气泡结合;引气剂还能阻止气泡聚集,将其锚固在水泥浆和集料颗粒之间;引气剂引入的气泡不像由于搅拌、浇筑等引起的气泡,这些气泡直径多在1 000mm或者更大,而引气剂引入的气泡非常微小,直径在10~1 000mm且与集料的特征有很大关系;普通混凝土引入的气泡大多数直径在10~100mm之间,并且这些气泡没有相互连接,而是非常好地随机分散,如图2-3所示,这对提高混凝土暴露在水及除冰盐条件下的抗冻融性至关重要。混凝土中掺加速凝剂,可满足坑道中喷射混凝土和国防抢修等混凝土工程中的施工要求。混凝土中掺加膨胀剂、灌浆剂,可使混凝土的密实程度提高,从而增加了混凝土的稳定的抗渗、抗冻等性能。此外,在滑模摊铺水泥混凝土路面时,要求施工抗折强度须大于或等于5.5MPa,如果不使用化学外加剂很难达到;在我国东北地区的水泥混凝土路面和桥涵工程,均要求具有抗冻性和抗盐冻性,如果没有引气剂、阻锈剂和防冻剂等的使用,其抗冰冻和抗盐冻耐久性技术要求根本无法满足。

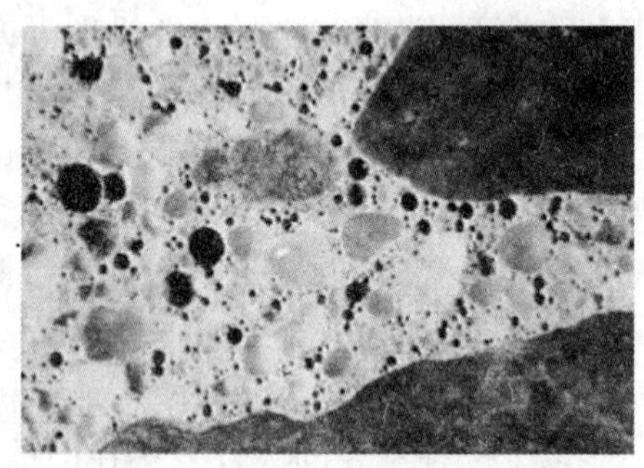

图2-3 经抛光的引气混凝土试样显微图像

1. 化学外加剂对新拌混凝土的改性作用

在现代混凝土工程中,通过增加掺水量等传统方法虽然可以改善混凝土的流动性,但会使新拌混凝土的黏聚性降低,水灰比增大,影响混凝土的强度。实践证明,掺加优质化学外加剂是实现改善新拌混凝土性能的最经济有效途径。化学外加剂对新拌混凝土的改性作用主要体现在以下方面:

(1)改善新拌混凝土的和易性,减少坍落度损失,减少用水量混凝土的和易性是一项综合性指标,包括流动性、黏聚性和保水性。能够改善混凝土和易性的外加剂有:缓凝减水剂,掺入混凝土或砂浆中,其流动性随缓凝减水剂掺量的增加而增大,泌水和离析现象减少;高效减水剂,对新拌混凝土和易性的改善比普通减水剂强,在一定范围内,混凝土和易性的改善程度随高效减水剂掺量的增加而增大;引气剂或引气减水剂,掺入后混凝土拌和物中会引入大量均匀分布的类球形微小气泡,这些球形气泡的滚动作用、托浮作用极大地改善和提高了混凝土拌和物的和易性和稳定性;泵送剂,掺入后也能显著改善混凝土拌和物的和易性。

(2)改变混凝土的凝结时间

在大体积混凝土的浇筑过程中,特别是在高温季节,混凝土拌和物凝结硬化很快,往往需要缓凝以避免施工冷缝的出现。将缓凝剂或普通缓凝型减水剂掺入混凝土拌和物中,可延缓水泥水化,从而延长混凝土的凝结时间。高效减水剂掺入混凝土中,与基准混凝土的初、终凝时间基本一致。但是,当用高效减水剂配制流动性混凝土,特别是较大掺量高效减水剂配制大流动性混凝土时,混凝土凝结时间会延长。泵送剂一般含有缓凝组分,它会延长混凝土的凝结时间。以 K_2CO_3、$CaCl_2$ 等防冻组分为主的防冻剂,往往会显著缩短混凝土的凝结时间,适合冬期施工。

(3)改变水泥水化进程,改变放热量

水泥和水的反应是放热反应,能释放出相当数量的热。对于大体积混凝土来说,位于中心部分的水泥水化热难以释放,构件在内部和表面产生的温度应力下极易开裂。掺适量缓凝剂或缓凝型减水剂后,混凝土的水化速率减慢,放热峰值出现的时间会推迟,峰值会降低。此外,加入减水剂还可以影响水泥水化过程中水泥颗粒的分散状态,从而影响硬化水泥浆体的孔结构。

2. 化学外加剂对硬化混凝土性能的影响

掺入适量外加剂可以显著改善硬化混凝土的各种性能,减水剂可以显著降低水灰比,不仅使混凝土强度提高,还可改善混凝土的耐久性;缓凝剂可使水泥水化更充分,引气剂在混凝土中引入大量气泡,膨胀剂可以限制混凝土的早期收缩,它们均能提高混凝土的抗渗性和抗冻性,如图2-4所示。近年来,我国水泥含碱量的增加及含碱外加剂的普遍应

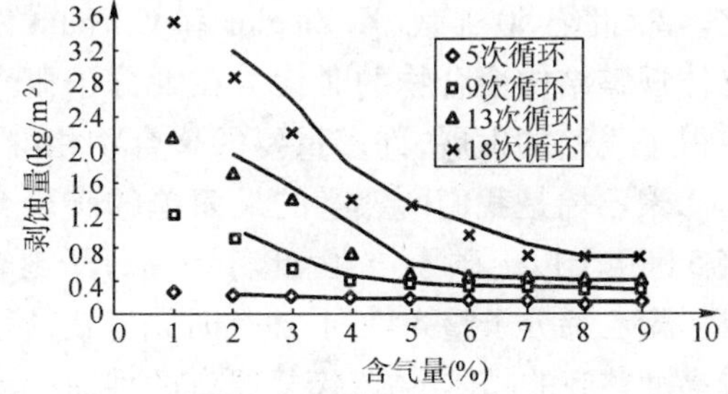

图2-4　引气剂能显著提高混凝土抗盐冻剥蚀性能

用,增加了碱集料反应破坏的潜在危险。无论从经济上还是从技术上考虑,对于特定的混凝土工程,外加剂均有一个合适掺量。若掺量过小,则使用效果不显著;掺量过大,不仅会影响其增强效果,还可能会造成混凝土工程事故。一般来说,减水剂掺量应不大于5%,引气剂使混凝土的含气量不应超过5.5%,膨胀剂掺量为6% ~15%,速凝剂掺量为2% ~8%,但是具体的掺量要由试验确定。另外,外加剂和水泥之间还存在一个相容性问题[14],如混凝土坍落度经时损坏快就是外加剂与水泥不适应的典型例子。因此,使用外加剂时要注意其掺量、适用范围、施工要求以及相互之间的掺和条件,以最大限度发挥其性能。

(二)聚合物

聚合物是由许多小分子(单体)聚合形成的长链大分子,并且都由碳元素相互连接而成。组成该大分子的重复单元很多,增减几个单元,并不显著影响其物理性质的聚合物称为高聚物;而当重复单元数较少,且增减几个单元会对其物理性质有较显著影响的聚合物称为低聚物。

人类利用天然聚合物的历史久远,但直到19世纪中叶才开始对天然聚合物的化学改性工作。1839年,C. Goodyear发现了橡胶的硫化反应,他的发现使天然橡胶成为实用型工程材料的研究取得了关键性的进展。1870年,J. W. Hyatt用樟脑增塑硝化纤维素,使硝化纤维塑料实现了工业化。1907年,Baekeland报道了合成第一个热固性酚醛树脂,这是第一个合成塑料产品。1920年,德国化学家H. Staudinger(施陶丁格)创立了高分子链型学论,认为原子按正常价键结合,几乎可以构成任何长度的链状分子。这一结论为现代聚合物科学的建立奠定了基础,施陶丁格也因此于1953年获得了高分子化学领域的第一个诺贝尔化学奖。随后,美国杜邦公司W. H. Carothers(卡拉丝)把合成聚合物分为两大类,即通过缩聚反应得到的缩聚物和通过加聚反应得到的加聚物。1936年,美国斯坦福大学Paul Flory(弗洛里)提出了高分子缩聚反应中所有功能团都具有相同活性的基本原理,并发展了非线性聚合物理论,他于1974年获得了诺贝尔化学奖。20世纪50年代,K. Ziegler和G. Natta发现了配位聚合催化剂,开创了合成立体规整结构聚合物的时代。在大分子概念建立以后的几十年中,合成高聚物取得了飞速的发展,许多重要的聚合物相继实现了工业化[15]。

聚乙烯是我们所熟悉的最简单的碳聚合物。聚乙烯分子中,一条链上可连接5 000个以上碳原子,因此称为高分子聚合物,其典型链状分子结构见图2-5。

聚乙烯分子整齐排列,加热时先变软,然后熔成有黏性的液体,冷却后,又可变成高度整齐的晶体形式,恢复原有的性质。因此,通常将聚乙烯加热,可塑造成各种形状。1939年底,英国的CIC公司开始销售聚乙烯产品,主要是作为军事材料使用,如雷达的高频电线绝缘材料。1950年以后聚乙烯主要作为民用材料开发。

图2-5 聚乙烯的典型链状分子结构

1953年,德国化学家K. Ziegler应用新型催化剂〔C_2H_5〕$_3AlTiCl_4$体系,在常温常压下成功的将乙烯聚合成聚乙烯,为此他获得了1963年的诺贝尔化学奖。

尽管用天然的有机聚合物改善无机胶凝材料性质的历史已有几个世纪,但真正将聚合物用于水泥砂浆及混凝土的改性实践应当追溯到里夫布尔(Lefebure)于1924年获得的用天然橡胶乳液改性水泥砂浆及混凝土的专利。20世纪20~30年代,采用天然橡胶乳液改性水泥砂浆及混凝土得到了发展。1932年,邦德(Bond)第一个提出用人工橡胶改性水泥砂浆及混凝土,并获得了专利。20世纪40~50年代,人们发明了多种合成聚合物胶乳进行改性的专利,并把橡胶改性水泥砂浆应用到船舶、地面和道路的面板涂层,作为防腐和黏结材料。20世纪60年代以后,除将合成胶乳用于对水泥混凝土进行改性外,人们又研究把多种聚合物,例如聚苯乙烯、聚丙烯酸酯、聚氯乙烯等用于水泥砂浆及混凝土改性。20世纪70年代以后,不同形态的聚合物,例如聚合物单体、树脂、胶乳、聚合物粉末等被应用于水泥砂浆及混凝土改性。20世纪80年代和90年代,聚合物改性混凝土已经成为一种重要的建筑材料。据2000年统计,美国有3 000多座桥梁共计120多万平方米的桥面利用聚合物改性水泥混凝土进行铺装和罩面改造,每年用于新旧构造物修补或改造的聚合物改性混凝土达到6万多立方米[16]。

1971年,美国混凝土协会(ACI)成立了一个混凝土中的聚合物(Polymers in Concrete)委员会,即548委员会。美国塑料工业协会(SPI)下面也有一个聚合物混凝土委员会(Polymer Concrete Committee),它和548委员会一同从事混凝土聚合物复合材料方面的组织工作。1975 年 5 月,在英国伦敦召开了由英国混凝土协会、塑料协会、塑料橡胶协会、美国混凝土协会、国防建筑材料及结构研究试验协会联合举办的第一届国际聚合物混凝土会议,这次会议共有 22 个国家的代表参加,发表论文 54 篇,在这次会议上正式使用“聚合物混凝土”这个总称。1994 年,中国、日本和韩国倡导组织了东亚混凝土中的聚合物国际会议。首届会议在韩国春川,第二届在日本郡山,第三届于 2000 年在我国同济大学召开,并正式更名为亚洲混凝土中的聚合物国际会议。

世界上在聚合物混凝土应用研究领域比较先进的国家有美国、日本、英国、德国和前苏联等。上述国家先后制订了聚合物改性水泥砂浆或混凝土的相关规范,如日本制订了 JIS 系列聚合物乳液型水泥改性剂和乳液改性砂浆工业标准;德国制订了聚合物改性水泥砂浆(混凝土)DIN 18555-2 标准;美国和俄罗斯等国也制订了相关标准。

我国于 20 世纪 60 ~ 70 年代曾经组织对聚合物改性水泥混凝土(PCC)进行研究,不过主要集中在水利领域,研究水库的坡面防护与修补材料。聚合物改性水泥砂浆(PCM)在我国正式应用始于 1980 年[17],比较成熟的当属丙烯酸酯共聚乳液水泥砂浆或苯丙乳液砂浆(PAE 砂浆)。其他还有氯丁胶乳砂浆(CR 砂浆)、聚氯乙烯—偏氯乙烯乳液砂浆(PVDC 砂浆)及丁苯胶乳砂浆(SBR 砂浆)等。现在 PAE 砂浆和 CR 砂浆已被我国《工业建筑防腐设计规范》(GB 50046—95)列为防腐新材料及地面整体面层和块材灰缝材料,并推荐给有关部门使用。有关聚合物水泥砂浆的施工规范也正在编制之中。我国在聚合物水泥砂浆、混凝土方面的研究开发,正向世界先进水平迈进。

(三)矿物质掺和料

混凝土矿物质掺和料的狭义定义是不同于生产水泥时与熟料一起磨细的混合材料的,它是指在混凝土(或砂浆)搅拌前或在搅拌过程中,与混凝土(或砂浆)的其他组分一样,直接加入的一种外掺料。

虽然混凝土矿物质掺和料与水泥混合材有着较大的差异,但实际上对混凝土掺和料的研究始于水泥混合材的研究,它是水泥基混合材发展到一定阶段的产物。在不同时期,人们在混凝土中加入掺和料的目的是不同的。20 世纪 50 ~ 60 年代,由于水泥产量较低而且品种比较单一,在拌制混凝土时常常用一定数量的掺和料来代替水泥;20 世纪 70 ~ 80 年代,由于对混合材认识水平的提高,在水工、大型建筑物的基础等一些大体积混凝土中加入掺和料是为了降低混凝土的水化放热量,减少温度裂缝;20 世纪 90 年代以后,人们不再把一些工业废渣仅仅看成是混凝土的掺和料,而把它们作为高性能混凝土中必不可少的改性材料加以使用。

1. 矿物质掺和料的分类及主要化学组成

矿物质掺和料按其性质和组成可分为三类，即具有潜在水硬性的矿物质掺和料、具有火山灰反应能力的矿物质掺和料、同时具有潜在水硬性和火山灰活性的矿物质掺和料。

(1)具有潜在水硬性的矿物质掺和料

这类材料含有大量的 CaO(35% ~48%)，并含有活性 SiO_2 与 Al_2O_3。与硅酸盐水泥熟料的化学组成(CaO 约 63% ~68%)相比，同在 CaO—SiO_2—Al_2O_3 系统中，只是 CaO 含量要低一些。它们本身无独立的水硬性，但在 CaO、$CaSO_4$ 的激发下，其潜在的水硬性可以被激发出来，产生缓慢的水化作用；若在 Na_2O、K_2O 等碱金属化合物激发下，会产生强烈的水化作用，形成坚硬的硬化体。粒化高炉矿渣(水淬矿渣)、粒化电炉磷渣等属于此类材料。

(2)具有火山灰反应能力的矿物质掺和料

这类材料所含 CaO 极少，但含有大量的活性 SiO_2 与 $A1_2O_3$，它们既无独立的水硬性，也无潜在的水硬性能。它们的活性表现在：能在常温下与水泥水化析出的 $Ca(OH)_2$ 产生二次水化反应(火山灰反应)，生成具有胶凝性能的水化硅酸钙和水化铝酸钙。这类材料包括：粉煤灰、偏高岭土、硅灰、硅藻土、沸石、凝灰岩、浮石、天然火山灰等。

(3)同时具有潜在水硬性和火山灰活性的矿物质掺和料

这类材料不但含有大量的活性 SiO_2 与 $A1_2O_3$，而且含有相当多的 CaO，其数量虽然远不及第一类材料，但大大高于第二类材料。高钙粉煤灰(CaO 约 15% ~20%)、增钙液态渣、固硫渣等均属于此类材料。

用于混凝土中的矿物质掺和料绝大多数是具有一定活性的固体工业废渣，如粉煤灰、硅灰、磨细矿渣、磨细石灰石、偏高岭土等，它们的主要化学组成范围如表 2-1 所示[18]。

矿物质掺和料的化学组成及其与波特兰水泥熟料的比较(%)　　表 2-1

名　称	CaO	SiO_2	Al_2O_3	Fe_2O_2	MgO	C
硅灰	<1	>80	0.1 ~1.0	0.1 ~5	—	—
低钙粉煤灰	0.5 ~1.0	34 ~60	17 ~31	2 ~25	1 ~5	<10
高钙粉煤灰	10 ~38	25 ~40	8 ~17	5 ~10	1 ~3	<10
矿渣	30 ~50	27 ~40	5 ~33	1 ~3	1 ~21	—
波特兰水泥熟料	62 ~67	20 ~24	4 ~7	2 ~6	少量	—

在所列化学组成中,以 CaO、SiO_2、Al_2O_3 含量对活性的影响最大。其中,对于第一、第三类矿物质掺和料,CaO 的含量最重要,含量越高,其潜在的水化能力也越强,可以掺入到水泥或混凝土中的掺量也越大;对于第二类矿物质掺和料而言,活性 SiO_2 和 Al_2O_3 含量起主导作用,两者之和越大,活性越高。廉惠珍教授提出了活性率指标 K_a = (活性 SiO_2 + 活性 Al_2O_3)/(全 SiO_2 + 全 Al_2O_3),用于第二类矿物质掺和料的活性评价,并得出硅灰、油页岩灰、沸石、硅藻土和 III 级粉煤灰的活性率指标分别为 47.65%、32.43%、30.48%、19.02% 和 12.29%。

2. 矿物质掺和料在水泥混凝土中的效应

(1) 火山灰效应

矿物质掺和料一般都含有活性的 SiO_2 和活性的 Al_2O_3 成分。活性的 SiO_2 可以和氢氧化钙及高碱度水化硅酸钙发生二次反应,生成强度更高、稳定性更优良的低碱度水化硅酸钙:

$$(0.8-1.5)Ca(OH)_2 + SiO_2 + [n-(0.8-1.5)H_2O] \rightarrow (0.8-1.5)CaO \cdot SiO_2 \cdot nH_2O$$

$$(1.5-2.0)CaO \cdot SiO_2 \cdot nH_2O + xSiO_2 + yH_2O \rightarrow z[(0.8-1.5)CaO \cdot SiO_2 \cdot qH_2O]$$

这样,通过二次反应(火山灰反应),氢氧化钙可以被减少或消除,水化硅酸钙胶凝物质的质量得到提高,组成得到优化,数量大幅增加,同时水泥石与集料的界面结构也得到改善,因此,混凝土的强度大幅度提高。

(2) 填充密实效应

通常水泥的平均粒径为 20~30mm,小于 10mm 的粒子不足,因此水泥颗粒之间的填充性并不好。掺入超细矿物质掺和料,如超细粉煤灰和超细矿渣(平均粒径 3~6mm),则能够大幅度改善胶凝材料颗粒的填充性(图 2-6),提高水泥石密实度,并纯粹从提高水泥粒子的填充性方面提高了水泥石的强度及抗渗性。如果再掺入适量的粒径更小的硅灰(平均粒径 0.10~0.26mm),由于其平均粒径比超细矿渣和超细粉煤灰又小一个数量级,比水泥粒子小两个数量级,它可以

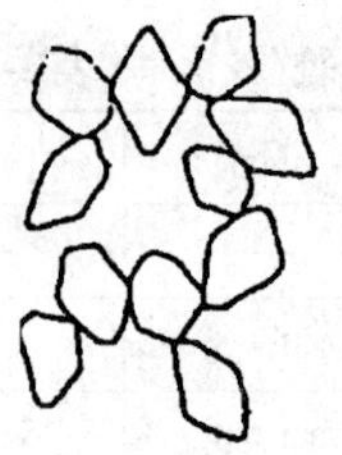

a)水泥浆体

b)塑化水泥浆体

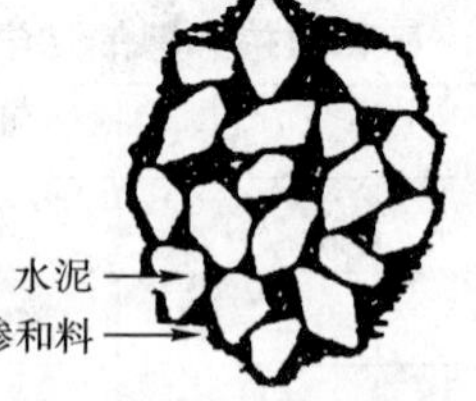

c)掺有超细矿物质掺和料的塑化水泥浆体

图 2-6 超细掺和料在水泥浆体中的填充示意图

进一步填充于超细矿渣或超细粉煤灰之间，使胶凝材料粒子的密实性进一步提高，强度进一步增加。当然，单独掺入硅灰时，也有良好的填充作用。

(3)增塑效应

硅灰、粉煤灰、矿渣等对水泥净浆、砂浆、混凝土拌和物具有优异的增塑作用。由于超细矿物质掺和料的粒径远小于水泥粒子，它们在水泥颗粒之间起到"滚珠"作用，使水泥浆体的流动性增加。此外，矿物质掺和料的密度一般都小于水泥的密度，当它们掺入水泥浆中后，所形成的水泥浆体积要比之前大，这也是提高塑性的原因之一。

(4)缓凝减水效应

使用矿物质掺和料取代了部分水泥后，掺和料的小颗粒填充在水泥颗粒间的空隙中，使胶凝材料具有更适于流动的级配体系，这在一定程度上起到了降低标准稠度下的用水量的作用，在保持相同用水量的情况下又可以增加流动度。因此，矿物质掺和料实际上发挥了一种矿物减水的作用。

除了上述四种效应之外，矿物质掺和料对混凝土的耐久性能也有很多积极的影响。相关研究表明[20~22]，硅灰、粉煤灰和矿渣混凝土的抗渗性、抗冻性、耐硫酸盐腐蚀性、抑制碱-集料反应等性能都有显著提高。

二、改性水泥基材料的研究进展及工程应用

(一)聚合物改性水泥基材料的研究与应用

1. 聚合物改性水泥基材料的研究状况

自20世纪初聚合物被用于改性水泥砂浆及混凝土起，人们一直在不断地探索哪些聚合物可以作为水泥的改性剂、对哪些性能有改性作用、改性硬化体性能如何等等，并且取得了巨大的成果。这些成果主要体现在对聚合物改性水泥基材料的微观结构和性能的研究上。

在聚合物改性水泥基材料的微观结构研究方面，日本学者 Yoshihiko Ohama 的研究成果最具权威，他介绍了聚合物改性水泥基材料互穿网络结构的形成过程，给出了这种结构形成过程的模型。其他研究者如 Isenberg 和 Vandehoff 用丁苯橡胶(SBR)作为水泥砂浆改性剂，Etsuo Sakai 和 Jun Sugita 用乙烯—醋酸乙烯聚合物作为水泥砂浆改性剂，徐雅君等用苯丙乳液作为改性剂，姜洪义、殷仲海用 NBS 乳液作为改性剂，先后证实了聚合物在水泥浆体内形成网状结构[23~26]。

聚合物改性水泥砂浆、水泥混凝土的性能研究也是聚合物改性水泥基材料领域的关注重点。S. Pascal[27]等研究了聚合物改性水泥浆体的力学性能，认为聚合物改性水泥浆体的刚性和抗压强度随聚合物的增加而降低，而抗折强度则

随聚合物的增加而提高;Joao A. [28]等研究了聚合物改性水泥浆体的耐久性;M. M. Al-Zahrani[29]等研究了作为修补材料的聚合物改性水泥砂浆的力学性能和耐久性。J. Monteny[30]等用模拟方法研究了聚合物改性水泥混凝土的耐化学腐蚀性能。梁乃兴[31]等对丁苯乳液改性混凝土的路用性能进行了深入系统的分析。钟世云[32]等研究了聚合物改性水泥砂浆的黏结强度。

近年来,在聚合物改性水泥砂浆和混凝土的性能研究方面具有代表性的成果见表2-2和表2-3[23,34]。

聚合物改性水泥基材料硬化前的性质 表2-2

性质	聚合物	改性效果	研究者
减水性	丁苯类乳液、苯丙胶乳	明显的减水作用,随聚灰比呈单增趋势	李祝龙、梁乃兴、王培铭、J. Stark、姜洪义、水中和、彭春元、文梓芸等
	非离子聚合物	缓凝作用	李虎军、王琪等
	阴离子聚合物	促凝作用	
凝结时间	丁苯乳液、苯乙烯—丙烯酸酯乳液、丙烯酸、环氧乳液	缓凝随聚灰比增加而愈加明显	申爱琴、李祝龙、梁乃兴、徐雅君、Z. Su、陈友治、马志勇 J. M. J. K. bijien、J. A. Larbi 等
密度	苯丙胶乳、丙烯酸、聚乙烯醇	随聚灰比增加而降低	彭春元、徐雅君、Z. Su、Antoine、J. M. J. K. bijien、J. A. Larbi、Jae-HoKim、Richard、E. Robertson、E. Naaman、D. A. Silva 等
孔隙率	环氧乳液等	孔隙率降低,大孔减少,小孔增多	王涛、R. Ollitrault-Fichet、Ohama、K. Demura 等

聚合物改性水泥基材料的强度变化 表2-3

聚合物	抗压强度	抗折强度	研究者
丁苯橡胶	降低	增大	申爱琴、钟世云等
环氧树脂	增大	增大	王涛
改性环氧树脂	增大	增大	陈友治
苯丙乳液	降低	增大	彭春元、徐雅君等
水溶性聚合物	增大	增大	李虎军等
聚醋酸乙烯	降低	随聚灰比先增后减	Etsuo Sakai、姜洪义等
增塑聚醋酸乙烯	增大	增大	姜洪义等

2. 聚合物改性水泥混凝土在公路工程中的应用

聚合物改性水泥混凝土可以用于公路路面、桥面铺装、公路养护裂缝修补、路表罩面等诸多工程中。

在桥面铺装方面，用聚合物水泥混凝土铺装不只是提高桥面的抗磨损和抗滑能力，它还可以保护钢筋不生锈，这种防护能力能显著地减少未来桥面养护和维修的费用。聚合物水泥混凝土铺装还能将因交通中断而引起的损失减到最小，一般来说，聚合物水泥混凝土的摊铺只有1/2 ~ 3/4in(1in = 0.025 4m)的厚度，只需2h就可以硬化。另外，由于聚合物水泥混凝土铺装层很薄，它施加给支持层的荷载很小，而更厚重的其他水泥基材料铺装有时会超出面层的设计荷载，这些铺装也需要一周或者更长的时间来摊铺和硬化。

在公路养护维修方面，聚合物改性水泥砂浆和混凝土可以用于路面裂缝和路表损坏修补等养护作业中。由于聚合物混凝土中的孔隙被聚合物填充或被聚合物膜封闭，因此混凝土的吸水性和渗透性明显下降，混凝土的耐久性得以改善。将聚合物改性水泥浆用于裂缝修补时，聚合物纤维会横跨在微裂缝上，它的黏结作用能有效地阻止裂缝扩展。将聚合物改性混凝土用于路表损坏修补时，由于聚合物改性水泥复合材料的断裂韧性、变形性能都比普通水泥混凝土材料有很大提高，因此修补层的抗冲击能力较强；再加上这种材料在磨损过程中，由于在磨损表面有一定数量的有机聚合物起到黏接作用，防止水泥材料的颗粒从表面脱落，因此聚合物改性复合材料修补层的耐磨性能十分优良。由此可以看出，聚合物改性水泥砂浆和混凝土的优良综合性能使其成为水泥混凝土路面病害修补以及路表功能恢复的理想材料。

在路表罩面工程中，常用的聚合物改性水泥砂浆和混凝土有多层砂子填充环氧树脂罩面、低模量环氧树脂混凝土罩面、环氧树脂混凝土罩面、不饱和聚酯树脂混凝土罩面和甲基丙烯酸甲酯混凝土罩面等。不同的聚合物混凝土罩面层，对技术性能的要求也是不同的。

对于使用聚合物混凝土铺筑的高等级公路路面，目前国内的实体工程较少，但一些专家学者和科研单位已经开始了在此方面的研究，并取得了一定的成果。

2004年，笔者对聚合物改性混凝土复合式路面进行了深入系统的研究[35~38]，并依托广东省S358公路惠州段路面工程铺筑了试验段，该聚合物水泥混凝土复合式路面采用滑模摊铺施工工艺，如图2-7所示。试验段自2004年6月铺筑完成至今，使用状况良好。重庆交通大学等科研单位也开展了聚合物水泥混凝土路面的研究，他们依托国家西部交通科技项目《聚合物改性水泥混凝土在路面中的应用研究》,自行研制成功了强度高、变形性能优良的路用聚合物水泥胶结料。该研究成果在重庆市内环高速公路改造工程中成功应用,其路面实体工程如图 2-8 所示。

图 2-7　广东 S358 省道惠州段聚合物水泥混凝土路面滑模摊铺施工

图2-8　聚合物水泥混凝土路面在重庆内环高速公路改造工程中的应用

从我国目前已建成的聚合物水泥混凝土路面工程的应用情况来看,聚合物水泥混凝土路面的优点可以归纳为以下几个方面:

(1)路面服务功能显著提高,聚合物改性水泥混凝土路面综合了传统水泥混凝土路面和沥青混凝土路面的各自优点,同时路面材料具有优良的耐久性能。

(2)工艺简单,路面采用滑模摊铺工艺一次成型。在现有成熟工艺的基础上适当改进,只需摊铺机摊铺整平,无需压路机碾压,既省去了水泥混凝土路面振捣、抹平工艺,也省去了沥青路面的热拌、碾压工艺,使得路面的平整度、行车舒适度得到了极大提高。

(3)成本具有明显优势,路面材料的特点以及路面设计理念上的更新实现了路面的薄层铺装,路面一次性投资成本较沥青路面降低,经济效益显著。

(二)矿物质掺和料在高性能混凝土中的应用

矿物质细掺料在国外高性能混凝土中的应用已十分普遍。日本早在 20 世纪 60 年代就开始使用掺有大量矿物细掺料的高强混凝土建造混凝土铁路桥;挪威规定所有的桥梁混凝土必须掺粉煤灰或硅粉,水胶比不得超过 0.4;法国建造的依沃纳河桥由于使用了掺加矿物超细粉的高性能混凝土,使混凝土的用量减少 30%,自重降低 24%。我国对矿物质掺和料的应用也具有相当丰富的经验。近年来建成的一些著名桥梁,如上海杨浦大桥、武汉长江二桥等均采用掺加矿物超细粉的泵送混凝土;举世瞩目的三峡主体工程中也使用了掺有近 50% 优质 I 级粉煤灰的高性能混凝土。目前,掺有矿物质超细粉的高性能混凝土并未在我国的公路、机场道面中得到全面推广使用,这与国外相比还有较大的差距。

在配制水泥混凝土时加入较大量矿物质掺和料，可降低温升，改善工作性，增进后期强度，并可改善混凝土的内部结构，提高抗腐蚀能力。尤其是矿物质细掺料对碱-集料反应的抑制作用已引起国内外专业人员的极大兴趣。因此，国外将这种混合材料称为辅助胶凝材料，是高性能水泥混凝土不可缺少的组分。我国著名学者吴中伟教授认为矿物质细掺料在高性能水泥混凝土中有如下作用。

1. 改善新拌水泥混凝土的工作性和抹面的质量

水泥混凝土提高流动性后很容易引起离析和泌水，使新拌混凝土体积不稳定。掺入矿物细掺料的高性能混凝土则有很好的黏聚性。需水量较小的细掺料（如矿渣、粉煤灰）还可进一步降低混凝土的水胶比而保持良好的工作性。

2. 降低混凝土的温升

混凝土内部温升的大小取决于水泥用量、水胶比、构件尺寸、集料种类和用量等。为了使低水胶比的混凝土有足够的流动性，就要用较多的水泥，这样则会产生较大的温升。掺入矿物质细掺料后，由于水泥熟料相应减少，水泥水化总热量就会减少，从而可降低混凝土的温升。

3. 调整实际构件中混凝土强度的发展

掺入不同的矿物质细掺料对混凝土的强度会有不同的影响。在相同水灰比下，硅灰、沸石凝灰岩、油母页岩灰、偏高岭土等在掺量合适时可以提高混凝土的强度；矿渣、粉煤灰等会使混凝土的早期强度降低，而后期强度却均有较大的持续增长。

4. 提高抗化学侵蚀的能力，增强混凝土耐久性

当硅酸盐水泥混凝土处在有侵蚀性介质的环境中时，侵蚀性介质会与水泥石中水化生成的 $Ca(OH)_2$ 和 C_3A 水化物发生反应，逐渐使混凝土破坏。在混凝土中掺入矿物细掺料后，一方面，由于减少了水泥用量，也就减少了受腐蚀的内部因素；另一方面，矿物细掺料的细微颗粒均匀分散到水泥浆体中时，会成为大量水化物沉积的核心，随着水化龄期的进展，这些细微颗粒及其水化反应产物填充水泥石孔隙，改善了混凝土的孔结构，逐渐降低混凝土的渗透性，阻碍侵蚀性介质侵入。因此，掺入矿物质细掺料可提高混凝土的耐久性。

高性能水泥混凝土中使用的矿物质细掺料与普通混凝土的中矿物质细掺料在性能要求上有一定差异。普通混凝土对矿物细掺料的品质要求，除限制其有害组分含量和一定的细度以外，主要侧重于其强度活性。但高性能混凝土需要很低的水胶比，首选的是需水量小的矿物细掺料。因此，对用于高性能混凝土的矿物细掺料品质的要求，除限制有害组分含量外，主要着重于活性和需水量。此外，对粉煤灰等燃煤废弃物还要限制其含碳量，因为粉煤灰含碳量的指标比细度

更重要。含碳量高的粉煤灰需水量大,对混凝土的流变性、强度和变形都有不利的影响。国家标准《高强高性能混凝土用矿物外加剂》(GB/T 18736—2002)中规定,配制高强高性能混凝土用矿物外加剂的性能,应符合表2-4的要求。

配制高强高性能混凝土用矿物外加剂的性能指标 表2-4

性能指标名称			矿物外加剂品种①							
			磨细矿渣			硅灰	粉煤灰②		磨细天然沸石	
			I	II	III		I	II	I	II
化学性能	MgO 含量,不大于(%)		14	14	14	—	—	—	—	—
	SO_3 含量,不大于(%)		4	4	4	—	3	3	—	—
	烧失量,不大于(%)		3	3	3	6.0	5	8	—	—
	Cl 含量,不大于(%)		0.02	0.02	0.02	0.02	0.02	0.02	0.02	0.02
	SiO_2 含量,不小于(%)		—	—	—	85	—	—	—	—
	吸铵值,不小于(mmol/100g)		—	—	—	—	—	—	130	100
物理性能	细度(45μm 筛筛余),不大于(%)		—	—	—	10	12	20	—	—
	比表面积,不小于(m^2/kg)		750	550	350	15 000	600	400	700	500
	含水率,不大于(%)		1.0	1.0	1.0	3.0	1.0	1.0	—	—
胶砂性能	需水量比,不大于(%)		100	100	100	—	95	105	110	115
	活性指数	3d,不小于(%)	85	70	55	—	—	—	—	—
		7d,不小于(%)	100	85	75	—	80	75	—	—
		28d,不小于(%)	115	105	100	85	90	85	90	85

注:①由两种或两种以上矿物外加剂复合而成的产品,依其主要组分参照该类指标进行检验。

②粉煤灰包括原状粉煤灰和磨细粉煤灰。

③硅灰的细度满足"细度45μm 筛筛余"和"比表面积"其中一项即为合格。

④各种矿物外加剂的化学组成均应测定其总碱量,并于使用说明书中予以说明,以便根据工程要求选用。其测试方法按《高强高性能混凝土用矿物外加剂》(GB/T 18736—2002)中的有关规定进行。

矿物细掺料在高性能混凝土中的作用有其各自的优点,但也存在缺点。例如,硅灰等在混凝土中有增强的作用,但自干燥收缩大,而且因需水量大其允许掺量有限,对混凝土温升没有降低的作用;磨细矿渣的需水量不大,对混凝土的强度有利,但自干燥收缩较大;掺粉煤灰混凝土的自干燥收缩和干燥收缩都小,而且需水量小,但抗碳化性能较差,等等。根据复合材料的"超叠效应"(Synergistic)原理[19],将不同种类矿物细掺料以适合的复合比例和总掺量掺入混凝土中,可以充分发挥它们的功能互补效应,这也是矿物细掺料在高性能混凝土中应用的发展趋势。许多研究表明,不同掺和料的组合叠加效果要优于它们的单掺效果。例如同时掺加硅灰和粉煤灰时,可用粉煤灰来降低需水量和减少自干燥收缩,而用硅灰来提高早期强度;将粉煤灰和矿渣这两种在物理性能上起相反作用的掺和料混掺在混凝土中时,它们对新拌混凝土可起到微调节器的作用。尽管掺和料的复掺技术对混凝土的性能有改善作用,但掺入高性能混凝土中的掺和料的种类越多,研究应用时考虑的因素和水平也会相应增加,因此掺和料的复掺技术目前仅局限于双掺或三掺矿物细掺料。

参 考 文 献

[1] Bentur A and Mindess S. Fiber reinforced cementitious composites[M]. London:Elsevier Applied Science,1990.

[2] Grant M. The World of Rome,1960.

[3] 陈志华.外国建筑史(十九世纪末叶以前).北京:中国工业出版社,1962.

[4] Neville A M 著.混凝土的性能.北京:中国建筑工业出版社,1983.

[5] Mindess S, Young J F. Concrete. In:Prentice-Hall INC. Englewood Cliffs, New Jersey,1981.

[6] Cresson, L. Improved manufacture of rubber roadfacing, rubb-flooring, rubber tiling or other rubber-lining. British Patent 191 474,12 Jan 1923.

[7] Lefebure, V., Improvments in or relating to concrete, cements, plasters and the like. British Patent 217 279,5 June 1924.

[8] AASHTO, "Portland Cement Concrete Resistant to Excessive Expansion Caused by Alkali-Silica Reaction," Section 56X, Guide Specification For Highway Construction, American Association of State Highway and Transportation Officials, Washington, D. C,2001.

[9] Klieger, Paul, Air-Entraining Admixtures, Research Department Bulletin RX199, Portland Cement Association,1966:12.

[10] Whiting, David A., and Nagi, Mohamad A., Manual on the Control of Air Content in Concrete, EB116, National Ready Mixed Concrete Association and Portland Cement Association,1998:42.

[11] Whiting, D., and Dziedzic, W., *Effects of Conventional and High-Range Water Reducer on Concrete Properties*, Research and Development Bulletin RD107, Portland Cement Association,1992:25.

[12] Lackey, Homer B., "Factors Affecting Use of Calcium Chloride in Concrete," *Cement, Concrete, and Aggregates*, American Society for Testing and Materials, West Conshohocken, Pennsylvania, Winter 1992:97-100.

[13] Berke, N. S., and Weil, T. G., "World Wide Review of Corrosion Inhibitors in Concrete," Advances in Concrete Technology, CANMET, Ottawa,1994:891-914.

[14] Tang, Fulvio J. , and Bhattacharja, Sankar, Development of an Early Stiffening Test, RP346, Portland Cement Association, 1997:36.

[15] 安全科学技术百科全书. 中国劳动社会保障出版社, 北京:2003.

[16] Fower D. in Huang Y, Wu K, Chen Z(ed). Proceedings of 6th ICPIC, International Academic Publishers, Beijing, 1990:10-17.

[17] 林宝玉, 吴绍章. 混凝土工程新材料设计及施工(第一版). 北京:中国水利水电出版社, 1998.

[18] 冯乃谦, 刑锋. 高性能混凝土技术. 北京:原子能出版社, 2000.

[19] 吴中伟, 廉惠珍. 高性能混凝土. 北京:中国铁道出版社, 1999.

[20] 陈寒斌, 陈剑雄. 掺复合矿物超细粉混凝土的耐久性研究. 建筑材料学报, 2006, 9(3).

[21] 冯乃谦, 牛全林. 矿物质粉体对砂浆及混凝土 Cl^- 渗透性的影响. 中国工程科学, 2002, 4(2).

[22] Larbi J A, Bijen J M. Effect of mineral admixtures on the cement paste-aggregate Interface. SP132-36. Istanbul Conference, 1992:665.

[23] Isenberg, J. E. and Vanderhoff, J. W. Hypothesis for Reinforcement of Portland Cement by Polymer Latexes. J. Amer, Ceram, Soe, 1974, 57(6):242.

[24] Etsuo Sakai, Jun Sugita. Composite Mechanism of Polymer Modified Cement. Cement and Concrete Research, 1995, 25(1):127-135.

[25] 徐雅君. 苯—丙型共聚乳液—水泥砂浆共混体系的研究(III)改性剂对水泥砂浆强度的影响. 北京化工大学学报, 1999, 26(4):44-46.

[26] 姜洪义, 般仲海. NBS 乳液—水泥砂浆共混体系的研究. 混凝土. 2002, 2.

[27] S. Pascal, A. Alliche, Ph. Pilvin, Mechanical behaviour of polymer modified mortars. Materials Science and Engineering A 380, 2004:1-8.

[28] Joao A. Rossignolo, Marcos V. C. Agnesini. Durability of polymer-modified lightweight aggregate concrete. Cement&Concrete Composites26, 2004:375-380.

[29] M. M. Al-Zahrani, M. Maslehuddin, S. U. Al-Dulaijan, M. Ibrahim. Mechanical Properties and durability characteristics of polymer and cement-based repair materials. Cement& Concrete Composites25, 2003:527-537.

[30] J. Monteny, N. De Belie, E. Vincke, W. Verstraete, L. Taerve. Chemical and microbiological tests to simulate sulfuric acid corrosion of polymer-modified Concrete. Cement and Concrete Research31, 2001:1359-1365.

[31] 梁乃兴. 聚合物改性水泥混凝土. 北京:人民交通出版社,1995.
[32] 钟世云,袁华. 聚合物在混凝土中的应用. 北京:化学工业出版社,2003.
[33] 李虎军,王琪. 水溶性聚合物改性水泥的研究. 功能高分子学报,1998,11(1).
[34] 钟世云,王培铭. 聚合物改性砂浆和混凝土的微观形貌. 建筑材料学报,2004,7(2):68-73.
[35] 申爱琴,李祝龙,龚俊生,等. 聚合物乳液改性水泥砂浆. 公路,2000,7:41-44.
[36] 申爱琴,李祝龙,王小明. 聚合物乳液改性水泥混凝土的微观结构. 混凝土,2001,3:40-42.
[37] 熊剑平,申爱琴. 聚合物水泥砂浆路用性能与改性机理研究. 公路,2007,5.
[38] 申爱琴. 水泥混凝土路面裂缝修补材料研究. 博士学位论文,西安,2004.

第三章　水泥混凝土路面病害与防治

自20世纪90年代以来，我国水泥混凝土路面以前所未有的速度迅猛发展，到2006年底，我国已建成各类水泥混凝土路面635 027km，比1990年增长了近56倍，年平均增长率达29.7%。目前，我国水泥混凝土路面每年在建规模超过25 000km，尽管建设规模已经达到了一个较高的水平，但在水泥混凝土路面的设计、施工、养护及运营等方面仍存在着一系列技术问题，使得水泥混凝土路面病害屡见不鲜，严重影响了路面的使用性能。

第一节　水泥混凝土路面常见病害类型

水泥混凝土路面在使用期间，承受数百万次汽车荷载作用，还要受到不同气候周期变化的影响，最终导致路面产生各种各样的损坏。水泥混凝土路面病害形式繁多，特别是断裂破坏，轻者影响路面的寿命，重者则会影响行车安全。按照《公路水泥混凝土路面养护技术规范》(JTJ 073.1—2001)中的有关规定[1]，水泥混凝土路面损坏可分为裂缝类、接缝类、变形类、表面损坏类和其他类等类型。裂缝类主要指横向裂缝、纵向裂缝、斜向裂缝、交叉裂缝(或破碎板)及板角断裂；变形类主要指唧泥、错台、拱起；接缝类主要指纵缝和横缝的损坏；表面损坏类主要指边角剥落、坑洞和层状剥落；其他类主要指修补损坏。其损坏分类分级见表3-1[2]。

水泥混凝土路面破损类型及分级等级　　表3-1

序号	损坏类型	损坏特征	分级标准		计量单位
1	边角剥落	邻近接缝60cm内，或板角15cm内，混凝土开裂或成碎块	轻	剥落发生在边角附近8cm内	处
			中	剥落范围大于8cm，碎块松动，但不影响行车安全或不易损害轮胎	
			重	影响行车安全或极易损害轮胎	
2	接缝材料破损	填缝料剥落、挤出、老化和缝内无填缝料	轻	约1/3缝长出现损坏，水和杂物易渗入或进入	条

续上表

序号	损坏类型	损坏特征	分级标准		计量单位
2	接缝材料破损	填缝料剥落、挤出、老化和缝内无填缝料	重	2/3 缝长出现损坏,水和杂物可以自由进入,需立即更换填缝料	条
3	坑洞	面板表面出现直径为 2.5 ~ 10cm,深为 1.2 ~ 5cm 的坑洞		不分等级	块
4	修补损坏	面板损坏修补后,重新又损坏	轻	修补功能尚好,四周有轻微剥落	块
			中	四周有中等剥落,且内部有裂缝	
			重	四周严重剥落,修补已损坏,需重新修补	
5	拱起	横缝两侧的板体发生明显抬高		不分等级	处
6	表面裂纹与层状剥落	路面表层有网状浅而细的裂纹或层状剥落	轻	面积小于或等于 20% 板块面积	块
			重	面积大于 20% 板块面积	
7	纵向、横向、斜向裂缝	面板断裂为 2 块	轻	缝隙宽小于 3mm 的细裂缝	米和块
			中	边缘有中等或严重碎裂,高度小于 13mm 错台的裂缝,缝宽小于 25mm 的裂缝	
			重	13mm 以上错台或缝宽大于 25mm 的裂缝	
8	破碎板或交叉裂缝	面板破裂分为 3 块以上	轻	板被裂分为 3 ~ 4 块	米和块
			重	板被裂分为 5 块以上,或被中等裂缝分为 3 块以上	
9	板角断裂	裂缝垂直通底,并从角隅到断裂两端的距离等于或小于板边长一半	轻	缝隙宽小于 3mm 的细裂缝	米和块
			中	边缘有中等或严重碎裂,高度小于 13mm 错台的裂缝,缝宽小于 25mm 的裂缝	
			重	13mm 以上错台或缝宽大于 25mm 的裂缝	
10	错台	接缝或裂缝两边出现高差	轻	错台量为 6 ~ 12mm	处
			重	错台量 > 12mm	
11	唧泥	荷载通过时板发生弯沉,接缝或裂缝附近有污染或沉积的基层材料		不分等级	条

第二节　水泥混凝土路面裂缝及防治

水泥混凝土路面裂缝包括纵向、横向、斜向和交叉裂缝。纵、横、斜向裂缝的损坏特征是指通底的裂缝，将板块分割为2块或3块，初期可能未贯通板面，但终将发展为贯通板面；交叉裂缝是指裂缝相互交叉，将板分割为3块以上（又称破碎板）。产生裂缝的原因可以概括如下：

（1）重复荷载应力、翘曲应力及收缩应力等综合作用。

（2）水的浸入及过大的竖向位移的重复作用，使基层受到侵蚀产生脱空。

（3）土基和基层强度不够，基础较弱，或冬季施工中冻土大块过多。

（4）接缝拉开后，丧失传荷能力，在板的周围产生过大的荷载应力。

（5）水泥质量差，不稳定；粗细集料质量差；搅拌不匀或部分水泥混凝土未搅拌到。

（6）施工操作不当，养生不好，养护时间不足。

一、水泥混凝土路面裂缝分类

水泥混凝土路面裂缝的形式很多，其分类方法也各有不同。按裂缝宽度、是否有错台或沉陷现象，可将水泥混凝土路面裂缝分为轻度裂缝、中等裂缝及严重裂缝三个等级[3]，具体形式见图3-1～图3-4。

图3-1　贯通微裂缝（轻度裂缝）

图3-2　板角裂缝（中等裂缝）

1.轻度裂缝

指裂缝两侧的混凝土路面板块稳固，无松动和错台，裂缝基本无剥落或剥落长度小于或等于10%缝长且缝宽小于或等于3mm。这种轻度裂缝在平面上一般未贯通或者刚贯通不久，裂缝处于初期发育形态。在素混凝土中，一般持续时间较短。对于未贯通的裂缝，原则上可不予处理；对于已贯通的裂缝，必须采用灌缝或封缝处理。

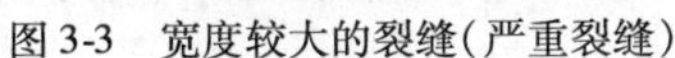

图 3-3　宽度较大的裂缝（严重裂缝）

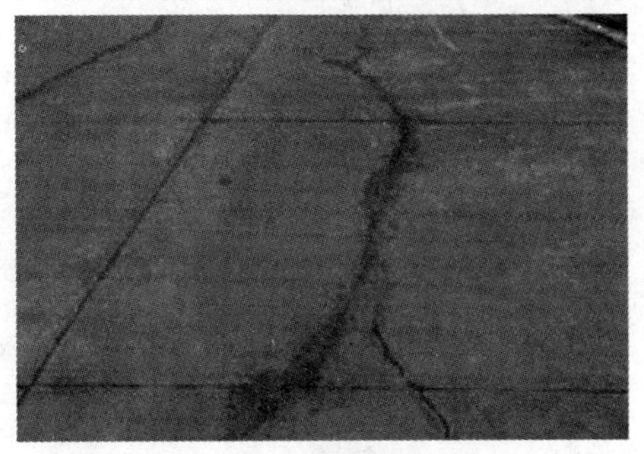

图 3-4　不规则裂缝

2. 中等裂缝

指在裂缝的两侧发生了剥落，剥落长度约为 10% ~ 50% 缝长，或者裂缝两侧存在着中等错台（错台量在 6 ~ 10mm 之间），或裂缝缝隙宽度达 3 ~ 15mm。中等裂缝是轻度裂缝发展的结果。对于中等裂缝，必须采用板底压浆、沿缝开槽、再灌入填缝料等措施进行修补。

3. 严重裂缝

指裂缝两侧的混凝土路面板块发生了严重错台（ >10mm）、沉陷、唧泥，有严重剥落现象或裂缝宽度大于或等于 15mm。对于严重裂缝病害，必须进行板底压浆、沿缝开槽、灌注填料。有些较严重的部分应采取局部换板修补。

水泥混凝土路面裂缝的形成是时间的函数，不同时间形成的裂缝表现形式不同，形成的机理不同，采取的治理和修补措施也不同。除了上面的分类方法，水泥混凝土路面裂缝根据出现时间的先后顺序还可以分为早期裂缝和使用期裂缝。早期裂缝主要包括沉降收缩裂缝、塑性收缩裂缝、干缩裂缝、温缩裂缝和翘曲裂缝；使用期裂缝主要包括荷载裂缝、冲刷损伤裂缝和路基变形荷载裂缝。这些裂缝的裂缝成因、性质见表 3-2。

水泥混凝土路面早期裂缝及使用期裂缝形成原因与性质[3]　　表 3-2

裂缝名称		裂缝描述	形成机理	裂缝性质
早期裂缝	沉降收缩裂缝	混凝土硬化阶段形成，表面裂缝	混凝土离析、粗集料分离或水泥浆淌出，表面浆体水灰比大，泌水等使其收缩大，表面收缩受到内部混凝土约束	非结构性裂缝，对荷载传递无影响，裂缝可扩展，为稳定扩展裂缝

续上表

裂缝名称		裂缝描述	形成机理	裂缝性质
早期裂缝	塑性收缩裂缝	混凝土凝结过程形成，表面裂缝	混凝土表面蒸发率大于泌水率，混合料温度高，风速大	非结构性裂缝，对荷载传递无影响，深度达3cm以上时可扩展形成断板，为稳定裂缝或稳定扩展裂缝
	干缩裂缝	高温、刮风、低温条件下施工，混合料蒸发量大时产生	混凝土干燥收缩受到基层约束，约束应力超过混凝土强度而开裂，水灰比、水泥用量大，初期养护不好	结构性裂缝，裂缝表面具有分形性质，易引起二次开裂，为活动缝
	温缩裂缝	为横向或纵向裂缝，混凝土硬化初期遇降温或切缝不及时产生	混凝土冷却受到基层约束，约束应力大于混凝土强度而开裂；切缝不及时，板长过长	结构性裂缝，裂缝表面具有分形性质，易引起二次开裂，为活动缝
	翘曲裂缝	为横向贯穿裂缝	温度和荷载组合应力超过设计允许应力	结构性裂缝，为活动缝
使用期裂缝	荷载裂缝	贯通裂缝，纵、横、斜向	混凝土板中受到的应力达到混凝土极限抗折强度，荷载应力占开裂应力的比例较大	结构性裂缝，逐步失去荷载传递能力，为活动缝，并易二次、多次断裂
	冲刷损伤裂缝	板角或板边贯穿裂缝，伴有唧泥、错台和水冲刷现象	基层抗冲刷性不足，重轴车作用下，接缝唧泥，板角、板边脱空，荷载应力和板角、板边挠度超过临界状态	结构性裂缝，开裂后小板失去传递荷载和承载能力，为活动缝，易产生二次开裂、多次开裂
	路基变形荷载裂缝	纵向、斜向贯穿裂缝，伴有路基沉降和水平位移或路床潮湿、软弱	因路基沉降和水平位移造成板底脱空失去支承，或因土质不良、路基潮湿、支承不足及汽车荷载作用下断裂	结构性裂缝，失去荷载传递能力和防水密封性，为活动缝，易产生二次开裂、多次开裂

二、水泥混凝土路面裂缝预防与处治

早期裂缝产生的原因主要是原材料不合格、基层高程失控和不平整、混凝土配合比不当、施工工艺不当；使用期裂缝产生的主要原因是设计不当、超重车的影响、基层不均匀沉陷、基层失稳、排水不良。因此，针对不同成因的裂缝应采取相应的预防与处治措施[4~6]。

对于早期裂缝的预防，重要的预防措施是保证原材料的质量，尽量使用优质的各类原材料。特别是水泥,应选用发热量少、收缩量小的硅酸盐道路水泥或普通硅酸盐水泥,禁止使用稳定性差的水泥;要严格控制基层顶面高程,确保水泥路面板厚度均匀一致;严格控制水泥混凝土配合比,各种材料称量要准确;施工控制应落到实处,如拌和及振捣时间、机械配置、施工缝处理、面板养生、切缝时间、传力杆安装等。

对于使用期裂缝的预防,主要措施有:确保路面板设计能够满足交通发展的要求,特别是面板厚度设计应有适宜的可靠度;加强路面的排水设计,注重混凝土材料的耐久性设计;依法治路,限制超载车辆通行;严格控制路基、路面基层施工质量,对特殊地段要进行特殊处理;严防不均匀沉陷发生;处理好面层与基层间的结合;提高基层水稳定性,防止唧泥。

水泥混凝土路面的裂缝处治应根据破损程度不同而区别对待。对于路面早期轻微裂缝,或裂缝宽度小于3mm的裂缝,应选用适宜的灌缝材料及时封堵。对于伴有剥落的裂缝,或较宽的裂缝,应局部开槽修补。对于裂缝伴有严重的剥落、错台或裂块已活动的断板,必须整板更换。

第三节 水泥混凝土路面变形类损坏及防治

一、水泥混凝土路面变形类损坏分类与成因

水泥混凝土路面变形类损坏分为唧泥、拱起及错台三种。

(1)唧泥:指水泥路面上车辆通过时基层细料和水一起从板接缝处挤出,逐渐使基础失去支撑能力,在各种轻、重荷载的交替和重复作用下,最终将会产生板断裂的现象。产生的主要原因是填缝料损坏、雨水下渗、路面排水不良等。

(2)拱起:混凝土板在受热膨胀而受阻时,某一接缝两侧的板突然向上拱起。这是由于板收缩时缝隙张开,填缝料失效,坚硬碎屑等不可压缩材料塞满缝隙,使板在膨胀时产生较大的热压应力,从而出现纵向压曲失稳[6],如图3-5所示。

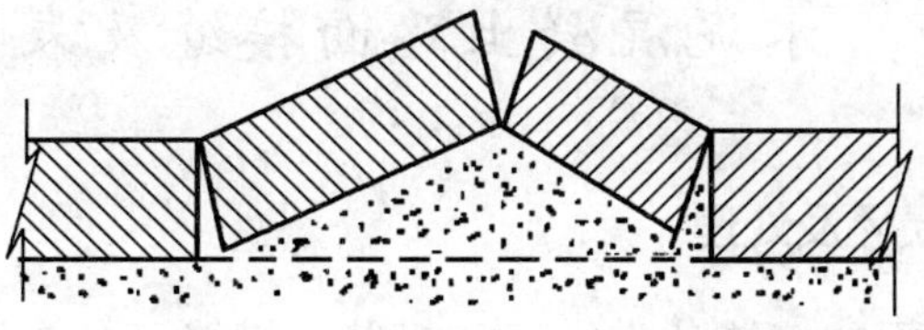

图3-5 混凝土路面拱起示意图

(3)错台:水泥路面横向接缝两侧路面板出现的竖向相对位移 Δh,如图 3-6 所示。产生错台的主要原因是:

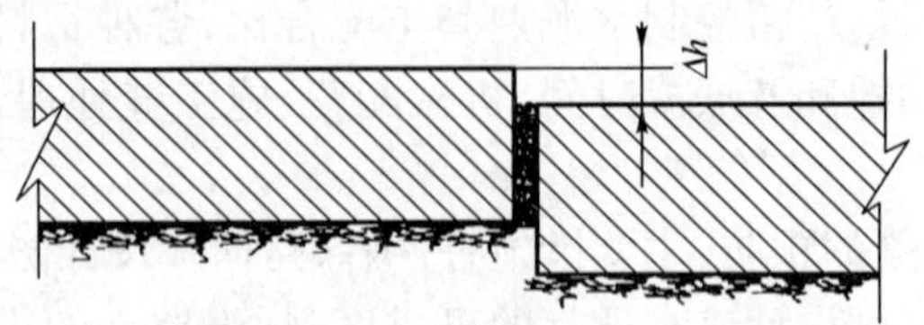

图 3-6 混凝土路面错台示意图

①水泥混凝土路面板在车辆荷载的作用下,造成接缝处板块不均匀的往下沉。

②在春夏秋冬不同的温度和湿度作用下,使水泥混凝土板在接缝处产生翘曲现象。

③施工中操作不良,如横缝处未设置传力杆,基础强度不够及材料质量不好等。

二、变形类损坏的预防与维修

(1)唧泥的处理:应采取标本兼治,下补强填充,上密实封闭,纵引导流、横疏排水的综合处理方法。这些防治措施包括对雨水的防治措施,如加强路表面排水、加强接缝处理、加强路面结构排水等;加强基础的抗冲刷能力;减弱荷载应力以防止唧泥的发展[6,7]。

(2)拱起的处理:当板端拱起但路面板完好时,应按下列方法处理:用切割机具缓慢地将被拱起端两侧的各 2~3 条横缝切宽、切深,释放其应力;切开拱起端,将板块恢复原位;按规范要求封填接缝。

(3)错台的处理:应根据错台高度、轻重和位置,选用下列处理方法。错台高度为 $0.5\text{cm} < \Delta h < 1.0\text{cm}$ 时,采用切削法修补,使用带扁头的风镐,均匀地将高起处凿下去并与邻板齐平;错台高度 $\Delta h \geq 1.8\text{cm}$,可用沥青砂罩面法,适用于接缝部分或裂缝部分、水泥混凝土路面和沥青路面之间、水泥混凝土路面和路肩之间的错台;板底灌浆抬高法,适用于基础过软引起的错台。

第四节 水泥混凝土路面接缝及表面损坏

一、路面接缝损坏及处理

水泥混凝土路面的接缝分为纵缝和横缝。横缝又分为胀缝(真缝)和缩缝(假缝)两种。胀缝在使用中随气温而变化,气温上升时填缝料会被挤出;当气温下降时，填缝料不能恢复，使缝中形成空隙，泥、砂、石屑等杂物侵入，成为再次胀伸时的障碍，且雨雪水亦能沿此空隙渗入，损坏基层和垫层，造成路面板接缝处的变形和损坏。缩缝的变化较小，但经过若干次收缩，能把假缝折断成真缝。填缝料自身老化形成的破损类似于胀缝。施工养护不规范，切缝、清缝不及时或没有达到规定的深度，也是造成接缝破损的原因。接缝剥落和填料损坏如图3-7所示。

图3-7　接缝处剥落及填料损坏

接缝处理：先清缝使之干净，后用稀释沥青等涂缝壁，缝的下部可填25～30mm高的泡沫塑料嵌条；然后用配制好的接缝料进行填缝，缝顶须留有5～10mm膨胀空间，冬季可取下限；在已填好的缝上，用烙铁烙平，使接缝密实；加热式填缝料主要有聚乙烯胶泥类、橡胶沥青等，方法是将填缝料加热至灌入温度，滤去渣物，倒入填缝机内即可填灌；常温式方法与加热式填缝料相同，但无需加热。

二、孔洞和坑槽的处理

孔洞、坑槽主要是由于水泥混凝土材料中夹带杂物所致，其影响行车舒适。先将孔洞凿成形状规则的直壁坑槽，清除破损处，用压缩空气吹干净修补面，填上聚合物乳液混凝土，喷洒养生剂，养生至规定通车强度时即可通车。

三、磨光的处理

为了改善路面防滑性能，可用刻槽机对磨光路面进行刻槽处理。对水泥混凝土表面出现的局部性起皮、剥落、龟裂、麻面、露骨、松散等破损，可在路面板表面凿除破损，而后在上面做薄层表面处治。当采用沥青做表面处治时，参照沥青路面施工规范进行。当采用水泥类材料做表面处治时，由于新的水泥混凝土层较薄，新旧混凝土结合至关重要，新旧结合面必须刷黏结剂，后浇筑混凝土。

参考文献

[1] 中华人民共和国行业标准．公路水泥混凝土路面养护技术规范(JTJ 073.1—2001)．北京：人民交通出版社，2001.

[2] 金智强.水泥混凝土路面养护维修手册.北京:人民交通出版社,2003.
[3] 申爱琴.水泥混凝土路面裂缝修补材料研究.博士学位论文,西安,2004.
[4] 陈辉勇.混凝土路面的常见病害及治理.海南大学学报自然科学版,2004.
[5] 黄金国.混凝土路面的常见裂缝与防治措施.混凝土.2000.
[6] 李强,李新平.水泥混凝土路面常见病害的机理与预防.国外建材科技,2006.
[7] 项瑞柱.水泥混凝土路面唧泥损坏与防治对策.交通标准化,2006.

第二篇

改性水泥基路面
裂缝修补材料

第四章　改性水泥基质材料

第一节　水泥基材料

水泥是重要的建筑材料之一，它的发展有着极为悠久的历史。早期的建筑多使用土质材料，可夯实成围墙和拱顶。但是，土质材料的强度很低，容易被水冲刷。因此它们逐渐被砖石砌块和砌筑砂浆所替代。人类开始使用石膏和石灰砂浆作为胶凝材料起于公元前3000~公元前2000年，保存至今的古埃及金字塔等宏伟建筑就是这些材料使用的有力见证。随着石灰砌筑砂浆的广泛使用，古希腊人和古罗马人还发现，将细磨的火山凝灰岩与石灰和砂子混合不仅可以配制高强度的砂浆，还可以抵抗水的作用。近代石灰砂浆制备技术的重大进步可归因于英格兰人 John Smeaton。Smeaton 注意到纯石灰砂浆不能抵抗水的作用，故试图用不同产地的石灰配制砂浆，并且发现了含有一定量黏土组成的石灰石经过煅烧后可获得水硬性能。在此之后，人们开始使用各种天然含土石灰岩石（泥灰岩）来烧制水硬石灰。水硬石灰的生产技术在1796年获得专利，并被称为罗马水泥。由于天然含土石灰岩石并不是随处可见，一些人开始人工配制水泥，英格兰人 Aspdin 在这一方面取得了巨大的成功。他用经粉磨的石灰石和黏土混合物在老式立窑中煅烧后制成水硬水泥，并在1824年所获得的专利中用波特兰来命名自己的产品，因为波特兰岩石是当地的一种坚硬、耐久的石灰岩。Aspdin 的水泥实际上也是一种水硬石灰，与当代的波特兰水泥相差甚远，但它仍是波特兰水泥发展史上具有里程碑意义的重要步骤。从这时起，胶凝材料进入了一个崭新的发展时代。

一、水泥分类

水泥可以被定义为一种胶结材料，即可通过胶结作用将一些固体碎块结合成一个坚实的整体。这一定义中包含着一系列的胶结材料，它们组成不同、性能各异，在工程上也有不同的应用。其中最大的一类主要用于建筑工程中砂、石的胶结,或混凝土的生产。

水泥生产技术发展至今,其种类日益繁多。按水泥的主要水硬性物质,可分为硅酸盐水泥、铝酸盐水泥、硫铝酸盐水泥、铁铝酸盐水泥等。这些水泥的水硬性物质不同,性质也有一定差异,如铝酸盐类水泥凝结速度快、早期强度高、耐热性能好而且耐硫酸盐腐蚀,硫铝酸盐水泥硬化后体积会膨胀等。按性能和用途不同,其又可分为通用水泥、专用水泥和特种水泥三大类[1]。

通用水泥是指大量用于一般土木工程的水泥,按其所掺混合材的种类及数量不同,又分为硅酸盐水泥、普通硅酸盐水泥(普通水泥)、矿渣硅酸盐水泥(矿渣水泥)、火山灰质硅酸盐水泥(火山灰水泥)、粉煤灰硅酸盐水泥(粉煤灰水泥)和复合硅酸盐水泥(复合水泥)等。专用水泥是指适应于专门用途的水泥,如道路水泥、大坝水泥、砌筑水泥等。特种水泥指某种性能比较突出的水泥,如快硬性水泥、水化热水泥、抗硫酸盐水泥、膨胀水泥等。水泥的一般分类见表4-1。

水 泥 分 类　　表4-1

分类依据	按性能和用途	按矿物组成	按技术特性
种类	通用水泥 专用水泥 特种水泥	硅酸盐水泥 铝酸盐水泥 硫酸盐水泥 磷酸盐水泥 氟铝酸盐水泥 火山灰性质水泥 其他活性水泥	快硬性水泥 水化热水泥 抗硫酸盐水泥 膨胀性水泥 耐高温性水泥

除了上面的分类方法,《波特兰水泥标准规范》(ASTM C150)中列出了5大类8种波特兰水泥[2],用罗马数字表明如下:

I型——普通型,用于无特殊要求的一般建筑工程;

IA型——普通引气型;

II型——中等抗硫酸盐型,用于需要预防中度硫酸盐侵蚀的混凝土;

IIA型——中等抗硫酸盐引气型;

III型——早强型,用于早期强度发展特快的混凝土;

IIIA型——早强引气型;

IV型——低水化热型,用于温度升高很慢的混凝土;

V型——高抗硫酸盐型,用于遭受严重硫酸盐作用,主要是土壤或地下水中硫酸盐含量高的混凝土。

我国的水泥标准与ASTM C 150《波特兰水泥标准规范》中的划分有着类似

之处。如 ASTM III 型多称为早强水泥（GB 199），ASTM IV 型多称为低热水泥（GB 200），ASTM V 型多称为抗硫酸盐水泥（GB 748），至于 I 型和 II 型则大都不加区分。

二、硅酸盐水泥矿物组成与结构

普通硅酸盐水泥熟料主要由氧化钙（CaO）、氧化硅（SiO_2）、氧化铝（Al_2O_3）、氧化铁（Fe_2O_3）四种氧化物组成，通常在熟料中占 95% 以上。同时，熟料中还含有 5% 以下的其他氧化物，如氧化镁（MgO）、硫酐（SO_3）、氧化钛（TiO_2）、氧化磷（P_2O_5）以及碱等。在水泥熟料中，氧化钙、氧化硅、氧化铝和氧化铁等不是以单独的氧化物存在，它们在经过高温煅烧后，其中两种或两种以上的氧化物反应生成多种矿物集合体，其结晶细小，通常为 30～60μm。因此，水泥熟料是一种多矿物组成的结晶细小的人造岩石，或者说它是一种多矿物的聚集体。

（一）矿物组成及特点

经过高温煅烧后，原料中 CaO、SiO_2、Al_2O_3、Fe_2O_3 四种成分化合为熟料中的主要矿物组成，其缩写及大致含量见表 4-2。

硅酸盐水泥熟料的主要矿物组成　　表 4-2

矿物组成	化学组成	常用缩写	大致含量（%）
硅酸三钙	$3CaO \cdot SiO_2$	C_3S	35～65
硅酸二钙	$2CaO \cdot SiO_2$	C_2S	10～40
铝酸三钙	$3CaO \cdot Al_2O_3$	C_3A	0～15
铁铝酸四钙	$4CaO \cdot Al_2O_3 \cdot Fe_2O_3$	C_4AF	5～15

水泥熟料中除硅酸三钙、硅酸二钙、铝酸三钙、铁铝酸四钙等主要矿物组成外，还含有少量的游离氧化钙（f—CaO）、方镁石（结晶氧化镁）、含碱矿物以及玻璃体等。

通常，熟料中硅酸三钙和硅酸二钙的含量占 75% 左右，称为硅酸盐矿物；铝酸三钙和铁铝酸四钙占 22% 左右。在煅烧过程中，后两种矿物与氧化镁、碱等从 1 200℃～1 280℃ 开始，会逐渐熔融成液相以促进硅酸三钙的顺利形成，故称为溶剂矿物。

硅酸盐水泥熟料主要矿物组成的性质见表 4-3[3]。

硅酸盐水泥熟料主要矿物组成的特点　表 4-3

矿物组成	主 要 特 点
C_3S	硅酸盐水泥中最主要的矿物成分，对硅酸盐水泥性质有重要影响，遇水反应速度较快，水化热高，水化产物对水泥早期和后期强度起主要作用
C_2S	硅酸盐水泥中的主要矿物成分，遇水反应速度较慢，水化热很低，水化产物对水泥早期强度贡献较小，但对水泥后期强度起重要作用，耐化学侵蚀性和干缩性较好
C_3A	含量通常在15%以下，是四种主要矿物组成中遇水反应速度最快，水化热最高的组分。它的含量决定水泥的凝结速度和释热量，它与为调节水泥凝结速度而掺入的石膏形成的水化产物对水泥早期强度起一定作用。耐化学侵蚀性差，干缩性大
C_4AF	遇水反应较快，水化热较高；强度较低，但对水泥抗折强度起重要作用；耐磨性、耐化学侵蚀性好，干缩性小

硅酸盐水泥熟料主要矿物组成性能比较见表4-4[1]。

硅酸盐水泥熟料主要矿物组成的性能比较　表 4-4

矿物组成		硅酸三钙(C_3S)	硅酸二钙(C_2S)	铝酸三钙(C_3A)	铁铝酸四钙(C_4AF)
与水反应速度		中	慢	快	中
水化热		中	低	高	中
对强度的作用	早期	良	差	良	良
	后期	良	优	中	中
耐化学侵蚀性		中	良	差	优
干缩性		中	小	大	小

（二）矿物结构

硅酸盐水泥熟料是一种多矿物的聚集体，它由许多不同的矿物和中间物组成。Taylor[4]的研究成果表明，水泥熟料的50%～70%是由硅酸三钙构成，而硅酸二钙仅占15%～30%，铝化合物占5%～10%，铁化合物占5%～15%。这些化合物及其他化合物可通过显微镜观察和分析。在显微镜下观察到的水泥熟料抛光薄片（图4-1）中[5]，光亮的棱角形晶体为C_3S，深色倒圆角的晶体为C_2S；C_3A一般呈不规则的微晶体，如点滴状、矩形或柱状，由于反光能力弱，在反光镜下呈暗灰色，常称为黑色中间相；C_4AF呈棱柱状或圆粒状，反光能力强，在反光镜下呈亮白色，称为白色中间相。

根据显微镜岩相检验结果，优质熟料属均细变晶结构。C_3S和C_2S结晶清晰，大小均齐，分布均匀，被20%～30%的中间相隔离开来，特别是C_3S结晶形态完整，边棱光洁，晶体大小约20μm，数量约占50%～60%。

1. 硅酸三钙结构特征

在硅酸盐水泥熟料中,硅酸三钙并不以纯的形式存在,它能与水泥熟料中的 MgO、Al_2O_3 等少量氧化物形成固溶体,称之为阿利特或简称 A 矿。图 4-1 为显微镜下观察到的水泥熟料抛光薄片。C_3S 的晶体断面为六角形和棱柱形,其晶型的扫描电镜照片如图 4-2 所示。

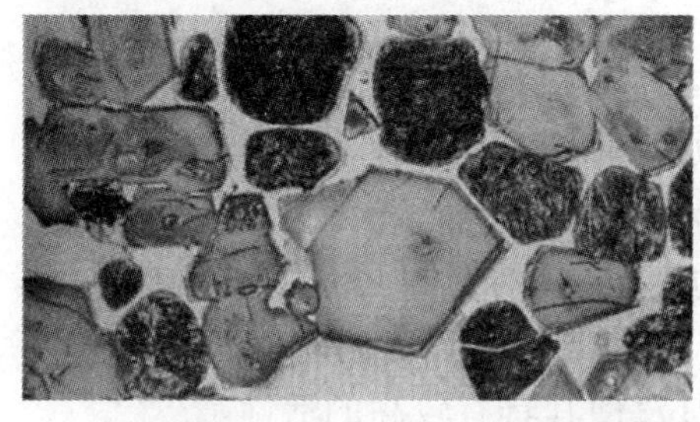

图 4-1　显微镜下观察到的水泥熟料抛光薄片

图 4-2　C_3S 晶体的扫描电镜照片

相关研究资料认为硅酸三钙的结构特征是:

(1)硅酸三钙是在常温下存在的介稳的高温型矿物。因而其结构具有热力学不稳定性。

(2)在硅酸三钙结构中,进入了 Al^{3+} 与 Mg^{2+} 离子并形成固溶体,固溶程度越高,活性越大。

(3)在硅酸三钙结构中,钙离子的配位数是 6,比正常配位数低,并且处于不规则状态,因而使钙离子具有较高的活性。

(4)在阿利特结构中存在着大尺寸的"空穴",这可以使氢氧根离子直接进入晶格中,从而使其具有大的水化速度。

2. 硅酸二钙结构特征

硅酸二钙是硅酸盐水泥熟料的主要矿物组成之一,在形成过程中常常固溶有少量的氧化物,如氧化铝、氧化铁、氧化钠、氧化镁等,称之为贝利特或简称B 矿。

硅酸二钙有多种晶型,即 $\alpha—C_2S$、$\alpha'_H—C_2S$、$\alpha'_L—C_2S$、$\gamma—C_2S$ 等。$\alpha—C_2S$ 在 1 420°C 以上的温度范围内是稳定的,在 1 420°C 时,$\alpha—C_2S$ 转变为 $\alpha_H'—C_2S$;在 1 120°C 时,$\alpha'_H—C_2S$ 转变为 $\alpha'_L—C_2S$;当温度为 620°C 时,$\alpha'_L—C_2S$ 可以直接转变为 $\gamma—C_2S$。但是,要实现这样的转变,晶格要做很大的重排。如果冷却速度很快,这种晶格的重排是来不及完成的。这样便形成了介稳的 $\beta—C_2S$。在水泥熟料的实际生产中,由于采用了急冷的方法,所以硅酸二钙是以 $\beta—C_2S$的形式存在的。因此,可以认为 $\beta—C_2S$ 是在常温稳定下来的高温型 $\alpha'_L—C_2S$ 的变种。硅酸二钙的多晶转变情形如图 4-3 所示。

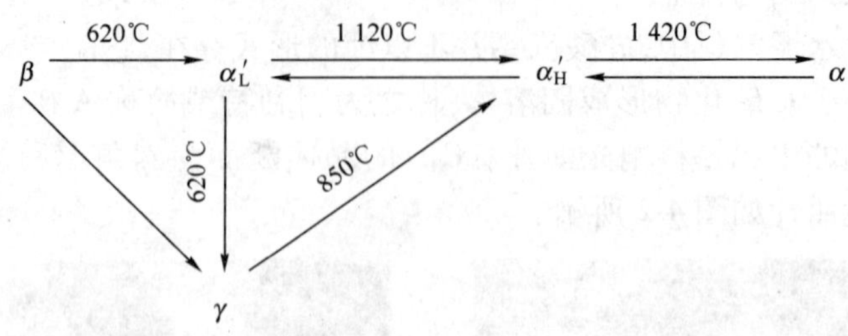

图 4-3　硅酸二钙的多晶转变

综上所述，硅酸二钙是以 β—C_2S 的形式存在，其结构特征为：

(1) β—C_2S 是在常温下存在的介稳的高温型矿物，因而其结构具有热力学不稳定性。

(2) β—C_2S 中的钙离子具有不规则配位，使其具有较高的活性。

(3) 在 β—C_2S 结构中，杂质和稳定剂的存在也提高了它的结构活性。

(4) 在 β—C_2S 结构中不具有像 C_3S 结构中存在的那种大"空穴"，这是它水化速度较慢的影响因素之一。

3. 铝酸三钙结构特征

铝酸三钙是在水泥熟料烧成过程中在 900℃ ~1 100℃时开始形成，并在 1 100℃ ~1 200℃时大量生成，同时只有当化学成分 Al_2O_3 和 Fe_2O_3 的质量比 (P) 大于 0.64 时才能形成。当 $P < 0.64$ 时，由于 Al_2O_3 含量不足，不可能形成 C_3A。铝酸三钙的矿物含量推算公式为：$C_3A = 2.65(Al_2O_3 - 0.64Fe_2O_3)$。

C_3A 在显微镜下呈圆形粒子，属立方晶体，粒子间距 $a = 7.632 \times 10^{-10}$m，折射率 $N = 1.710 \pm 0.002$。纯 C_3A 属等轴晶系，无多晶转化。C_3A 也可固溶部分氧化物，如 SiO_2、Fe_2O_3、K_2O、Na_2O 等，随着固溶的碱含量的增加，立方晶体的 C_3A 向斜方晶体转变。

C_3A 是由许多四面体 AlO_4^{5-} 和八面体 CaO_6^{10-}、AlO_6^{9-} 所组成，中间由配位数为 12 的 Ca^{2+} 离子松散连接，因此具有较大的空穴。C_3A 具有以下结构特征：

(1) 在 C_3A 的晶体结构中，钙离子具有不规则的配位数，其中处于配位数为 6 的钙离子以及虽然配位数为 12 但联系松散的钙离子，均有较大的活性。

(2) 在 C_3A 的晶体结构中，铝离子也具有两种配位情况，而且四面体 AlO_4^{5-} 是变了形的，因此，铝离子也具有较大的活性。

(3) 在 C_3A 结构中具有较大的空穴，OH^- 离子很容易进入晶格内部，因此 C_3A 的水化速度较快。

4. 铁铝酸四钙结构特征

铁铝酸四钙又称才利特或C矿，在透射光下，呈黄褐色或褐色的晶体，有很高的折射率，$N_g = 2.04 \sim 2.08$，$N_p = 1.98 \sim 1.93$。才利特有显著的多色性，能形成长柱状晶体，或形成有显著突起的小圆形颗粒。

C_4AF 的结晶结构是由四面体 FeO_4^{5-} 和八面体 AlO_6^{9-} 相互交叉组成，并由钙离子相互连接，其结构式为 $Ca_8Fe_4^{IV}Al_4^{VI}O_{20}$，其中 Fe^{IV} 表示配位数为4的四面体，Al^{VI} 表示配位数为6的八面体。C_4AF 的结构特征为：它是在高温时形成的一种固溶体，在铝原子取代铁原子时引起晶格稳定性降低。

5. 玻璃相

玻璃相是水泥熟料中的一个重要组成部分。它的组成是不定的，主要成分是 Al_2O_3、Fe_2O_3、CaO 以及少量的 MgO 和 R_2O。玻璃相的形成是由于熟料烧至部分熔融时部分液相在冷却时来不及析晶的结果。因此，它是热力学不稳定的，也具有一定的活性。

6. 游离氧化钙和氧化镁

游离氧化钙指的是水泥熟料中没有与其他矿物结合的，以游离状态存在的氧化钙。它的形成主要是因为配料不当，生料过粗或煅烧不良；特别是高温时形成呈死烧状态的游离氧化钙结构比较致密，水化速度很慢，并伴随着体积膨胀产生内应力。

熟料中含有少量氧化镁时，能降低熟料液相生成温度，增加液相数量，降低液相黏度，有利于熟料形成，还能改善熟料色泽。如果氧化镁含量高于极限值时，多余的氧化镁即结晶出来呈游离状态，并以方镁石结晶形式存在。方镁石的水化比游离氧化钙更为缓慢，且产生体积膨胀，导致水泥安定性不良。

三、硅酸盐水泥水化过程与机理

水泥加适量的水拌和后，立即发生化学反应，水泥的各个组分开始溶解并产生了复杂的物理、化学和力学变化，这种变化可以持续很长时间。随着反应的进行，形成的可塑性浆体逐渐失去流动能力，并凝结硬化成为具有一定强度的石状体。

（一）水泥熟料单矿物水化

1. 硅酸三钙水化

常温条件下，C_3S 的水化反应可用下列方程表述：

$$3CaO \cdot SiO_2 + nH_2O \rightarrow xCaO \cdot SiO_2 \cdot yH_2O + (3-x)Ca(OH)_2 \quad (4\text{-}1)$$

或：

$$C_3S + nH \rightarrow C\text{—}S\text{—}H + (3-x)Ca(OH)_2 \quad \Delta H \approx -1\,114\text{kJ/mol}$$

式中：$x = CaO/SiO_2$ 或 $x = C/S$（缩写）

C_3S 的水化过程是放热过程，根据 C_3S 水化时的放热速率随时间的变化关系，大体上可以把 C_3S 的水化过程分为五个阶段[6~10]，如图 4-4 所示。

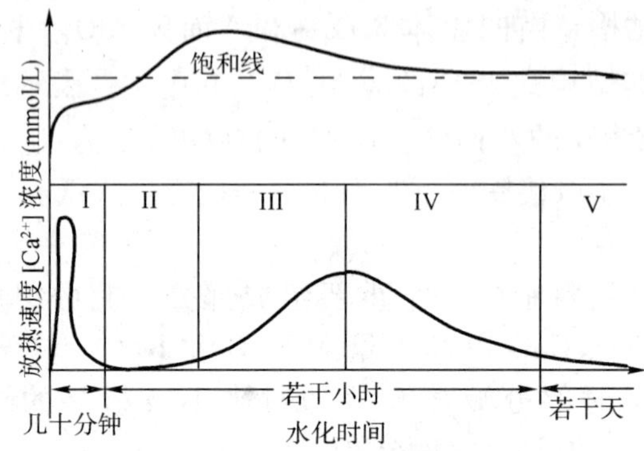

图 4-4 C_3S 水化放热速率和 Ca^{2+} 浓度与时间的关系

图中，I——诱导前期（或称预诱导期）；

II——诱导期；

III——加速期；

IV——减速期；

V——稳定期 。

（1）诱导前期（或称预诱导期）

诱导前期是指加水刚混配后几分钟的时间。在这段时间里，C_3S 遇水湿润并迅速开始水化反应，可观察到有大量的热生成。从物理化学角度来讲，最初只在无水的 C_3S 表面形成一层 C—S—H 凝胶的水化层。该阶段的时间很短，在 15min 以内结束。

（2）诱导期

在诱导期观察到相对较弱的水化反应，放热速度显著下降，多出的 C—S—H 凝胶缓慢沉淀，Ca^{2+} 和 OH^- 离子浓度继续上升。当最后达到临界饱和度时就开始析出氢氧化钙沉淀，这时又开始发生明显的水化反应，标志着诱导期的结束。这一阶段反应速率极其缓慢，一般持续 2 ~ 4h，是硅酸盐水泥保持塑性的原因。

（3）加速期

加速期是指水化反应重新加快，反应速率随时间增长，出现第二个放热峰，在达到峰顶时本阶段即告结束（4 ~ 8h），此时终凝已过，开始硬化。在加速水化阶段从溶液中析出氢氧化钙，形成晶体，C—S—H 胶质充满了整个空间，水化物交互生长并内聚形成网状结构，整个体系开始形成强度。

(4)减速期

减速期又称衰减期(约持续 12 ~ 24h)，是反应速率随时间下降的阶段。当 C_3S 的水化进入减速期以后，水化物在 C_3S 周围已经形成一个水化物的微结构层，阻碍了 C_3S 的水化反应，使水化速度降低。这一阶段，C_3S 的水化反应逐渐受扩散速率的控制。

(5)稳定期

在稳定阶段，由于此时可利用的空间很小，且离子的流动也很慢，因而 C—S—H 可能形成了比较致密的结构，导致体系的渗透率逐步降低，水化速度持续下降，水化产物形成网状结构并越来越致密，水泥强度增大，反应基本趋于稳定。这一阶段，水化作用完全受扩散速率控制。

C_3S 水化各阶段的示意图如图 4-5 所示。

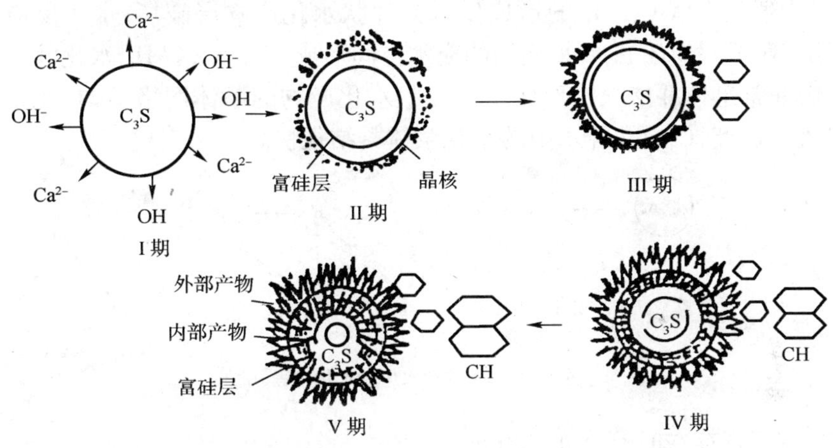

图 4-5　C_3S 水化各阶段示意图

2. 硅酸二钙水化

C_2S 的水化反应可用下列方程表述：

$$2CaO \cdot SiO_2 + mH_2O \rightarrow xCaO \cdot SiO_2 \cdot yH_2O + (2-x)Ca(OH)_2 \qquad (4\text{-}2)$$

或：

$$C_2S + mH \rightarrow C\text{—}S\text{—}H + (2-x)Ca(OH)_2 \quad \Delta H \approx -43kJ/mol$$

C_2S 的水化过程与 C_3S 极为相似[11~13]，具体的差别是：C_3S 的水化速度比 C_2S 的水化速度高很多，C_2S 的水化速度约为 C_3S 的 1/20。由于 C_2S 的水化速率特别慢，因此采用放热速率来研究 C_2S 的水化过程十分困难。虽然 C_2S 的第

一个放热峰与 C_3S 相当,但达到加速期的时间较长,且第二个放热峰相当弱,以致难以测定。

3. 铝酸三钙水化

(1)纯水中 C_3A 的水化

在常温条件下,C_3A 在纯水中的水化反应可用下式表示:

$$2(3CaO \cdot Al_2O_3) + 27H_2O = 4CaO \cdot Al_2O_3 \cdot 19H_2O + 2CaO \cdot Al_2O_3 \cdot 8H_2O \tag{4-3}$$

或:

$$2C_3A + 27H = C_4AH_{19} + C_2AH_8$$

C_3A 在纯水中的水化过程分为三个阶段[14,15](图 4-6),第一阶段对应于 C_3A 的迅速溶解以及在过饱和溶液中六方片状水化产物的形成,前者使放热速度出现一个高峰,后者又使反应速度缓慢下降;第二阶段对应于第二放热峰的出现,这是由于立方状 C_3AH_6 的形成使六方片状水化产物层破坏,水化反应重新加速;第三阶段对应于在 C_3A 周围的充水空间形成立方状 C_3AH_6 水化物。由于 C_3A 溶解非常迅速并能很快形成六方片状水化产物的晶体网络结构,使浆体失去流动性。因此,C_3A 在纯水中的水化浆体凝结很快。

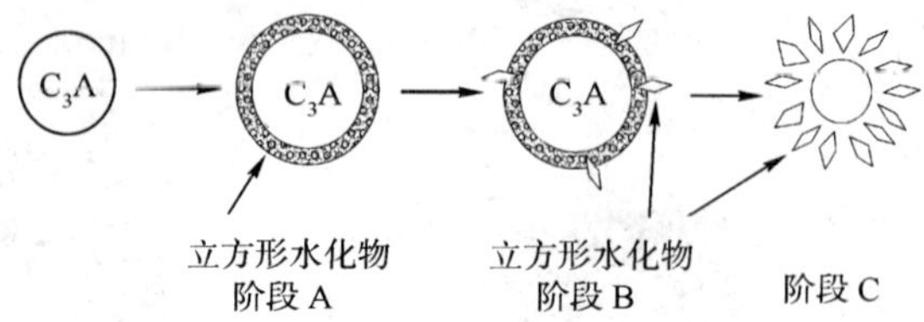

图 4-6 C_3A 在纯水中的水化过程

(2)有石膏存在时 C_3A 的水化

在水泥浆体中,熟料中的 C_3A 实际上是在 $Ca(OH)_2$ 和有石膏存在的环境中水化的,C_3A 在 $Ca(OH)_2$ 饱和溶液中的水化反应可以表述为:

$$C_3A + Ca(OH)_2 + 12H_2O = C_4AH_{13} \tag{4-4}$$

C_4AH_{13} 在室温下能稳定存在,其数量增长也很快,但它会与石膏反应生成三硫型水化硫铝酸钙,又称钙矾石,常用 AFt 表示。它们的化学反应式为:

$$\begin{aligned} &4CaO \cdot Al_2O_3 \cdot 13H_2O + 3(CaSO_4 \cdot H_2O) + 14H_2O \\ &= 3CaO \cdot Al_2O_3 \cdot 3CaSO_4 \cdot 32H_2O + Ca(OH)_2 \\ &\quad (\text{钙矾石}) \end{aligned} \tag{4-5}$$

当浆体中的石膏被消耗完毕后,而水泥中还有未完全水化的 C_3A 时,C_3A

的水化产物 C_4AH_{13} 又能与上述反应生成的钙矾石继续反应生成单硫型硫铝酸钙,常用 AFm 表示,其化学反应式为:

$$3CaO \cdot Al_2O_3 \cdot 3CaSO_4 \cdot 32H_2O + 2(4CaO \cdot Al_2O_3 \cdot 13H_2O)$$
$$= 3(3CaO \cdot Al_2O_3 \cdot CaSO_4 \cdot 12H_2O) + 2Ca(OH)_2 + 20H_2O \qquad (4\text{-}6)$$

在有石膏、$Ca(OH)_2$ 存在的情况下[16],C_3A 的水化放热曲线及各阶段示意图见图 4-7。

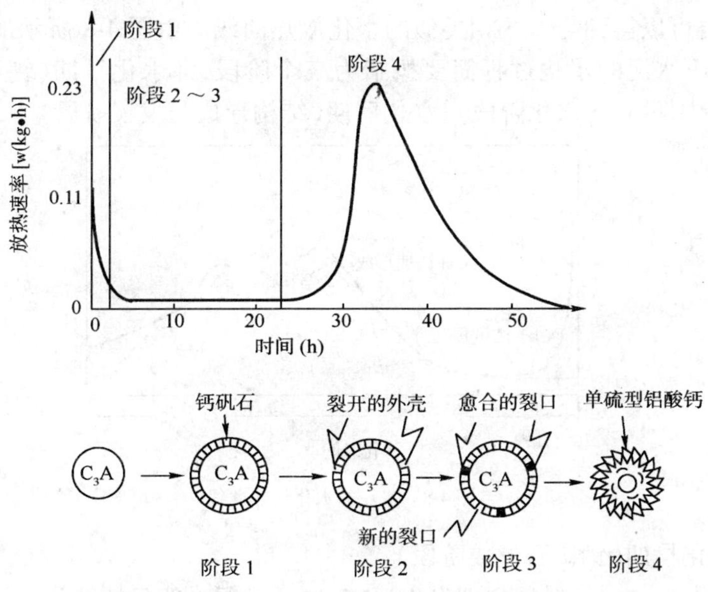

图 4-7　C_3A 的水化放热曲线及各阶段示意图

第一阶段,对应于 C_3A 的溶解和钙矾石的形成。第二阶段,由于 C_3A 表面形成钙矾石包覆层,水化速率减慢,并延续较长时间;但随着水化继续进行,钙矾石包覆层变厚,并产生结晶压力。当结晶压力超过一定数值时,包覆层会产生局部破裂。第三阶段,由于包覆层破裂处促使水化加速,所形成的钙矾石又使破裂处封闭,所以第二和第三阶段是包覆层破坏与修复的反复阶段。第四阶段,由于 $CaSO_4 \cdot 2H_2O$ 消耗完毕,体系中剩余的 C_3A 与已形成的钙矾石继续作用,形成新相 AFm,因此出现第二个高峰。由此可见,在形成钙矾石的第一个放热峰较长时间以后才出现单硫型硫铝酸钙的形成。这说明由于石膏的存在,C_3A 的水化被延缓,直至石膏被完全消耗以后,C_3A 又重新水化而形成第二个放热峰。所以,石膏的掺量是决定 C_3A 的水化速率、水化产物类别及其数量的主要因素。

4. 铁铝酸四钙水化

铁铝酸四钙的水化反应与 C_3A 相似，在有石膏存在时，生成三硫型水化硫铁铝酸钙[$3CaO(Al_2O_3 \cdot Fe_2O_3) \cdot 3CaSO_4 \cdot 32H_2O$]和单硫型水化硫铁铝酸钙[$3CaO(Al_2O_3 \cdot Fe_2O_3) \cdot CaSO_4 \cdot 12H_2O$]。

(二)水泥水化过程及机理

在常温状态下，当用水化时的放热速率随时间变化曲线来表示水泥的水化过程时，也可以得到与 C_3S 相类似的水化放热曲线。由图 4-8 所示的放热曲线，可将常温下水泥的水化过程简要概括为三个阶段，即水化早期(钙矾石形成阶段)、水化中期(C_3S 水化阶段)、水化后期(结构形成与发展阶段)。

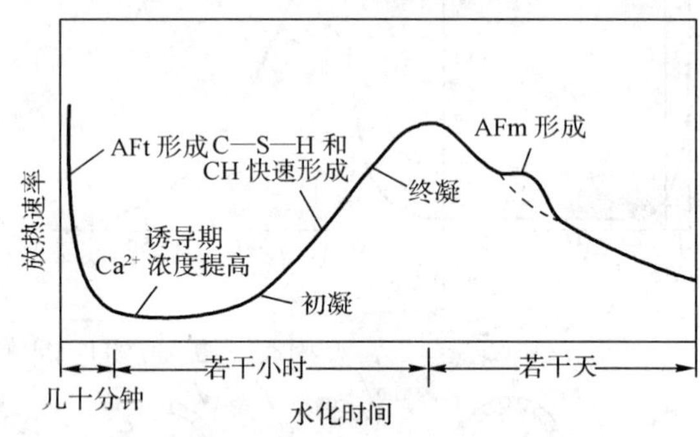

图 4-8　水泥的水化放热曲线

1. 水化早期(钙矾石形成阶段)

水泥颗粒与水接触后立即发生反应，这一过程一般只持续几分钟，称为诱导前期。在这一时期，C_3S 和 C_3A 最具活性，其中又以 C_3A 的活性最大。水泥颗粒中的 Ca^{2+} 大量析出，很快就形成 Ca^{2+} 的饱和溶液。几分钟后，溶液中的 Ca^{2+} 浓度就可以达到 20 ~ 30mmol/L，这时 CH 和 C—S—H 晶核开始形成。在水化初期，C_3A 在石膏存在的条件下迅速形成钙矾石，因此出现第一放热峰。钙矾石的形成使 C_3A 水化速率减慢，导致诱导期开始。此外，C_3A 有时还会继续反应形成 AFm 晶核。诱导期的持续时间一般不会超过 5h。在这段时间里，水泥浆体中各矿物离子的浓度基本上保持不变。关于诱导期产生和结束的原因，存在多种解释，其中较为普遍的说法有以下几种：

(1)保护膜假说

Lea 等[17]人认为，在初期开始进行的水化反应中，反应产物在水泥颗粒表面形成了一层保护膜，阻碍了膜内水泥与水的接触，使放热速率变慢以及 Ca^{2+} 向液相中溶出的速率降低,导致了诱导期的开始。当水缓慢渗透保护膜并与里面的水泥发生反应后,水化产物的膨胀压力使保护膜破裂,从而为反应的继续进行扫清了障碍,然后水化反应才能重新加速进行,诱导期结束。

(2)延迟成核假说[18,19]

水泥与水接触后很快溶解,Ca^{2+}进入溶液并在水泥颗粒表面形成一个缺钙的富硅层,然后Ca^{2+}吸附在富硅层表面使其带正电荷,因而形成双电层。于是,水泥颗粒的溶解变慢,导致诱导期发生。一直到液相中的Ca^{2+}和OH^-缓慢增长,达到足够的过饱和度(饱和度的1.5~2.0倍)时就形成稳定的$Ca(OH)_2$晶核。当$Ca(OH)_2$达到一定尺寸并有足够的数量时,液相中的Ca^{2+}和OH迅速沉淀析出$Ca(OH)_2$晶体,使得水泥颗粒的溶解加速。这时诱导期结束,加速期开始。

2. 水化中期(C_3S水化阶段)

在水化中期,由于C_3S开始迅速水化,形成CH和C—S—H相,放出热量,出现第二放热峰,整个水泥的水化度可以达到30%左右,相应于水化放热速率曲线中的加速期。在这一阶段,离子穿越水泥颗粒表面所覆盖的在水化早期形成的一层外壳而发生反应,生成的产物继续积淀在原来的壳上,从而使得水泥颗粒的外壳逐渐增厚。经过大约12h的水化之后,这层外壳的厚度可以达到0.5~1.0μm。随着产物的不断增多,各水泥颗粒的外壳相互接触并连接在一起,形成一种网状结构。从宏观上看,这时表现出来的就是水泥浆体的微结构早期强度开始发展。水泥水化中期的持续时间一般在24~28h之间,这段时间里,溶液中各离子的浓度基本上很少变化。但Ca^{2+}的浓度会降低,由早期的过饱和降至饱和。

3. 水化后期(结构形成与发展阶段)

在水化后期,CH和C—S—H相只能通过离子扩散形成,并且大量的AFt通过再结晶向AFm转化。第三放热峰就是由于体系中石膏已消耗完毕,AFt相向AFm相转化引起的。整个水泥颗粒的水化深度(与水化度有关的量,也叫水化半径)不断增加,水化7~14d时,可达到8~10μm的深度。此时,浆体的水化放热速率减慢,孔隙进一步降低,微结构形成。水泥浆体中各类水化产物的形成过程和浆体的微观结构发展示意见图4-9。

四、硅酸盐水泥凝结硬化

从整体来看,凝结与硬化是同一过程的不同阶段,凝结标志着水泥浆失去流动性而具有一定的塑性强度,硬化则表示水泥浆固化后所形成的结构具有一定

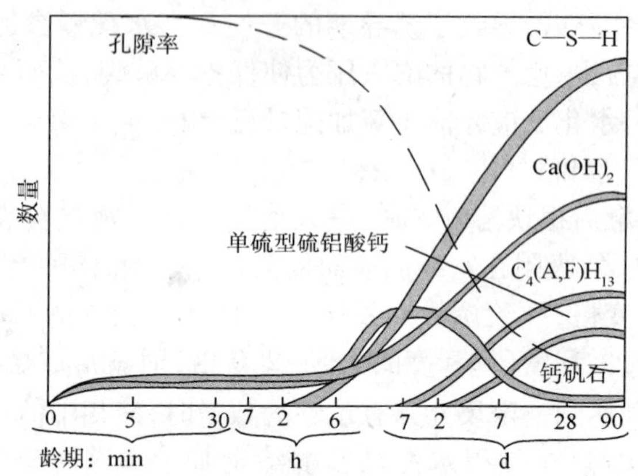

图 4-9 水泥水化产物的形成和浆体微观结构发展示意图

的机械强度。研究塑性水泥浆体如何转变成坚硬水泥石结构的理论,称为水泥凝结硬化理论。历史上曾有几种著名的理论,现介绍如下。

1. 结晶理论

1882 年,H. Lechateier 提出了结晶理论。他认为水泥之所以能产生胶凝作用,是由于水化生成的晶体互相交叉穿插,连接成整体的缘故。

2. 胶体理论

1892 年,W. Michaelis 提出了胶体理论。他认为水泥水化以后生成大量胶体物质,再由于干燥或未水化的水泥颗粒继续水化产生"内吸作用"而失水,使胶体凝聚并填充到水泥颗粒间的孔隙,从而提高了密实程度和强度。

3. 凝聚结晶网理论

该理论由 Π · A 列宾捷尔提出,他认为水泥的凝结硬化是一个凝聚-结晶三维网状结构的发展过程。在凝聚网中,胶体离子之间由于布朗运动产生碰撞接触,引起黏聚。当微晶体直接连接,且内聚力都是强的化学键时,可形成结晶网,使水泥石具有较高强度。

4. 溶解、胶化和结晶三阶段理论

第一阶段,水泥开始水化后,由于水化产物尺寸细小,数量又少,不足以在水泥颗粒间架桥相连,网状结构未能形成,水泥浆呈塑性状态。

第二阶段,钙矾石及 C—S—H 大量形成,水泥颗粒间产生强(结晶的)、弱(凝聚的)不等的接触点,将各颗粒初步连接成网,从而使水泥浆凝结。

第三阶段,随着水化的进行,水化产物数量越来越多,水泥颗粒间接触点数目继续增加,网状结构不断加强,更趋致密,强度持续提高。

第二节　高分子聚合物材料

一、聚合物分类

聚合物的分类可从不同角度进行，如单体来源、合成方法、最终用途、加热行为、聚合物结构等[20]。

按分子主链的元素结构分类，可分为碳链、杂链和元素有机聚合物三大类。碳链聚合物的主链完全由碳原子构成，如聚乙烯、聚丙烯、聚苯乙烯、聚丁二烯等，它们在聚合物中占很大比例，是主要的通用聚合物，也是塑料工业和橡胶工业的基础；杂链聚合物的主链除碳原子外，还有氧、硫、氮等杂原子，如聚醚、聚酯、聚酰胺、聚氨酯等，它们主要用作工程塑料和合成纤维；元素有机聚合物的主链主要由硅、硼、铝、氧、氮、硫、磷等原子组成，侧链一般为有机基团，如甲基、乙烯基、乙基和芳基等，它们主要用作耐油、耐高温和耐燃等特种材料。主链和侧链均由碳以外的元素构成的聚合物，专称无机聚合物。

按材料的性质和用途分类，聚合物可分为橡胶、纤维和塑料三大类。

橡胶是弹性体，分子间次价力小（约 8.4kJ/mol），在很小的外力作用下能产生很大的变形（可达 500% ~1 000%），外力除去后，能迅速恢复原状。因此，橡胶类用的聚合物要求完全无定型，玻璃化温度低，便于大分子的运动；经少量交联，可消除永久的残余形变。橡胶也可进一步分为热塑性橡胶（如 SBS 等）和硫化橡胶（如聚丁二烯橡胶等）。

纤维的分子间次价力大（ >21kJ/mol），形变能力小（ <10% ~15%），模量高（ >3.5GPa），一般是结晶聚合物。纤维不易形变，抗张强度很高，熔点在 200℃以上，以利于热水洗涤和熨烫，但不宜高于 300℃，以便熔融纺丝。

塑料是以合成树脂或化学改性的天然高分子物质为主要成分，加入填料、增塑剂或其他添加剂，在一定温度和压力下能加工成型的聚合物材料。其分子间次价力（8.7 ~21kJ/mol）、模量（150 ~3 500MPa）和形变量等介于橡胶和纤维之间。温度稍高时，受力变形可达百分之几十到几百，部分变形是可逆的，部分则是永久的。根据受热时的行为不同，塑料还可进一步细分为热塑性塑料（如聚氯乙烯、聚苯乙烯）和热固性塑料（如酚醛树脂、脲醛树脂等）；也可按材料硬度或柔性分成软塑料（如聚乙烯）和硬塑料（如酚醛树脂、聚苯乙烯等）。

除上述分类方法，聚合物还可按来源分为天然聚合物（如纤维素、淀粉等）、合成聚合物（如氯化膦腈橡胶、各种烯类聚合物等）和半合成聚合物（如醋酸纤维素等);按合成反应的名称分为加成聚合物(即加聚物)、缩合聚合物(即缩聚物)和开环聚合物等;还可以按聚合物的应用功能分为通用高分子、特殊高分子、功能高分子、仿生高分子和医用高分子等。

二、水泥混凝土改性用的聚合物

用于水泥砂浆和混凝土改性的聚合物主要分为四大类:水溶性聚合物、液体聚合物、可再分散的聚合物干粉和聚合物乳液(或分散体),具体分类见图4-10。

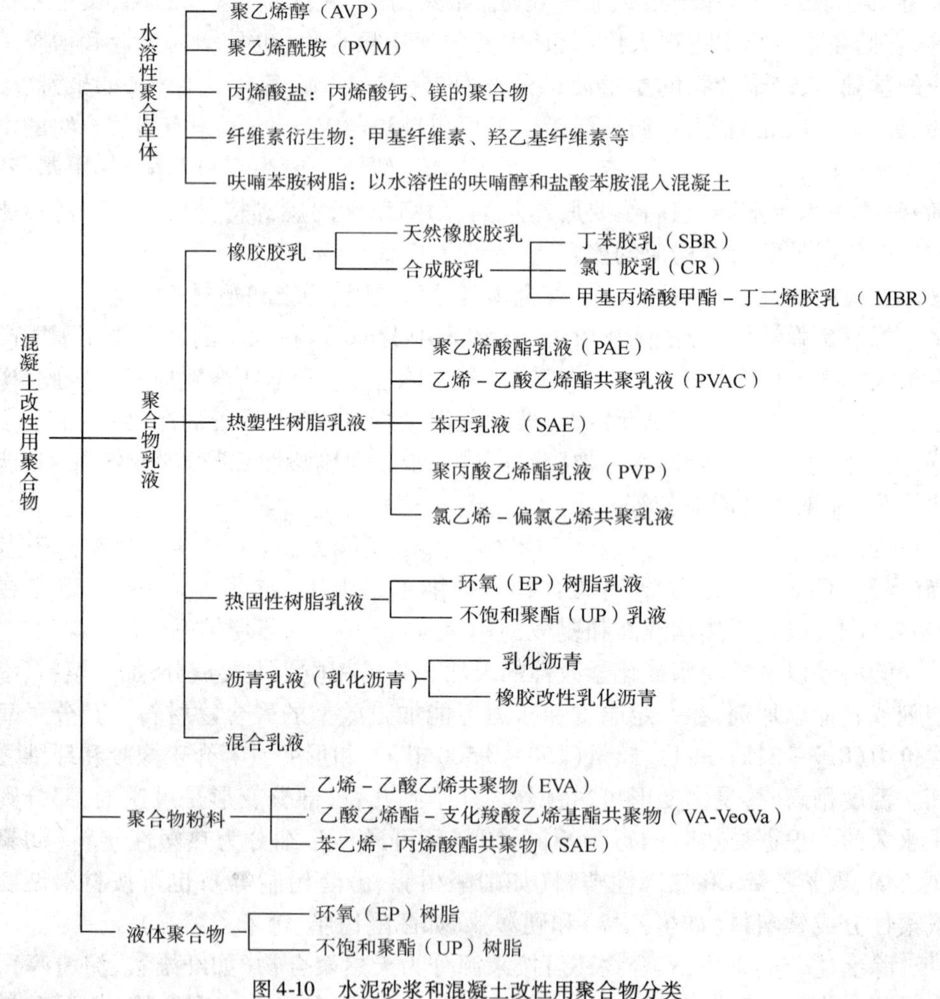

图4-10 水泥砂浆和混凝土改性用聚合物分类

用于水泥混凝土改性的聚合物应满足下列要求[21]：

(1)聚合物分散体应对从水泥中析出的 Ca^{2+}、Al^{3+} 等阳离子的侵蚀具有化学稳定性，对搅拌时产生的剪应力等作用具有力学稳定性。

(2)聚合物分散体内所含乳化剂、稳定剂等表面活性剂以及消泡剂等均不得妨碍水泥的水化硬化。

(3)在聚合物混凝土的搅拌过程中，要抑制聚合物分散体中所含表面活性剂引起的发泡，为此，经常使用酮系消泡剂。

(4)聚合物应具有良好的抗渗性、耐碱性、强度等。

(一)水溶性聚合物

水溶性聚合物单体主要分为三大类：天然水溶性、半合成水溶性和合成水溶性。目前主要市售产品有聚乙烯醇、聚丙烯酰胺、纤维素醚、改性淀粉等，各项技术指标随厂家的生产工艺和水平差异很大。水溶性聚合物单体主要用于增大混凝土的黏度和抗分散性，但对提高混凝土强度与耐久性能帮助不大，其主要用于公路和水利工程水下构造物的混凝土施工。

水溶性聚合物的作用主要表现在以下方面：

(1)聚合物分子在溶液中的形态及其在界面上的吸附作用。

(2)水溶性聚合物对分散体系的稳定作用，即位阻稳定作用。

(3)水溶性聚合物与表面活性剂的相互作用，即疏水作用。

1. 聚乙烯醇

聚乙烯醇是一种不由单体聚合而是通过聚醋酸乙烯酯水解而得到的水溶性聚合物，白色片状、絮状或粉末状固体。1924 年，德国化学家 W. O. Hermann 和 W. W. Haehnel 在实验室首次将碱加入到聚醋酸乙烯(英文简称 PVAc)的醇溶液中，从而合成了一种新的聚合物即聚乙烯醇(英文简称 PVA)[22]。1926 年，聚乙烯醇实现了工业化生产，但当时它仅作为织物上浆剂使用。目前，全球共有 20 多个国家和地区生产聚乙烯醇，年生产装置总能力已达 1 100 万吨，产量约为 930 万吨，近年产量平均以 3.5% 的速度递增。中国、日本、美国、西欧是世界上生产聚乙烯醇的主要国家和地区，其生产能力占世界聚乙烯醇总生产能力的 85% ~90%。20 世纪 60 年代，我国自行设计建设了第一套 1 千吨/年的聚乙烯醇生产装置，经过 40 余年的发展，我国大陆已拥有 PVA 生产企业 13 家，装置总产量达 504 千吨/年，成为世界第一大生产国。

聚乙烯醇的物理性质受化学结构、醇解度和聚合度的影响。聚乙烯醇的分子结构式为 $\text{-}\!\!(CH_2\text{—}CH(OH))\!\!\text{-}_n$，式中 n 表示聚合度。在聚乙烯醇分子中存在着两种化学结构，即1,3和 1,2 乙二醇结构，但 PVA 主要以 1,3 乙二醇键的化学结构形式存在，即“头·尾”结构。聚乙烯醇还含有少量（约2%）的1,2乙二醇键以及微量的其他形式的微结构，它可以看作是在交替相隔的碳原子上带有羟基的多元醇，其水溶液具有良好的稳定性，聚乙烯醇的微观结构如图4-11所示[23]。聚乙烯醇的聚合度可分为超高聚合度（分子量25万~30万）、高聚合度（分子量17万~22万）、中聚合度（分子量12万~15万）、低聚合度（分子量2.5万~3.5万）。聚乙烯醇醇解度一般有78%、88%、98%三种，部分醇解的醇解度通常为87%~89%，完全醇解的醇解度一般为98%~100%。常取平均聚合度的千、百位数放在前面，将醇解度的百分数放在后面，例如17—88即表示聚合度为1 700，醇解度为88%。一般来说，聚合度增大，水溶液黏度增大，成膜后的强度和耐溶剂性提高，但水中溶解性、成膜后伸长率下降。聚乙烯醇的溶解度随其聚合度、醇解度以及水温不同而异，一般聚合度和醇解度高的，在较高温度下才能溶解；相反，聚合度和醇解度低的，在低温下溶解性能很好。

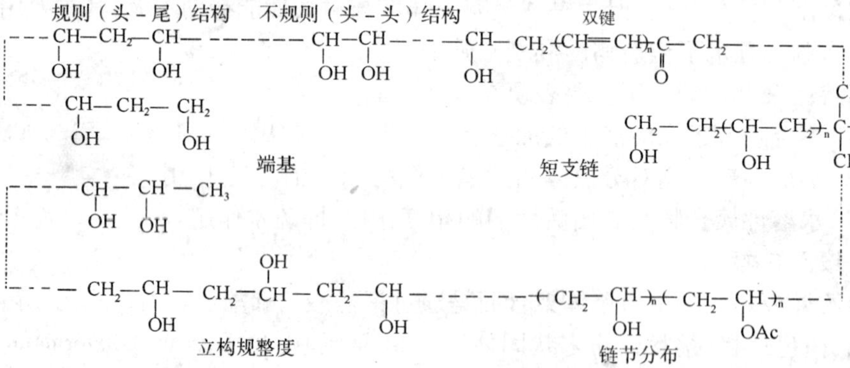

图4-11 PVA分子的微观结构

聚乙烯醇是一种典型的水溶性结晶高分子聚合物，具有优良的力学性能和可调节的表面活性，特别是其具有的水溶性和优良的成膜性，是其他聚合物难以相比的。聚乙烯醇应用十分广泛，其用途分为纤维用和非纤维用两大类。前者主要用来生产作为民用衣料、工作服和工业用帘子线、滤网、渔网等的纤维制品；后者主要用作纺织浆料、涂料、胶粘剂、造纸加工助剂、包装薄膜、乳化剂和分散剂、石油钻井凝固剂、土壤改良剂、医药、化妆品和功能材料等。聚乙烯醇和醛类物质缩合可制成聚乙烯醇缩醛树脂，并利用其安全透明性好，耐冲击强度高的特点，用作航空、高层建筑和汽车安全玻璃的夹层材料。此外，聚乙烯醇还可以作PVA橡胶、感光材料、高频淬火剂、阴极射线管、防潮剂、水泥增强剂等。

聚乙烯醇对水泥有增强作用（图4-12），这与其对水泥水化进程的影响有关。虽然通过SEM、DTA、XRD、压汞分析、紫外分析等方法研究认为，聚乙烯醇能够降低水泥中的化学结合水含量以及游离氢氧化钙的含量，延缓水泥的水化过程；但是，聚乙烯醇还能够降低水泥的孔含量和孔尺寸，并可能与水泥水化发生作用，生成一些无定型的物质。Georgescu等人利用热分析和红外分析研究了不同的聚乙烯醇与C_3A和$CaSO_4 \cdot H_2O$混合物、$12CaO \cdot 7Al_2O_3$以及$CaO \cdot Al_2O_3$等无机材料之间的相互作用。研究结果表明，聚乙烯醇能延缓水泥水化过程，延缓AFt和AFm之间的转化，有利于CAH_{10}的形成。

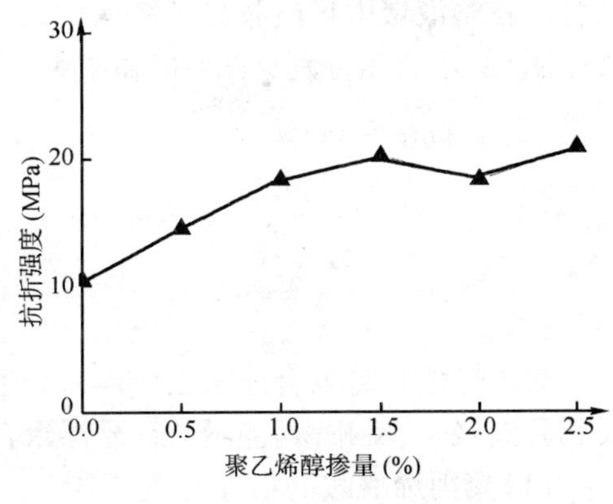

图4-12　PVA增强水泥的抗折强度

2. 聚丙烯酰胺

聚丙烯酰胺(Polyacrylamide，简称PAM)，是丙烯酰胺(acrylamide，简称AM)及其衍生物的均聚物和共聚物的简称。AM其实是一大类单体的母体化合物，其中包括甲基丙烯酰胺和*N*-取代丙烯酰胺的化合物，工业上凡有50%以上AM单体的聚合物都泛称聚丙烯酰胺。

聚丙烯酰胺是一种线性水溶性高分子，它是水溶性高分子化合物中应用最为广泛的品种之一。PAM工业是20世纪50年代开始发展的，1952年美国氢胺公司首先进行了PAM工业生产的开发研究，两年后即正式投入大规模工业化生产。20世纪80年代初，美国陶氏化学公司已有万吨级生产线。我国于1966年在兰州白银有色金属公司筹建了国内第一条聚丙烯酰胺的生产线。现已商品化的聚丙烯酰胺产品共有五大系列2 000多个品种。

聚丙烯酰胺根据PAM长链结构可分为阴离子型、阳离子型、非离子型和两性离子型[24]。非离子型PAM的水溶液不发生电离；阴离子型PAM的水溶液发生电离，产生含有酸根阴离子的聚合物和阳离子；阳离子型PAM的水溶液发生电离，生成含有氨基阳离子的聚合物和酸根阴离子；两性离子型聚丙烯酰胺除含有酰氨基外，还含有可电离的氨基和酸性基团。PAM按存在的形式可分为干粉、胶体和乳胶三种。胶体和乳胶目前应用的已经不多，我国的PAM产品主要是以干粉为主。干粉一般为白色粉末，它的主要优点是溶解迅速，但是成本较高。粉状固含量一般大于90%，乳液的固含量从25%到60%不等。

聚丙烯酰胺及其衍生物都是通过丙烯酰胺的自由基聚合制成的均聚物或共

聚物。在溶液聚丙烯酰胺分子结构中,其基本基团(酰胺基团)和微量基团(羧铵基团)的示意图分别见图4-13和图 4-14。

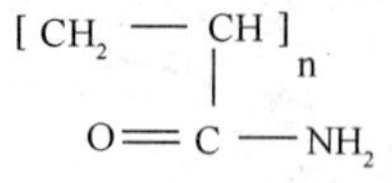

$$[CH_2 — CH]_n \quad O=C—NH_2$$

图 4-13 酰胺基团

$$[CH_2 — CH]_m \quad O=C—ONH_4$$

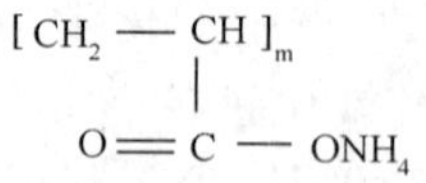

图 4-14 羧铵基团

聚丙烯酰胺的聚合方法按单体在介质中的分散状态可分为水溶液聚合法、反相乳液聚合、反相微乳液聚合、悬浮聚合、沉淀聚合、衍生物聚合、固态聚合等。

(1)聚丙烯酰胺的物理性质[24,25]

PAM 产品外观因制造方法而异,决定于采用的聚合、干燥和粉碎工艺。水溶液聚合后,经热风干燥、粉碎得到的是粉状产品;而不经干燥得到的是胶体产品;分散相乳液聚合后得到的是固含量 30% ~50% 的胶乳产品。完全干燥的 PAM 是脆性的白色固体,无毒,一般含水率在 5% ~15% 左右。

由于 PAM 分子链上含有酰氨基,有些还有离子基团,故其显著特点是亲水性高,比其他大多数水溶性高分子的亲水性都高,且吸水率随衍生物的离子性增加而增加。PAM 能以各种比例溶于水,但当浓度高于 70% 时可认为水溶于聚合物中。它易吸收水分和保留水分,使其在干燥时具有强烈的水分保留性,在干燥后又具有强烈的吸水性。

(2)聚丙烯酰胺的化学性质

PAM 由于分子链上的侧基为较活泼的酰氨基,它能发生多种化学反应,通过这些反应可以获得有特定功能的各种衍生物。但是由于邻近基团效应,反应不能进行完全。

①水解反应

聚丙烯酰胺可以通过它的酰氨基水解而转化为含有羧基的聚合物。

②羟甲基化反应

聚丙烯酰胺和甲醛反应生成羟甲基化聚丙烯酰胺,该反应叫羟甲基化反应。

③磺甲基化反应

PAM 与 $NaHSO_3$ 和甲醛在碱性条件下反应可以生成阴离子衍生物——磺甲基化聚丙烯酰胺。也可将 $NaHSO_3$ 加到羟甲基化聚丙烯酰胺溶液中,反应获得磺甲基聚丙烯酰胺。

④胺甲基化反应(曼尼其 mannich 反应)

聚丙烯酰胺和二甲胺、甲醛反应可生成二甲胺基 *N*-甲基丙烯酰胺聚合物。

⑤霍夫曼（Hofmann）降解反应

聚丙烯酰胺和次氯酸钠或次溴酸钠在碱性条件下反应可制得阳离子的聚乙烯亚胺。

⑥交联反应

在酸性条件下加热聚丙烯酰胺水溶液，通过亚胺化反应而生成不溶于水的交联的 PAM 凝胶。这种交联可以通过加碱（pH = 10 ~ 12）而破坏，发生水解。在酸性条件下加热聚丙烯酰胺或和甲醛或与亚甲基双丙烯酰胺反应而产生交联。

(3) 聚丙烯酰胺的应用

PAM 分子量高，水溶性好，可根据分子量的不同和侧链上所引进的离子基团的差异得到特定的性能。自 20 世纪 60 年代起，非离子、阴离子、阳离子和两性聚丙烯酰胺的工业应用一直稳定增长，由于它们具有独特的物理和化学性质，PAM 因而能广泛用于絮凝增稠减阻、胶凝粘结减垢等领域。PAM 现已广泛用于污水处理、造纸、石油开采、胶凝、纺织等行业，以及用于提高石油采收率和用作吸水性树脂。

在建材行业中，PAM 被用来提高湿法水泥制造过程中沉降槽的生产能力和水泥的可滤性，改善窑料的均匀性。加入水泥中，PAM 可以提高水泥的性能。

3. 纤维素醚

纤维素醚是用烷基或烷基基团（如单氯甲烷、环氧乙烷、环氧丙烷等）取代纤维素葡糖酐单元中以及羟基基团的氢原子而生成的高分子量化合物，其形成过程见图 4-15。

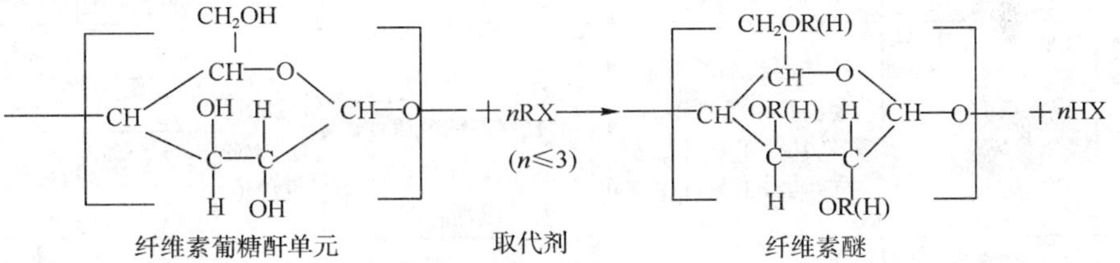

纤维素葡糖酐单元 ＋ nRX （$n \leq 3$）取代剂 ⟶ 纤维素醚 ＋ nHX

图 4-15　纤维素醚形成过程

图中 R 为—CH_3、—CH_2COONa、—CH_2CH_3、—CH_2CH_2OH、—$CH_2CH(OH)CH_3$ 和—$CH_2CH_2CH_2(OH)CH_2$。

在这种纤维素聚合物链中，每个葡糖酐单元可有三个羟基基团反应，完全取代的产品其取代度（DS）为 3.0。商品化产品的 DS 范围一般为 0.4 ~ 2.8。当用氧化亚烷基（alkyleneoxide）作取代基团时，所形成的新的羟基基团能进一步被外加的羟烷基基团取代形成链。每个葡糖酐单元化合的氧化亚烷基的摩尔数定义为化合物的摩尔取代数(MS)。这种侧链的平均长度是所含羟烷基基团的 MS 对 DS 的比值。

纤维素醚的重要性能是由所用纤维素的分子量、取代基团的化学结构和分布以及 DS 与 MS 所决定的。这些性能一般包括溶解度、溶液中的黏度、表面活性、热塑薄膜特性和对生物降解、热、水解和氧化作用的稳定性。在溶液中的黏度随分子量而变化。

(1)纤维素醚的分类

纤维素醚可以根据取代基的种类、醚化程度、溶解性能以及有关应用性能进行分类。按照取代基类型可以分为单醚和混合醚两类;根据纤维素醚的溶解性能,大致可以分为水溶性纤维素醚和有机溶剂可溶纤维素醚两类;根据纤维素醚的离子性,一般可以分为阳离子纤维素醚、阴离子纤维素醚、非离子纤维素醚和两性离子纤维素醚。其具体分类见表 4-5[24]。

纤维素醚的分类　　表 4-5

<table>
<tr><th colspan="3">分类</th><th>纤维素醚</th><th>取代基</th><th>符号</th><th>DS</th><th>MS</th></tr>
<tr><td rowspan="9">取代基种类</td><td rowspan="6">单一醚</td><td rowspan="2">烷基醚</td><td>甲基纤维素</td><td>$—CH_3$</td><td>MC</td><td>1.5~2.0</td><td>—</td></tr>
<tr><td>乙基纤维素</td><td>$—CH_2CH_3$</td><td>EC</td><td>2.2~2.6</td><td>—</td></tr>
<tr><td rowspan="2">羟烷基醚</td><td>羟乙基纤维素</td><td>$—CH_2CH_2OH$</td><td>HEC</td><td>—</td><td>1.5~3.0</td></tr>
<tr><td>羟丙基纤维素</td><td>$—CH_2CH(OH)CH_3$</td><td>HPC</td><td>—</td><td>2.5~3.5</td></tr>
<tr><td rowspan="2">其他</td><td>羧甲基纤维素</td><td>$—CH_2COONa$</td><td>CMC</td><td>0.4~1.4</td><td>—</td></tr>
<tr><td>氰乙基纤维素</td><td>$—CH_2CH_2CN$</td><td>CEC</td><td>2.6~2.8</td><td>—</td></tr>
<tr><td colspan="2" rowspan="3">混合醚</td><td rowspan="3">乙基羟乙基纤维素
羟乙基甲基纤维素
羟乙基羧甲基纤维素
羟丙基羧甲基纤维素</td><td rowspan="3">$—C_2H_5,—C_2H_4OH$
$—C_2H_4OH,—CH_3$
$—C_2H_4OH,—CH_2COONa$
$—CH_2CH(OH)CH_3$
$—CH_2COONa$</td><td rowspan="3">EHEC
HEMC
HECMC
HPCMC</td><td>0.9</td><td>1.4</td></tr>
<tr><td>1.5~2.4</td><td>0.1~0.4</td></tr>
<tr><td>0.7~1.0</td><td>—</td></tr>
<tr><td rowspan="3">电离性</td><td colspan="2">离子型</td><td colspan="5">CMC</td></tr>
<tr><td colspan="2">非离子型</td><td colspan="5">MC,EC,HEC,HPC 等</td></tr>
<tr><td colspan="2">混合型</td><td colspan="5">HECMC、CMHEC、HPCMC 等</td></tr>
<tr><td rowspan="2">溶解度</td><td colspan="2">水溶性</td><td colspan="5">MC,CMC,HEC,HPC 等</td></tr>
<tr><td colspan="2">非水溶性</td><td colspan="5">EC,CEC 等</td></tr>
</table>

(2)纤维素醚的性能及特点

①外观特征

纤维素醚一般为白色或乳白色、无味、无毒、具有流动性的纤维状粉末，易潮湿，在水中溶解成透明的黏稠状稳定胶体。

②物理性能

纤维素醚的主要物理性能有醚化度和黏度。醚化度亦称取代度（DS），它是指在纤维素脱水葡萄糖基团上取代的基团数，可以用接于环上羟基的质量百分比来表示。如果每个基团上的所有三个有效位置都被取代，则醚化度为3；如果每个环上平均一个被取代，则醚化度为1。纤维素醚的黏度是指在20℃温度下2%水溶液的黏度，其大小取决于纤维素醚的结构和水溶性。

③溶解性能

纤维素醚由于多羟基的存在具有很好的水溶性，纤维素醚的水溶性与取代基的种类、大小和取代度有关。对于有机溶剂，根据取代基的不同，纤维素醚具有不同的溶剂选择性。甲基纤维素溶于冷水，溶于部分有机溶剂，不溶于热水；甲基羟乙基纤维素溶于冷水，不溶于热水和有机溶剂。但甲基纤维素、甲基羟乙基纤维素的水溶液在加热时，甲基纤维素、甲基羟乙基纤维素会析出，甲基纤维素在45℃～60℃时析出，而混合醚化的甲基羟乙基纤维素的析出温度提高到65℃～80℃。温度降低时，析出物重新溶解。羟乙基纤维素和羧甲基纤维素钠在任何温度的水中均可溶，在有机溶剂中不溶（少数例外）。

④成膜性与黏结性

纤维素醚的醚化对其特性及性能，如溶解性、成膜能力、黏结强度和耐盐性有很大影响。纤维素醚具有较高的机械强度、柔韧性、耐热性和抗寒性，并与各种树脂和增塑剂有很好的相容性。

（3）纤维素醚在水泥基材料中的应用

纤维素醚由于具有良好的保水和增稠效果，能够显著改善水泥砂浆的工作性[26]，是最常用的水溶性聚合物。用于水泥基材料中的纤维素醚主要包括甲基纤维素（MC）、羟乙基纤维素（HEC）、羟乙基甲基纤维素（HEMC）、羟丙基甲基纤维素（HPMC）等纤维素衍生物。一般而言，由于羟乙基纤维素、羟乙基甲基纤维素或憎水处理的羟乙基纤维素具有黏结、保持悬浮液稳定性和保水性能，常被用于水泥中以防止水泥浆体的离析和泛浆分层。羟乙基甲基纤维素除能够显著改善水泥浆体保水性外，还能降低吸水性，一定程度上能改善水泥浆体黏结强度、黏结剪切强度、抗折强度、抗冲击强度、柔韧性以及水泥砂浆耐高温和介质侵蚀性等，但会降低水泥砂浆的抗压强度和弹性模量。从图4-16可以看出，纤维素醚能够显著延缓水泥砂浆的凝结时间[27]。

4. 改性淀粉

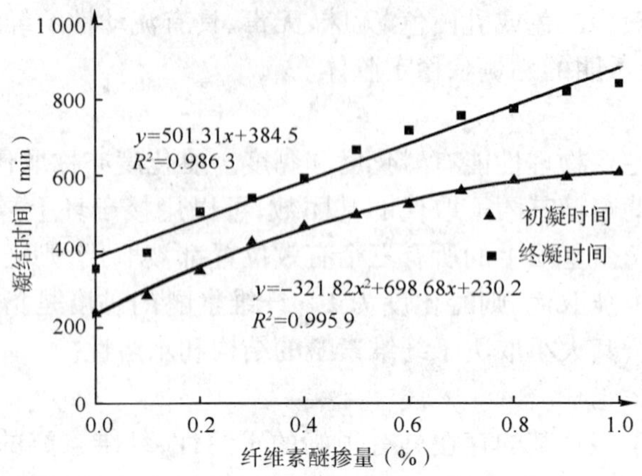

图 4-16　纤维素醚掺量与水泥浆体凝结时间的关系

淀粉是由葡萄糖组成的多糖高分子化合物，有直链状和支叉状两种分子，分别称为直链淀粉（含量约 20%）和支链淀粉（含量约 80%）。淀粉的改性方法包括化学方法和物理方法两大类。化学方法包括在淀粉分子上引入各种非离子、阴离子、阳离子基团，可以改善淀粉的黏度、黏结力、保水性、流变性质、抗酸、抗碱、抗盐等性能，如酯化淀粉、醚化淀粉、氧化淀粉、接枝共聚淀粉等；物理方法可以赋予淀粉更好的水溶性，如预糊化淀粉等。经过改性的淀粉可以改善水泥基材料的某些性能。醚化淀粉可以显著改善水泥砂浆的黏度，有效提高其抗下垂、抗滑移能力。

（二）聚合物乳液

乳液本身的定义是一种液体在另一种不溶液体中的细小分散体系。聚合物乳液通常是将可聚合单体在水中进行乳液聚合而获得的。在美国，合成聚合物乳液通常被称为“合成胶乳”，而德国更倾向于使用“分散体”这一术语。乳液聚合产生的粒子通常直径小于或等于 1μm，由于乳胶粒尺寸是变动的，也许可以高达 5μm（$1\mu m = 10^{-4}cm$）。聚合物乳液一般固含量为 25% ~65%，其他成分为水[28]。尽管目前通过一些技术得到了更高固含量的胶乳，但高固含量胶乳实际受稳定性和黏性的限制。需要注意的是，并不是所有的聚合物乳液都是通过单体的乳液聚合方式而获得的。例如，天然橡胶胶乳是直接从橡胶树上获得，再经适当浓缩制成的；环氧乳液一般是用乳化剂将环氧树脂乳化而成的。

根据聚合物粒子所带电荷的类型，可将聚合物乳液分为阳离子型乳液、阴离子型乳液和非离子型乳液三类。目前，常用的商品聚合物乳液主要有聚醋酸乙烯酯乳液（PVAC）、丁苯胶乳（SBR）、聚丙烯酸酯乳液（PAE）、乙烯-乙酸乙烯共聚物

(EVA)、氯丁胶乳(CR)、苯丙乳液(SAE)等。部分典型乳液聚合配方见表4-6。

部分典型乳液聚合配方 表4-6

乳液类型	组分	质量份
聚醋酸乙烯酯乳液(PVAC)	醋酸乙烯酯	100
	聚乙烯醇	5.4
	邻苯二甲酸二丁酯	10.9
	过硫酸钾	0.2
	碳酸氢钠	0.3
	乳化剂	1.1
	水	100
丁苯胶乳(SBR)	丁二烯	75
	苯乙烯	25
	硬脂酸钠	5.0
	过硫酸钾	0.3
	十二烷基硫醇	0.5
	甲酸钠	0.2
	水	180
苯丙乳液(SAE)	丙烯酸丁酯	22.7
	苯乙烯	21.9
	甲基丙烯酸甲酯	1.9
	甲基丙烯酸	1.0
	聚甲基丙烯酸钠	1.4
	过硫酸铵	0.24
	碳酸氢钠	0.22
	乳化剂	2.4
	水	48.3

1.乳液聚合体系的组分对乳液性能的影响

乳液聚合体系的主要组分有单体、乳化剂、引发剂和介质,另外根据需要还可以加入其他组分,如助乳化剂、相对分子质量调节剂、pH缓冲剂、抗冻剂、增塑剂、保护胶体、消泡剂等。

(1)单体

原则上讲,任何能进行自由基加成聚合反应的单体都可以用乳液聚合法来制备聚合物乳液,不管是非水溶性单体还是水溶性单体。在乳液聚合配方中,单体用量一般在30%~60%之间,大多数情况下控制在40%~50%之间。单体对乳液聚合物的力学性能、化学性能、加工性能等方面有着重要的影响。

每种单体都有其独到的功能,例如丙烯腈、甲基丙烯酰胺、甲基丙烯酸等的极性基团可使乳液聚合物具有硬度、黏结强度、抗划痕性、耐溶剂性和耐油性;丙烯酸酯可赋予乳液聚合物以良好的耐候性、透明性和抗污染性;氯丁二烯、偏二氯乙烯和氯乙烯可使乳液聚合物具有高强度、耐燃性和耐油性；苯乙烯、丁二烯和丙烯酸高级脂肪酯可使乳液聚合物具有耐水性；丙烯酸、甲基丙烯酸、衣康酸和顺丁烯二酸可使聚合物分子链上带羧基，形成所谓的羧基胶乳，这样可以显著地提高聚合物乳液稳定性，并为乳液聚合物提供了交联点。

乳液聚合常用单体及其主要性质见表 4-7[29]。

乳液聚合常用单体主要性质及参数 表 4-7

单　体	T_g(℃)	t_p(℃)	冰点(℃)	d_n	在水中溶解度(%)	φ_m
MMA	106	100.5	-48.2	0.989	1.59	0.78
MAA	130	181	15.5	1.015 3		
甲基丙烯酸丁酯	20	180		0.893		
甲基丙烯酸乙酯	65	115	-75	0.909		
S_t	100	142.5	-30.6		0.028(20℃)	0.604
VC	80	-13.8	-153.7	0.983 4	0.6	
VAC	30	72.7	-100.2	0.934 2	2.5	0.814 5
AA	106	141.3	14	1.051 1		
MA	8	80	-76.5	0.953 5	5.2	
EA	-22	99.6	-72	0.923 4	1.5	
BA	-54	148.8	-84	0.899 8	0.2	0.65
EHA	-70	213		0.861	0.003 2	
丙烯酸羟乙酯	-15	82		1.103 8	5.5	
丙烯酸羟丙酯	-7	77		1.053		
AM	158	125	84.5	1.122		
AN	106	79	-88.6	0.806	7.8(20℃)	
偏二氯乙烯	52	31.7	-122.5	1.251 7	0.8	
乙烯	-80	-103.8	-169.3	0.985 2	1.3	
丁二烯	-20	-4.5	-4.5	0.627 4	0.081(25℃)	0.56
氯丁二烯	-45	59.4		0.958 6	0.11(25℃)	
丙烯醛		52.7	-87	0.841 0	20	

(2)乳化剂

任何乳化剂分子都含有亲水基团和疏水基团。乳化剂按亲水基团的性质可分为四类，即阳离子型、阴离子型、非离子型和两性离子型乳化剂。乳化剂的疏水基团有烷基、烷芳基、烷基酰胺和烷基酯等。

在乳液聚合体系中，乳化剂起着至关重要的作用。它还可以将单体分散成细小的单体珠滴，形成乳状液；它可以形成胶束和增溶胶束，按胶束机理形成作为反应中心的乳胶粒;它还可以被吸附在单体珠滴和乳胶粒表面上,形成稳定的聚合物乳液,使其在聚合、存放、输送及应用过程中不会破乳。

(3)引发剂

引发剂是乳液聚合配方的重要组分,引发剂的种类和用量直接关系到聚合物乳液的稳定性和产品的质量。用于乳液聚合的引发剂分为两大类:一类是热分解引发剂,另一类是氧化还原引发剂。应用最多的热分解引发剂是过硫酸钾、过硫酸铵、过氧化氢、过氧化氢衍生物及多种水溶性的偶氮化合物;应用最多的氧化还原引发剂有过硫酸盐-亚硫酸氢盐体系、过氧化氢-亚铁盐体系、有机过氧化氢-亚铁盐体系、过硫酸盐-硫醇体系及氯酸盐-亚硫酸氢盐体系等。

(4)分散介质

绝大多数的正相乳液聚合以水为分散介质,水便宜,易得,没有燃烧、爆炸和中毒的危险,也不会造成环境污染。进行乳液聚合对水要求很苛刻,天然水和自来水均不能满足要求,水中所含的钙、镁、铁、铅等高价金属离子会严重影响聚合物乳液的稳定性。因此,乳液聚合应当用蒸馏水或去离子水,并且所用水的电导值应控制在 10mS 以下。

(5)其他组分

除主要组成外,乳液聚合体系中的其他组分对聚合物乳液的性能也有重要影响。在乳液聚合体系中加入保护胶体可以提高聚合物乳液的稳定性,在个别情况下,乳液聚合配方中不加乳化剂,而只加入保护胶体。向乳液聚合体系中加入少量螯合剂,可显著减轻重金属离子对乳液聚合的干扰,提高聚合物乳液的稳定性。

2. 聚合物乳液的主要性质及测定方法

聚合物乳液具有某些独特的性质。造成乳液具有这些独特性质的原因有聚合物自身的性质和聚合物单体加入的方式、乳液所使用的稳定体系,此外还包括一些液态和固态化合物的加入量,其中液态化合物有增塑剂和溶剂,固态化合物通常有颜料和增量剂。总的来说,聚合物乳液的主要性质指标有固体含量、稳定性、乳胶粒尺寸、黏度、pH 值、残余单体含量、最低成膜温度等。

(1)固体含量

固体含量的定义为胶黏剂中非挥发性物质的质量占总质量的百分数。这是一个非常重要的指标,涉及到聚合物用量的计算和水灰比的计算。测定乳液固体含量的标准有美国 ASTMD1076[30],我国没有专门的测试方法。一般来说,使用下面的方法可以测定乳液固体含量:将大约 2g 聚合物乳液试样放入直径为 4cm 的铝盘中,盖上铝盖,称重,然后将其置于设有通风装置的烘箱中,在 115℃

下干燥 20min，再称重，即可计算得乳液得固体含量。需要说明的是，对于像聚丙烯酸酯那样容易起皮的聚合物乳液来说，应采用较高的干燥温度，如 120℃；对于含有增塑剂的聚合物乳液来说，应采用较低的温度（如 105℃）和较长的干燥时间（如 2h）。

（2）稳定性

聚合物乳液承受外界因素对其破坏的能力称作聚合物乳液的稳定性。影响聚合物乳液稳定性的因素主要包括电解质的影响、机械作用的影响、冻结与融化的影响、长期放置的影响、高温的影响、稀释的影响、pH 值的影响和水溶性有机物质的影响。对于聚合物乳液的稳定性，许多国家都有自己的测试方法，以下介绍的是一些典型的或经常使用的测试方法。

①机械稳定性

测定前，先把聚合物乳液试样用 100 目筛网过滤，然后装入特制的搅拌装置中，以桨端速度 6 096m/min 搅拌 10min，然后用 100 目筛网过滤，若不出现凝胶，则乳液的机械稳定性好；若有凝胶，将滤出的凝胶块在 105℃ 的烘箱中干燥至恒重，然后称重，干态凝聚物越多，则机械稳定性越差。

②高温稳定性

将 50g 聚合物乳液试样装入瓶中，盖好瓶盖，在 60℃ 下保温 5 昼夜，观察并记录状态变化。若没有发生变化，则乳液高温稳定性好；若出现沉淀或凝胶，将其滤出、干燥、称重，干态凝胶越多，则高温稳定性越差。

③钙离子稳定性

钙离子稳定性又称化学稳定性。测试方法为：在 20mL 的刻度试管中，加入 16mL 聚合物乳液试样，再加 4mL0.5% 的 $CaCl_2$ 溶液，摇匀，静置 48h。若不出现凝胶，且无分层现象，则钙离子稳定性合格；若有分层现象，量取上层（或下层）清液高度，清液高度越高，钙离子稳定性越差。

④冻融稳定性

将 10g 聚合物乳液试样置于 15mL 的塑料瓶中，在 -20℃ ±1℃ 的冰箱中冷冻 16h，再于 30℃ 下融化 6h，这样反复冻融，每经过一次这样的过程不破乳且乳液稠度也不发生变化则冻融指数增加 1。冻融指数越大，乳液的冻融稳定性越高。若冻融指数为零，则这种乳液不抗冻，必须在 5℃ 以上储存。

（3）乳胶粒尺寸

乳胶粒尺寸及尺寸分布是聚合物乳液的重要技术指标，聚合物乳液的性质、乳液聚合物的性能与乳胶粒尺寸及其尺寸分布密切相关。一些典型结构类型的乳胶粒的示意图如图 4-17 所示。最常用的乳胶粒尺寸测定方法有六种，即电子显微镜法、离心法、水动力色谱法、光散射法、消光法和肥皂滴定法。前三者除了能测定乳胶粒尺寸外，还可以测定其尺寸分布；后三者则只能测定乳胶粒尺寸。

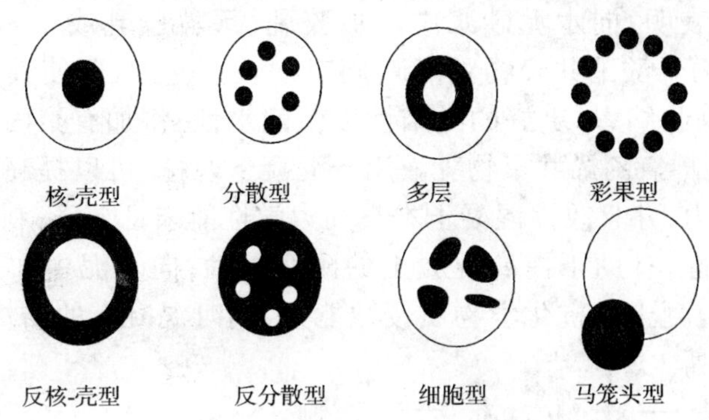

图 4-17　典型结构类型的胶乳粒

（4）黏度

黏度是聚合物乳液的一个重要性能。黏度的大小直接关系到聚合物乳液的稳定性和加工性能。聚合物乳液黏度越大，稳定性越高。固体含量对黏度有一定影响，当乳液固含量小于35%时，乳液黏度不随固含量发生变化；当固含量大于35%时，乳液黏度随固含量增大而增大；当固含量大于55%时，乳液黏度随固含量增大而大幅度增加。另外，乳胶粒尺寸、形状以及保护胶体的类型等都是乳液黏度的影响因素。通常用旋转黏度计来测定聚合物乳液的黏度，如 Brookfield 黏度计。Brookfield 黏度计是基于旋转内筒在相对较大的外筒中的转矩给出读数的。在测定黏度时，应该指明测试温度和剪切速率。

（5）最低成膜温度

聚合物乳液在一定的高温下进行干燥时，伴随着水分的挥发，乳胶粒会相互融合、相互渗透，聚结为一体形成连续而透明的薄膜。能够成膜的温度下限值称为聚合物乳液的最低成膜温度，通常用 MFT 表示。MFT 是聚合物乳液的一个重要技术指标，对聚合物乳液的生产和应用均有重要意义。聚合物乳液成膜温度高，则聚合物的强度较高。聚合物乳液的 MFT 值在最低成膜温度测定仪上进行测定。

3. 聚合物乳液在水泥砂浆（混凝土）中的应用

使用聚合物乳液改进水泥基材料的性能是目前颇受关注的研究方向。聚合物乳液改性的水泥砂浆或混凝土在许多性能上都有显著地提高，如抗张强度、抗弯强度、防水性能、耐氯离子渗透能力、抗冻融能力等。可用于水泥基材料改性的聚合物分散体种类见图 4-18。最常用的聚合物乳液是丁苯胶乳、丙烯酸酯乳液、聚醋酸乙烯酯乳液、乙烯-乙酸乙烯共聚物、氯丁胶乳等。

许多文献资料曾对不同聚合物乳液改性的水泥基复合材料进行了性能上的对比。研究表明:向水泥砂浆中添加胶乳(天然胶乳或丁苯胶乳)或乳液(EVA乳液或丙烯酸酯共聚物乳液),同时加入消泡剂,可使其具有更高的强度、更低的干燥收缩率、更好的黏结性以及耐水性;将加有聚丙烯酸钠盐或铵盐的醋酸乙烯酯-氯乙烯共聚物乳液用于混凝土改性,可以提高其在新旧混凝土之间的黏结力,并且改性混凝土本身的力学性能未见下降;利用丁苯胶乳对混凝土进行改性,有助于提高混凝土的耐腐蚀性;向水泥中加入聚乙烯分散液,可以提高混凝土的抗化学物质侵蚀能力,同时混凝土的结构会更加密实,渗透性大幅提高。

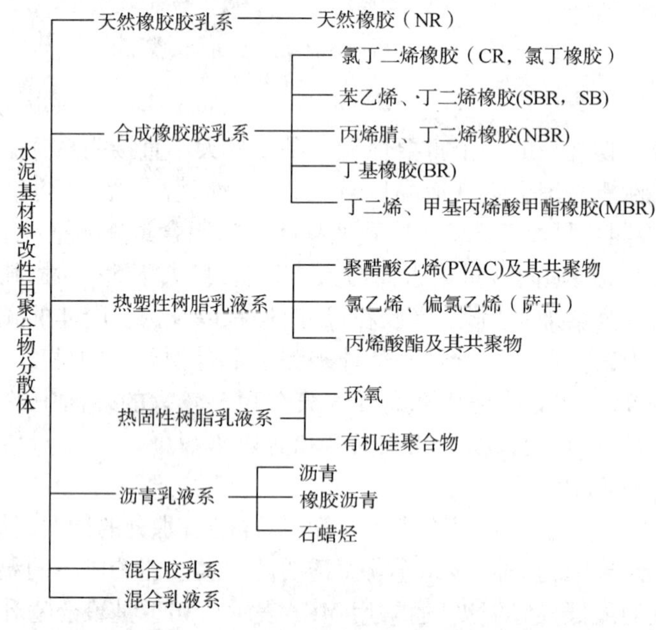

图4-18　水泥基材料改性用聚合物分散体

许多人也对用于混凝土改性的聚合物乳液性能进行了比较[31],见表4-8。

总的来说,通过聚合物乳液改性后,混凝土或水泥砂浆固化物的性能明显比未改性产品的性能更优异,因为改性后制件的抗张强度和挠曲强度会显著提高,而抗压强度则未明显下降。当聚合物乳液改性水泥砂浆或混凝土中含有表面活性剂时,一般情况下,如果增大表面活性剂的用量,水泥砂浆的机械稳定性和化学稳定性均会提高,表面活性剂会使乳液改性水泥砂浆中的各种组分更容易分散;但是,过多的表面活性剂又会使聚合物乳液膜的强度下降,且使水泥水化反应受到抑制。

用于混凝土改性的聚合物乳液性能比较 表4-8

乳液类别	优点	缺点
高浓天然胶乳（弹性体类）	高固含量（可达60%）；弹性好；黏结力大；膜干燥后具有很好的耐水性，强度高，伸长率大；加入水泥稳定剂可降低其用量	如果不用稳定剂则易凝聚；延迟水泥固化或硬化；耐油、脂肪及耐候性差；与合成橡胶相比价格较不稳定；某些产品释放氨气
丁苯胶乳（SBR）（弹性体类）	多种性能都很优异；成本较低；应用经验丰富；耐水、耐油及耐多种化学品性能良好；柔韧性好；即使在潮湿条件下其黏结性也很好；抗剪切性能好	抹涂性能不如聚醋酸乙烯酯类乳液混合物；白色复合物在日光照射下会变色
聚醋酸乙烯酯乳液（常含增塑剂）（热塑性酯类）	价格便宜；干燥后许多性能都很好；良好的抹涂性能；干燥后对多种基材的黏结性都很优异	不适于碱性潮湿条件；$PVOA_C$易转变为PVA和醋酸钙，二者都是水溶的，易流失；外增塑剂易流失；通常显酸性；柔韧性不如丁苯胶乳；改性水泥砂浆固化物较SBR改性的收缩率大
EVA乳液（$EVOA_C$）（热塑性酯类）	价格适中；内增塑共聚物；比$PVOA_C$耐水性好；不用与水泥预混即可用做建筑黏结剂	应用广泛，易施工，但遇酸可能发生水解
苯丙乳液（热塑性酯类）	价格适中；乳胶粒直径很小；有助于渗入到基材内部；“硬”产品具有良好的抗剪切性能	与其他聚合物乳液相比应用尚不广泛，尤其是EVA在该领域使用后；某些苯丙共聚物的最低成膜温度太高，可能不适于寒冷条件
纯丙乳液（如丙烯酸乙酯、MMA共聚物）（热塑性酯类）	几乎各种性能都很好	较昂贵

有关聚合物乳液改性水泥砂浆或混凝土的具体研究状况将在后面的章节中加以介绍。

（三）可分散性聚合物粉末

可分散性聚合物粉末是特定的乳液（分散体）经过喷雾干燥等一系列过程制成的，当这些粉末与水搅拌或在砂浆中与水混合时，会生成与原始乳液性能相似的稳定的分散体（乳液）[32,33]。可分散性聚合物粉末具有较好的储存稳定性，通常条件下，粉末不粘连，且流动性好。德国瓦克化学品公司于1957年率先研制出可分散性聚合物粉末，第一批可分散性聚合物粉末是均聚的聚乙烯乙酸酯（PVAC），随后又出现了醋酸乙烯-乙烯共聚物粉末。

可分散性聚合物粉末根据用途可以分为两类:一类是重新分散后在常温下不可成膜的可分散性聚合物粉末,主要用于水泥或水泥砂浆的改性,改善最终制品的弹性,减少开裂的倾向;另一类是重新分散后在常温下可以成膜的可分散性聚合物粉末,主要作为水泥基瓷砖黏结剂的成膜物质。可分散性聚合物粉末的典型物理性能见表 4-9,其常用种类如图 4-19 所示。

可分散性聚合物粉末的典型物理性能 表 4-9

物理性能	指标	物理性能	指标
外观	白色到浅黄色自由流动粉末	再分散后的 pH 值	4 ~ 12
残余水分	小于 1%	最低成膜温度	0℃ ~ 18℃
容积密度	400 ~ 600g/l	玻璃化温度 T_g	-5℃ ~ 25℃
灰分	1% ~ 13.5%	再分散后颗粒主导粒径	0.5 ~ 5μm
粉末主导粒径	50 ~ 120μm		

在实际应用中,可分散性聚合物粉末主要是与水泥等无机黏结料一起使用,它可以改善水泥砂浆的施工性能,提高水泥基材料的变形能力,有效防止微裂缝在水泥基体内部出现,对砂浆的防水性能也有显著的改善作用。可分散性聚合物粉末对水泥砂浆和混凝土的改性机理与聚合物乳液是相同的。

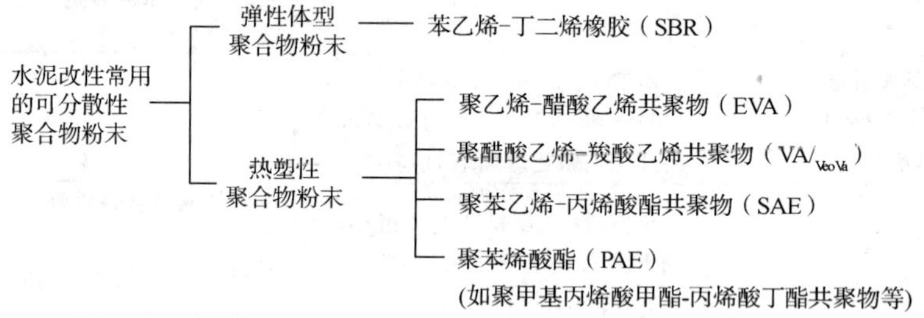

图 4-19 水泥改性常用的可再分散性聚合物干粉

(四)液体聚合物

与前面所述的三种聚合物类型相比,液体聚合物在改性水泥砂浆或混凝土时所需的聚合物用量更大,因此不常使用。能用于水泥混凝土改性的液体聚合物主要有环氧树脂和不饱和聚酯,它们在使用时还要加入固化剂。用液体聚合物对水泥混凝土进行改性的过程中,聚合物的固化反应与水泥的水化反应同时进行,最终形成牢固的互穿网络结构。

第三节 聚合物结构与性能特点

一、结构特点

聚合物的结构可分为链结构和聚集态结构两大类。

(一)聚合物的分子链结构

链结构是指单个分子的形态。聚合物的分子链结构包括单体单元的化学组成、连接方式、立体构型、分子链的形态(线化、支化、交联等)、分子链的构象以及分子链的大小(分子量)。链结构又可以分为近程结构和远程结构。近程结构包括构造与构型,构造指链中原子的种类和排列、取代基和端基的种类、单体单元的排列顺序、支链的类型和长度等。构型是指某一原子的取代基在空间的排列。近程结构属于化学结构,又称一级结构。远程结构包括分子的大小与形态、链的柔顺性以及分子在各种环境中所采取的构象,又称二级结构。图 4-20 显示的是交联的聚合物分子链形态。

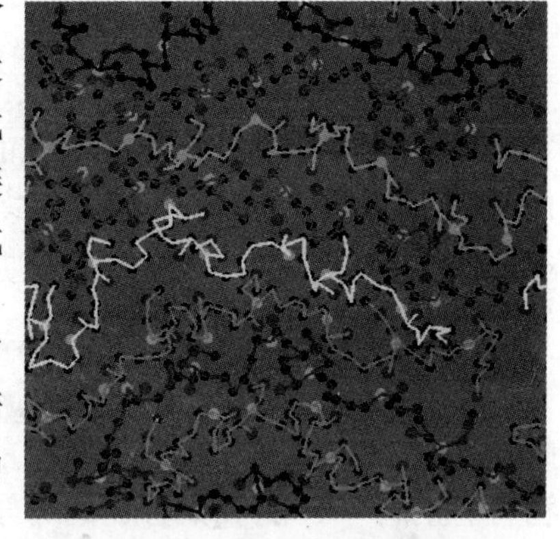

图 4-20　聚合物的分子链结构

近程结构是影响聚合物稳定性、分子间作用、力链柔顺性的重要因素。键接方式是指结构单元在高聚物中的联结方式。由于结构单元的不同,键接方式对聚合物材料的性能会产生较大的影响,如聚氯乙烯链结构单元主要是头-尾相接,如含有少量的头-头键接,则会导致热稳定性下降。共聚物按其结构单元键接的方式不同可分为交替共聚物、无规共聚物、嵌段共聚物与接枝共聚物几种类型。对于同一共聚物来说,链结构单元排列顺序的差异,也会导致性能上的变化。

(二)聚合物的聚集态结构

聚合物的聚集态结构也称超分子结构,它是指高聚物分子链之间的几何排列和堆砌结构。虽然聚合物的分子链结构对聚合物材料性能有着显著的影响,但由于聚合物是由许多单个高分子链聚集而成,有时即使相同链结构的同一种聚合物,也会产生不同的聚集态结构,所得制品的性能也会截然不同。因此,聚合物的聚集态结构对聚合物材料性能的影响比高分子链结构更直接、更重要。

聚合物的聚集态结构包括晶态结构、非晶态结构、取向态结构以及织态结构。结构规整或链间次价力较强的聚合物容易结晶,如高密度聚乙烯、全同聚丙烯和聚酰胺等。结晶聚合物中往往存在一定的无定型区,即使是结晶度很高的聚合物也存在晶体缺陷,熔融温度是结晶聚合物使用的上限温度。结构不规整或链间次价力较弱的聚合物(如聚氯乙烯、聚甲基丙烯酸甲酯等)难以结晶,一般为不定型态。无定型聚合物在一定负荷和受力速度下,于不同温度可呈现玻璃态、高弹态和黏流态三种力学状态。玻璃态到高弹态的转变温度称玻璃化温度(T_g),无定型塑料使用的是上限温度,橡胶使用的是下限温度。从高弹态到黏流态的转变温度称黏流温度(T_f),是聚合物加工成型的重要参数。

二、聚合物材料的性能

聚合物有许多重要的使用性能指标,如强度、硬度、耐磨性、耐热性、耐腐蚀性、耐溶剂性、电绝缘性、透光性以及气密性等。聚合物的这些特性与大分子的多层次结构、大分子链的特殊运动方式以及聚合物的加工有着密切的联系。

(一)力学性能

聚合物的力学性能指其对外力作用的响应特性,包括聚合物材料或其表面的形变、形变的可逆性、抗形变性能及抗破损性能等。高弹形变和黏弹性是聚合物特有的力学性能。聚合物的力学性能指标主要包括强度、模量、极限形变及疲劳性能(包括疲劳极限和疲劳寿命)。

1. 强度

聚合物的强度比金属低很多,一般为20~80MPa,但强度较金属的高。聚合物的实际强度仅为其理论值的1/200,这与其结构缺陷(如裂纹、杂质、气泡、空洞和表面划痕等)及分子链断裂不同时性有关。聚合物的力学强度根据外力作用方式不同,可以分为三种,即抗拉强度、抗弯强度、冲击强度。

影响聚合物强度的主要结构因素有:

(1)高分子链极性大或形成氢键能显著提高聚合物强度。

(2)主链刚性大,聚合物强度高,但是链刚性太大,会使材料变脆。

(3)分子链支化程度增加,会降低聚合物抗拉强度。

(4)分子间适度进行交联,可以提高聚合物抗拉强度;但交联过多,因影响分子链取向,反而会降低聚合物强度。

2. 模量

聚合物弹性模量的高低取决于其链段运动的难易程度,而链段运动的难易程度与温度密切相关,因此聚合物的模量受温度的影响显著。

3. 银纹与断裂

在拉应力作用下,非晶态聚合物的某些薄弱地区应力集中,产生局部塑性变形,结果在其表面和内部会出现闪亮的、细长形的“类裂纹”,称为银纹(Craze)。银纹区仍有力学强度,但其密度较低。银纹具有可逆性,在压应力作用下或经玻璃化温度以上退火处理,银纹将会减少和消失。

银纹是非晶态聚合物塑性变形的一种特殊形式。银纹的形成能增加聚合物的韧性,因为它使聚合物的应力得到松弛;同时,银纹中的微纤维表面积大,可吸收能量,对增加韧性也有作用。聚合物形成的银纹类似于金属韧性断裂前产生的微孔。

4. 疲劳性能

聚合物的疲劳过程,一般为疲劳应力引发银纹,然后转变为裂纹,裂纹扩展导致疲劳破坏。聚合物的疲劳破坏过程有两种方式:一种是因大范围滞后能累加产生的热量使其软化,丧失承载能力,称为热疲劳破坏,黏性流动是热疲劳破坏的主要原因;另一种是在疲劳载荷作用下裂纹萌生、扩展引起的机械疲劳断裂。

对于低应力下易产生银纹的结晶态聚合物的疲劳过程,会出现以下现象:

(1)疲劳应变软化而不出现应变硬化。

(2)分子链间剪切滑移,分子链断裂,晶体精细结构发生变化。

(3)产生显微孔洞(Micro Void)。

(4)微孔洞复合成微裂纹,微裂纹扩展成宏观裂纹。

5. 聚合物的变形[28]

聚合物材料具有已知材料中可变范围最宽的变形性质,包括从液体、软橡胶到刚性固体。与金属材料相比,聚合物的变形强烈地依赖于温度和时间,表现为黏弹性,即介于弹性材料和黏性流体之间。聚合物的变形行为与其结构特点有关。聚合物由大分子链构成,这种大分子链一般都具有柔性(但柔性链易引起黏性流动,可采用适当交联保证弹性),除了整个分子的相对运动外,还可实现分子不同链段之间的相对运动。这种分子的运动依赖于温度和时间,具有明显的松弛特性,引起了聚合物变形的一系列特点。

玻璃态聚合物被拉伸时,典型的应力－应变曲线如图4-21所示。在曲线上有一个应力出现极大值的转折点 B,叫屈服点,对应的应力称为屈服应力(σ_y);在屈服点之前,应力与应变基本呈正比(虎克弹性),经过屈服点后,即使应力不再增大,但应变仍保持一定的伸长;当材料继续被拉伸时,将发生断裂,材料发生断裂时的应力称为断裂应力(σ_b),相应的应变称为断裂伸长率(ε_b)。材料在屈服点之间发生的断裂称为脆性断裂;在屈服点后发生的断裂称为韧性断裂。

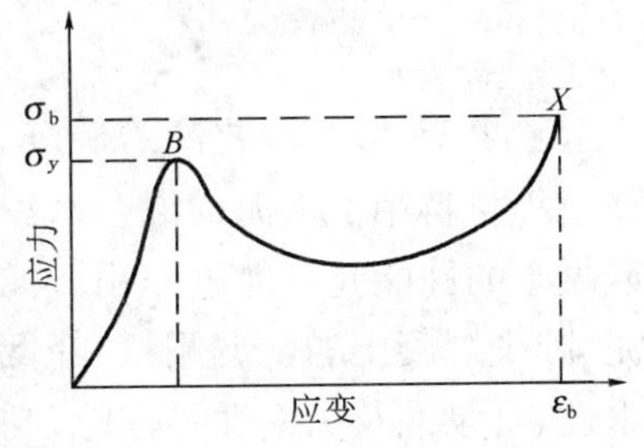

图 4-21　玻璃态聚合物的应力-应变曲线

在屈服点后出现的较大应变在移去外力后是不能复原的。但是如果将试样温度升到其 T_g 附近,该变形则可完全复原,因此它在本质上仍属高弹变形,并非黏流变形,是由高分子的链段运动所引起的强迫高弹形变。产生强迫高弹形变的原因为:在外力的作用下,玻璃态聚合物中本来被冻结的链段被强迫运动,使高分子链发生伸展,产生大的形变。但由于聚合物仍处于玻璃态,当外力移去后,链段不能再运动,形变也就得不到复原,只有当温度升至 T_g 附近,链段运动解冻,形变才能复原。这种大形变与高弹态的高弹形变在本质上是相同的,都是由链段运动所引起的。

(二)聚合物的热稳定性[34]

聚合物在高温条件下可产生两种结果:降解和交联。两种反应都与化学键的断裂有关,组成聚合物分子的化学键能越大,耐热稳定性越高。为提高热稳定性,应:

(1)尽量避免分子链中弱键的存在。

(2)在主链结构中引入梯形结构,因为在环结构中破坏其中的某一个键并不会导致聚合物分子量的下降,而在同一个环中同时断裂两个键的可能性很低,因此主链上含有环结构的聚合物,其热稳定性较高。

(3)在主链中引入 Si、P、B、F 等杂原子,即合成元素有机聚合物。

聚合物的热稳定性通常采用热分析手段进行评价。常用的是热重分析法(TGA),它测试的是聚合物在等速升温过程中的质量损失,测试所得的图谱是由试样的质量残余率对温度的曲线(称为热重曲线,TG)和试样的质量残余率随时间的变化率对温度的曲线(称为微商热重法,DTG)组成。

第四节　矿物质超细粉

粉煤灰、磨细粒化高炉矿渣、硅灰、天然火山灰、煅烧页岩、煅烧黏土或偏高岭土等材料用于水泥或混合水泥时,会通过水化、火山灰活性或两者作用对硬化混凝土的性能起到促进作用。如配制混凝土,掺用粉煤灰不仅可以取代部分水泥、减少混凝土的水泥用量、降低成本,而且可以改善混凝土拌和物的和易性、保水性、可泵性及抹面性等性能,同时还可降低混凝土的水化热、提高混凝土的抗化学侵蚀性能、抗渗性能、抑制碱集料反应性能等耐久性;掺用硅灰,其作用与粉煤灰有相似之处,可改善混凝土拌和物的和易性、降低水化热、提高混凝土的抗侵蚀、抗冻、抗渗性及抑制碱集料反应等性能。粉煤灰、磨细粒化高炉矿渣、硅灰、火山灰的内部微观结构见图 4-22。

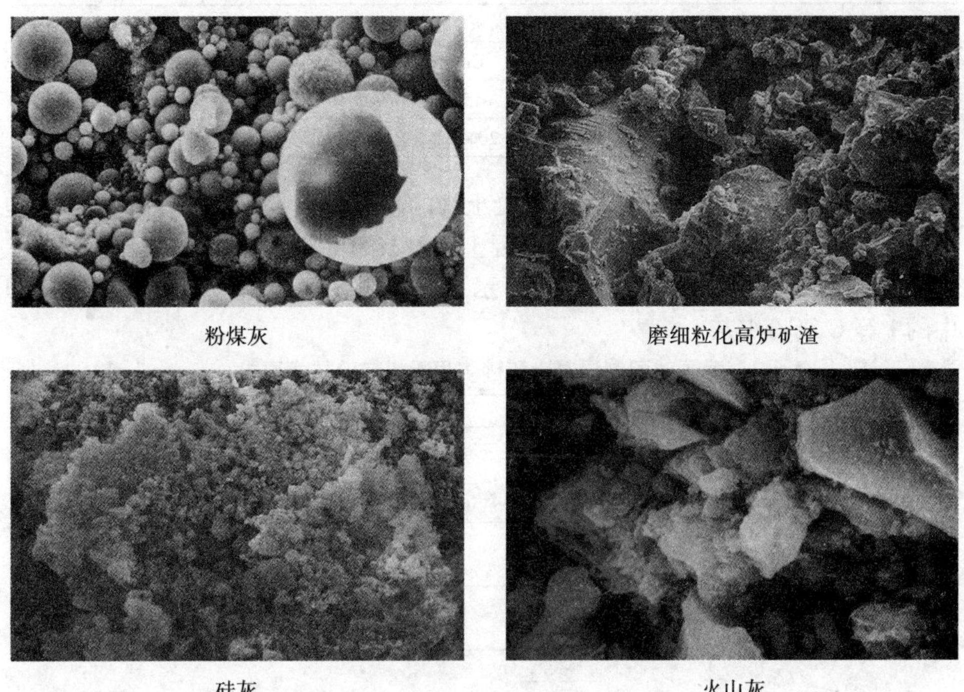

粉煤灰　　磨细粒化高炉矿渣

硅灰　　火山灰

图 4-22　粉煤灰、磨细粒化高炉矿渣、硅灰、火山灰的内容微观结构

一、粉煤灰

粉煤灰是火电厂的磨细煤粉燃烧后的副产物，它是混凝土中使用最为广泛的掺和料，其主要成分为 SiO_2、Al_2O_3 以及少量 FeO、CaO、MgO 等。绝大多数粉煤灰颗粒是实心球体，但有一些是中空的球体，当然也有包含多个小球体的复合球体出现。粉煤灰颗粒大小可以从小于 1μm 到超过 100μm，但通常尺寸在 20μm 以下。颗粒尺寸超过 45μm 的只占总质量的 10% ~30%。通常粉煤灰的比表面积为 300 ~500m^2/kg，而有些粉煤灰比表面积也可以低到200m^2/kg或高达 700m^2/kg。没有压实的粉煤灰的堆积密度（包含颗粒间空隙的单位体积的质量）范围在 540 ~ 860kg/m^3，而紧密堆积或振动密实后的堆积密度范围在 1 120 ~1 500kg/m^3。粉煤灰的相对密度通常在 1.9 ~2.8 之间，颜色普遍为灰色或棕褐色。

美国标准 ASTM C 168 中把粉煤灰分为 F 级和 C 级两个等级，其技术性能见表 4-10。

美国对常用粉煤灰的性能要求　表 4-10

粉煤灰等级	粉煤灰的化学成分(%)						
	SiO_2	Al_2O_3	Fe_2O_3	CaO	C	平均尺寸 (mm)	密度(g/cm^3)
F 级	>50	20~30	<20	<5.0	<5.0	10~15	2.2~2.4
C 级	>30	15~25	20~30	20~32	<1.0	10~15	2.2~2.4

我国在国家标准《用于水泥和混凝土中的粉煤灰》(GB/T 1596—2005)中也把粉煤灰分为 F 类和 C 类,把拌制混凝土和砂浆用的粉煤灰按其品质分为 I、II、III 三个等级,其技术要求如表 4-11 所示。配制高性能混凝土最好采用表 4-11 中的 I 等 C 级粉煤灰。

我国对配制混凝土和砂浆用粉煤灰的技术要求　表 4-11

技术指标项目		技术要求		
		I	II	III
细度(0.045mm 方孔筛的筛余),≤	F 类	12.0	25.0	45.0
	C 类			
需水量比(%),≤	F 类	95	105	115
	C 类			
细烧失量(%),≤	F 类	5.0	8.0	15.0
	C 类			
含水率(%),≤	F 类	1.0		
	C 类			
三氧化硫含量(%),≤	F 类	3.0		
	C 类			
游离氧化钙含量(%),≤	F 类	1.0		
	C 类	4.0		

二、磨细粒化高炉矿渣

磨细粒化高炉矿渣,是由炼钢高炉渣制得的一种非金属水硬性胶凝材料。在炼铁过程中,氧化铁在高温下还原成金属铁,并将矿石中的 SiO_2、Fe_2O_3 等杂质与石灰等溶剂化合成矿渣使之与铁水分离,这些熔融状态的矿渣经过急速冷却后形成了粒化高炉矿渣。磨细粒化高炉矿渣可被磨成小于 45μm 的颗粒,其比表面积大约在 400~600m^2/kg 之间。粒化高炉矿渣的相对密度范围为 2.85~2.95,堆积密度范围为 1 050~1 375kg/m^3。德国在 1853 年首先开始研究粒化高炉矿渣,北美将粒化高炉矿渣用于普通混凝土,通常用量占胶凝材料的 30%~45%。一些混凝土的矿渣用量甚至可以达到 70% 或更高[35,36]。

自 20 世纪 80 年代以来，磨细矿渣作为混凝土用矿物外加剂的研究和应用已成为国际范围的热点，美国、日本、英国、法国、奥地利等国家相继制订了产品标准，我国于 1994 年制订了《用于水泥中的粒化高炉矿渣》(GB/T 203—1994)，2000 年颁布了《用于水泥和混凝土中的粒化高炉矿渣粉》(GB/T 18046—2000)，这为掺加磨细矿渣配制高性能混凝土明确了质量标准。

在混凝土拌和物中掺入适量的磨细矿渣，在水泥水化初期，胶凝材料系统中的矿渣微粉分布并包裹在水泥颗粒的表面，能起到延缓和减少水泥初期水化产物相互搭接的隔离作用，从而改善了混凝土拌和物的工作性。磨细矿渣绝大部分是不稳定的玻璃体，不仅储有较高的化学能，而且有较高的活性。这些活性成分一般为活性 Al_2O_3 和活性 SiO_2，即使在常温条件下，以上活性成分也可与水泥中的 $Ca(OH)_2$ 发生反应而产生强度。用磨细矿渣取代混凝土中的部分水泥后，流动性提高，泌水量降低，具有缓凝作用，其早期强度与普通硅酸盐水泥混凝土相当，但后期强度高，耐久性优良。

混凝土中掺加的磨细矿渣粉的活性可以用活性指数来表征，不同国家的标准中对不同等级磨细矿渣粉的活性指数要求见表 4-12。

不同国家标准矿渣粉的活性指数　　表 4-12

项目		日本 JISA6206—1997			美国 ASTMC989—94a			中国 GB/T18046—2000			英国 BS 6699—92	
配比		50/50 质量比			50/50 质量比			50/50 质量比			70%矿渣粉 +30%水泥(42.5 级波特兰水泥)按 EN196:Part1	
等级		4 000	6 000	8 000	80	100	120	S75	S95	S105		
活性指数(%)	7d	>55	>75	>95		≥75	≥95	≥55	≥75	≥95	7d 强度	>12MPa
	28d	>75	>95	>105	≥75	≥95	≥115	≥75	≥95	≥105	28d 强度	>32.5MPa

三、硅粉

硅粉又称凝聚硅灰或硅灰，是电弧冶炼硅金属或硅铁合金时的副产品。硅铁厂在冶炼硅金属时，将高纯度的石英、焦炭投到电弧炉内，在 2 000℃的高温下，石英被还原成硅的同时，约有 10% ~ 15% 的硅化为蒸汽，在烟道内随气流上升遇氧结合成一氧化硅(SiO)气体，逸出炉外时，SiO 遇冷空气后再氧化成 SiO_2，最后冷凝成极微细的颗粒。这种 SiO_2 颗粒，日本称为“活性硅”，法国称为“硅尘”,我国统称为“硅粉”。

硅灰主要成分为非晶态形式的二氧化硅(含量通常超过85%)。因为硅灰像粉煤灰一样经过气体冷却,所以多为球形。硅灰相当细,颗粒直径通常小于1μm,平均粒径在0.1μm左右,比水泥颗粒平均粒径小100倍。硅灰比表面积大约为20 000m^2/kg,相比之下,烟草燃烧后烟的比表面积也只有10 000m^2/kg。硅灰相对密度在2.20~2.50之间,硅灰堆积密度为130~430kg/m^3。硅灰通常以粉末形式出售,但液态硅灰也很容易找到。硅灰的掺量通常占所有胶凝材料总质量的5%~10%。硅灰可以用于抗渗等级要求很高的混凝土和高强混凝土中。

硅灰用于混凝土是研究最早、应用最广的一个领域,它在混凝土中可以起到加速胶凝材料水化,提高混凝土致密度,改善混凝土离析和泌水性能,提高混凝土的抗渗性、抗冻性、抗化学腐蚀性,提高混凝土的强度和耐磨性等作用。

由于硅灰是生产硅铁和工业硅的副产品,其生产条件基本相似,因此不同国家硅灰的物理性质和化学成分相差不大。我国某地生产的硅灰的各种性能指标如表4-13所示[37]。

我国某地生产的硅灰的各种性能指标 表4-13

序号	性能指标名称	检测值	序号	性能指标名称	检测值
1	SiO_2(%)	95.48	10	含碳量(%)	0.250
2	Al_2O_3(%)	0.400	11	烧失量(900℃)(%)	0.900
3	Fe_2O_3(%)	0.032	12	密度(g/cm^3)	2.230
4	CaO(%)	0.440	13	比表面积(cm^2/g)	30.10
5	MgO(%)	0.400	14	45μm筛余量(%)	0
6	K_2O(%)	0.720	15	含水率(%)	1.400
7	Na_2O(%)	0.250	16	表观密度(kg/cm^3)	173.0
8	SO_3(%)	0.420	17	耐火度(℃)	1 710~1 730
9	P_2O_5(%)	0.690			

四、硅藻土

硅藻土是一种生物成因的硅质沉积岩,主要是由硅藻遗骸和软泥固结而成的沉积矿除去与其共生的黏土、砂砾、碎屑等杂物后,把硅藻富集到92%以上的称为硅藻土(亦称硅藻精土)。硅藻土的化学成分主要是SiO_2,还含有少量的Al_2O_3、Fe_2O_3、CaO、MgO、K_2O、Na_2O和有机质。其中,SiO_2通常占80%以上,最高可达94%。硅藻土的物质组分主要是硅藻,其矿物成分为一种有机成因的蛋白石,它不同于一般成因的蛋白石,称之为硅藻蛋白石。硅藻中的SiO_2一般不是纯的含水氧化硅,而是含有与之紧密伴生的其他组分的一种独特类型的氧化硅,称为硅藻氧化硅。粒径是硅藻土的主要特性之一,不同用途的硅藻土填料所要求的粒径大小是不同的。硅藻土的颜色为白色、灰白色、灰色和浅灰褐色等,颜色越深,杂质含量越多。我国硅藻土的堆积密度为0.34～0.65kg/m^3,堆积密度越小,原土质量越好,硅藻土越纯。硅藻土可以作为水泥的填料,用以配制高硅质水泥,硅藻土还能够提高混凝土的流动性和可塑性,它对混凝土产品的耐磨性和耐腐蚀性也有改善作用。

五、磨细天然沸石粉

磨细天然沸石粉是指以天然沸石岩为原料,经破碎、磨细而制成的产品。与粉煤灰、矿渣、硅灰等玻璃态的工业废渣不同,这是一种含有多孔结构的微晶矿物,是一种矿产资源。目前,很多国家都已经开始注重开发天然沸石作为水泥混凝土原料,我国在建筑材料中已将天然沸石作为混凝土的矿物外加剂,用以配制高性能混凝土。

磨细天然沸石粉作为混凝土的一种矿物外加剂,它既能改善混凝土拌和物的均匀性与和易性、降低水化热,又能提高混凝土的抗渗性与耐久性,还能抑制水泥混凝土中碱-集料反应的发生。磨细天然沸石粉适宜配制泵送混凝土、大体积混凝土、抗渗防水混凝土、抗硫酸盐侵蚀混凝土、抗软水侵蚀混凝土、高强混凝土、蒸养混凝土、轻集料混凝土、地下和水下工程混凝土等。

磨细天然沸石粉的细度对沸石粉的活性和混凝土的物理性能影响很大。只有当沸石磨到平均粒径小于15μm(比表面积相当于500～700m^2/kg)时,才能表现出3d、7d的早期强度和28d强度较快增长。鉴于以上情况,在国家标准《高强高性能混凝土用矿物外加剂》(GB/T 18736—2000)中规定,I级品的比表面积为700m^2/kg,II级品的比表面积为500m^2/kg。

参考文献

[1] 申爱琴. 水泥与水泥混凝土. 北京:人民交通出版社,2000.

[2] ASTM C 150—2000 Standard Specification for Portland Cement.

[3] 申爱琴. 公路施工手册. 工程材料. 北京:人民交通出版社,2001.

[4] Taylor, H. F. W.. Cement Chemistry. Thomas Telford Publishing, London,

1997: 477.

[5] Campbell, Donald H.. Microscopical Examination and Interpretation of Portland Cement and Clinker. SP030, Portland Cement Association, 1999.

[6] Paul Wencil Brown, Ellen Francz, Geoffrey Frohnsdroff and H. F. W. Taylor. Analyses of the Aqueous Phase during early C_3S Hydration. Cement and Concrete Research. 1984, 14(1): 257 - 262.

[7] Ellis M. Gartner. A Proposed Mechanism for the growth of C—S—H during the Hydration of Tricalcium silicate. Cement and Concrete Research. 1997, 27(5): 665-672.

[8] R. Melzer and E. Eberhard. Phase Identification during Early and Middle Hydration of Tricalcium silicate(Ca_3SiO_5). Cement and Concrete Research. 1989, 19(3): 411-422.

[9] Paul A. Slegers and Paul G. Rouxhet. The Hydration of Tricalcium silicate: Calcium Concentration and Portlandite Formation. Cement and Concrete Research. 1977, 7(1): 31 - 38.

[10] L. S. Dent Glasser, E. E. Lachowski, K. Mohan and H. F. W. Taylor. A Multi-Method Study of C_3S Hydration. Cement and Concrete Research. 1978, 8(6): 733-740.

[11] A. M. Sharara, H. Ei - Didamony, E. Ebied, Abd El-Aleem. Hydration Characterstics of β-C_2S in The Presence of some Pozzolantic Materials. Cement and Concrete Research. 1994, 24(5): 966-974.

[12] Xiangdong Cong and R. James Kirkpatrick. ^{17}O and ^{29}Si MAS NMR Study of β-C_2S Hydration and The Structure of Calcium-Silicate Hydrates. Ce and Con Re. 1993, 23(5): 1065-1077.

[13] K. Fukuda & H. Taguchi. Hydration of α_L-and β-Dicalcium Silicates with Inentical Concentration of Phosphorus Oxide. Cement and Concrete Research. 1999, 29(3): 503 - 506.

[14] Giorgio Baldini and Marco Pauri. The Effect of Pozzolanas on the Tricalcium Aluminate Hydration, Mario Collepardi. Cement and Concrete Research. 1978, 8(6): 741-752.

[15] S. M. Bushnell-Watson & S. M. Sharp. The Effectof Temperature upon The Setting Behaviour of Refractory Calcium Aluminate Cements. Ce and Con Re. 1986, 16(6): 875 - 884.

[16] K. Nakagawa, I. Terashima, K. Asaga, M. Daimon. Influence of $Ca(OH)_2$ and $CaSO_4 \cdot 2H_2O$ on Hydration Reaction of Amorphous Calcium Aluminate. Cement and Concrete Research. 1990, 20(5): 824-832.

[17] Lea, F. M.. The Chemistry of Cement and Concrete. Chemical Publishing Company, INC New York 1971: 377-420.

[18] Tadros M. G., Skalny J., Kalyoncu R. S.. Early Hydration of Tricalcium Silicate. Journal of American Ceramic Siciety, 59(1976), 344 - 347.

[19] Odler I., Becke T., Weiss B.. Rheological Properties of Cement Pastes. iL Cemento 3/1978, 303-310.

[20] 安全科学技术百科全书. 中国劳动社会保障出版社, 2003.

[21] 肖力光, 周建成. 聚合物水泥混凝土复合材料结构形成机理及性能. 吉林建筑工程学院学报, 2001(3).

[22] 刘颖隆. 聚乙烯醇·维纶工业数据手册. 重庆: 中国化纤工业协会聚乙烯醇·维纶专业委员会, 1998: 116-193.

[23] Suzuki T, Tsuchii A. Degradation of diketones by polyvinyl alcohol degrading enzyme produced by Pseudomonas sp. Process Biochemistry, 1983, 18: 13-16.

[24] 严瑞瑄. 水溶性高分子. 北京: 化学工业出版社, 1998.

[25] 林尚安, 陆耘, 梁兆熙. 高分子化学. 北京: 科学出版社, 1998.

[26] Desmarais A. J., & Wint R. F.. Hydroxyalkyl and ethyl ethers of cellulose. In R. L. Whistler & J. N. BeMiller (Eds), Industrial gums: polysaccharides and their derivatives (3rd ed.). New York: Academic Press. 1993: 505-535.

[27] 张国防, 王培铭, 王永明. 纤维素醚改性水泥浆体物理性能的研究//首届全国商品砂浆学术会议论文集, 2005.

[28] H. 瓦尔森, C. A. 芬奇. 合成聚合物乳液的应用(第一卷), 成国祥, 等译. 北京: 化学工业出版社, 2004.

[29] 耿耀宗, 曹同玉. 合成聚合物乳液制造与应用技术. 北京: 中国轻工业出版社, 1999.

[30] ASTM D 1076 Standard Specification for Rubber - Concentrated, Ammonia, Preserved, Creamed, and Centrifuged Natural Latex.

[31] H. 瓦尔森, C. A. 芬奇. 合成聚合物乳液的应用(第三卷), 曹同玉, 等译. 北京: 化学工业出版社, 2004.

[32] G. O. MORRISON. Polyvinyl acetate powder and Process of making the same:

US,2800463.1953:05-14.

[33] Klaus Matschke, Karl Josef Rauterkus, Detlevseip, et al. Process for the preparation of a dispersible vinyl acetate/ethylene polymer powder: US, 3883489.1975:05-13.

[34] 梁晖,卢江.高分子科学基础.北京:化学工业出版社,2006.

[35] Malhotra, V. M.. Pozzolanic and Cementitious Materials, Gordon and Breach Publishers. Amsterdam,1996:208.

[36] PCA, Survey of Mineral Admixtures and Blended Cements in Ready Mixde Concrete, Portland Cement Association,2000:16.

[37] 李继业,等.道路工程常用混凝土实用技术手册.北京:中国建材工业出版社,2008.

第五章　聚合物乳液改性水泥基裂缝修补材料

聚合物乳液可以改善水泥基材料的流动性、柔韧性及界面黏结性能，因此常被用作水泥混凝土路面微裂缝修补材料。聚合物乳液改性水泥基裂缝修补材料在我国的公路工程中有着广泛的应用。经过不断的探索，我国已经开发出多种不同系列性能优异的聚合物乳液裂缝修补材料。例如，济南大学、中科院兰州物理化学研究所、交通部公路科研所等单位使用高分子乳液聚合物为主要成膜物质，辅以其他助剂，研制出了成膜性能好、不损坏混凝土路面、无毒无色无味的高分子乳液型水泥混凝土路面养护材料[1]；南京工业大学合成了甲基丙烯酸甲酯（MMA）基混凝土裂缝修补材料[2]；铁道部科学研究院研制并生产出了ZV型混凝土修补胶，这种修补材料是以高分子共聚物为基本原料，掺加适量的改性剂并辅以有机助剂配制而成[3]。在开发新材料的同时，一些研究人员还对聚合物乳液改性水泥基裂缝修补材料的工作机理和性能进行了深入的分析，例如，同济大学王培铭等[4]研究认为，使用丙烯酸酯乳液和丁苯乳液改性水泥可以提高修补材料的可灌性能和黏结性能，并给出了聚合物乳液的最佳掺量约为25%；笔者也深入系统地研究了丙烯酸酯乳液（S400）和苯乙烯/丙烯酸酯类共聚物乳液（R161）改性水泥裂缝修补材料的各项性能[5]。

实践证明，聚合物乳液改性水泥基裂缝修补材料具有黏结强度高、硬化速度快、灌注效果优良、渗透性强、耐疲劳抗老化性能好、施工方便等诸多优点，在路面养护工程中有着广阔的应用前景。

第一节　改性水泥的流变性与工作性

聚合物乳液改性水泥浆能否被顺利灌入裂缝并扩散到足够深处，是其发挥裂缝修补材料功效的关键。这不仅取决于路面裂缝的大小和形状，也取决于浆体本身的性质。浆体在微裂缝中流动时，不仅受缝壁阻力的影响，同时也受自身黏滞力的作用，因此必须保证裂缝修补材料具有良好的工作性，这是聚合物乳液改性水泥配合比设计的关键。实际上，聚合物乳液改性水泥的工作性通常包括流动性、可灌性、稳定性、填充饱满性等，这些性能是评价裂缝修补材料施工阶段的重要技术指标，并且与新拌浆体的流变性能密切相关。

一、流变性

聚合物乳液改性水泥浆体的流变性需要从流变学的角度进行研究。改性水泥浆体流变性能的研究主要包括流变类型、触变性、屈服应力、塑性黏度以及流变性能随时间的变化过程等方面。利用黏度计或流变仪测试水泥浆体的流变性能，可以测得的主要参数有黏度、剪切应力、剪切速率、屈服应力等。利用这些流变学参数可以建立一些符合实际的流变学模型，并且通过这些模型最终探求出流变学参数之间及其与水泥熟料组分之间的关系。

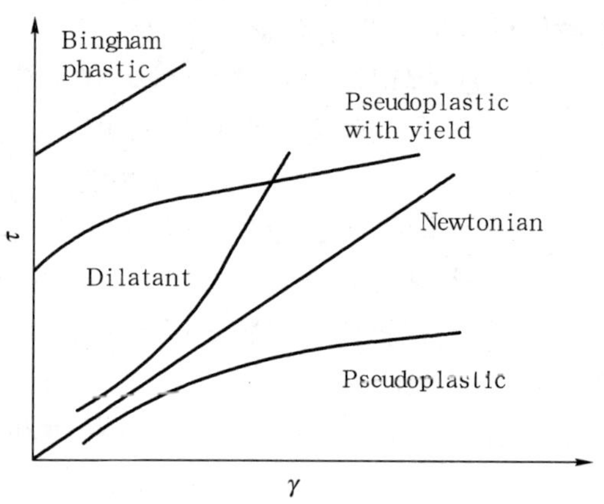

图 5-1　非 Newtonian 浆体的剪切应力（τ）与剪切速率（γ）曲线

浆体通常分为 Newtonian 型和非 Newtonian 型两类。对无机材料浆体来说，无论是天然的还是复合的，其性质主要呈非 Newtonian 浆体[7~9]，非牛顿浆体的流变特性见图 5-1。非 Newtonian 浆体的常用流变学模型主要有 Williamson 模型、Bingham 模型、Casson 模型、Herchel-Bulkley 模型和 Sisko 模型。它们的具体形式如下：

Bingham 模型：

$$\tau = \tau_0 + \mu_p \dot{\gamma} \tag{5-1}$$

Herchel-Bulkley 模型：

$$\tau = \tau_0 + K\dot{\gamma}^2 \tag{5-2}$$

Casson 模型：

$$\sqrt{\tau} = \sqrt{\tau_0} + \sqrt{\mu_p}\sqrt{\dot{\gamma}} \tag{5-3}$$

Sisko 模型：

$$\mu = \mu_\infty + \mu_p \dot{\gamma}^{n-1} \tag{5-4}$$

Williamson 模型：

$$\mu = \frac{\mu_0}{1 + (K\dot{\gamma})^n} \tag{5-5}$$

其中，τ、τ_0、$\dot{\gamma}$、μ、μ_p、μ_∞、μ_0、K 和 n 分别代表了剪切应力、屈服应力、剪切速率、表观黏度、塑性黏度、极限剪切黏度、零剪切黏度、相关系数和速率指数。

在上述模型中，新拌水泥浆体的流变性质最接近于 Bingham 模型，Herchel-Bulkey 模型和 Casson 模型可以用于流变模型的比较研究；Sisko 模型和 Williamson 模型分别用来计算极限剪切黏度和零剪切黏度。

在水泥浆体流变性的研究方面，德国 Odler[10,11] 教授做了许多卓有成效的工作。他的研究成果表明：水泥的化学组成、水泥熟料矿物组成、水泥比表面积、水化温度以及水灰比对水泥基材料浆体的流变性能有显著影响。也有研究显示，水泥中 C_3A 含量越高，水泥浆塑性黏度和屈服应力相应提高；水化温度越高、水灰比越大，水泥浆体的流变性越好。

流变性是聚合物乳液改性水泥裂缝修补材料的重要性能指标。笔者研究了丙烯酸酯乳液（S400）改性水泥的流变性能，认为浆体黏度随时间的增长而增大，随聚灰比增大呈现出减小的趋势，有利于灌浆[5,6]；美国伊利诺大学香槟分校 David. A. Lange[12] 教授系统地研究了聚合物乳液改性水泥修补材料的流变性能，提出了浆体黏度随时间变化的曲线（图 5-2），他认为改性水泥浆体在初期的低黏度水平下起到了润湿破损混凝土表面的作用，并且借助毛细作用力逐步渗透到混凝土的孔隙中去，随着黏度增加，渗透过程基本结束，高黏度水泥浆体与破损混凝土形成牢固的整体；M. L. Allan[13] 研究了聚合物乳液对水泥浆体流变性能的改善作用，结果表明掺入聚合物后浆体的屈服应力和表观黏度增加了。

二、工作性

聚合物乳液改性水泥的工作性含义较广，通常包括流动性、可灌性、稳定性、填充饱满性及凝结时间等。流动性是材料黏滞性的函数，而黏滞性可以用黏度来表征。可灌性是一项综合指标，一般可以通过室内路面裂缝修补模拟试验来检验灌浆材料的填充程度。稳定性包括体积稳定性和化学稳定性。理想的裂缝修补材料应该是不分层、不离析、不泌水的均质浆体。在凝结硬化过程中，浆体体积变化应均匀并稍有膨胀，且能与其他外加剂兼容，以避免发生修补材料结构形成的化学反应。凝结时间指裂缝修

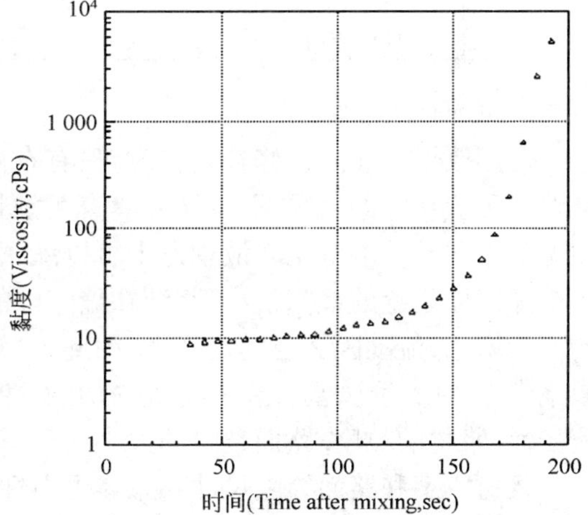

图 5-2　聚合物乳液改性水泥浆体的黏度与时间关系曲线（$1cPs = 10^{-3}Pa \cdot s$）

补材料从加水拌和开始到失去可塑性所需的时间，凝结时间与修补工艺过程有关，并且影响到路面裂缝修补后能否及时开放交通，改性水泥凝结时间的测定可借鉴普通水泥凝结时间的试验方法。

1.凝结时间

笔者对丙烯酸酯(S400)及苯乙烯/丙烯酸酯类共聚物乳液(R161)改性水泥浆体的凝结时间进行了研究，发现聚合物对水泥的凝结过程有滞缓作用，并且随着聚灰比的增大，这种滞缓作用越来越明显，如图5-3所示。李祝龙[14]对丙苯(丙烯酸酯与苯乙烯共聚的乳液)及丁苯乳液改性水泥的凝结时间进行了研究，认为丙苯对水泥初凝影响不大，但对终凝有明显的滞缓作用；丁苯对水泥的初凝和终凝均有显著的滞缓作用，且二者的滞缓作用随聚合物剂量增加而愈加明显。梁乃兴[14]对天然橡胶乳液(NR)改性水泥浆体凝结时间的研究表明：天然橡胶乳液的掺入引起了水泥的瞬凝，也即是假凝。这主要是因为天然橡胶乳液中的多种外加剂对水泥水化反应起到了明显的加速作用。天然橡胶乳液(NR)改性水泥的凝结时间见表5-1。

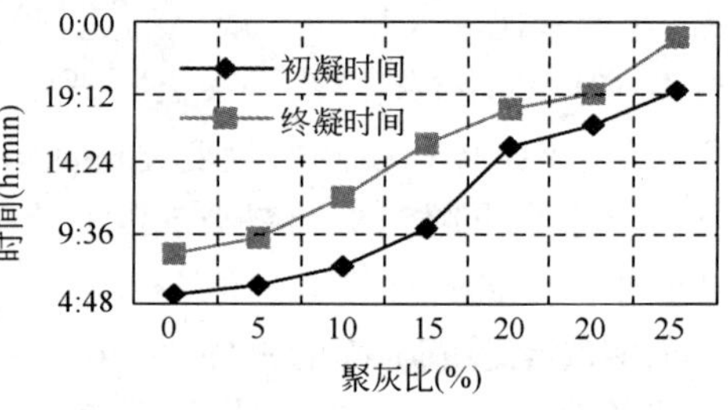

图5-3 R161乳液改性水泥的凝结时间

NR改性水泥浆体凝结时间(min) 表5-1

W/C	NR/C(聚灰比)					
	0	0.1	0.2	0.3	0.4	0.5
0.40	154	7.2	6.8	5.5	5.8	6.2

2.可灌性

使用改性水泥灌浆修补裂缝时，只有在灌浆材料颗粒尺寸 d 小于所灌有效空隙或裂缝尺寸的情况下，浆液才具有可灌性。灌浆材料分为溶液型浆液和悬浊型浆液两种。溶液型浆液理论上可以灌入任意小的缝隙，但在实际应用中，如果被灌路面裂缝的缝隙很小，浆液在缝隙内的流动速度将会很慢，随着浆液黏度的不断增大，流动阻力也随之变大，因此，这种浆液不能作为均匀的渗透扩散式灌浆[16]。对于悬浊型浆液来说，它的可灌性受许多因素影响，其中包括浆液的流变性、浆材的粒度、路面裂缝的大小、路面孔隙的有效直径等。

浆材粒度和路面缝隙尺寸对浆体可灌性的影响可以用群粒堵塞理论进行解释。假定水泥浆材的粒径为 d，路面的缝隙尺寸为 D_P，那么浆液可以渗入缝隙的前提条件为：$R=D_P/d>1$(R 为净空比)。在灌浆过程中，粒状浆材往往以两粒或多粒的形式同时进入缝隙，产生群粒堵塞（图5-4），由此可能导致渗浆通道中断。研究表明，当净空比例大于或等于3时，群粒形成的结构是不稳定的，容易被灌浆应力击溃而不致造成渗浆通道的堵塞[17,18]。因此，灌浆材料的粒径应满足：$R = D_P/d > 3$。

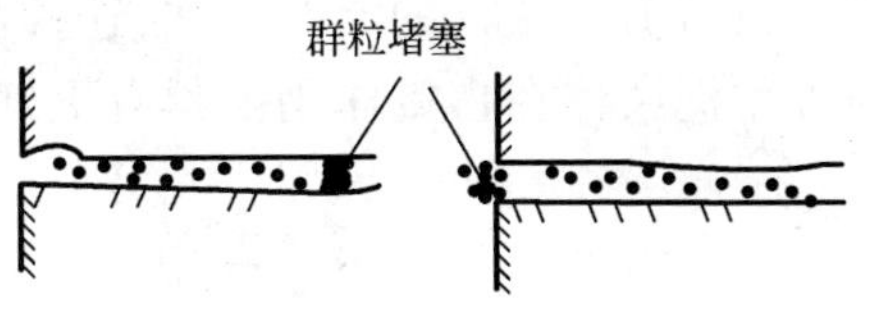

图5-4　群粒堵塞示意图

相关文献[19]在一个二维平面等厚光滑裂缝模型中研究了聚合物乳液改性水泥浆体的可灌性能，并导出浆体的流动速率和灌入量公式：

$$\bar{v}_B = \frac{(2h)^2}{12\eta}\left(I_r - \frac{3}{2}\frac{\tau_0}{h} + \frac{1}{2}\frac{\tau_0^3}{h^3 I_r^2}\right) \tag{5-6}$$

$$q_b = \frac{\pi r 2h^3}{6\eta}\left(I_r - \frac{3}{2}\frac{\tau_0}{h} + \frac{1}{2}\frac{\tau_0^3}{h^3 I_r^2}\right) \tag{5-7}$$

式中：$\bar{v}_B$——浆体的流动速度；

I_r——压力梯度；

τ_0——极限屈服应力；

η——塑性黏度；

r——钻孔半径；

h——裂缝宽度。

浆体的流动速率和灌入量公式表明，浆体流变性的重要表征参数——极限屈服应力 τ_0 和塑性黏度 η 对浆体在裂缝中的平均运动速率和灌入量有显著性的影响，这直接关系到灌浆过程的历时长短及修补效果。

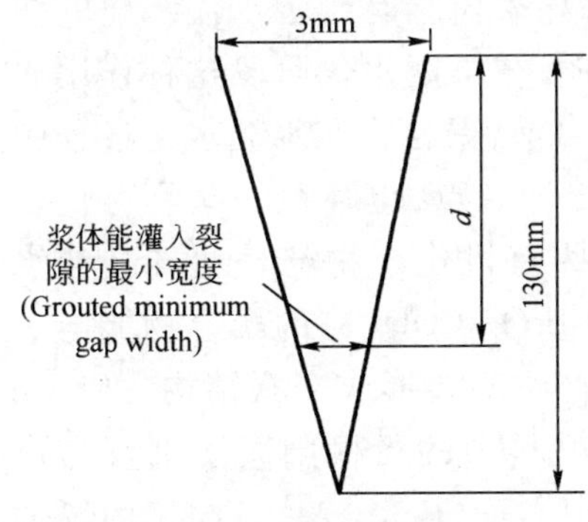

图5-5　锥形缝隙灌浆试验示意图

钟世云等[4]通过锥形缝隙灌浆试验（图5-5）对丙烯酸酯乳液改性水泥的灌浆性能进行了测试，研究结论如下：未掺加聚合物乳液的超细水泥基准浆体随着浆体黏度的降低，其可灌入的最小缝隙宽度减小，对于黏度在21s以下的浆体，当可灌入的最小缝宽小于0.4mm时，浆体具有良好的可灌性。掺加了聚合物乳液的超细水泥浆体在相同的黏度条件下，比基准浆体具有更大的实际流入深度，能够灌入更小的缝隙。这主要是由于聚合物乳液具有剪切变稀的流变性质,这种性质改变了水泥浆体的屈服特性,使聚合物改性水泥浆体在自重作用下具有更好的流动性。

第二节　水化及力学特性

一、改性水泥的水化

1. 水化过程

聚合物之所以对水泥具有改性作用,其关键在于聚合物对水泥水化作用的影响。当水泥体系中掺有聚合物时,聚合物将影响水泥的水化进程。聚合物对水泥的水化生成物也有影响,并且可能与水泥水化产物反应,生成新的化学结合物。

对于聚合物在水泥水化过程中的行为有两种观点:一种观点认为聚合物对水泥混凝土性能的改善是基于其在水泥水化过程中的物理行为,聚合物成膜覆盖于水泥凝胶体的表面或聚合物颗粒填充于水泥水化物的缝隙之间,阻隔了孔隙通道,从而提高了水泥凝胶体的致密性,增强了抗渗性能;另一种观点则认为,在聚合物改性水泥混凝土中除发生上述物理过程外,聚合物与水泥水化产物间还发生了化学反应,形成了以化学键键合的结构更为致密的螯合体,从而改善了聚合物水泥混凝土的性能。

在聚合物对水泥水化过程的影响方面,国内外许多研究者做了大量的工作。李虎军[20]等研究表明,非离子聚合物聚丙烯酰胺、聚乙烯醇作为改性剂,能减慢水泥的初期水化,具有缓凝作用,而阴离子聚合物聚丙烯酸、磺化聚丙烯酰胺及磺化聚苯乙烯则加速水泥的初期水化,具有促凝作用;但以上聚合物均滞缓水泥的后期水化。许仲梓[21]等人认为,环氧树脂有延缓水泥水化的作用,并且随着掺量的不断增大,其延缓作用越强,在早期水化阶段这种作用表现得较为明显,但对后期水泥水化阻碍较小。目前,聚合物在水泥水化过程中的物理行为已得到大多数人的认同。至于第二种观点,也存在一些具有代表性的研究成果,Chandra[22]研究了聚合物及某些有机化合物与普通硅酸盐水泥水化产物之间的反应,其成果证实了具有羧基(—COO—)的聚合物能与二价钙离子产生离子键型的结合,聚合物与水化产物间会形成交联结构。Choon Keum[22]等研究显示,水泥水化析出的和掺入材料中的无机阳离子都参与形成交联的阳离子-聚合物复合结构,例如,多价阳离子(Ca^{2+}、Al^{3+})与聚丙烯酸交联后形成稳定的分子结构,对水泥水化反应影响较小,而单价阳离子(K^{+}、

Na^+)与聚丙烯酸反应形成不稳定的盐,加速了水泥的水化,并促使水泥水化析出的金属离子与聚合物发生交联反应。另外,还有一些研究者认为,聚合物与水泥石之间的化学作用对水泥基材料性能的贡献不大。

2. 水化热分析

聚合物、水泥与水一接触,立即发生剧烈的水化反应,同时拌有大量的水化热放出,是一个放热过程。使用微热量计对丙烯酸酯乳液(S400)改性超细水泥的水化热进行跟踪,得到如图5-6所示的水化热曲线,图中SC0~SC6分别代表聚灰比为0、5%、10%、15%、25%、25%(加早强剂)等几种不同的改性水泥。

由图5-6可以看出,加入聚合物后,水泥的初期水化放热曲线形式并未改变,即聚合物、水泥与水接触后,立即出现一放热高峰。与基准材料相比,掺有聚合物的水泥水化放热高峰出现稍晚,并且峰值要低很多。大约2~3h后,开始出现第二放热峰,但改性材料的放热峰均出现推迟的现象,而且随着聚合物掺量的增大,放热峰推迟愈加明显。这说明聚合物延缓了水泥的后期水化,这种延缓程度随聚合物掺量的增加而增大。

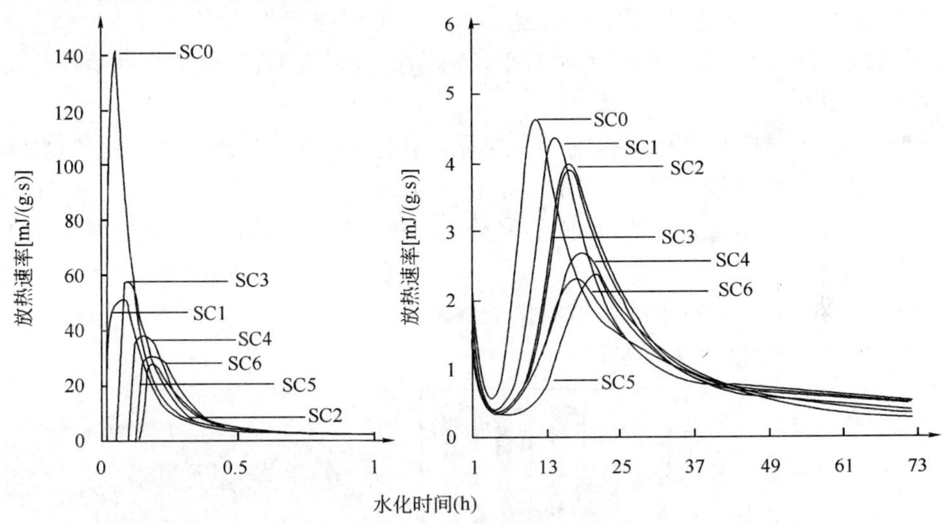

图5-6 S400改性超细水泥水化放热曲线

聚合物的掺入使放热速率降低的原因在于:

(1)吸附包裹在水泥颗粒周围的聚合物分子以及聚合物的成膜阻碍了水和Ca^{2+}在水泥液相中的扩散;

(2)Ca^{2+}和聚合物的复合作用抑制了含钙水化产物的成核和析出;

(3)有分散作用的聚合物改变了水化产物的生长动力学和形态;

(4)聚合物分子链上的官能团与水泥中的阳离子发生相互作用或聚合物与水泥的化学反应消耗了一部分水化热。

二、力学特性

路面裂缝修补材料作为路面结构材料的一部分,必须具备优良的力学性质。一般来说,硬化后的混凝土裂缝修补材料的力学性质主要指强度、弹性和塑性。在某种程度上,强度可以间接体现材料的其他性质。混凝土路面裂缝修补材料的强度指标通常包括抗折强度和抗压强度。抗压强度与抗折强度的比值反映了材料的脆性,比值愈大,材料的脆性愈大,反之,材料的柔韧性愈好。

(一)强度

1. 抗折强度

改性水泥浆体抗折强度随聚合物的掺入有明显提高。S400(丙烯酸酯)乳液改性超细水泥抗折强度随龄期、聚灰比的变化如图5-7所示。

掺入丙烯酸酯乳液(S400)后,改性水泥28d抗折强度较基准材料都有不同程度的提高,当聚灰比从15%增大到20%时,抗折强度增大了36%~59%,在此之后则呈现出稳定的趋势,说明对于长龄期抗折强度而言,聚合物的最佳经济掺量约为20%。

改性水泥抗折强度得以提高的主要原因在于:聚合物浸润水泥水化产物,不但可以充分成膜,而且能包裹在水泥水化产物表面,并与纤维状的C—S—H和针状的钙矾石晶体连成一片,形成不完全连续的、填充密实的空间骨架网状结构(图5-8)。纤维状凝胶连接于微裂缝及孔壁之间,起到了一定的"架桥"作用,使得凝结后的改性水泥较未改性材料微裂缝减少,特别是狭长孔及贯通孔基本消失,材料的整体性能大为增强。

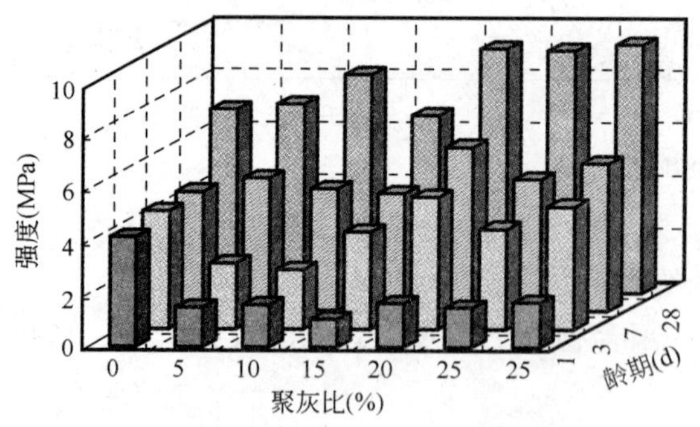

图5-7 S400改性超细水泥的抗折强度

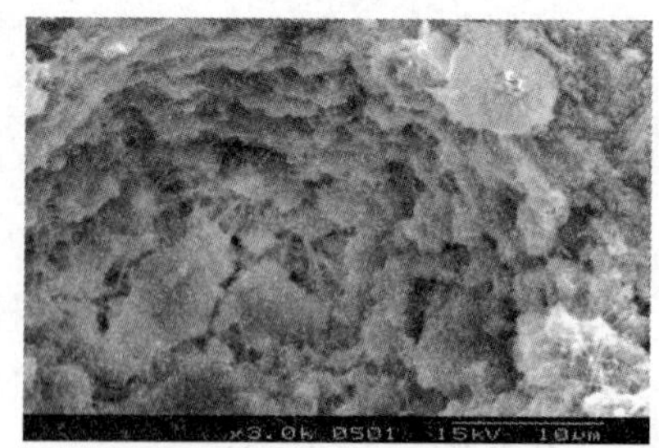
图5-8 空间骨架网状结构

不同类型的聚合物材料对水泥浆体的抗折强度也有增强作用。王培铭等[24]认为,SBR 乳液对水泥浆体的抗折强度有显著提高。Pascal 等[25]的研究表明,在固定水灰比情况下,大于 10% SBR 乳液的加入会提高水泥浆体的抗折强度。姜洪义等[25]研究发现,聚醋酸乙烯酯(PVAC)能提高水泥浆体的抗折强度,降低压折比,并且还能改善浆体的抗水性。

2. 抗压强度

丙烯酸酯乳液(S400)改性超细水泥的抗压强度随龄期增长而增大。与基准材料相比,改性水泥 28d 抗压强度都有所降低。抗压强度与聚合物掺量及龄期的关系见图 5-9。改性水泥材料抗折强度的提高以及抗压强度的降低,改善了材料的柔韧性。对于养护至 28d 的丙烯酸酯乳液(S400)改性水泥,当聚灰比大于 15% 时,压折比降低 25% 以上,柔韧性显著增强。姚红云等[27]对羧基丁苯乳液改性水泥的力学性能进行了研究,认为聚合物乳液的掺入使水泥浆体的抗压强度有所降低,且降低趋势随聚合物掺量的增加而有所增大;聚合物的加入还降低了水泥浆体的压折比,尤其是当聚合物百分比为 15% 时,压折比降低最多。詹镇峰[28]等研究表明,掺加氯丁胶乳也会降低水泥浆体的抗压强度,改善材料的柔韧性。羧基丁苯乳液改性水泥浆的强度见表 5-2。

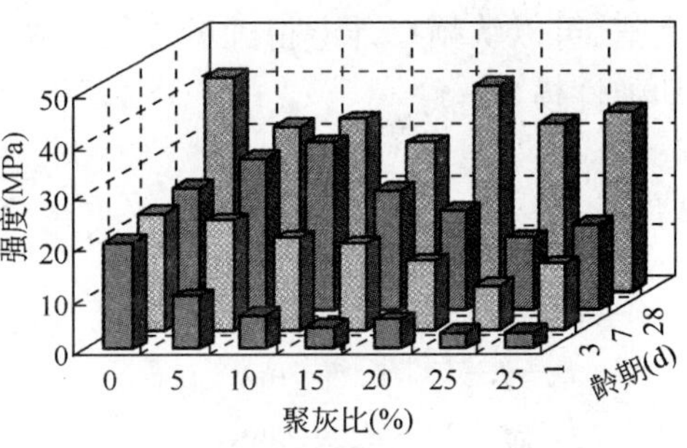

图 5-9 S400 改性超细水泥的抗压强度

羧基丁苯乳液改性水泥浆体的强度 表 5-2

聚合物类型	聚合物掺量百分比	水灰比 W/C	7d 龄期			28d 龄期			90d 龄期		
			抗折强度(MPa)	抗压强度(MPa)	压折比	抗折强度(MPa)	抗压强度(MPa)	压折比	抗折强度(MPa)	抗压强度(MPa)	压折比
不掺	0	0.27	9	61.1	6.8	9.9	76.4	7.7	11.2	88.0	7.9
丁苯	5	0.23	10.7	49.4	4.6	11.1	58.0	5.2	10.1	40.8	4.1
	10	0.18	11.7	37.3	3.2	12.3	50.4	4.1	11.1	46.5	4.2
	15	0.17	13.4	34.8	2.6	16.5	43.4	2.6	16.0	44.8	2.8
	17.5	0.2	11.2	37.2	3.3	13.8	42.4	3.1	14.0	42.7	3.0

（二）刚度

1. 动弹性模量

测定聚合物改性水泥的动弹性模量常采用振动法和超声波法。

振动法可以测定材料的固有振动频率，以声频振荡器为外源激发试件做自由阻尼运动，当试件固有振动频率与声频振荡器激发频率相吻合时，振幅达到最大值，可以从频率计上得到试件固有振动频率，根据数学关系可以计算出材料的动弹性模量：

$$E_{\mathrm{d}} = \frac{WLf^2}{Kbh^3} \tag{5-8}$$

式中：W——试件质量（kg）；

L——试件长度（mm）；

h——试件高度（mm）；

b——试件厚度（mm）；

K——常数；

f——谐振频率。

超声波法实质上是让超声波穿透试件，超声波作为载体时获得试件的信息，根据测得的超声波传播速度与水泥浆体动弹性模量间的密切关系，最终计算出试件的动弹性模量。

由于纵波的产生和接收都比较容易，因此用纵波传播。纵波的波速 v 与动弹性模量 E_{d} 的关系可表示为：

$$E_{\mathrm{d}} = \frac{(1+\mu)(1-2\mu)}{(1-\mu)}\rho v^2 \tag{5-9}$$

式中：μ——泊松比；

ρ——介质密度。

用丙烯酸酯乳液改性的超细水泥浆体在不同聚灰比、不同龄期条件下的动弹性模量变化趋势如图 5-10 所示（其中 μ 取 0.15）。

由图可知，随着龄期的增长，动弹性模量增加；随着丙烯酸酯乳液（S400）掺量的增加，动弹性模量明显降低。当聚灰比为 25% 时，掺加了早强剂的改性水泥较相同聚灰比的基准材料的动弹性模量有所增加，说明早强剂提高了水泥硬化浆体的刚性。

试件的养护条件对动弹性模量有一定影响。标准养护条件下的羧基丁苯乳液改性水泥浆体随聚灰比增大，其动弹性模量的降低幅度要比干养条件下的降

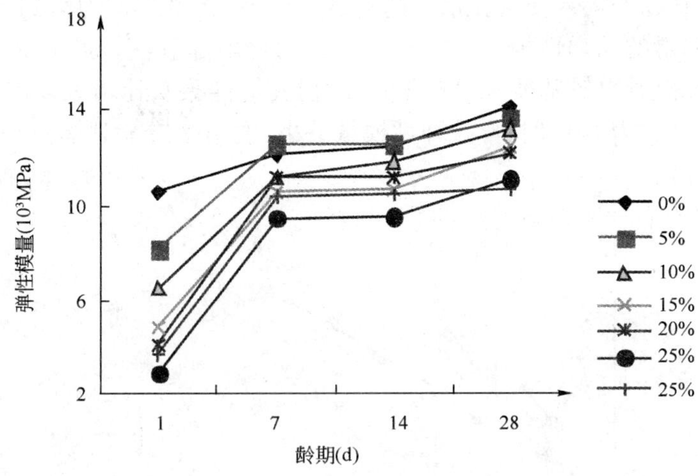

图 5-10　S400 改性超细水泥的动弹性模量

低幅度大；丁苯乳液掺量超过 3% 以后，混养条件下改性水泥的动弹性模量要比水养的大，并且高掺量时更为明显。相关数据见表 5-3。

不同养护条件下的改性水泥的动弹性模量(10^3MPa)　　表 5-3

养护方式	水化龄期(d)	聚合物掺量百分比(%)				
		0	5	10	15	17.5
标准养护	7	37.52	25.94	21.76	18.12	12.3
	28	39.46	27.69	21.97	18.96	12.08
	90	41.98	28.16	22.02	18.53	18.18
干养护	7	34.28	23.98	19.55	16.9	15.44
	28	35.8	24.82	19.78	17.61	15.8
	90	39.68	26.93	21.92	18.66	17.44

2. 弯拉弹性模量

弯拉弹性模量描述了修补材料在交通荷载及温度应力的作用下所表现出来的变形与所受力之间的关系。弯拉弹性模量一般可以用应力-应变曲线来表征，若应力-应变曲线接近于直线，则认为变形属于弹性性质，直线的斜率越大，材料刚性越大。聚合物改性水泥在静荷载应力较低时，其应力-应变关系可以看作是线性的，故可以根据应力-应变的关系曲线，用静力加荷的方法测定材料的弯拉弹性模量。

丙烯酸酯乳液(S400)改性普通硅酸盐水泥的应力-应变曲线(图 5-11)处于基准材料的应力-应变曲线之下，且材料的弯拉弹性模量随聚灰比的增大而逐步降低,说明聚合物的掺入使改性水泥的韧性得到改善,变形能力得到提高,这与用超声波法测得的动弹性模量结论相一致。丙烯酸酯乳液(S400)改性超细水泥的弯拉弹性模量也较基准材料有所降低,但并不随聚灰比增大而出现有规律的下降,当聚灰比为10%时,弯拉弹性模量最小,说明此掺量对材料变形能力的改善效果最好。

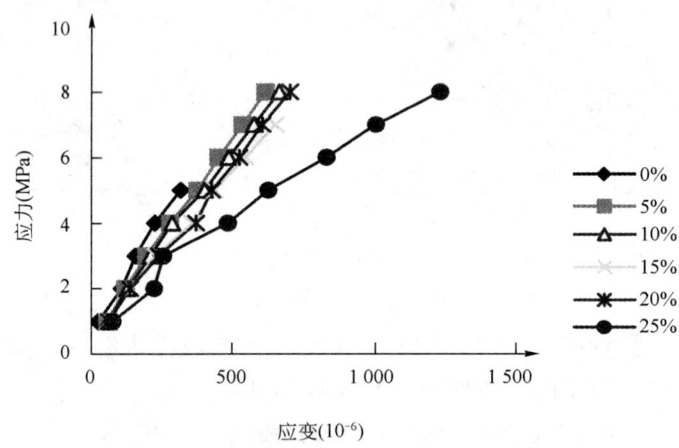

图5-11　S400改性普通硅酸盐水泥的弯拉弹性模量

笔者还对羧基丁苯乳液和丁苯乳液改性水泥的弯拉弹性模量进行了测定,其结果同样证实了聚合物的加入对材料的弯拉弹性模量有显著改善效果。羧基丁苯乳液和丁苯乳液改性水泥的弯拉弹性模量见表5-4。

羧基丁苯乳液和丁苯乳液改性水泥的弯拉弹性模量　　表5-4

聚合物种类	聚灰比 P/C (%)	水灰比 W/C	弯拉弹性模量(MPa)
不掺乳液	0	0.500	30 099
丁苯乳液(SBRL—44A)	5	0.383	23 571
	10	0.350	22 129
	15	0.333	19 313
羧基丁苯乳液	5	0.373	26 662
	10	0.313	20 591
	15	0.303	16.86

3. 极限弯拉应变

路面裂缝修补材料在荷载及温度作用下,当收缩应变超过修补材料自身的极限弯拉应变时，就会产生开裂。材料的极限弯拉应变可以表示为抗弯拉强度(抗折强度)与弹性模量 E 之比，计算公式为：

$$\varepsilon_{\max} = \frac{R_f}{E} \tag{5-10}$$

式中：$\varepsilon_{\max}$——极限弯拉应变(10^{-5})；

R_f——抗弯拉强度(MPa)；

E——抗弯拉回弹模量(MPa)。

掺加聚合物乳液后，水泥浆体的极限弯拉应变得到大幅度提高。丙烯酸酯乳液(S400)改性超细水泥的极限弯拉应变提高了33%～132%，丙烯酸酯乳液(S400)改性普通硅酸盐水泥的极限弯拉应变提高了24%～116%。

聚合物乳液对水泥浆体极限弯拉应变的改善机理在于：当聚合物掺量较少时，丙烯酸酯乳液(S400)无法在水泥石中充分成膜，在此过程中形成的网状结构也不连续，颗粒之间只有少量的连接桥，这对材料变形能力改善甚微。随着聚合物掺量的增大，聚合物成膜作用越来越明显，三维空间连续的网状结构逐渐完善，宏观上表现出较大的变形潜力。

第三节　收缩性能

裂缝修补材料的收缩性能直接影响到新旧材料界面的剪切拉伸黏结性能，因此聚合物改性水泥修补材料应具有较小的收缩性。研究表明，聚合物改性水泥浆体的收缩主要是由浆体内部的水分变化、化学反应和温度变化引起的，而其收缩程度则主要取决于聚合物的类型及聚合物掺量。

丙烯酸酯乳液(S400)改性超细水泥的收缩率与聚灰比关系曲线见图5-12。

丙烯酸酯乳液(S400)改性超细水泥的收缩率随龄期增大而增大。聚合物和膨胀剂的复合使用使得改性水泥的收缩率降低，当聚灰比在20%左右时，各龄期的收缩率几乎重合，达到一个相对较小的值，为未改性材料的0.7%～17%，14d的收缩率几乎为零，28d甚至出现微膨胀，从统计角度讲，这个掺量是减小收缩的最佳掺量。

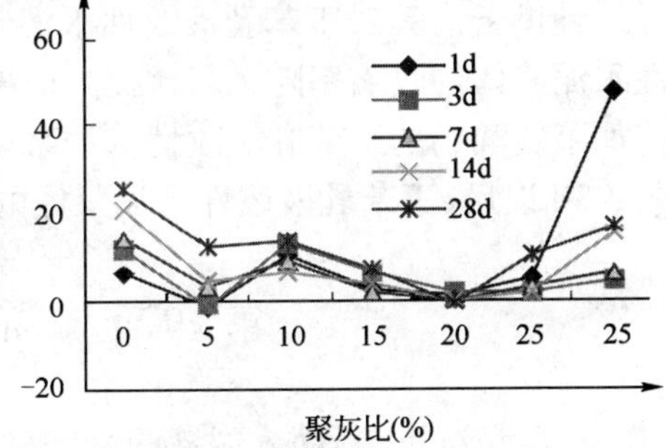

图5-12　S400改性超细水泥的收缩率曲线

美国伊利诺大学香槟分校David. A. Lange教授研究了多种聚合物改性

水泥净浆从拌和后 15min 到 7d 龄期的收缩性能。图 5-13 是 David. A. Lange 教授在试验研究和理论分析基础上得出的聚合物改性水泥净浆收缩率随时间变化曲线。他认为，在改性水泥浆体拌和后的第一个小时内，温度从 110℉(43.33℃)降低到 75℉(23.89℃)这个阶段，浆体的收缩性能主要受温缩支配。随后从 1h 到 7d 的过程中，改性水泥的收缩主要表现为内在的干缩，这个阶段也是各种聚合物发挥扩展修复功能的过程。混凝土修补材料在拌和后 1h 到 7d 这个时期，仅仅发生了 0.1% 的收缩，而从 2h 到 7d 的收缩更是处于 0.05% 这样一个很低的水平。David. A. Lange 教授的研究还显示，当改性水泥净浆中掺入砂时，改性水泥砂浆的收缩会成比例的减少，例如，掺加 50% 的砂将会减少约 50% 的收缩[11]。

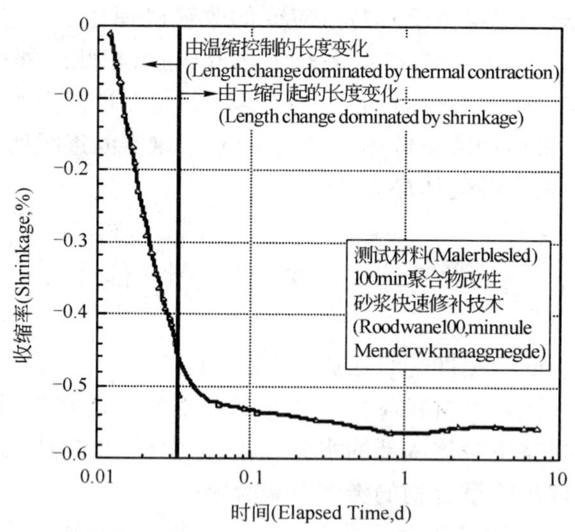

图 5-13　改性水泥净浆收缩率随时间变化曲线

钟世云[4]等对丁苯乳液改性水泥浆体的收缩性能进行了研究：丁苯乳液改性水泥浆体的收缩率随聚灰比提高而增大，说明丁苯聚合物的保水作用比较差，掺加了碳酸钙的丁苯乳液改性水泥浆体的收缩率要低于不加丁苯乳液的水泥净浆，28d 以后，丁苯乳液改性水泥浆体的收缩率趋于恒定。

第四节　界面黏结性能

一般情况下，新灌入裂缝的修补材料与旧混凝土在性能上存在一定差异，要使二者结合成为一个整体结构，必须保持两种材料的协调性。灌浆材料与旧混凝土的结合面是一个薄弱层,常有气孔或水膜层存在,造成界面结构疏松、水化物晶体富集与定向排列;再加上裂缝灌浆修补材料与旧混凝土的收缩存在差异,使得界面黏结力有所削弱。此外,在荷载作用下,界面两侧材料由于弹性模量不同而产生不一致的形变,界面易形成应力集中,这样很容易使结合面上形成剪切,在修补材料中产生拉应力。如果界面黏结强度不足或修补材料的抗拉强度小于其拉应力,黏结面上就会再次出现裂缝,路面的承载力和耐久性也会相应降低。因此,提高裂缝修补材料与旧混凝土的界面黏结性能是裂缝修补成败的关键。

裂缝修补材料与旧混凝土的界面黏结性能可以通过界面过渡区理论进行研究。Lyubimov 最先提出界面过渡区的概念,他认为水泥-集料界面粘结模型可以用一个过渡区来描绘。大量有关界面过渡区的研究表明,界面过渡区可以分为三部分,即接触层、富集层和弱效应层。接触层指直接与集料界面接触的区域,层厚约为 2 ~ 3μm,该层内主要是 C—S—H 凝胶和尺寸细小、堆积致密的 CH 和 AFt;接触层以外 5 ~ 10μm 的范围称为富集层,该层内结晶粗大、CH 定向排列、C—S—H 凝胶较少,空隙大,孔隙率高,裂缝常在这里产生和扩展,是界面过渡区内的薄弱区域。界面过渡区的物质排列情况如图 5-14 所示。

图 5-14 水泥-集料界面过渡区黏结模量

界面过渡区内的薄弱区域之所以形成,有三方面原因,即水膜作用、单侧致密作用和颗粒堆积作用。

1. 水膜作用

由于集料表面有一层水膜,水化离子中迁移快的 Na^+、K^+、OH^-、SO_4^{2-}、Mg^{2+} 等离子在水膜内富集、析晶、长大,而 SiO_4^{4-} 等很难进入水膜,因此,界面上大尺寸的 CH、AFt 多,而 C—S—H 凝胶较少。

2. 单侧致密作用

硬化水泥浆体随水化的进行不断致密,水泥浆体本体中的空隙受到水泥颗粒包围,水化致密作用可使空隙迅速减小;而集料周围空隙仅受水泥浆体一侧的作用,空隙减少速度较慢。

3. 颗粒堆积作用

水泥浆体本体的初始结构近似于等径球形颗粒的堆积,集料与水泥颗粒之间的结构近似于球形颗粒在无限大平面上的堆积。两种堆积形式的空隙率是不同的,前一种堆积的空隙率为25.95%,后一种堆积的空隙率为47.64%。由于水泥颗粒在无限大平面上堆积的空隙率要大于颗粒之间堆积的空隙率,因此认为,集料周围的初始堆积空隙率高于水泥浆体。

根据界面过渡区薄弱区域形成的原因,一些相应的改善方法也被提出,归纳起来主要有两种:一种是掺入外加剂及混合材;另一种是改善旧混凝土的表面,如表面凿毛或涂抹黏结剂。使用丙烯酸酯乳液(S400)改性水泥浆体作为裂缝修补材料就是采用了第一种改善方法。

一、黏结界面的微观结构

David. A. Lange[12]教授使用扫描电镜分析了聚合物改性水泥修补材料与微裂缝两侧混凝土黏结界面的微观结构。图5-15~图5-18是经过磨光的黏结界面的扫描电镜照片。

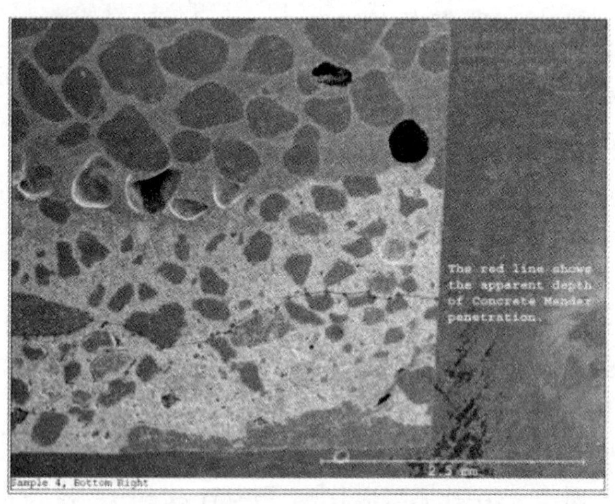

图5-15 聚合物改性修补材料的渗透区域

由以上图片可以看出,聚合物改性水泥修补材料与开裂混凝土黏结界面的性能良好,而且修补材料很好地渗透到了水泥浆体的微细孔结构中。

图5-15显示了修补材料(带砂和集料)与开裂混凝土的黏结界面,修补材料位于图片的上半部,混凝土位于图片的下半部,修补材料与混凝土黏结紧密,并且可以清晰地看到修补材料渗透到水泥浆体中。图中长线(红线)指明了修补材料的渗透深度,长线以上到黏结界面的这一区域即为材料的渗透区域。渗透区域也可以通过试样表观质地上的观测进行确认。修补材料渗透区域有光滑、填充饱满的外观,而未渗透到的区域则呈现出质地粗糙、磨损的表观,这可能是

由磨光过程造成的。

图 5-16 显示了修补材料完全地渗透到界面附近的小裂沟中。

图 5-17 清晰地显示出修补材料与混凝土之间的黏结界面，以及修补材料在孔结构中的扩散程度。

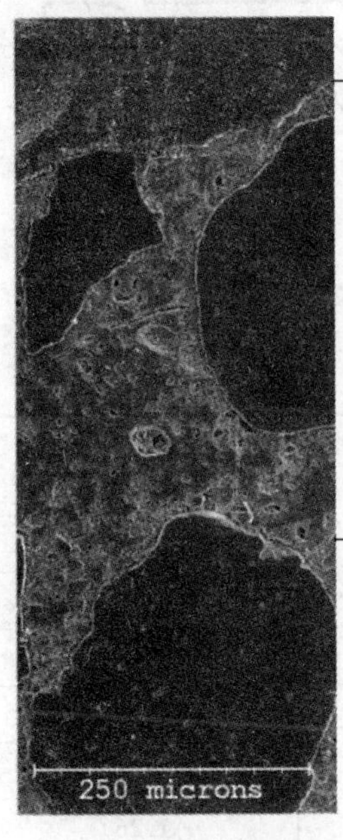

图 5-16　聚合物改性修补材料的渗透程度

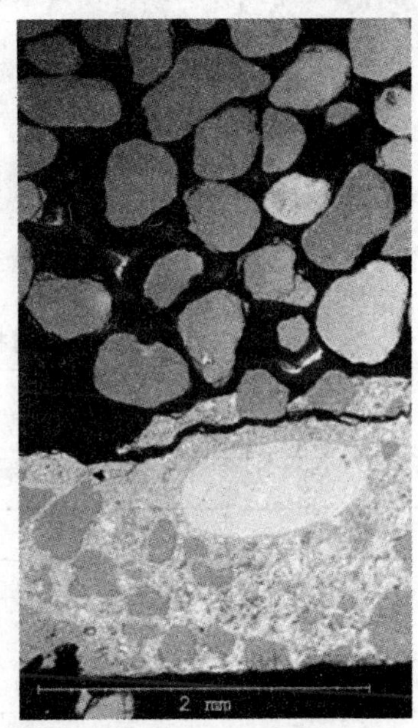

图 5-17　修补材料渗透到旧混凝土中

图 5-18 是分辨率为 1 000 倍的电子扫描照片。图中的灰白色调反映了两种材料在原子量上的差异。聚合物改性水泥修补材料的颜色较混凝土要更深。修补材料中的亮白色斑点可能是在试件制作过程中带入的特细集料。修补材料表现出了致密而无连通孔的网状结构。材料中的小孔（直径小于 5μm）可能是由拌和过程中的气泡造成的。图中的混凝土表面致密而光滑，这再次证明了聚合物材料渗透到水泥浆体孔结构中；在混凝土表面还可以看到为数不多的稍大孔洞，这是由于聚合物材料在毛细作用力下并没有填充到大孔中去（从物理学角度来说，孔越大，毛细作用力越小）。

二、弯拉黏结强度

丙烯酸酯乳液（S400）改性超细水泥的弯拉黏结强度测试方法如图 5-19 所示，弯拉黏结强度测试结果见表 5-5。

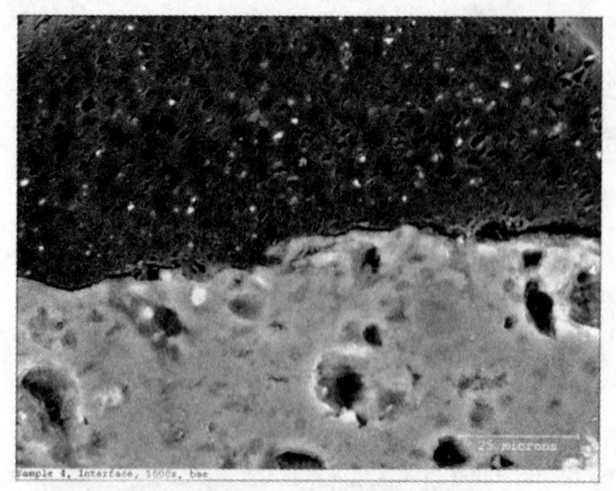

图5-18 聚合物改性修补材料的网状结构

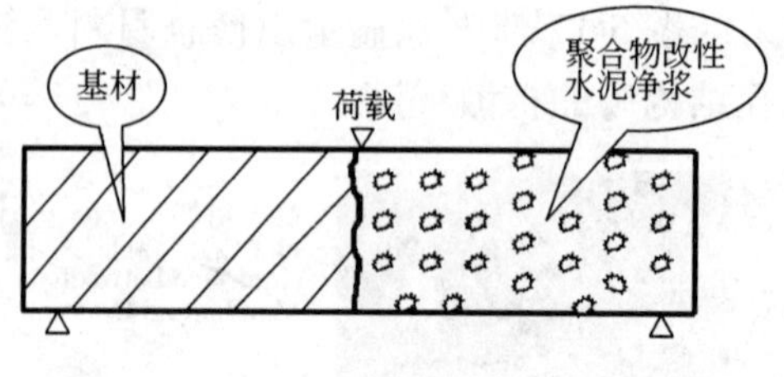

图5-19 弯拉黏结强度试验示意图

弯拉黏结强度试验结果 表5-5

试件编号	聚灰比(%)	弯拉黏结强度平均值(MPa)	弯拉黏结强度比值
SC0	0	3.48	1.00
SC1	5	2.42	0.70
SC2	10	2.82	0.81
SC3	15	3.60	1.03
SC4	20	4.30	1.24
SC5	25	4.38	1.26
SC6	25	4.23	1.22

水泥胶砂弯拉试验采用中点加载方式,其弯拉强度计算公式为:

$$f = \frac{3FL}{2bh^2} = 0.002\,34F \tag{5-11}$$

式中:f——抗折强度(MPa);

F——破坏荷载(N);

L——支撑圆柱中心距(cm);

b,h——试件断面宽和高(cm)。

当丙烯酸酯乳液(S400)质量分数较小时(聚灰比小于10%),弯拉黏结强度有所降低;当聚灰比大于15%后,弯拉黏结强度随聚合物质量分数增大而增大;当聚灰比等于25%时,弯拉黏结强度出现最大值,达4.38MPa;聚灰比在20%~25%范围内,弯拉黏结强度较基准材料提高了24%~26%,材料的界面黏结性能得到改善[29]。

詹树林等[30]使用上述方法测试了聚醋酸乙烯乳液改性水泥的弯拉黏结强度，结果显示12年龄期试件的弯拉黏结强度比普通水泥浆体高出60%～82%；蔡胜华[31]使用"8"字模试件测试了丙烯酸酯和丁苯乳液改性水泥的弯拉黏结强度，二者的强度值均较基准材料出现了提高，且丁苯乳液改性水泥的提高幅度更大。

聚合物对界面黏结性能的改善机理在于：聚合物本身具有较强的黏附性，加上亲水性聚合物与水泥悬浮体的液相一起向基体的孔隙及毛细管内渗透，增强了改性水泥浆体与多孔基体间的界面黏结性能；在化学反应方面，聚合物与水化产物反应，加强了改性水泥浆体与基体混凝土的连接，另外，在基体与水泥浆体的接触面上，水分较少，有益于聚合物的固化成膜，使毛细孔和微裂缝堵塞，把孔壁连接起来，在"架桥"作用下，增强了浆体与基体的黏附力。

三、拉伸剪切黏结强度

拉伸剪切黏结强度能在一定程度上反映裂缝修补材料的实际受力状态，一般认为修补材料与基体的拉伸剪切黏结强度应达到或接近混凝土路面的抗拉强度。

丙烯酸酯乳液（S400）及苯乙烯/丙烯酸酯类共聚物乳液（R161）改性水泥的拉伸剪切黏结强度试验方法见图5-20。

拉伸剪切黏结强度的计算方法如下：

$$p_i = \frac{F}{S} \tag{5-12}$$

式中：p_i——拉伸剪切黏结强度（MPa）；

F——拉伸剪切黏结力（kN）；

S——拉伸剪切黏结面积（40mm×40mm）。

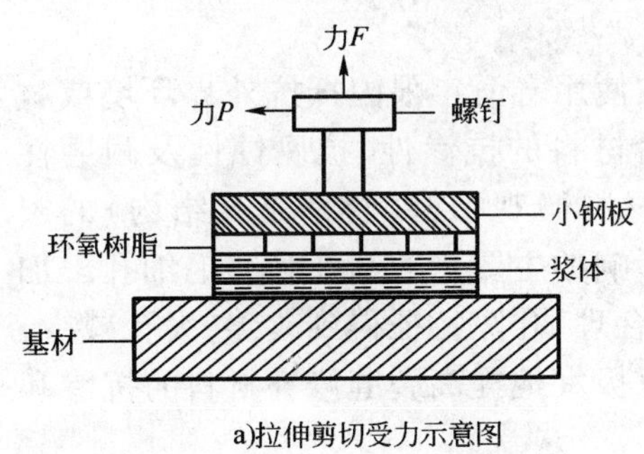

a)拉伸剪切受力示意图

b)拉伸剪切试验装置

图5-20　拉伸剪切黏结强度试验方法

为了尽可能准确地反映改性材料的黏结性能，选用平均值和最大值来评价材料的拉伸剪切黏结强度（每组4个试件）。此时有：

$$P_1 = \sum_{1 \leqslant i \leqslant 4} P_i / 4$$

$$P_2 = \max_{1 \leqslant i \leqslant 4} P_i \tag{5-13}$$

式中：P_1——拉伸剪切黏结强度平均值(MPa)；

P_2——拉伸剪切黏结强度最大值(MPa)；

P_i——单个试件的拉伸剪切黏结强度(MPa)。

丙烯酸酯乳液(S400)改性普通水泥的拉伸剪切黏结强度明显大于未改性的基准材料，随着聚合物掺量的增大，拉伸剪切黏结强度的平均值和最大值也呈现出增大的趋势，当聚灰比为25%时，两个强度值分别达到最大，为基准材料的307%和208%，可见丙烯酸酯乳液对拉伸剪切黏结强度的改善效果十分明显，如图5-21所示。苯乙烯/丙烯酸酯类共聚物乳液(R161)改性普通水泥的拉伸剪切黏结强度随聚灰比增大出现波动，当聚灰比小于10%时，改性材料的拉伸剪切黏结强度值小于基准材料，在聚灰比大于10%以后，强度值开始增加，并大于基准材料。但是，与丙烯酸酯乳液(S400)相比，苯乙烯/丙烯酸酯类共聚物乳液(R161)对界面黏结性能的改善效果不明显。

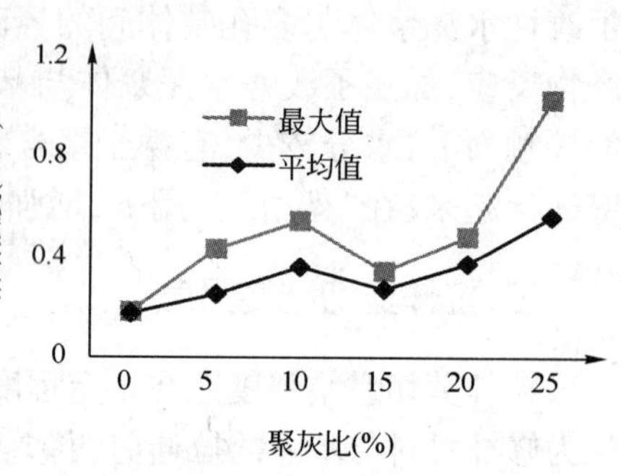

图5-21　S400改性普通硅酸盐水泥的拉伸剪切黏结强度

第五节　耐　久　性

裂缝修补材料的耐久性主要指材料在使用寿命年限内抵抗外界环境或材料内部产生的侵蚀破坏的能力，主要包括材料的抗渗性、抗腐蚀性及耐磨性等。抗渗性与抗腐蚀性是路面裂缝修补材料微观结构(特别是孔结构)的宏观体现。对抗渗性和抗腐蚀性产生不利影响的主要是毛细孔和非毛细孔。加入聚合物后，水泥浆体中的孔径分布趋于合理，孔隙特征得到改善，大孔减少，总孔隙率减小，渗水通道被截断，这样可以极大地提高裂缝修补材料的抗渗和抗腐蚀性能。

一、抗渗性

抗渗性指材料抵抗各种有害介质进入其内部的能力。抗渗性主要取决于材料的孔结构,它也是硬化水泥浆体界面孔隙率和孔径分布的间接反映。由于水泥基裂缝修补材料是一个多孔体,在水压力作用下,其渗水量可以用达西(Darcy)公式表示:

$$\frac{\mathrm{d}g}{\mathrm{d}t} = K\Delta A\frac{\Delta h}{L} \tag{5-14}$$

式中:$\mathrm{d}g/\mathrm{d}t$——渗水速度(cm^3/s);

A——多孔体的横截面面积(cm^2);

Δh——作用在试件表面上的水压差(cm);

L——多孔体的厚度(cm);

K——渗透系数(cm/s)。

聚合物改性水泥修补材料的抗渗性测试方法可以借鉴水泥胶砂抗渗性试验规范。使用渗透仪测定的丙烯酸酯乳液(S400)改性超细水泥的抗渗性见表5-6。

丙烯酸酯乳液改性超细水泥的抗渗性能　　表5-6

聚合物类型	编号	对应水压力下材料的渗水情况									评定
		0.2MPa	0.3MPa	0.4MPa	0.5MPa	0.6MPa	0.7MPa	0.8MPa	0.9MPa	1.0MPa	
S400	SC0	无	无	无	无	无	无	无	无	渗	差
	SC1	无	无	无	无	无	无	无	无	无	良
	SC2	无	无	无	无	无	无	无	无	无	良
	SC3	无	无	无	无	无	无	无	无	无	良
	SC4	无	无	无	无	无	无	无	无	无	良
	SC5	无	无	无	无	无	无	无	无	无	良
	SC6	无	无	无	无	无	无	无	无	无	良

从表中抗渗性的评价可以看出,未掺加聚合物的普通材料在1.0MPa的水压下被击穿而渗水,丙烯酸酯乳液改性水泥材料却可以在1.0MPa的水压下恒压8h而不发生渗漏,这主要是聚合物的贡献。聚合物颗粒填充了水泥浆体的孔隙,截断了材料内部的毛细通道,阻碍了水分的吸附和渗透,这些行为提高了密实度,从而使抗渗性大大增加。

丁苯乳液和羧基丁苯乳液也能显著降低改性水泥的渗水量和吸水率,并且随着聚合物掺量的增加,渗水量和吸水率降低的幅度不断增大。表5-7显示了两种聚合物乳液改性材料的抗渗性能。

丁苯乳液和羧基丁苯乳液改性水泥的抗渗性能　　表 5-7

聚合物类型	聚灰比(%)	渗水量(mL)	吸水率(%)
不掺乳液	0	26.0	2.790
丁苯乳液	5	12.0	1.748
	10	6.0	0.855
	15	3.0	0.368
羧基丁苯乳液	5	8.0	1.401
	10	4.0	0.539
	15	0.5	0.281

聚合物改性修补材料的抗渗性还可以通过氯离子渗透试验来证实。使用染色法对丁苯胶乳、氯偏胶乳和氯丁胶乳改性水泥的氯离子渗透性进行测试[32]，发现丁苯胶乳随着聚灰比的增加，氯离子渗透深度减小；氯偏胶乳和氯丁胶乳的渗透深度随聚灰比增加呈现出先减小后增大的趋势，当聚合物掺量为 5% ~ 10%时，氯偏胶乳的抗渗性能最好，可以使氯离子渗透深度和扩散系数下降一半。

二、抗腐蚀性

路面裂缝修补材料裸露在外部环境中，可能会遭遇外界的水、CO_2 气体以及一些腐蚀性介质的侵入。水泥石中的 $Ca(OH)_2$ 可以与这些介质发生反应，这将会降低水泥硬化浆体的强度，使界面黏结性能丧失，引起二次裂缝，造成修补失效。掺加聚合物乳液后，裂缝修补材料在抗渗性提高的同时也增强了抗腐蚀性。

丙烯酸酯乳液(S400)改性超细水泥试件在盐酸、硫酸和冰醋酸溶液中浸泡后的 28d 抗压强度损失百分率变化曲线，见图 5-22。改性材料在三种溶液中的抗腐蚀性能在低聚灰比(5% ~10%)时表现出降低的趋势；当聚灰比大于 10%时，经浸泡后的改性材料的抗压强度损失百分率明显小于未改性材料，抗腐蚀性提高；抗压强度损失率在聚灰比为 25% 时最小，约为未改性材料的 7% ~29%，早强剂的加入使材料的抗腐蚀性能降低。

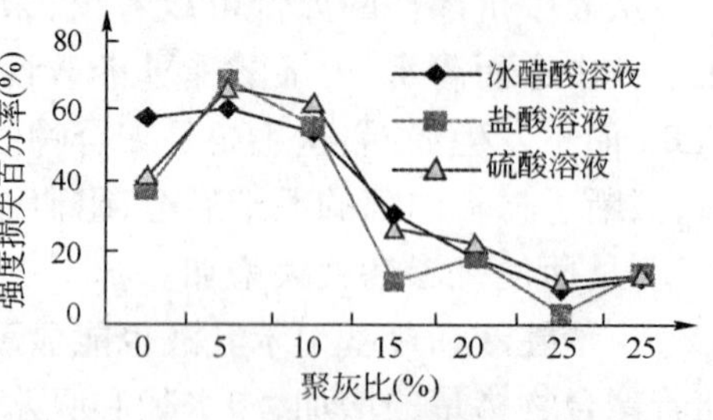

图 5-22　S400 改性超细水泥的抗腐蚀性

在盐酸、硫酸和冰醋酸溶液中浸

泡的丁苯乳液改性水泥以及羧基丁苯乳液改性水泥试件的抗腐蚀性能见表5-8。

丁苯乳液和羧基丁苯乳液改性水泥的抗腐蚀性能　　表5-8

聚合物类型	编号	聚灰比 P/C（%）	水灰比 W/C	抗压强度						
				对比强度（MPa）	2% HCl		5% H_2SO_4		5% CH_3COOH	
					R_c（MPa）	损失百分率（%）	R_c（MPa）	损失百分率（%）	R_c（MPa）	损失百分率（%）
不掺乳液	DLA1	0	0.500	37.9	8.7	77.0	7.0	81.5	8.2	78.4
SB	DLA2	5	0.383	32.8	8.8	73.2	7.2	78.1	7.9	75.9
	DLA3	10	0.350	34.0	17.6	48.2	16.6	51.2	15.0	55.9
	DLA4	15	0.333	23.4	14.7	37.2	—	—	12.3	47.4
SD	DSA2	5	0.373	36.0	21.8	39.5	22.2	38.4	21.5	40.3
	DSA3	10	0.313	40.5	22.4	44.8	20.5	49.4	20.4	49.7
	DSA4	15	0.303	41.4	21.2	48.9	20.5	50.5	18.1	56.3

注：SB——丁苯乳液；SD——羧基丁苯乳液。

三、耐磨性

路面裂缝修补材料在车辆荷载作用下要承受反复的磨损，这种磨损过程是一个复杂的物理力学过程。材料受到车轮作用时，所承受的最大法向力虽然在表面上，但最大剪应力却发生在表面下的一定深度处。车轮对材料的磨损形式主要以疲劳磨损和磨粒磨损为主。裂缝修补材料的耐磨性评价以磨损面上单位面积的磨损量为指标，计算公式为：

$$G = \frac{m_0 - m_1}{0.0125} \cdot 100 \tag{5-15}$$

式中：G——单位面积磨损量（kg/m^2）；

m_0——试件的原始质量（kg）；

m_1——试件磨损后的质量（kg）；

0.0125——试件磨损面积（m^2）。

注：试验方法参考了水泥胶砂耐磨性试验规范，试件尺寸为150mm×150mm×75mm，标准养护28d。

丙烯酸酯乳液(S400)改性超细水泥试件经过磨耗后的质量损失百分率如图5-23所示。改性材料的磨耗质量损失率随聚灰比增大而显著减小,当聚灰比为20%时,质量损失率只有基准材料的25%。材料的耐磨性能大幅度提高是由于在材料磨损表面上有一定数量的有机聚合物存在,而高性能聚合物材料本身的耐磨性就好,加之较强的黏结作用可防止固态水化物颗粒从表面磨损脱落,从而提高了改性材料的耐磨性。

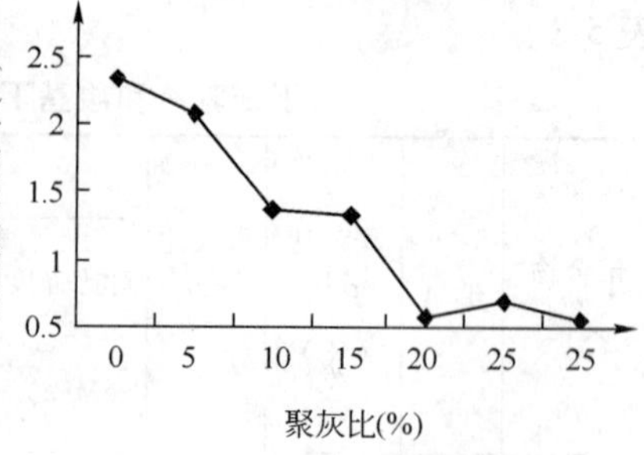

图5-23 S400改性超细水泥的耐磨性

羧基丁苯乳液改性水泥的耐磨性能见表5-9。

羧基丁苯乳液改性水泥的耐磨性　　表5-9

聚合物类型	编号	聚灰比 P/C (%)	水灰比 W/C	磨耗前质量 G_1 (g)	磨耗后质量 G_2 (g)	质量损失 ΔG (g)	质量损失百分率 (%)
不掺乳液	DLA1	0	0.500	610.1	598.4	11.7	1.92
SD	DSA2	5	0.373	577.4	567.2	10.2	1.77
	DSA3	10	0.313	541.6	533.9	7.7	1.42
	DSA4	15	0.303	527.8	522.9	4.9	0.93

参考文献

[1] 寿崇琦,张志良.高分子乳液型水泥混凝土路面养护剂的研制.公路交通科技,2004.

[2] 徐玲玲,等.MMA基混凝土修补材料的变形、强度及耐久性.南京工业大学学报,2004,26(5).

[3] 申爱琴,等.水泥混凝土路面裂缝修补材料及施工工艺研究.西安,2004.

[4] 钟世云,王培铭.聚合物改性特种水泥灌浆材料的性能.建筑材料学报,2004,7(1).

[5] 申爱琴.水泥混凝土路面裂缝修补材料研究.博士学位论文,西安,2005.

[6] SHEN Ai-qin,ZHU jian-hui,MA Lin. Research on the Rheological Property of

Emulsion Modified Normal Cement for Mending Micro-crack of Cement Concrete Pavement. JAPAN-CHINA 4th WORKSHOP ON PAVEMENT TECHNILOGIES, 2007.

[7] WANG Y, FORSSBERG E. Dispersants in stirred ball mill grinding[J]. KONA,1995,13: 67-77.

[8] KLIMPEL R R. The selection of wet grinding chemical additives based on slurry rheology control[J]. Powder Technol, 1999, 105(1):430-435.

[9] SOMASSUNDARAN P, MOUDGIL B M. Grinding aids based on slurry theology control[A]. In: Reagents in Mineral Technology, Surfactant Science Series [M]. New York: Marcel Dekker Inc, 1988. 179-193.

[10] Peiming Wang. REM-Untersuchungen der Hydrate von reinen Klinkermineralien. Portlangdzement Klinkern und Zementen, Dissertation, Juli 1990.

[11] Der Bundesminister fuer Verkehr, Abteilung Strassenbau. ZTV-SIB90, Zuasezliche Technische Vertragsbedinggungen und Richtlinien fuer Schutz und Instandsetzung von Betonbauteilen[S]. Dortmond: Verkehrsbaltt Verlag Dortmond,1990.

[12] David A. Lange. Rodaware 10-Minute Concrete Mender: Microstructure and Properties. University of Illinois at Urbana-Champaign, June 19,2000.

[13] M. L. Allan, Rheology of latex-Modified grouts. Cement and Concrete Research. Vol. 27, 1997,27(12):1875-1884.

[14] 李祝龙.聚合物改性水泥混凝土路用性能的研究.硕士论文,1998.

[15] 梁乃兴.聚合物改性水泥混凝土.北京:人民交通出版社,1995.

[16] J. S. Lee, C. S. Bang, Y. J. Mok, S. H. John. Numerical and experimental analysis of penetration grouting in jointed rock masses. International Journal of Rock Mechanics & Mining Sciences,2000,37:1027-1037.

[17] 陈旭荣.湿磨细水泥浆材的制备及灌浆技术的研究.长江科学院院报,1994(4):38-45.

[18] Komiya K, Akaji H, et al. Soil consolidation associated with grouting during shield tunneling in soft clayey ground. Geotechnique,2001,51(10):835-846.

[19] TANGSATHITKULCHAI C, AUSTIN L G. Rheology of concentrated slurries of particles of natural size distribution produced by grinding. Powder Technol, 1988,56(4): 293-299.

[20] 李虎军,王琪.水溶性聚合物改性水泥的研究II——水溶性聚合物对水泥水化过程的影响.功能高分子学报,1999,12(3).

[21] 王涛,许仲梓.环氧水泥砂浆的改性机理.南京化工大学学报,1997,19(2):26-32.

[22] Chandra. S, Flodin P. Interactions of Polymers and Organic Admixtures on Portland Cement Hydration. Cement and Concrete Research,1987,17:875-890.

[23] Choonkeun P,Dongwon C,Heegap O. 硅酸盐水泥基无大孔胶凝材料中金属离子的作用.硅酸盐学报,1996,24(4):382.

[24] 王茹,王培铭.聚合物改性水泥基材料性能和机理研究进展.材料导报,2007,21(1).

[25] S. Pascal, A. Alliche, Ph. Plivin. Mechanical behaviour of polymer modified mortars, Materials Science and Engineering A380,2004:1-8.

[26] 姜洪义,等. PVAC 和 SBR—60 水泥混凝土的研究.武汉工业大学学报,1996,18(1):37.

[27] 姚红云,等.羧基丁苯聚合物改性水泥浆体的性能研究.重庆交通学院学报,2004,23(1).

[28] 詹镇峰,李从波.氯丁胶乳改性水泥砂浆的性能和应用.施工技术,2004,33(4).

[29] 申爱琴,朱建辉,王晓飞.聚合物改性超细水泥修补混凝土结构物微裂缝的性能和机理.中国公路学报,2006,19(4).

[30] 钱晓倩,詹树林.聚合物水泥砂浆的力学性能.材料科学与工程,2000,18(4).

[31] 蔡胜华.聚合物水泥砂浆在混凝土修补中的应用研究.长江科学院院报,2007,24(1).

[32] 钟世云,等.三种乳液改性水泥砂浆性能的研究.混凝土与水泥制品,2000,1.

第六章　矿物质超细粉改性水泥基裂缝修补材料

在当前的混凝土路面裂缝修补养护作业中，常选用有机类材料作为修补材料，如环氧树脂、聚氨酯及沥青类材料等。这类材料虽然都具有补强、黏合和封闭裂缝的作用，但仍然存在着与路面混凝土相容性差、使用寿命短、造价高、不利于环境保护等缺点。使用硅酸盐水泥等无机材料作为水利工程（例如大坝）或岩体工程的微细裂缝填充剂已有数十年的丰富经验，但是普通水泥粒径较大，无法灌入细小的裂缝，这促使人们将目光转移到超细水泥的开发和利用上[1]。超细水泥颗粒细小，不仅可以灌入微小的裂缝，而且与水泥混凝土的相容性良好，是一种优良的微裂缝修补基质材料[2]。早在20世纪八十年代，日本的Shimoda和Clarke就使用超细水泥来加固具有微细裂隙的岩土体，他们使用的超细水泥浆体稳定性好，防渗固结效果明显，并且达到了与化学浆液相似的可灌性。这种材料凭借结石强度高、无污染、不老化、价格低廉等优点，一经面世便在许多国家得到广泛应用。德国P. Noske[3]和瑞典P. Borchardt[4]认为，超细水泥及其添加剂的生产使化学灌浆材料有了新的替代物，并且具有不污染环境等优点。加拿大K. Salen和T. Mirzx指出，对于浮动裂隙或低温下进行灌浆还要保持结构完整性，推荐使用超细水泥[5]。T. A. Melbye[6]的论文中则指明了超细水泥的诸多优点，并且认为超细水泥比普通水泥更具可灌性，其工作性能、耐久性能和强度更加优良。在超细水泥灌浆材料出现之后，法国、美国、瑞士等国相继开发了小水灰比的超细水泥稳定性浆液灌浆技术，并在工程实践中取得了良好的效果。我国一些科研院所（如中国建筑材料科学研究总院、中国水科院等）也于同一时期开始研制超细灌浆水泥。

工程实践表明，超细水泥灌浆是一种极好的方法，其可灌性能与化学浆材相当。但超细水泥也存在一些缺陷，如超细水泥的细小颗粒使其遇水迅速水化，黏度增大很快，不利于施工操作等。加入矿物质超细粉（如磨细矿渣等）可以在一定程度上改善超细水泥的固有缺点，矿物质超细粉的延缓凝结硬化作用、二次火山灰反应、微粒填充作用和界面粘结效应，对超细水泥灌浆材料的流动性、力学性能及耐久性能改善效果明显。

笔者通过材料优选及室内试验，研制出了性能优良的磨细矿渣改性超细水泥路面裂缝修补材料，并重点研究了该类材料的耐久性能和收缩性能[7~9]；同济大学混凝土材料国家重点实验室对掺矿物微粉的水泥浆体进行了实验研究，其成果揭示了矿物微粉颗粒特征和掺量与水泥浆体流变性能之间的关系[10]。中国建筑材料研究总院也在研究灌浆材料的过程中，探索了不同矿物超细粉对材料可灌性的影响。

目前，掺加了矿物质超细粉的高性能水泥基材料已经被成功应用于我国的三峡大坝等大型工程结构中，但在混凝土路面裂缝修补工程中的应用实例还比较少。本章将结合笔者开发的磨细矿渣改超细水泥路面裂缝修补材料，对无机类修补材料的性能进行全面系统的阐述。

第一节　工 作 性 能

矿物质微粉改性超细水泥裂缝修补材料的工作性能主要包括浆体的可灌性、流变性能和体积稳定性等方面[11~13]。通过对无机修补材料工作性能的研究，必将有力地推动该类材料在工程中的实际应用。

一、流变性能

水泥浆体的流变性是指在外力作用下克服水泥浆体内部粒子间相互作用而产生的变形的性能。粒子间相互作用力愈小，流动性愈好；从流变学角度看，掺加矿物质微粉后，水泥浆体的流变性能仍然可以用 Bingham 模型来描述。浆体的屈服应力愈小，流动性愈好，但屈服值小只能说明在较小的剪切应力下浆体就可以流动，在一定剪切应力作用下，浆体的流动速率还主要取决于黏度。

矿物质超细粉对水泥浆体流变性能的改善作用主要与其物理性态有关，这些物理性态包括矿物质超细粉的颗粒大小和颗粒形貌、表面光滑度、是否坚硬无孔以及亲水程度等。当水泥基材料中掺入矿物质微粉后，材料中将会形成新的复合胶凝系统，矿物质超细粉可以通过一定的机理来改变复合胶凝系统的颗粒分布及微观结构。这些机理被归结为矿物质超细粉的"形貌效应"、"分散效应"和"颗粒效应"。值得注意的是，由于矿物质超细粉的颗粒比表面积大，表面润湿需水量多，从而削弱了其"形貌效应"，并且矿物质超细粉的"分散效应"主要表现在其与高效减水剂"双掺"使用的过程中，因此，矿物质超细粉对水泥浆体流变性能的影响主要表现在"颗粒效应"上。

矿物质超细粉的"颗粒效应"包括"颗粒填充效应"和"颗粒级配效应"。

“颗粒填充效应”是指由于矿物微粉颗粒比较细，能够填充在集料间以及水泥颗粒之间的空隙中，使原本填充于水泥颗粒间的水得到释放，增加了体系的自由水，从而对水泥浆体流动性有利。“颗粒效应”对水泥浆体流变性能的影响如图6-1所示，其机理如下。

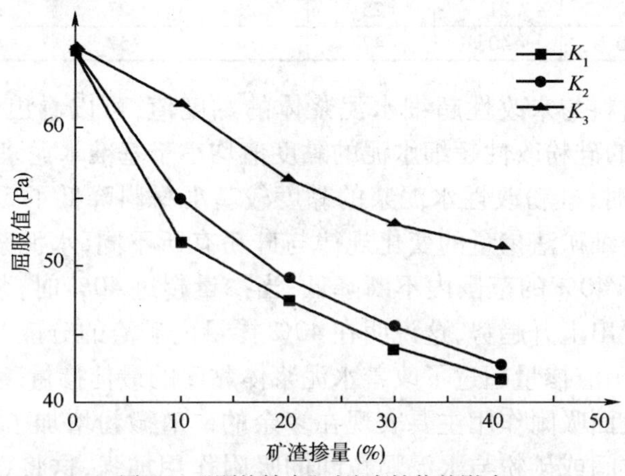

图6-1　“颗粒效应”对流变性能的影响

由于磨细矿渣的粒径较水泥细，且矿渣中玻璃体含量高、表面不吸水，二者可以填充在水泥间隙和絮凝状结构中，占据本来充满水的空间，把絮凝结构中的水释放出来，此时“颗粒填充效应”起了主导作用，从而使黏度和屈服值显著下降。此外，由于矿渣的水化反应速度要比水泥相对慢得多，因此矿渣掺量愈高，浆体黏度越低，流动性越好。图中K_1、K_2、K_3分别代表了细度不同的磨细矿渣，K_1为$550m^2/kg$，K_2为$601m^2/kg$，K_3为$715m^2/kg$。在相同的掺量下，比表面积越大的水泥浆体，黏度越小而屈服值越大。

“颗粒效应”对水泥浆体流变性的改善作用是显而易见的，但是随着矿物质超细粉掺量的增加，“颗粒效应”将失去主导作用，水泥浆体的流动性甚至还会降低。在不同矿物质超细粉掺量下，水泥浆体的黏度值见表6-1。

矿物质超细粉不同掺量时的水泥浆体黏度值　　表6-1

矿物质超细粉	掺量(%)	对应时间的黏度值(s)					
		5min	10min	15min	20min	25min	30min
硅粉	0	49	50	44	46	42	42
	3	19	28	30	34	34	34
	5	21	28	31	32	33	34
	7	21	26	26	31	32	32
	9	22	25	27	27	29	29
	11	23	33	33	35	35	36

续上表

矿物质超细粉	掺量(%)	对应时间的黏度值(s)					
		5min	10min	15min	20min	25min	30min
磨细矿渣	0	49	50	44	46	42	42
	30	27	36	41	43	42	42
	40	21	25	26	27	28	29
	50	40	47	54	57	61	66

比较改性材料与未改性超细水泥浆体的黏度值，可以看出，在不同时间段内，各种掺量下的硅粉改性超细水泥的黏度值均小于基准水泥浆的黏度值，特别是在5～10min时，硅粉改性水泥浆的黏度较基准材料降低了50%。改性水泥浆的黏度值随磨细矿渣掺量的变化规律与硅粉有所不同，水泥浆体的黏度在磨细矿渣掺量小于40%的范围内不断降低；当掺量超过40%时，浆体的黏度值随掺量的增加呈现出上升趋势，这说明在40%掺量内矿渣的分散及颗粒填充作用占主导地位；当矿渣掺量超过了改善水泥浆体黏度的最佳掺量，表面吸附作用就会逐渐加强。表面吸附作用主要表现在多余的矿渣微粉增加了表面吸附水量，并且使矿粉颗粒间或矿粉与水泥颗粒间的吸附作用加强，这将直接导致水泥浆体的流动性降低。

除了矿物质超细粉的“形貌效应”、“分散效应”和“颗粒效应”理论外，在流变性研究方面还有一些新的理论，如胡曙光[14]等提出了水泥浆体流变性能的群子理论。该理论认为水泥浆体的流变性能取决于其体系中群子的“凝聚与分散作用”的竞争能力，如果粒子的凝聚作用占优势则浆体的流变性能变差，反之流动性会得到改善；任何影响水泥浆体流变性能的因素都是通过改变体系中群子的“凝聚与分散作用”的竞争能力来实现，即通过减小粒子的分散活化能来提高水泥浆体的流动性。

二、可灌性

水泥粒状类裂缝修补材料的可灌性与浆液的黏度、颗粒的细度、稠度等有直接关系。浆液的水灰比越大，黏度越小，流动性越好，可灌性能就越优良，但是水灰比过大会使结石强度显著降低。另外，采用高速搅拌制浆有利于团聚颗粒的进一步分散，可以改善微细或超细水泥浆液的可灌性。浆液颗粒的细度不同，其可灌性也是不同的，颗粒愈细，扩散半径及注浆效果就越好，但水泥越细，成本随之提高。国外灌浆工程专家认为，超细水泥的颗粒尺寸应尽可能小于16μm，至少质量为95%的颗粒粒径要小于16μm，才能灌入0.1mm的裂缝。部分注浆材料的适用范围和可灌地层如图6-2所示[15]。

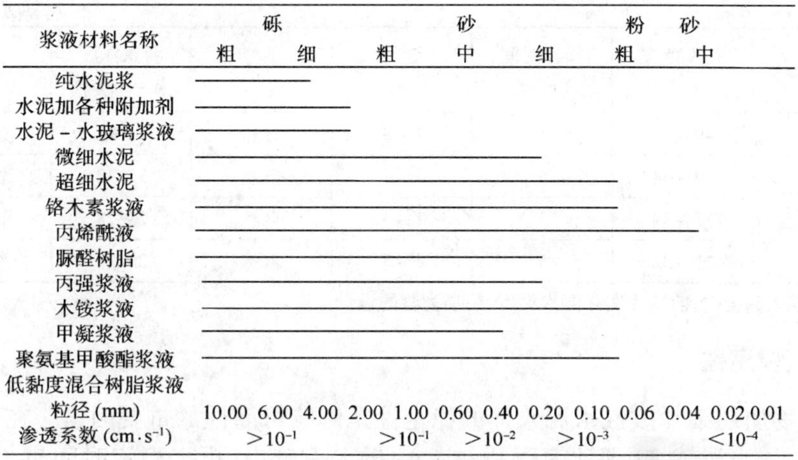

浆液材料名称	砾 粗	砾 细	砂 粗	砂 中	砂 细	粉砂 粗	粉砂 中
纯水泥浆							
水泥加各种附加剂							
水泥－水玻璃浆液							
微细水泥							
超细水泥							
铬木素浆液							
丙烯酰液							
脲醛树脂							
丙强浆液							
木铵浆液							
甲凝浆液							
聚氨基甲酸酯浆液							
低黏度混合树脂浆液							

粒径(mm)　10.00　6.00　4.00　2.00　1.00　0.60　0.40　0.20　0.10　0.06　0.04　0.02　0.01

渗透系数($cm\cdot s^{-1}$)　$>10^{-1}$　$>10^{-1}$　$>10^{-2}$　$>10^{-3}$　$<10^{-4}$

图 6-2　部分注浆材料的适用范围和可灌地层

矿物质超细粉改性水泥浆对裂缝的可灌度(N_R)与被灌裂缝的张开度和水泥颗粒尺寸之间的关系可以用 Houlsby[16~18]提出的公式来表示,即:

$$N_R = \frac{B}{D_{95}} \tag{6-1}$$

式中:B——被灌裂缝的张开度(mm);

D_{95}——灌浆材料累积分布达95%时的最大粒径(mm)。

一般认为,$N_R \geqslant 3 \sim 5$ 时可灌性良好,也就是说修补材料必须足够细才能保证具有良好的穿透性。

在试验研究和实际工程中,修补材料浆液的可灌性可以用灌入深度和饱满程度来评价。灌入深度指灌浆结束后测得的浆体在裂缝内的深度,饱满程度为目测的裂缝面上浆体的分布程度。矿物质微粉改性超细水泥路面裂缝修补材料的可灌性能见表 6-2。

矿物质微粉改性超细水泥的可灌性能　　表 6-2

改性剂类型	黏度范围(s)	操作时间(min)	缝宽(mm)	方法	灌入深度(cm)	结果状态
硅粉	49~42	5	1~3	自然	21/21	较饱满
	19~34	5	1~3	自然	30/30	饱满
	21~34	5	1~3	自然	31/31	饱满
	21~32	5	1~3	自然	29/29	饱满
	22~39	5	1~3	自然	30/30	较饱满
	23~36	5	1~3	自然	30/30	较饱满

续上表

改性剂类型	黏度范围(s)	操作时间(min)	缝宽(mm)	方法	灌入深度(cm)	结果状态
磨细矿渣	49 ~ 42	5	1 ~ 3	自然	21/21	较饱满
	19 ~ 34	5	1 ~ 3	自然	32/32	饱满
	21 ~ 34	5	1 ~ 3	自然	28/28	饱满
	21 ~ 32	5	1 ~ 3	自然	29/29	饱满

注:灌入深度中,前项为实际灌入深度,后项为缝的设计深度。

三、稳定性

矿物质超细粉改性水泥浆体的稳定性是影响可灌性的重要因素。在自由析水条件下,水泥越细(即比表面积越大),析水率越小,析水稳定时间越长,且随着水灰比减小,析水稳定性显著改善。水泥颗粒越粗,浆液水灰比越大,则浆液在压力下失水越迅速。

灌浆材料的析水率与新拌浆体的渗透系数有关,当浆体含水率低于某一个限值时,结构会产生破坏并且出现“通道析水”。为了保持浆体的稳定性,灌浆材料的用水量必须控制在这一个限值内,此时浆体的析水率用下式表示[19]:

$$Q=\frac{(\rho_c-\rho_f)g}{\eta(\rho_c\Sigma)^2(1-w_i)}\cdot\frac{(\varepsilon-w_i)^3}{(1-\varepsilon)} \tag{6-2}$$

式中:Q——析水率(cm/s);

ρ_c,ρ_f——分别为水泥和流体的密度 (g/cm^3);

$1-\varepsilon$——浆体的孔隙率(%);

Σ——矿物质超细粉颗粒的比表面积(m^2/kg);

η——流体的黏度(Pa · s);

w_i——与流动时存留在颗粒上的部分流体有关。

上述公式表明,减少浆体孔隙率、增加浆体黏度以及颗粒的细化对降低析水率都有好处,故配制矿物超细粉改性水泥灌浆材料时应尽量增加粉料的细度。矿物质超细粉对灌浆材料浆体稳定性的改善作用在于矿物微粉弥补了水泥颗粒分布上的缺陷,从而使浆体更加稳定。

第二节 收缩性能

水泥基材料的收缩变形行为主要包括干燥收缩、自收缩、化学减缩、温度下降引起的冷缩、塑性收缩以及因碳化而引起的碳化收缩。

一、干燥收缩

由于水泥基材料所处外部环境湿度低于内部湿度，从而引起的内部水分蒸发，所造成的收缩称为干燥收缩。对于掺加了矿物质超细粉的高性能水泥基材料来说，材料的自收缩是不容忽视的[20]。因此，采用传统干缩测量方式所得出的收缩值实际上包含了部分的自收缩。

水泥石在干燥条件下典型的收缩试验曲线如图6-3所示[21]。根据水泥石的孔结构及内部含水状态可以将收缩曲线做如下划分：在干燥初期（*AB* 段），水泥石中的大孔及尺寸较大的毛细孔（$r > 100\text{nm}$）中的水分首先失去，此时水泥石质量虽减小但并不发生收缩；当半径小于 100nm 的毛细孔失水时，水泥石开始发生干燥收缩（*BC* 段）；随着相对湿度的进一步降低，大部分毛细孔已经脱水，吸附水开始蒸发，亚微观晶体相互靠近，同时托勃莫来石凝胶中的层间水也开始蒸发，水泥石收缩进一步加大（*CE* 段）；最后，水化硅酸钙凝胶层间水蒸发，收缩达到一个更大的值，相当于收缩曲线上的最后一段（*EF* 段）。

Hooton[22] 等对矿渣微粉改性水泥基材料的干燥收缩进行了研究，认为矿粉的掺量对干缩影响不大。磨细矿渣改性超细水泥浆体的收缩率变化曲线如图 6-4 所示。掺加磨细矿渣后，改性材料的收缩率随龄期增大而增大，当磨细矿渣掺量在 30% 以内时，材料的收缩率不断降低；磨细矿渣掺量超过 30% 以后，收缩率随掺量的增加而增加。总体上，材料的收缩率在磨细矿渣掺量为 30% 时最小，较基准水泥浆体的收缩率降低了 8%。由此可见，磨细矿渣对超细水泥浆体干燥收缩的改善效果不是十分明显，这与 Hooton 等人得出的结论基本一致。磨细矿渣对超细水泥硬化浆体收缩的改善作用是由于矿渣微粉的掺入减少了水泥浆体中的填充水量，增加了自由水量，这样可以补偿浆体内部凝胶的失水量（由

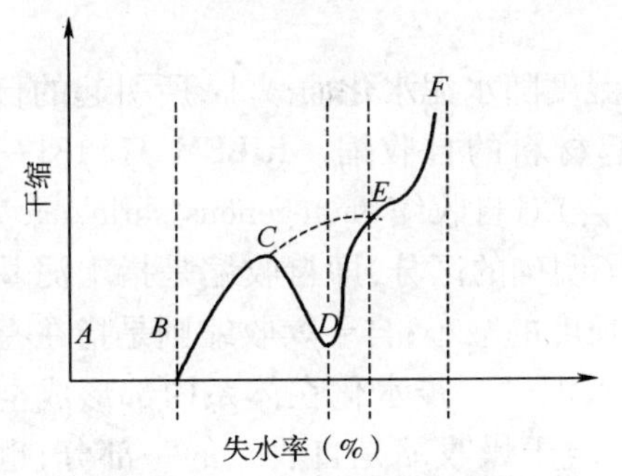

图 6-3　水泥石的典型干缩曲线

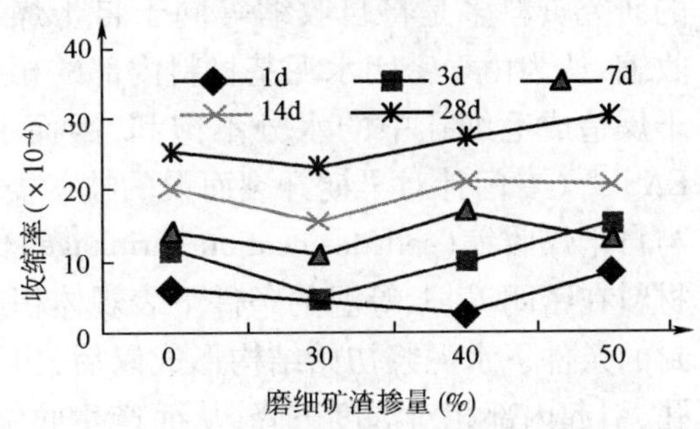

图 6-4　磨细矿渣改性超细水泥浆体的干燥收缩

干燥引起),因此起到了降低水泥硬化浆体干缩率的作用。硅粉对超细水泥浆体干缩的影响并不明显,大体上呈现出震荡变化的趋势。

二、自收缩

自收缩概念的出现最早可以追溯到20世纪初,Le Chatelier[23]对硬化水泥浆的绝对体积变化和表观体积变化进行了区分,并且提出了自干燥的概念。Lynam[24]最早对自收缩进行了明确定义,即不因热或水分蒸发而引起的收缩。

目前,从公开发表的文献资料来看,磨细矿渣对自收缩的影响存在较大争议。吴中伟[25]院士认为,磨细矿渣细度对自收缩的影响效果来源于对其活性的显著影响;Tazawa[26]的研究显示,对于比表面积超过400m²/kg的磨细矿渣,水泥基材料的自收缩随其掺量增加而增大,直至掺量超过75%以后,材料的自收缩才开始减小;森本博昭[27]则认为磨细矿渣不会增加水泥基材料的自收缩。

比表面积为439m²/kg的磨细矿渣对水泥净浆1d以后自收缩的影响规律如图6-5所示(30% Sl ~ 90% Sl分别对应指掺量为30% ~90%)。掺加磨细矿渣后,随着掺量的增大,不同龄期的自收缩值均增大,当掺量增大到70%时,硬化浆体180d的自收缩值较基准浆体提高了59.6%;当掺量进一步增大到80%,材料的自收缩值开始减小。以上规律与Tazawa的研究结果较为相似。

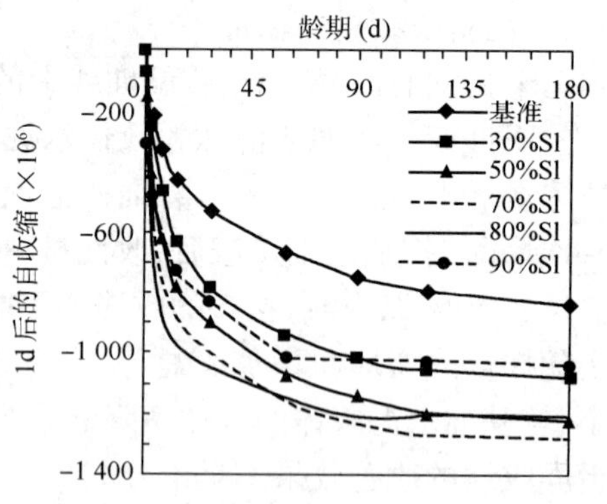

图6-5 磨细矿渣掺量对水泥净浆1d后自收缩的影响

需要指出的是,当前国内关于自收缩的研究资料多是将自收缩等同于自干燥收缩,认为由于密闭水泥基材料内部的相对湿度随水泥水化而减小,所引起的自干燥造成毛细孔中的水分不饱和,因而引起材料的自收缩。RILEM TC 181—EAS[28](专门针对早期开裂而设的技术委员会)对自收缩(autogenous shrinkage)与自干燥收缩(self-desiccation shrinkage)作了明确的区分:即自收缩是指水泥基材料在密闭养护、等温的条件下表观体积或长度的减小;自干燥收缩则是指在密封的条件下水泥浆初始结构形成以后,由于水泥进一步水化在体系内部形成空孔,引起内部相对湿度下降,从而产生收缩。自干燥收缩是自收缩的一部分,也是最重要的一部分。

第三节　力学及变形性能

一、强度

水泥浆体的强度形成过程可以分为三个阶段，首先是持续4h左右的诱导期（包括诱导前期），生成一定量的钙矾石和氢氧化钙晶体；接下来是加速期和减速期，分别持续4～8h和12～24h，在这个时期强度逐渐形成；最后达到稳定期，强度持续增长。掺加矿物质超细粉后，水泥浆体的强度将会发生改变，这种改变很大程度上与矿物微粉对水泥浆体强度形成过程的影响有关。磨细矿渣掺和料对超细水泥浆体强度的影响见图6-6。

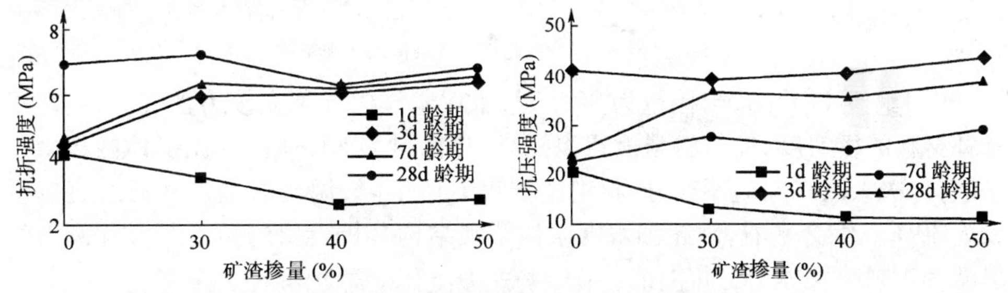

图6-6　磨细矿渣对超细水泥浆体强度的影响

加入磨细矿渣后，超细水泥浆体1d龄期的抗折、抗压强度随掺量增加而降低；3d和7d龄期的抗折、抗压强度随掺量增加均出现了不同程度的提高；当龄期达到28d时，适当的磨细矿渣掺量可以提高水泥浆体的强度。以上规律与大多数研究资料得出的结论基本一致。从水泥浆体强度形成过程的角度来看，磨细矿渣的加入延缓了超细水泥水化诱导期、加速期和减速期，使早期（1d）的抗折、抗压强度降低，适量的磨细矿渣又可以促进材料稳定期的强度，使较长龄期的强度得以提高。

磨细矿渣自身一般不会与水发生反应，只能在水化产物$Ca(OH)_2$及其他一些化合物的激发作用下发生二次火山灰反应，能否较好的形成低钙硅比的C—S—H凝胶和针柱状钙矾石空间晶体结构与磨细矿渣掺量有关。适量的磨细矿渣能发生良好的二次火山灰反应，可以有效发挥矿渣微粒的填充作用。磨细矿渣掺量过多时，激发剂相对较少，一部分磨细矿渣剩余，二次火山灰反应不能充分进行；并且水泥浆体之间微粒过多，在缺乏黏结浆体的情况下，磨细矿渣改性超细水泥裂缝修补材料会变得松散，浆体的力学性能相应变差，界面黏结能力也会受到很大影响。不同掺量的磨细矿渣对超细水泥浆体力学性能的影响程度还可以从微观角度进行判别。图 6-7 显示的是磨细矿渣掺量分别为 30% 和 50% 的超细水泥硬化浆体的微观结构。

a)KC1(掺量为 30%)

b)KC3(掺量为 50%)

图 6-7 磨细矿渣改性超细水泥浆体的微观结构

由上图可以看出,当掺量为 30% 时,水泥浆体内部填充较为密实,这提高了修补材料的密实度,使材料强度得以提高;当掺量为 50% 时,水泥浆体内部微粒松散,二次火山灰反应不充分,材料的强度有所下降,说明磨细矿渣的适宜掺量约为 30% 。综合来看,由超细水泥浆体微观结构分析得出的结论与实际测得的强度变化规律大体上是相同的。

二、刚度及变形能力

1. 动弹性模量

矿物质微粉改性超细水泥裂缝修补材料的动弹性模量测定方法与聚合物乳液改性超细水泥基本相同,常采用振动法和超声波法。磨细矿渣改性超细水泥的动弹性模量测试结果如图 6-8 所示。磨细矿渣改性超细水泥浆体的动弹性模量随龄期增长而增大,在 1d 龄期内,材料的动弹性模量随磨细矿渣掺量的增加而减小;1d 以后,动弹性模量随掺量增加而迅速增大。上述规律说明磨细矿渣充分参与了水泥浆体的凝结硬化并且填充到硬化水泥浆体的孔隙中去,因此对 1d 以后材料的刚度改善效果十分明显。

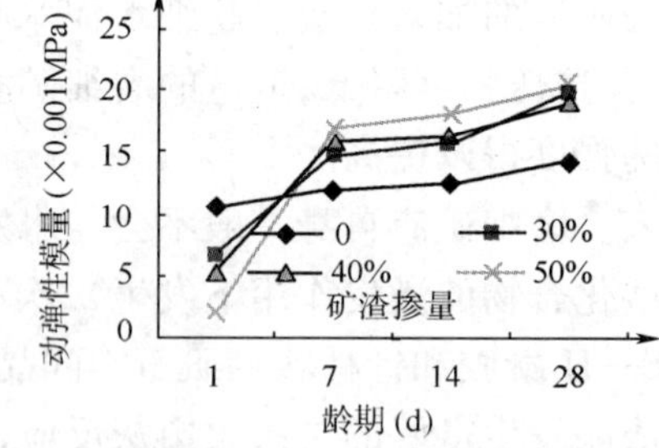

图 6-8 磨细矿渣改性超细水泥的动弹性模量

东南大学[29]相关研究成果表明,磨细矿渣掺量在 50% 范围内,动弹性模量随掺量的增加而增加;当掺量达到 70% 以后,材料的动弹性模量要低于未掺加磨细矿渣的基准材料。硅粉对超细水泥浆体的刚度也有明显的改善作用,且当硅粉掺量大于3%以后,材料在不同掺量下各龄期的动弹性模量曲线趋于重合。

2. 弯拉弹性模量

在荷载应力较低时,矿物质微粉改性超细水泥的28d弯拉弹性模量可以依据应力-应变曲线,通过静力加载的方式测得。表6-3是矿物质微粉改性超细水泥28d弯拉弹性模量的测试结果。

矿物质微粉改性超细水泥28d弯拉弹性模量　　表6-3

改性剂类型	编　号	矿物质超细粉掺量（%）	弯拉弹性模量（10^3MPa）
硅粉	GC0	0	14.5
	GC1	3	13.3
	GC2	5	14.6
	GC3	7	14.2
	GC4	9	13.2
	GC5	11	12.3
磨细矿渣	KC0	0	13.6
	KC1	30	11.9
	KC2	40	14.7
	KC3	50	15.3

通常情况下,弯拉弹性模量越大,材料的刚度越大;弯拉弹性模量越小,材料的柔韧性越好。掺加适量的磨细矿渣可以降低超细水泥的弯拉弹性模量,起到改善柔韧性的作用。表6-3的测试结果显示:当磨细矿渣掺量为30%时,材料的弯拉弹性模量最小;在此之后,弯拉弹性模量随掺量的增加而逐步增大,材料的脆性增强。硅粉对改性超细水泥裂缝修补材料弯拉弹性模量的影响规律与磨细矿渣不尽相同,掺入硅粉后,当硅粉掺量小于7%时,改性材料的弯拉弹性模量与基准材料基本相同,没有出现大的变化;当硅粉掺量大于7%后,弯拉弹性模量出现降低趋势,材料柔韧性增强。

第四节　界面黏结性能

对水泥混凝土路面裂缝修补材料而言,修补材料与旧混凝土间的界面黏结性能至关重要,界面黏结强度的大小直接关系到原界面是否发生二次破坏。磨细矿渣改性超细水泥修补材料与旧混凝土间的界面黏结性能依然可以用界面过渡区理论进行解释。当灌浆修补材料注入微裂缝后,超细水泥粒子和磨细矿渣微粒首先会扩散渗透到旧混凝土的孔隙中去,充分发挥填充密实的作用。在这一点上,磨细矿渣改性修补材料与聚合物乳液改性修补材料有相似之处。伴随灌浆材料的渗透过程,浆体也开始凝结硬化;经过一定龄期,修补材料浆体与旧混凝土中裸露的集料表面黏结在一起,并且通过孔隙与旧混凝土牢固地连通起来。在使用过程中,修补后的黏结界面要承受剪切、拉伸和弯拉应力。许多研究表明,无论是在静态荷载还是在疲劳荷载作用下,黏结界面的破坏过程实质上就是裂缝在界面过渡区内的演化发展过程。界面黏结性能破坏的形式可以归结为两类:一类是修补材料与旧混凝土之间黏结的退化,另一类是裂缝在界面过渡区内的产生发展。这两种破坏形式可以单独作用也可以同时存在。

为了模拟修补材料在实际使用中的受力状态,磨细矿渣改性超细水泥修补材料的界面黏结性能可以用拉伸剪切黏结强度和弯拉黏结强度进行评定,其测定方法与聚合物乳液改性修补材料的黏结强度试验相同。磨细矿渣改性超细水泥的黏结强度试验结果见表 6-4。

磨细矿渣改性超细水泥的黏结强度试验结果 表 6-4

编号	拉伸剪切黏结试验结果				弯拉黏结试验结果			
	强度(MPa)		黏结比		强度(MPa)		黏结比	
	平均值	最大值	平均值	最大值	平均值	最大值	平均值	最大值
KC0	0.046	0.063	1.00	1.00	3.48	3.55	1.00	1.00
KC1	0.228	0.375	4.98	6.00	3.38	3.75	0.97	1.06
KC2	0.305	0.331	6.65	5.30	3.60	4.00	1.03	1.13
KC3	0.192	0.256	4.20	4.10	2.63	2.80	0.75	0.79

注:KC0、KC1、KC2、KC3 分别代表磨细矿渣的掺量为 0、30%、40% 和 50%。

磨细矿渣改性超细水泥 28d 的黏结强度测试结果表明,加入磨细矿渣后,修补材料的拉伸剪切黏结强度远大于基准材料,当磨细矿渣掺量为 40% 时,拉伸剪切黏结强度最大,几乎是基准材料的 6 倍。从试验结果来看,修补材料在拉伸剪切作用下的破坏面大部分发生在环氧树脂层,由此可以认为修补材料在实际使用过程中的拉伸剪切黏结性能会更加优越。适量磨细矿渣的掺入也提高了修补材料的弯拉黏结强度，当磨细矿渣掺量达到40%时，弯拉黏结强度出现最大值，如果继续增加掺量，黏结强度反而会降低。综合分析修补材料的黏结强度，不难看出磨细矿渣掺量为40%时对界面黏结性能改善效果最佳。

从界面过渡区微观结构角度对界面黏结性能做出的分析，基本上与黏结强度试验得出的结论一致。图6-9是裂缝修补材料黏结界面的微观结构图。

a)KC0(未掺加磨细矿渣)

b)KC2(磨细矿渣掺量为40%)

图6-9　磨细矿渣改性超细水泥黏结界面的微观结构

对于基准材料的黏结界面来说，图6-9a)中黏结界面的微观结构多缝隙，呈现出针状松散的现象；掺加质量分数为40%的磨细矿渣后，修补材料的黏结界面密实、细化，性能良好。磨细矿渣对修补材料界面黏结性能的改善作用在于：磨细矿渣的微粒填充作用和二次火山灰作用消耗界面区内大量的$Ca(OH)_2$，并且生成了一定数量的C—S—H凝胶，减少了大晶格的$Ca(OH)_2$晶体和钙矾石数量。同时，由于磨细矿渣改性后的水泥浆体不泌水，浆体－基体混凝土间不存在水膜，因此可以发挥良好的界面效应。修补材料的界面黏结强度与磨细矿渣的掺量密切相关，若掺量过少，微粒填充作用和二次火山灰作用不能充分发挥，若掺量过多，没有足够的$Ca(OH)_2$与之反应，而磨细矿渣自身黏聚力又小，从而导致黏结强度降低。

硅粉对修补材料黏结界面的微观结构也有改善作用。旧混凝土基体界面过渡区内的$Ca(OH)_2$和钙矾石具有取向性，且界面过渡区的晶体比硬化水泥浆体中的晶体粗大，具有更多的孔隙，由于水泥净浆的泌水性大，浆体中的水分在向上迁移的过程中会在集料下面形成水膜，削弱了界面的黏结，在界面过渡区内形成微裂缝。掺加硅粉后，通过二次火山灰反应消耗了大部分的$Ca(OH)_2$，并使传统C—S—H混凝体转变为火山灰C—S—H凝胶体，与此同时，由于硅粉的比表面积极大，可以吸附大量的自由水，减少自由水在集料界面上的聚集，使界面区结构密实，再加上$Ca(OH)_2$晶体的生长也受到限制，晶粒得到细化，排列的取向度降低,因此黏结界面的微结构得到改善。

第五节 耐久性能

一、抗渗性

抗渗性是耐久性能中最重要的指标,抗渗性能优良的材料比较密实,耐磨性能也相对较好;此外,良好的抗渗性还能有效防止腐蚀性介质的侵入,间接地提高了材料的耐腐蚀性。

使用抗渗仪对基准材料和磨细矿渣改性超细水泥硬化浆体进行分时分段连续加压,当水压达到 1.0MPa 时,未掺加磨细矿渣的基准材料被击穿而渗水,但磨细矿渣改性超细水泥在 1.0MPa 水压下持续 8h 却不渗水。由此可见,磨细矿渣在水泥水化过程中起到了微粒填充作用,使材料致密,阻碍了水分的渗入。磨细矿渣改性超细水泥浆体的抗渗性试验结果见表 6-5。

磨细矿渣改性超细水泥浆体的抗渗性能　　表 6-5

掺和料类型	编号	对应水压力下材料的渗水状况									评定
		0.2MPa	0.3MPa	0.4MPa	0.5MPa	0.6MPa	0.7MPa	0.8MPa	0.9MPa	1.0MPa	
磨细矿渣	KC0	无	无	无	无	无	无	无	无	渗	差
	KC1	无	无	无	无	无	无	无	无	无	良
	KC2	无	无	无	无	无	无	无	无	无	良
	KC3	无	无	无	无	无	无	无	无	无	良

磨细矿渣对超细水泥灌浆材料的抗氯离子和抗硫酸盐渗透侵蚀能力有显著改善作用。R. S. Gollop[30] 等研究表明,在磨细矿渣掺量不超过 50% 的条件下,Al_2O_3 含量较低(<11%)的矿渣对水泥基材料抗硫酸盐渗透侵蚀性能有改善作用;邓德华等认为,水泥基材料的氯离子渗透扩散系数随磨细矿渣掺量的增加而减小。磨细矿渣对超细水泥灌浆材料抗氯离子和抗硫酸盐渗透侵蚀能力的改善机理主要表现在以下方面:

(1)掺加磨细矿渣后,相对降低了体系中的 C_3A 含量。

(2)磨细矿渣的二次水化密实作用。磨细矿渣中高度分散的活性氧化物(Al_2O_3 等)与水泥水化生成的 $Ca(OH)_2$ 反应,生成了水化硅酸钙和水化铝酸钙等水化产物。这些水化产物填充在水泥石的毛细孔等孔隙中,降低了水泥石的孔隙率,增大了密实性,使水泥石抗化学离子渗透侵蚀的能力增强。

(3)由于火山灰反应吸收了大量的 $Ca(OH)_2$，水泥石中 $Ca(OH)_2$ 成分减少，毛细孔溶液石灰浓度降低，使石膏结晶型侵蚀强烈受阻，即使在 SO_4^{2-} 离子浓度很高的情况下，石膏结晶的数量也非常有限。

二、抗腐蚀性

将磨细矿渣改性超细水泥硬化浆体置于一定浓度的盐酸、硫酸和冰醋酸溶液中浸泡，其 28d 的抗压强度损失率变化曲线如图 6-10 所示。

图 6-10 中磨细矿渣改性超细水泥在盐酸、硫酸和冰醋酸溶液中浸泡后，抗压强度损失率随磨细矿渣的掺入而显著减小。在盐酸和硫酸溶液中，当磨细矿渣掺量为 40% 时，抗压强度损失率最小，仅为基准值的 0.007；在醋酸溶液中，抗压强度损失率随磨细矿渣掺量的增加而减小。

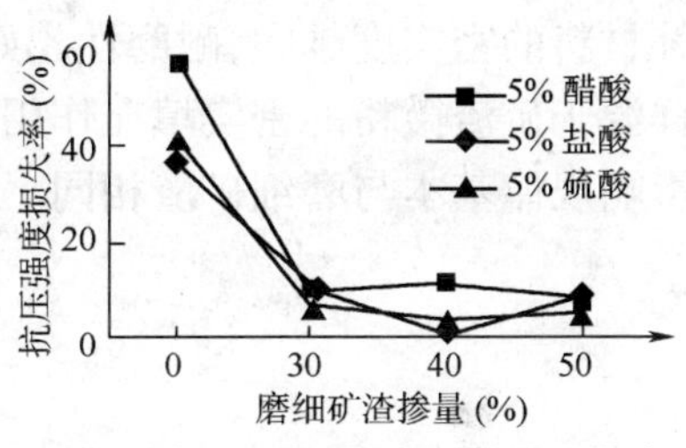

图 6-10　磨细矿渣改性超细水泥的抗腐蚀性能

在超细水泥中掺加硅粉后，材料的抗腐蚀性能也有明显的提高。当硅粉掺量为 9% 时，硅粉改性超细水泥硬化浆体的抗压强度损失很小，此后随着掺量的增大，抗压强度损失率出现增加的趋势。硅粉改性超细水泥的抗腐蚀性能见表 6-6。

硅粉改性超细水泥浆体的抗腐蚀性能　　表 6-6

超细粉类型	编号	抗压强度						
		对比强度(MPa)	5% CH_3COOH		5% HCl		5% H_2SO_4	
			R_c(MPa)	损失率(%)	R_c(MPa)	损失率(%)	R_c(MPa)	损失率(%)
硅粉	GC0	65.625	27.813	57.62	41.250	37.14	38.438	41.43
	GC1	45.31	32.81	27.59	33.75	25.51	38.13	15.85
	GC2	44.69	36.56	18.19	35.10	21.46	35.63	20.27
	GC3	36.88	31.28	15.18	32.19	12.71	34.38	6.78
	GC4	41.61	41.41	0.48	40.58	2.48	40.87	1.95
	GC5	40.68	38.13	6.27	37.36	7.40	34.38	15.49

注：GC0 ~ GC5 分别对应硅粉的掺量为 0、3%、5%、7%、9%、11%。

三、耐磨性

磨细矿渣改性超细水泥的耐磨性能以磨耗后质量损失率作为评价指标。在耐磨性试验机上测得的磨耗后质量损失百分率变化曲线见图6-11。

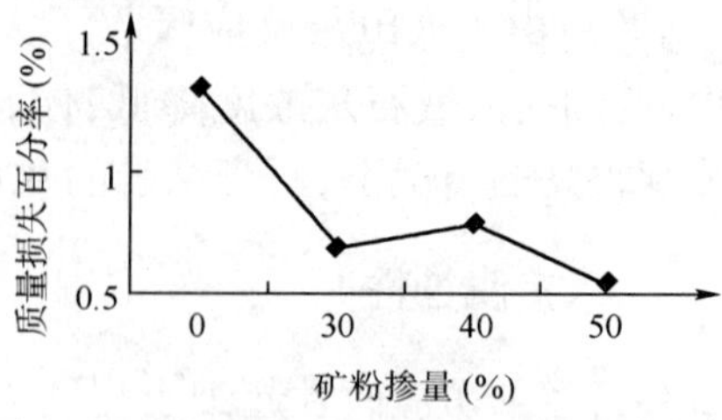

图6-11　磨细矿渣改性超细水泥的耐磨性能

由图可以看出,掺加磨细矿渣后,材料的耐磨性能得到提高,磨细矿渣改性超细水泥的磨耗质量损失率随矿渣掺量的增加而降低。磨细矿渣改性超细水泥的耐磨性能与材料的密实度有很大关系,一般来说,修补材料的密实度越大,耐磨性越好。磨细矿渣对超细水泥耐磨性的改善作用同样源于矿渣微粉的密实填充作用和二次火山灰作用。硅粉对超细水泥耐磨性的影响规律基本与磨细矿渣相同。

参考文献

[1] 管学茂,胡曙光.超细高性能灌浆水泥的性能及其微观结构研究.水泥,2003,6.

[2] 许贤敏.美国采用超细水泥稀浆加固中细砂地基的工程实录.四川建筑科学研究. 1995,(4):38-39.

[3] P. Noske. 超细水泥灌浆在岩土工程中的应用//岩石与混凝土灌浆译集.水利部情报所,1995:48-52.

[4] P. Borchardt. 有效灌入法——一种新的灌浆工艺:使用超细水泥和聚氨酯进行补充灌浆的实例//岩石与混凝土灌浆译集.水利部情报所, 1995:93-100.

[5] K. Salen T. Mirzx. Portland 水泥和超细水泥为主的灌浆浆液的选择原则//岩石与混凝土灌浆译集.水利部情报所, 1995:65-74.

[6] T. A. Melbye. 利用超细水泥进行岩石灌浆.岩石与混凝土灌浆译集.水利部情报所,2005:40-47.

[7] 王晓飞,申爱琴.磨细矿渣改性超细水泥耐久性及收缩性能研究.材料科学与工程学报,2006,24(2).

[8] 王晓飞,申爱琴.磨细矿渣改性超细水泥修补微裂缝的性能.中国公路学报,2006,19(3).

[9] 王晓飞,申爱琴.磨细矿渣对灌浆材料早期性能的影响.建筑材料学报,2006,9(3).

[10] 张永娟,张雄.矿渣微粉掺量及颗粒群特征与水泥浆流变性能的关系.硅

酸盐通报,2002,6.

[11] John Bensted. Microfine Cement. World Cements,1992,12.

[12] Matsumoto. N,Nakamura A,Yamaguchi. Development of grouting material for cement powder grouting. Grouting and deep mixing. Proc. conference,Tokyo,1996:59-64.

[13] Sano. M, Shimoda. M. Micofine cement grouting as countermeasure against liquefaction. Grouting and deep mixing, Proc. conference, Tokoyo, Vol. led. 1996:65-71.

[14] 管学茂,胡曙光.超细水泥灌浆材料流变性能的群子理论研究.长江科学院院报,2004,21(6).

[15] 陈新年,谷拴成.微细或超细水泥类注浆材料及其性能.西安矿业学院学报,1999,19.

[16] Houlsby A. C. Construction and design of cement grouting. Wiley Intersciences,New York,1990.

[17] Houlsby A. C. "Grouting in Rock masses. In Engineering in Rock Massses" Bell F. G. Butterworth Heinemann London,1992.

[18] Houlsby A. C. "Construction and design of cement grouting". John Wiley and Sons,New York,1990.

[19] 黄大能.新拌混凝土的结构与流变性能.北京:中国建筑工业出版社,1983:56-57.

[20] Gopalaratnam,Shah S P. Softening Response of a Plain Concrete in Direct Tension[J]. ACI Materials Journal,1985,82(3):310-323.

[21] Bangham D H, Fakhoury N. The swelling of charcoal. Royal Society of London, CXXX(Series A),81-89.

[22] Hooton R D,Stanish K,Prusinski. The effect of granulated blast furnace slag (slag cement) on the drying shrinkage of concrete - a critical review of the Literature. In: Eight CANMENT/ACI international conference on fly ash,silica Fume,slag and natural pozzolans in concrete.

[23] Le Chatelier,H. Sur les changements de volume qui accompagnent le durcissement des ciments,Bulletin de la Societe d'Encouragement pour I'Industrie Nationale,1900,54-57.

[24] Lynam C G. Growth and Movement in Portland Cement Concrete[M]. London:Oxford University press,1934,26-27.

[25] 吴中伟,廉慧珍.高性能混凝土.北京:中国铁道出版社,1999.

[26] Tazawa E. Autogenous shrinkage by self – desiccation in cementitious material. In:proceedings of 9th international conference on chemistry of cement, New Delhi, 1992.

[27] 森本博昭,高井茂信,棚桥和夫,等. 高炉スラダ微粉末を混入しにコソクートの自己收缩. セメソト.コソクリート论文集.1995,49:600-603.

[28] Bentur A, Terminologys and definitions, In:Kovler. K and Bentur. A eds. International RILEM Conference on Early Age Cracking in Cementitious system-EAC'01. Haifa:RILEM TC181 – EAS,2002,13-15.

[29] 严捍东.废渣特性及其多元复合对水泥基材料高性能的贡献及机理.博士学位论文,2001.

[30] R. S. Gollop and H. F. W Taylor. Microstructural and Microanalytical Studies of Sulfate Attack V. Comparision of Different Slag Blends. Cem. Concr. Res. 1996,26(7):1029-1044.

第七章　聚合物乳液改性机理

使用聚合物乳液对水泥砂浆或混凝土进行改性时,聚合物的种类、掺量以及研究方法等方面的不同都会使最终的研究结论出现一定差异。一般来说,聚合物的种类不同,掺量不同,则改性效果不同,相应的改性机理也不尽相同。正因为如此,关于聚合物乳液对水泥砂浆和混凝土的改性机理一直没有非常清晰、统一的说法,因此有关这方面的研究始终没有间断过。

尽管在聚合物乳液改性机理方面存在许多不同见解,但还是有一些观点被大家普遍接受,即聚合物乳液对水泥砂浆和混凝土的改善作用是通过聚合物在水泥浆与集料间形成具有较高黏结力的膜,并堵塞砂浆内的孔隙来实现的。水泥水化与聚合物成膜同时进行,聚合物乳液的乳胶颗粒沉积或凝聚在水化(或轻微水化)的水泥及填料颗粒表面上并形成一层薄膜,这层膜与水泥浆最终将形成相互交织在一起的互穿网络结构。聚合物与水泥(更确切地说是水泥的水化生成物)的化学相互作用是聚合物改性水泥化学工艺中最重要同时也是研究人员最为关注的问题。具有可反应基团的聚合物很可能会与固体氢氧化钙表面或集料表面的硅酸盐发生化学反应,这种化学反应有望改进水泥水化产物与集料之间的黏结,从而改善水泥砂浆和混凝土的性能。

总的来说,聚合物乳液对水泥砂浆和混凝土的改善作用是物理和化学作用协同作用的结果。

第一节　聚合物改性水泥的物相测试技术

近代物理学、电子技术、计算机技术和图像处理技术的发展,使材料测试技术有了长足的进步。当前的测试技术水平已经能够识别和探测到更加微观的结构和信息,这使得人们对聚合物改性水泥硬化浆体形成过程中众多现象的认识不断深化和完善,提升了这一领域的研究水平。材料研究领域常用的测试方法见表 7-1[1~6]。

上述测试方法中,适用于聚合物改性材料研究的主要有扫描电子显微镜法

SEM(Scanning Electron Microscopy)、透射电子显微镜法 TEM(Transmission Electron Microscopy)、X 射线衍射分析 XRDA(X-Ray Diffraction Analysis)、热重和差热分析 TG/DTA(Thermogravimetry & Differential Thermal Analysis)、红外光谱分析 IR(Infrared Spectroscopy)、核磁共振分析 NMR(Nuclear Magnetic Resonance)、穆斯堡尔光谱分析 MS(Mossbauer Spectroscopy)等。此外,孔结构的测试也逐步由过去的光学显微镜法发展为压汞法和气体吸附法。

常用的材料测试方法分类 表 7-1

	测试内容		测试技术
宏观领域	组成	元素分析	主成分:化学分析法(容量法、质量法)、吸收光度法、比能法、电分析法(电解法)、等离子体发射光谱法、X 射线荧光分析法; 微量成分:吸收光度法、原子吸收法、火焰光度法、液体荧光法、发射光谱法、等离子体发射光谱法、固体质谱法、放射分析法、电分析法(极谱法、伏安法)、X 射线荧光光谱法
		物质鉴定	粉末 X 射线衍射法、微小焦点 X 射线衍射法、热分析法(DTA、TG、DSC、EGA、MTA)、红外光谱法、拉曼光谱法、色谱法[气相色谱、液体色谱、超临界流体色谱(SFC)]
	结构	表面结构	光学显微镜
		结合状态	X 射线电子能谱法(XPS、ESCA)、X 射线荧光光谱法、X 射线吸收法、核磁共振法(NMR)、电子自旋共振法、穆期堡尔分析法
		本体结构	单结晶 X 射线衍射法、电子衍射法、中子衍射法、X 射线 CT 法、汞压入测孔法
微观领域	组成	元素分析	二维:分析电子显微镜、X 射线微区分析法、激光微区分析等低速电子散射谱法; 三维:二次离子质谱法、俄歇电子能谱法(AES)
		物质鉴定	微观傅立叶变换红外光谱法
	结构	表面结构	质子显微镜法、电场离子显微镜法、透射电子显微镜法(TEM)、扫描电子显微镜法(SEM)、扫描透射电子显微镜法、场发射型扫描电子显微镜法(FESEM)、环境控制型扫描电子显微镜法(ESEM)、场发射型透射电子显微镜法、扫描型隧道显微镜法(STM)、原子力显微镜法、分析电子显微镜法(AEM)、电子探针显微分析(EPMA)
		结合状态	俄歇微束电子能谱法
		本体结构	质子显微镜法、电场离子显微镜法、透射电子显微镜法、扫描透射电子显微镜法、高速电子衍射法、反射高速电子衍射法、科赛尔(Kossel)法、微区 X 射线衍射法、气体吸附测孔法

一、X 射线衍射分析(XRD)

X 射线射入结晶物质(物相)时,会受到晶体中原子的散射,发生衍射现象,如图 7-1 所示。其特征值有两个,即衍射线的方向和衍射线的强度。当一束平行的 X 射线以 θ 角入射在(hkl)晶面上时,即产生衍射线,其衍射方向由布拉格(Bragg)公式确定:

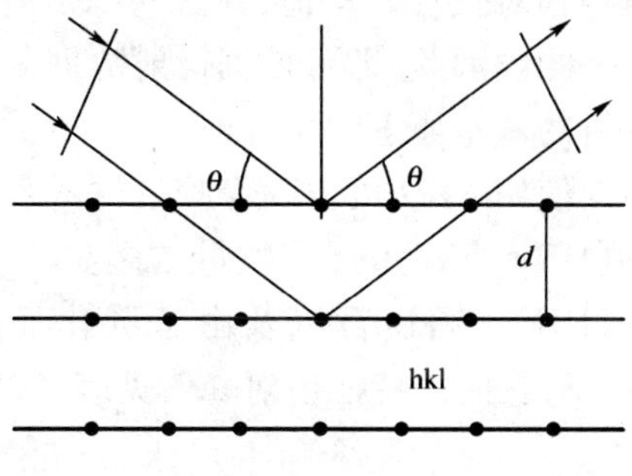

图 7-1　X 射线在结晶物质中的衍射示意图

$$2d\sin\theta = n\lambda \tag{7-1}$$

式中:d——晶面间距;

θ——掠射角或布拉格角;

n——衍射级数;

λ——入射线波长。

在 X 射线晶体学中,常把 n 看作是一级衍射,即 $n=1$。此时公式(7-1)变为:

$$2d_{hkl}\sin\theta = \lambda \tag{7-2}$$

关于衍射强度,在物相分析中使用的是相对强度,它是指在同一物相的衍射花样中各衍射线强度之比。衍射线的相对强度可用下式表示:

$$I_{相对} = PF^2 \frac{1+\cos^2 2\theta}{\sin^2\theta\cos\theta} e^{-2M} A \tag{7-3}$$

式中:　P——多重性因子;

F——结构因子;

A——吸收因子;

e^{-2M}——温度因子;

$\frac{1+\cos^2 2\theta}{\sin^2\theta\cos\theta}$——角因子,又称洛伦茨-偏振因子。

在实际工作中,衍射线的强度以衍射峰的面积来表示,称为累计强度或积分强度。当精度要求不高时也可用峰高表示,称为峰高强度。一般用目测法或实验法测量峰高强度,并将最强峰的强度定为 100,然后与各衍射峰的强度作比较,便得到各衍射线的相对强度。在物相分析时,可以获得一系列的晶面间距 d

值和相对强度 I/I_0 值,并且这种衍射数据对于每一种结晶物质来说都是独特和唯一的。因此,即可根据衍射数据来鉴别任何一种结晶物相,这就是 XRD 物相分析的基本原理[7]。

使用 XRD 可以确定胶凝材料水化产物的类型,定性比较水化产物[主要是 $Ca(OH)_2$ 和钙矾石]数量的多少。水泥胶凝材料中典型的结晶水化产物包括 $Ca(OH)_2$、钙钒石以及由于碳化而产生的 $CaCO_3$ 和未水化的水泥熟料矿物 β-C_2S,它们的特征衍射峰值见表 7-2。

水泥水化产物的特征衍射峰值　　表 7-2

产　物	$Ca(OH)_2$			钙矾石			$CaCO_3$			β-C_2S		
特征峰	2.63	4.92	1.93	9.72	5.61	3.87	3.04	2.29	2.10	2.75	2.72	2.79
峰 强	100	72	30	100	76	31	100	18	18	100	99	90

超细水泥中掺加聚合物乳液后,将会影响水泥的水化进程。这种影响可能表现在水泥水化产物的生成过程方面,也可能表现为聚合物与水泥水化产物发生反应形成新的化学结合物[8]。图 7-2 为掺加丙烯酸酯(S400)乳液后,超细水泥浆体 28d 龄期的 XRD 图谱。其中,SC0 ~ SC6 分别对应丙烯酸酯(S400)乳液的掺量为 0、5%、10%、15%、20%、25%、25%(掺早强剂)。

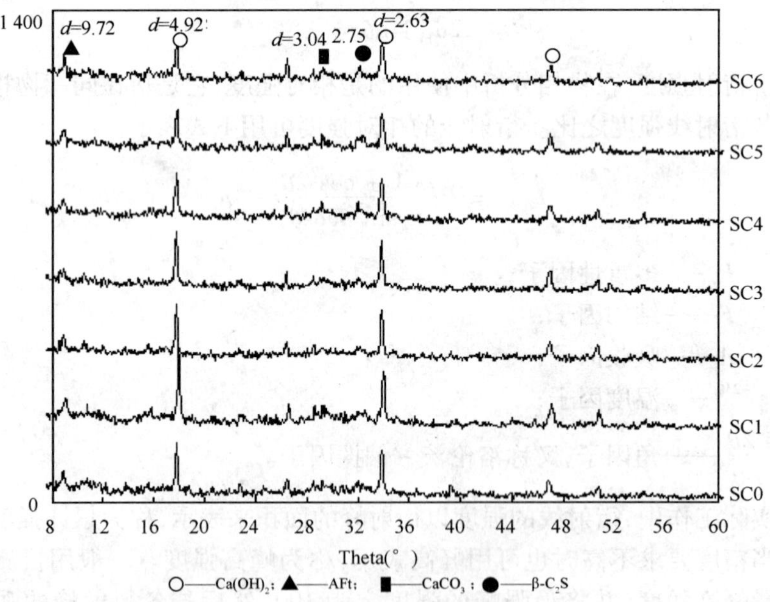

图 7-2　丙烯酸酯(S400)乳液改性超细水泥浆体 28d 龄期的 XRD 图谱

从X射线衍射图中可以看出,水化产物 $Ca(OH)_2$ 的衍射峰($d=4.92$)在丙烯酸酯乳液掺量为5%时出现明显增强。在此之后,随着掺量的增加其衍射峰又逐渐减弱,说明在聚合物掺量增大的情况下,聚合物自身的成膜作用比较充分,阻碍了 $Ca(OH)_2$ 晶核的形成和生长。此外,由图可知AFt的衍射峰($d=9.72$)受丙烯酸酯乳液掺量的影响规律与 $Ca(OH)_2$ 相类似,未水化的 $\beta\text{-}C_2S$ 的数量在聚灰比大于15%以后出现增加的趋势, $CaCO_3$ 的衍射峰受聚合物掺量影响不大。上述分析在一定程度上显示出丙烯酸酯乳液对超细水泥的水化进程有抑制作用,这与水化热分析结论基本相同。造成此现象的原因主要是由于聚合物的成膜作用妨碍了水泥颗粒与水的接触,使得未水化的硅酸盐熟料($\beta\text{-}C_2S$)数量增加,同时聚合物与水化产物孔隙液中的 Ca^{2+} 的化学反应也降低了水化程度和游离氧化钙的含量[9]。

然而并非所有聚合物都对水泥水化产物的生成有抑制作用,在特定的龄期阶段,聚合物也可能促进水化产物的生长。图7-3、图7-4显示的是四川大学高分子材料工程国家重点实验室对阴离子型水解聚丙烯酰胺改性水泥浆体进行XRD测试分析的结果[10]。

上面两幅图谱中的a)为水泥净浆,b)为掺加4%水解聚丙烯酰胺的水泥浆体,c)为掺加4%聚乙烯醇的水泥浆体。在图7-4中,水泥净浆及掺加聚乙烯醇的水泥浆体中均有 $Ca(OH)_2$ 的衍射峰($d=4.92$)出现,而掺有水解聚丙烯酰胺

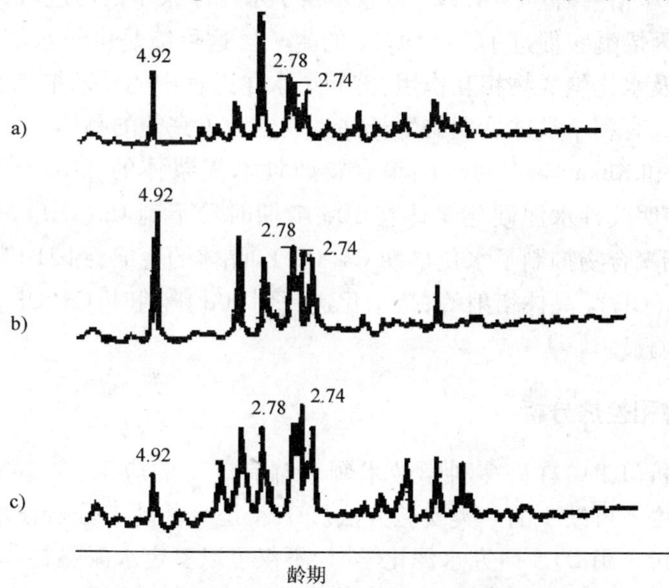

图7-3　水解聚丙烯酰胺改性水泥浆体28d龄期的XRD图谱

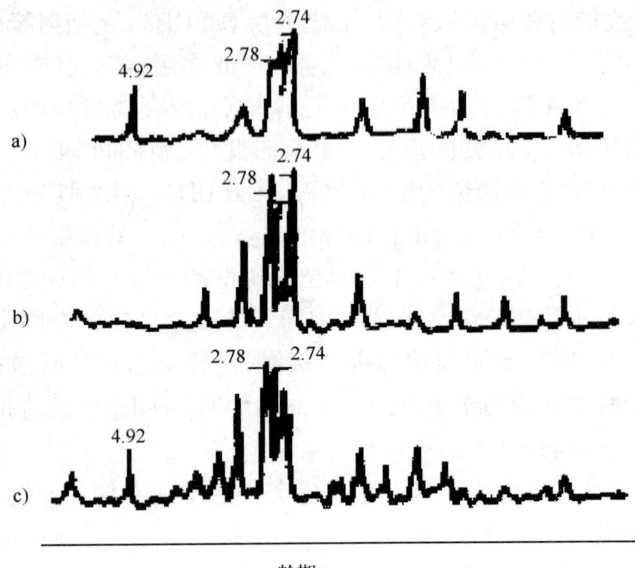

图 7-4　水解聚丙烯酰胺改性水泥浆体 3d 龄期的 XRD 图谱

的水泥浆体中没有出现 $Ca(OH)_2$ 的衍射峰，这说明水解聚丙烯酰胺抑制了 $Ca(OH)_2$ 晶体在 3d 龄期内的生成。在图 7-3 中，掺有水解聚丙烯酰胺的水泥浆体的 $Ca(OH)_2$ 衍射峰（$d=4.92$）明显要强于水泥净浆中的对应峰，说明在水化后期水解聚丙烯酰胺促进了 $Ca(OH)_2$ 的生长。这可能是由于水解聚丙烯酰胺与水泥粒子及水化生成物相互作用，抑制了水化过程中的早期结晶速度，而结晶过程的延缓又有利于晶体后期的生长并生成更大更完整的晶体。

Sugama 和 Kukacka[11] 对聚酯聚合物改性水泥浆体的 XRD 图谱进行了分析，其结果表明改性水泥硬化浆体在 10d 龄期时看不到 $Ca(OH)_2$ 晶体的衍射峰，说明聚酯聚合物抑制了水化早期 $Ca(OH)_2$ 晶体的生成；到 21d 龄期时，出现了微弱的 $Ca(OH)_2$ 晶体衍射峰；待水化进行到 90d 龄期时，$Ca(OH)_2$ 晶体的衍射峰才愈加明显。

二、热重和差热分析

差热分析（DTA）在许多科学技术领域都有广泛的应用，它是物质化学、物理化学研究中不可缺少的一类实验方法。DTA 是一种动态分析技术，可用于定性和定量分析。用 DTA 研究水泥化学时，不仅可以鉴定水泥熟料各形成阶段的矿相，而且还可以用于探明同种矿物之间发生的微小变化，进而解释加热变化的机理。热重分析(TG)是指在程序控制温度下,测量物质的质量与温度关系的一种技术。与XRD、CA(化学分析)和SEM等技术相比,TG-DTA法既可以对聚合物乳液改性水泥的水化产物做定性分析,也可以根据差热曲线峰或谷面积的计算定量确定水化产物。I. odler[12]等采用上述多项技术测定了水泥浆体中的AFt和AFm相,结果表明TG-DTA法是测定水泥浆体中AFt相的首选,因为此法测定的结果受AFt相的结晶度及组成波动的影响小。

丙烯酸酯(S400)乳液改性超细水泥的差热和热重分析曲线分别见图7-5和图7-6。

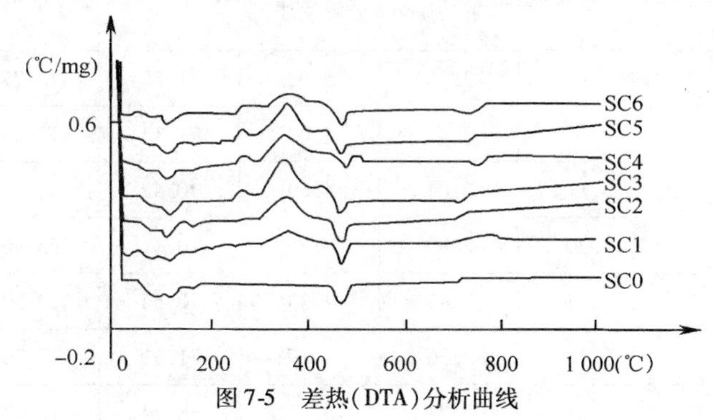

图7-5　差热(DTA)分析曲线

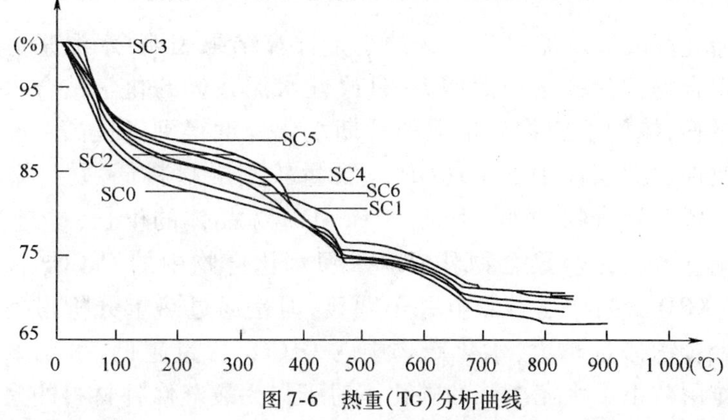

图7-6　热重(TG)分析曲线

差热分析曲线显示,丙烯酸酯乳液改性超细水泥浆体在110℃～130℃之间会出现AFt吸热峰,在350℃～380℃之间会出现放热峰,在450℃～470℃之间会出现$Ca(OH)_2$吸热峰,在720℃～750℃之间将出现$CaCO_3$分解吸热峰。需要特别指出的是,对于350℃～380℃之间出现的放热峰,未掺聚合物乳液的基准材料并未出现,因此很可能是由于聚合物的分解所致。孟令辉[13]等对聚合物分解的试验研究表明,聚丙烯类材料在400℃附近会发生分解,这为丙烯酸酯聚合物分解导致放热峰出现的推测提供了一定的理论支持。

通过差热和热重曲线，还可以对 28d 龄期聚合物改性水泥浆体中的氢氧化钙、结合水以及水化铝酸钙等的含量进行计算，根据 DTA/TG 曲线计算出的水化产物结合水含量、最终残余量、氢氧化钙含量以及曲线中的分解吸热谷所对应的失质量见表 7-3。

丙烯酸酯乳液改性水泥水化产物的定量计算(%)　　表 7-3

编号	水化铝酸钙及凝胶脱水失质量	聚合物分解	$Ca(OH)_2$ 分解失质量	$CaCO_3$ 分解失质量	最终残余量	结合水	$Ca(OH)_2$
SC0	7.72	0	3.33	5.62	71.55	12.77	20.78
SC1	8.85	0	3.41	5.02	71.15	13.80	20.35
SC2	9.72	3.51	3.04	4.69	70.42	14.20	18.41
SC3	11.69	8.30	2.80	4.46	70.11	15.46	17.14
SC4	11.80	9.63	2.44	4.33	70.54	15.57	15.49
SC5	9.11	9.16	2.30	4.19	71.91	15.70	14.74
SC6	9.75	7.25	2.24	3.67	68.44	16.12	13.84

丙烯酸酯乳液改性水泥水化产物的定量计算结果表明：水泥浆体的化学结合水量随聚合物掺量的增加而增大，且改性水泥浆体的化学结合水量要明显高于基准材料；掺加聚合物后水泥的后期水化程度得到了提高。此外，28d 龄期聚合物改性水泥浆体中的 $Ca(OH)_2$ 含量较基准材料低，并且聚灰比越大，含量越低，说明聚合物的加入限制了 $Ca(OH)_2$ 晶体的生长，这与 XRD 分析得出的结论基本一致。聚合物乳液对水泥水化产物中的 $CaCO_3$ 含量也有一定影响，在 XRD 分析中这种影响并不明显，但是通过热重分析得到的计算结果显示出聚合物掺量越大，水化产物中的 $CaCO_3$ 含量越低，可见聚合物的成膜及填充作用减小了水泥净浆的碳化。对于作为裂缝修补材料的聚合物乳液改性超细水泥来说，尽可能减少碳化收缩是十分必要的。

聚合物类型不同，其改性水泥浆体所呈现出的 DTA/TG 曲线也有所不同。掺加了聚丙烯酰胺(PAM)的改性水泥浆体的差热曲线如图 7-7 所示。与丙烯酸酯乳液改性水泥浆体相似的是，PAM 改性水泥浆体的差热曲线同样表现为在固相反应放出大量热的基础上出现局部的吸放热反应。由差热曲线可以看出，PAM 改性水泥浆体与纯水泥净浆的差热曲线形式基本相同，只是特征峰的位置和大小有所差别，也就是说水化产物的性质和数量发生了变化。在50℃～700℃区间内，改性水泥浆体表现出缓慢而连续的脱水特征，其中50℃～350℃之间的大吸热峰是水化产物脱去游离水（120℃左右）、水化硅酸钙凝胶脱水（135℃～150℃）、C_2AH_8 脱水（170℃左右）、单硫型水化硫铝酸钙失去结晶水（200℃左右）、C_3AH_6 脱水（305℃左右）以及聚丙烯酰胺分解（200℃～300℃）等一系列热效应叠加的结果；在400℃～500℃之间出现的是 $Ca(OH)_2$ 分解脱水的吸热峰，在600℃～720℃之间出现的微小的吸热峰是由少量水化铝酸盐分解、少量碳酸钙分解和少量 β-C_2S 转变为 γ-C_2S 所引起的。PAM 改性水泥浆体在800℃～1 000℃之间出现的大放热峰以及在1 318℃出现的放热峰应该是 C_2S 晶型转变的结果[14]。

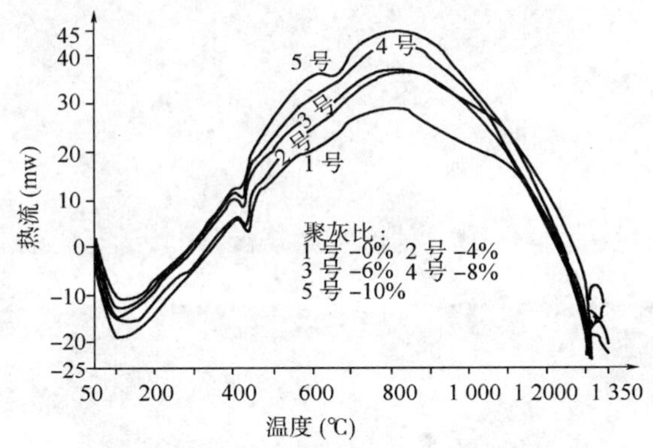

图 7-7　PAM 改性水泥浆体的差热（DTA）曲线

三、微观结构分析（SEM）

SEM 指通过获得材料放大千倍乃至上万倍的电子扫描照片来研究其微观结构的方法。SEM 一般只用于对水泥水化产物的结构形貌和可能含有的组成元素进行直接观察，不能对水化产物进行定量分析。通常情况下，SEM 可以直观、方便地观察到水泥水化产物的形貌，但其选样的代表性以及所得结论的规律性并不精确，因此经常作为水泥水化过程研究的一个辅助手段，配合 XRD、DTA/TG 使用。

1. 微观形貌

微观形貌分析是聚合物改性水泥基材料研究的重要方面，许多人借助这种手段对聚合物改性水泥浆体的内部结构进行了研究。Fichet[15] 等通过 SEM 分析认为聚合物粒子分布在水泥水化产物中间和未水化水泥颗粒表面。Su[16] 等通过微观形貌研究认为聚合物从两方面影响改性水泥浆的结构：一方面是混合后一部分聚合物粒子吸附在水泥颗粒表面，形成薄膜；另一方面是其他聚合物分散在孔中的液相中，当自由水完全被水化和蒸发消耗掉后，形成薄膜。方萍[17]研究了苯丙乳液（SAE）改性水泥硬化浆体的内部结构，认为在不同聚灰比阶段其内部结构将呈现出三种形态：当聚灰比较小时，聚合物含量刚够分散在水泥相中；当聚灰比适当时，聚合物和水泥水化产物形成彼此交联的空间结构；当聚灰比进一步增大，水泥-凝胶体-未水化的水泥颗粒反而分散在聚合物相中。

丙烯酸酯乳液（S400）改性水泥浆体60d龄期的扫描电镜照片（3 000倍）见图7-8。

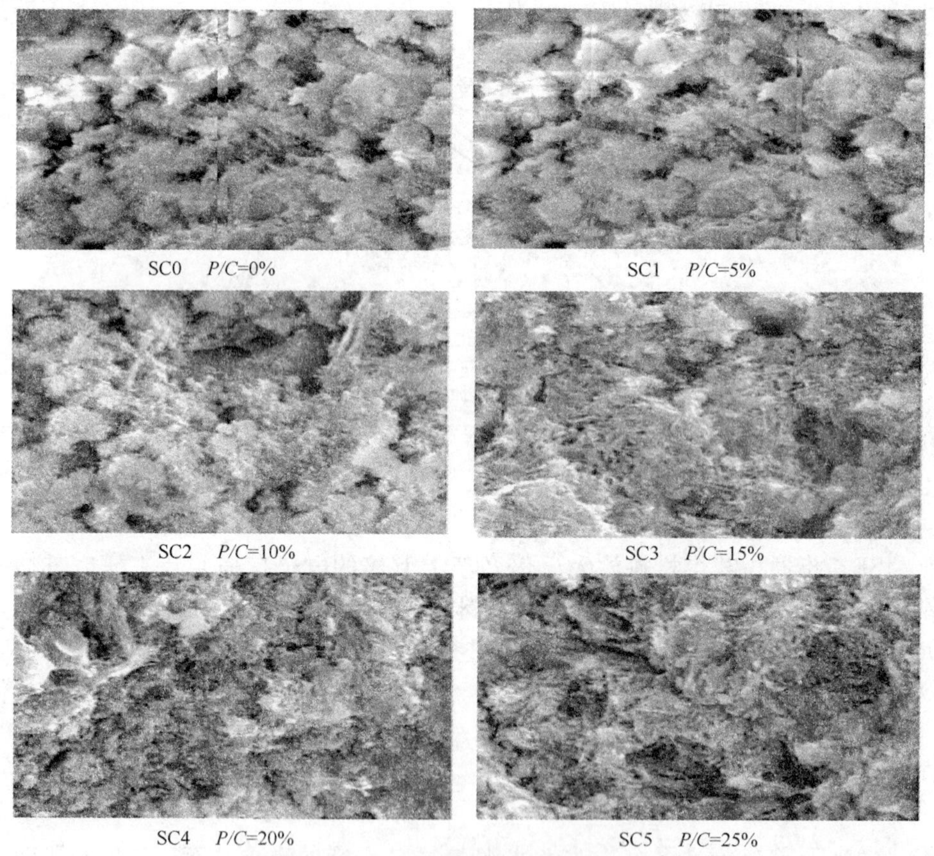

SC0　*P/C*=0%　　SC1　*P/C*=5%

SC2　*P/C*=10%　　SC3　*P/C*=15%

SC4　*P/C*=20%　　SC5　*P/C*=25%

图7-8　丙烯酸酯乳液改性水泥浆体60d龄期的扫描电镜照片

丙烯酸酯乳液改性水泥浆体1d、7d、28d、60d龄期的SEM微观形貌描述见表7-4。

丙烯酸酯乳液改性水泥浆体不同龄期的微观形貌描述　表7-4

编号		微观形貌			
		1d	7d	28d	60d
丙烯酸酯乳液改性超细水泥	SC0	空隙较大、较多，水化产物粗大，取向性强	空隙较大，棒条形、针状的钙矾石较为明显	水泥石裂缝较明显，C—S—H之间以棒条形、针状的AFt相连	水化硅酸钙凝胶C—S—H之间生长成簇的AFm
	SC1	尚未体现出聚合物的作用	聚合物浸润，材料颗粒细化	空隙仍较大，棒条形、针状的AFt和簇状AFm明显	聚合物乳液未形成网架结构
	SC2	聚合物部分浸润水泥浆体，IV型雏状C—S—H明显	聚合物浸润，材料体进一步密实	聚合物分散在水化物表面形成薄膜，网状II型凝胶大量生成	聚合物乳液虽然形成网架结构，但未能很好地结膜
	SC3	聚合物部分浸润水泥浆体，IV型雏状C—S—H明显	聚合物浸润，材料体密实，水化发展良好	聚合物分散在水化物表面形成薄膜，层次分明，结构密实	纤维状C—S—H和花朵状AFm晶体与聚合物膜部分交织
	SC4	聚合物的浸润和填充使得水泥石致密，外部水化较为明显	聚合物分散在水泥水化物表面，进一步与水泥石结合成膜	聚合物分散在水化物表面形成薄膜，连接针状凝胶，形成良好的网架	纤维状C—S—H和花朵状AFm晶体与聚合物膜完全交织
	SC5	聚合物浸润在水泥浆体表面，形成明显的初期聚合物膜	聚合物分散在水化物表面，填充缝隙，形成层状薄膜	聚合物与水泥水化产物成网，纤维状凝胶和针状钙矾石晶体相互胶结在一起	网架结构形成，不能清楚地看到纤维状的C—S—H和簇生的AFm
	SC6	聚合物浸润在水泥浆体表面，形成明显的初期聚合物膜	聚合物分散在水化物表面，C—S—H和AFt不明显	聚合物与水泥水化产物成网，不能清楚地看到纤维状凝胶和针状钙矾石晶体，结构明显细化	网架结构形成，不能清楚地看到纤维状的C—S—H和簇生的AFm

注：由于SC6与SC5的聚合物掺量相同，且只比SC5多加入了早强剂，因此二者的微观形貌十分相近。

聚合物乳液改性水泥浆体微观形貌的形成是多种因素共同作用的结果，聚合物的种类、掺量以及水泥品种的不同，都会使水泥石结构呈现出不同的微观结构形态。

苯乙烯/丙烯酸酯类共聚物乳液(R161)改性水泥浆体60d龄期的扫描电镜照片(×3000)如图7-9所示。图中RC0～RC5分别对应苯乙烯/丙烯酸酯类共聚物乳液的掺量为0%、5%、10%、15%、20%、25%。

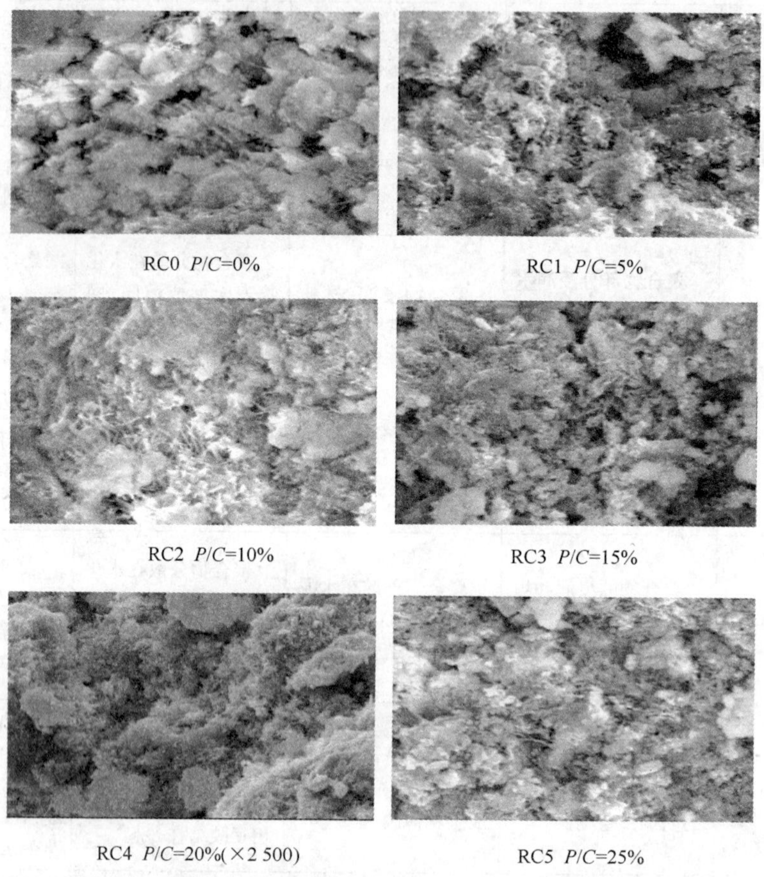

图7-9 苯乙烯/丙烯酸酯类共聚物乳液改性水泥浆体60d龄期的扫描电镜照片

苯乙烯/丙烯酸酯类共聚物乳液改性水泥浆体1d、7d、28d、60d龄期的SEM微观形貌描述见表7-5。

通过对丙烯酸酯乳液以及苯乙烯/丙烯酸酯类共聚物乳液改性水泥浆体的微观形貌进行综合比较,可以发现随着两种聚合物乳液的掺入,水泥浆体逐渐致密,空隙减少,聚合物膜与水化产物逐步形成连续网状结构。对于上述两种改性水泥浆体来说,当聚合物掺量较少时($P/C \leqslant 10\%$),水泥浆体内部虽然形成一定的网架结构,但成膜不充分,与C—S—H凝胶(纤维状)只能发生部分交织;当

$P/C > 10\%$ 以后，聚合物成膜明显，并且形成了连续的网状结构，纤维状 C—S—H 凝胶与聚合物膜完全交织。

苯乙烯/丙烯酸酯类共聚物乳液改性水泥浆体不同龄期的微观形貌描述 表 7-5

编号		微观形貌			
		1d	7d	28d	60d
苯乙烯/丙烯酸酯类共聚物乳液改性超细水泥	RC0	，空隙较大、较多，形成的 C—S—H 大多为 III 型等大粒子	空隙较大，棒条形、针状的钙矾石较为明显	水泥石裂缝较明显，C—S—H 之间以棒条形、针状的 AFt 相连	水化硅酸钙凝胶 C—S—H 之间生长成簇的 AFm
	RC1	孔隙较多，结构比较松散	生成较多的网状、针状凝胶	水泥石裂缝较为明显，钙矾石的针状晶体明显，材料松散	聚合物未与水化物形成网架结构，无规则板状的 AFm 明显
	RC2	空隙较大，未体现出聚合物的作用	聚合物局部分散成膜，和水泥水化产物交织，材料细化明显	水泥石裂缝较为明显，钙矾石的针状晶体明显，材料松散	聚合物未与水化物形成网架结构，无规则板状的 AFm 明显
	RC3	聚合物部分浸润	聚合物局部分散成膜，和水泥水化产物交织，材料细化明显	聚合物与水泥水化产物结合，使水化物细化	纤维状 C—S—H 和簇生的无规则板状 AFm 晶体与聚合物膜部分交织
	RC4	聚合物浸润在水泥浆体表面，初步成膜	聚合物与水化产物交织，改变孔形状，结构密实	聚合物成膜作用明显，仍有少量钙矾石针状晶体存在	纤维状 C—S—H 和花朵状 AFm 晶体与聚合物膜完全交织
	RC5	聚合物浸润在水泥浆体表面，初步成膜，且层次分明	聚合物浸润水泥石，材料明显细化，结构进一步密实	聚合物成膜作用明显，仍有少量钙矾石针状晶体存在	网架结构形成，不能清楚地看到纤维状的 C—S—H 和簇生的 AFm 晶体
	RC6	聚合物浸润在水泥浆体表面，初步成膜，且层次分明	聚合物浸润水泥石，材料明显细化，结构进一步密实	聚合物与水泥水化产物交织成网，结构密实度提高	网架结构形成，不能清楚地看到纤维状的 C—S—H 和簇生的 AFm 晶体

注：由于 RC6 与 RC5 的聚合物掺量相同，且只比 RC5 多加入了早强剂，因此二者的微观形貌十分相近。

虽然两种聚合物乳液在水泥浆体中的成膜过程比较相似,但其聚合物膜在硬化浆体内部的存在方式却有一定差异。对苯乙烯/丙烯酸酯类共聚物乳液改性水泥浆体来说,随着龄期的增长,大部分聚合物乳液逐渐成膜,其中一部分胶乳膜连续而单独存在,另一部分则包裹在水泥水化产物表面并与水化物连接成网,这部分膜不连续。相比之下,在丙烯酸酯乳液改性水泥浆体中,仅能看到与水泥水化产物相互连接形成网状的不连续膜,这说明丙烯酸酯乳液膜几乎完全与水化产物交织,聚合物的成膜及填充作用明显。

2. 网架结构的形成

聚合物乳液改性水泥浆体网架结构的形成与聚合物的种类、水泥品种以及水泥水化龄期息息相关。李祝龙等[18]研究了丁苯乳液聚合物膜和水泥水化产物形成空间网状结构的过程,其研究结论大致如下:

(1)丁苯乳液聚合物膜在水泥水化产物(单硫型硫铝酸钙、六角板片状晶体)中穿梭,在水化产物间起到连接作用;

(2)水泥水化产物(单硫型硫铝酸钙)逐步生长,并与膜呈现相互交织的状态;

(3)水泥水化产物(钙矾石)冲出包裹的聚合物膜,$Ca(OH)_2$ 晶体镶接在膜和水泥基体表面;

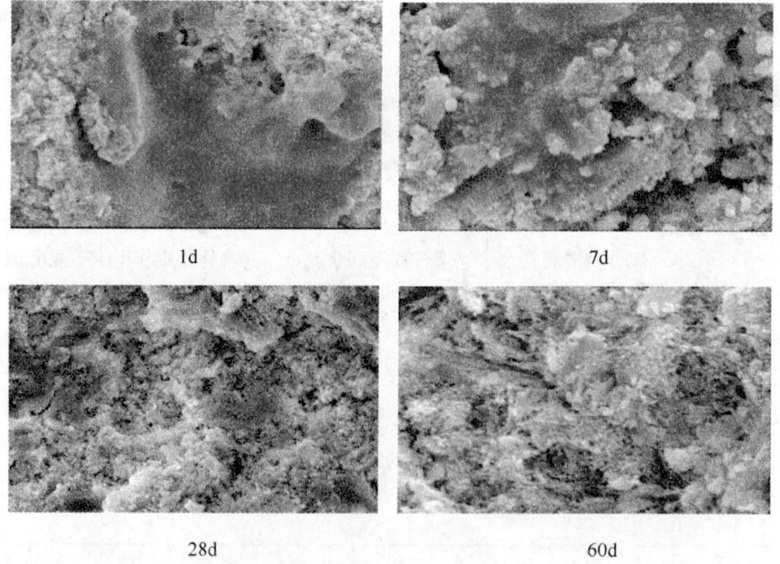

图 7-10　丙烯酸酯乳液改性水泥浆体的网架结构形成过程

(4)聚合物膜和水泥水化产物共同形成空间网状结构。

王培铭[19]等的研究成果也显示,随着水化的进行,丁苯乳液(SBR)在水泥砂浆中形成膜结构,同时聚合物膜逐渐被水化产物冲破,形成有机-无机互穿网络的共基体结构。此外,王培铭等还认为当SBR乳液掺量为6%时,改性砂浆中便形成了连续的聚合物网膜结构。

丙烯酸酯乳液(S400)改性水泥浆体内部的网架结构形成过程,可以通过其微观形貌的扫描电镜照片进行解释。图7-10是丙烯酸酯乳液改性超细水泥浆体1d、7d、28d、60d龄期的SEM图片,图中聚灰比(P/C)为25%。

图7-10中改性水泥浆体的网架结构形成过程描述如下:随着龄期的增长,改性水泥浆体逐渐硬化;1d时,聚合物浸润在水泥水化产物表面,形成明显的初期聚合物膜;7d时,聚合物充分成膜,浆体逐渐细化,网架结构初步形成;28d时,水化产物冲破聚合物膜,纤维状凝胶和针状钙矾石晶体相互胶结在一起;60d时,空间网架结构已经形成,微裂缝及孔壁之间由纤维状凝胶连接,改性水泥浆体整体性大大增强。

第二节　聚合物改性水泥的孔结构

水泥石属于多相多孔体系,其内部的孔隙数量、孔径大小以及分布状态影响着材料的强度、抗渗性、抗冻性等宏观性能。在第七届国际水泥会议上,F.H.Wittman首先提出了“孔隙学”概念[20]。孔隙学主要研究孔特征及孔结构,包括孔隙率、孔径分布、孔级配与孔几何学等。其中孔级配指孔径的搭配,孔几何学包括孔的形貌和排列。

在孔的分类方法方面,存在许多不同观点。Rakesh Kumar、B. Bhattacharjee[21]认为四类孔组成了水泥基材料的孔系统:①凝胶孔,特征尺寸为0.5~10nm的微观孔;②毛细孔,平均半径为5~5 000nm的细观孔;③由于故意带进空气形成的大孔;④由于密实不足形成的大孔。P. K. Mehta[22]也将孔分为四级,分别为<4.5nm、4.5~50nm、50~100nm和>100nm的孔。ю. M布特等[23]人通过大量研究,将孔按孔径大小分为凝胶孔(<10nm)、过渡孔(10~100nm)、毛细孔(100~1 000nm)和大孔(>1 000nm)四类。我国的吴中伟院士根据不同孔径对水泥基材料性能的影响将孔分为无害孔级(<20nm)、少害孔级(20~50nm)、有害孔级(50~200nm)和多害孔级(>200nm)四类,并提出增加50nm以下的孔,减少100nm以上的孔,对水泥基材料的性能有明显改善作用[24]。图7-11是吴中伟院士建议的孔级划分方法,Jambor使用汞压力测孔法对这一划分方法进行了验证,其结果与上述关系基本相符。

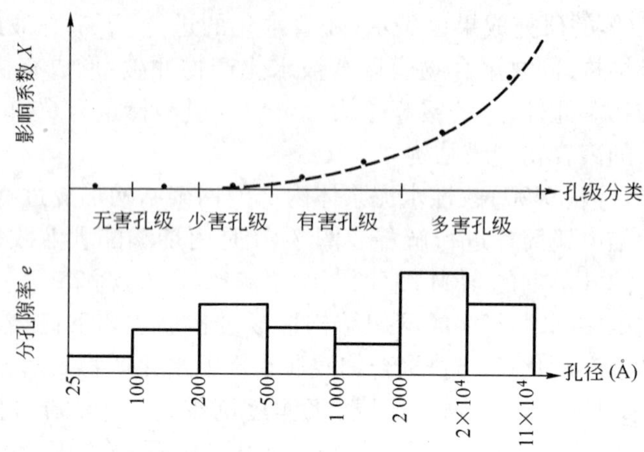

图 7-11　分孔隙率、影响系数与孔级的关系(1Å = 10^{-10}m)

孔结构模型是研究孔结构的重要手段,国内外学者以不同假设为基础对孔结构模型做了广泛的探索,其中较为典型的模型包括:Powers-Brunauer 模型、Feldman-Sereda 模型、München 模型和近腾连一-大门正机模型。Powers-Brunauer 模型认为毛细孔的数量和孔径大小在一个很大的范围内波动,它主要取决于水泥的水化程度与水灰比,毛细孔的尺寸一般大于 100nm;该模型还显示,当凝胶粒子的直径为 10nm 左右时,水化产物中约有 28% 的凝胶孔。近腾连一-大门正机模型是在对 Feldman-Sereda 模型进行改进的基础上提出的。该模型将水泥石中的孔分为凝胶微晶内孔(孔内为层间水,是最小的孔)、凝胶微晶间孔(即 Powers 模型中的凝胶孔,孔内的水包括结构水和非蒸发水)、凝胶粒子间孔(或称过渡孔)以及毛细孔或大孔,其具体分类及孔径参数见表 7-6。

近腾连一-大门正机模型中孔的分类及孔径参数　　表 7-6

孔分类名称	孔直径 D(Å)	孔分类名称	孔直径 D(Å)
凝胶微晶内孔	<12	凝胶粒子间孔或称过渡孔	32 ~ 2 000
凝胶微晶间孔	6 ~ 16	毛细孔或大孔	>2 000

不同孔级的孔对硬化水泥浆体性能的影响是不同的,例如凝胶孔影响水泥石的收缩、徐变,毛细孔决定了硬化水泥浆体的渗透性和抗冻性。P·梅泰认为,水泥浆体的孔隙率和固孔比与材料的强度和渗透性成线性关系;A. B. Molosov 等研究表明,大孔径的孔对浆体的力学性质影响不大,而小孔或微孔只对渗透性起作用,对强度无不利影响;F. M. borodich 等甚至认为微孔的数量表示标

志胶凝相的量，因此微孔增多反而有利于强度的发展。

有关孔结构的测定方法很多，使用最为广泛的当属吸附法和压汞法。吸附法可用于测定孔结构的比表面积和孔尺寸分布。吸附法的测孔原理是把烘干脱气处理后的试样置于液氮温度下，调节不同的试验压力，分别测出对氮气的吸附量，然后根据孔对氮的吸附量，对吸附压力作图，绘出吸附和脱附等温线，最后根据滞后环的形状确定孔的形状，并按不同的孔模型计算孔分布、比孔容积和比表面积。吸附法通常用于测定孔尺寸在 5～350Å 范围内的孔。压汞法主要是根据压入水泥基材料等多孔体系中的汞的数量与所加压力之间的函数关系，计算孔尺寸和相应的孔体积。压汞法根据施加压力的大小，测孔范围为 1.8nm～200μm，测孔范围较广。在试验研究中，应用较多的测孔方法见表 7-7。

常用的孔结构测定方法　　表 7-7

测孔方法		测孔范围及内容
流体排代法	气体排代法	只能测定开孔孔隙率，气体比液体容易进入更小的孔
	液体排代法	
流体流动法	透过法	可测定 $D=1\sim100\mu m$ 贯通孔的有效平均孔径
	气泡法	可测定 $D=0.5\sim100\mu m$ 贯通孔的孔径分布
	氦流入法	可测定水泥石的层间间隙
直观法	光学显微镜	可观测 $D>1\mu m$ 孔的形状及含量
	电子显微镜	可观测 $D=10\sim1\,000$Å 孔的形状及含量
吸附法	静态吸附法	可测定比表面积及 $r=10\sim300$Å 开孔的孔体积和孔分布
	动态吸附法	
压汞法	低压压汞法	可测定 $r=5\sim400\mu m$ 开孔的孔体积、比表面积及分布
	高压压汞法	可测定 $r=15\sim50\,000$Å 开孔的孔体积、比表面积及分布
X 射线小角度衍射法		可测 $D<200$Å 极小孔的比表面积

一、孔隙率及特征孔参数

丙烯酸酯乳液（S400）改性超细水泥浆体的孔结构及孔特征使用压汞法进行测定。图 7-12 是改性水泥浆体中孔体积随聚灰比及时间的变化规律。

从图中综合来看，无论是否掺加聚合物，材料的孔体积均随龄期的增长而减小。加入丙烯酸酯乳液后，改性水泥浆体在各种聚灰比条件下的 180d 龄期孔体积都较 1d 龄期的孔体积降低 30% 以上。当聚合物掺量较小（$P/C\leqslant15\%$）时，改性材料的孔体积要大于基准材料，这可能是聚合物的引气作用造成的；当聚合物掺量从15%增大到20%时，改性水泥浆体的孔体积降低很快；$P/C>20\%$以后，孔体积降低幅度不大。

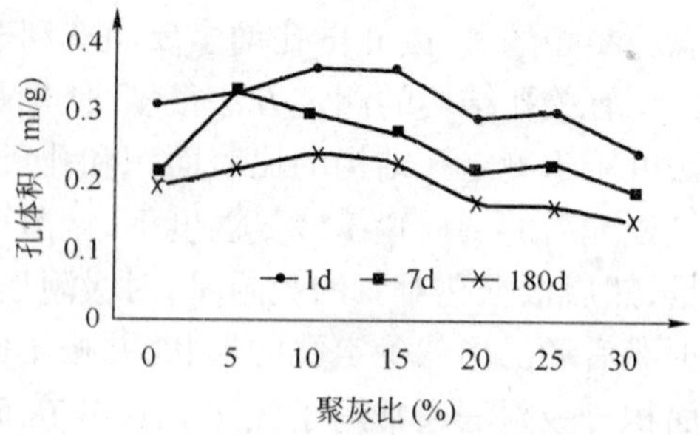

图7-12　丙烯酸酯乳液改性水泥浆体的孔体积

D. A. Silva等[25]使用压汞法对纯水泥浆和聚合物改性水泥浆的孔结构进行了测定，以便评估羟乙基纤维素（HEC）和乙烯/乙酸乙烯共聚物（EVA）对水泥浆体孔径分布的影响。测试中，EVA用量分别为水泥质量的0、10%和20%，HEC用量分别为水泥质量的0、0.5%和1.0%，并且水泥浆体中的水灰比恒定为0.4。他们同时评估了两种养护方法对水泥浆体孔径分布的影响，一种养护方法是27d干养，温度为23℃，相对湿度为75%；另一种养护方法是混养，包括密封条件下温度为23℃的7d混养和温度为23℃、相对湿度为75%的20d混养。经过一系列分析之后，其研究结果显示养护方法和EVA含量是影响孔径分布的最重要因素。

图7-13显示的是混养条件下孔直径与水银注入量（孔体积）之间的特征关系曲线。

由上图可以观察到，基准水泥浆体、HEC改性水泥浆体和EVA改性水泥浆体的孔径分布曲线都至少出现两个有代表性的峰。第一个峰大约在直径为3.9nm，第二个峰（同时也是最尖锐的峰）对应的直径大约为40～75nm。对于干养条件下的上述水泥浆体来说，孔径分布曲线的轮廓与混养条件下的孔径分布曲线非常相似，但是第二个峰处的孔直径值更高。

对于HEC改性水泥浆体，第三个峰在直径为100～500nm之间的范围内出现，对应的是孔直径为50nm～1μm的大毛细孔；HEC掺量越高，峰越尖锐。这种现象可能与聚合物的保水性有关，因为0.4的水灰比提供了比水泥颗粒完全水化所需水量更多的水，这些多余的水仍然保留在毛细孔中，并且随干燥过程而丢失。第四个峰较小，由于空气被引入的缘故，它可以在一些改性浆体中被观察到。

如图7-13a）所示，在基准水泥浆体中，16～100nm范围内集中的孔最多；在EVA掺量为10%的水泥浆体中，50～300nm范围内集中的孔最多。对于EVA掺量为20%的水泥浆体，孔径分布曲线则有很大不同，在16～100nm范围内注入到孔体积中的水银量更大。这种现象与材料自身的特性和测试方法有关，因为试样可能被施加了很高的压力。

在同一水泥浆中加入HEC和EVA后，两种聚合物对孔径分布的相互影响

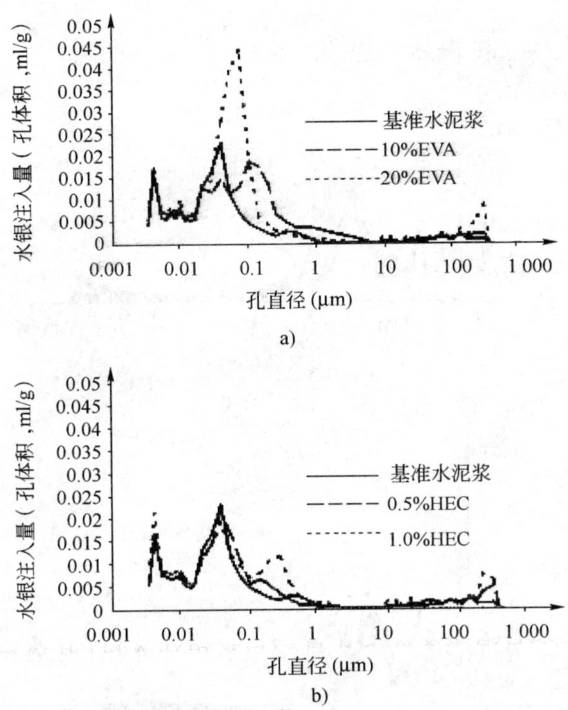

图 7-13 混养条件下 EVA 和 HEC 改性水泥浆体的典型孔径分布

分别见图 7-14 和图 7-15。图 7-14 中,EVA 加入到 HEC 改性水泥浆体中,增加了尺寸为 50~250nm 的孔的水银注入量,使第三个峰扩大。与未掺加 HEC 的 EVA 改性水泥浆体相比,在 EVA 改性水泥浆体中掺加高含量的 HEC 会降低 100~500nm 范围内孔的集中,这种变化与 HEC 加入到纯水泥浆中所观察到的影响正好相反。造成上述差异的原因可能是在同一水溶液中两种聚合物产生了物理上的交互作用。由图 7-15 可以看到,加入 0.5% 的 HEC 能够降低 EVA 改性水泥浆体的总孔隙率,但 HEC 掺量增加到 1% 时,总孔隙率又重新增大。

R. Ollitrault-Fichet 和 P. Boch 等也研究了聚合物对水泥浆体孔径分布的影响。他们使用的聚合物是丙烯聚合物乳液,基准水泥浆和聚合物改性水泥浆的水灰比均为 0.33,改性水泥浆的聚灰比为 10%。两种水泥浆经温度为 23℃、相对湿度为 50% 的 28d 养护后的孔径分布见图 7-16。两种水泥浆体经 390℃高温处理后的孔径分布如图 7-17 所示。

上面两图中的孔径分布微分曲线与横轴包纳的面积表示总孔隙体积,在一定孔径范围内,曲线峰值越高说明该区间内孔隙总体积越大。图 7-16 中,不含

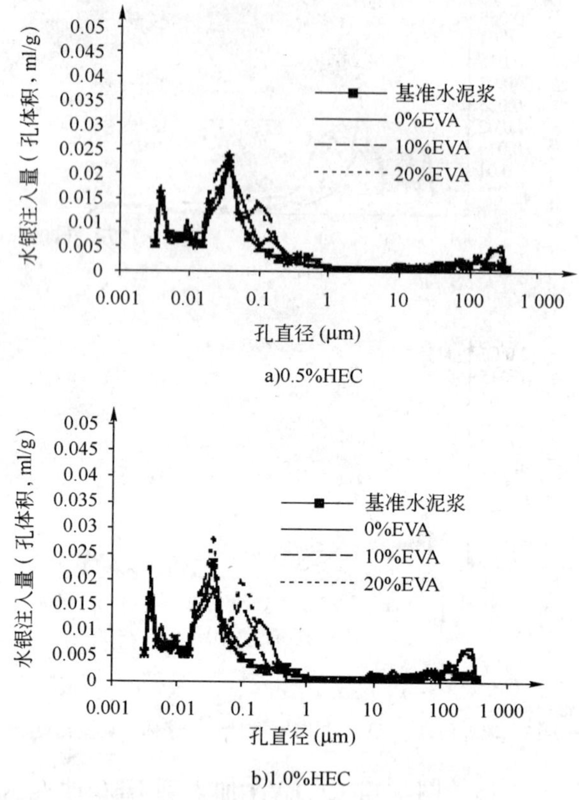

图 7-14　EVA 含量对 HEC 改性水泥浆体孔径分布的影响

聚合物的水泥浆与丙烯聚合物改性水泥浆经 23℃养护后的孔隙率相似，为 23～24%；但是，PMC 的比表面积要大于 PFC，这说明聚合物改性水泥浆的孔更小。在不含聚合物的水泥浆中，大约 0.1μm 处的孔径分布存在一个峰，这是凝胶孔隙度的特征；毛细孔隙度的特征则是 0.2～0.7μm 之间的呈丘状的扩散区。在聚合物改性水泥浆中，表示凝胶孔隙度的峰的位置已经被 0.05μm 的孔径取代，毛细孔隙度也完全降低到 0.2μm 以下。总的来说，PMC 的孔隙度要小于 PFC，这预示着聚合物改性水泥浆体的渗水性将会降低。

图 7-17 中，PMC 和 PFC 经过 390℃高温处理后，未掺聚合物的水泥浆的孔隙度仍然在 23%～24%，但是，聚合物改性水泥浆的孔隙度却明显上升，由 24% 提高到 33.75%，这种变化应该是由聚合物的分解引起的。此时，0.2～2μm 之间的孔将会重新生成，毛细孔的特征峰宽度也会变大。

图 7-18 显示的是聚合物改性水泥浆在小尺寸范围的孔径分布。由图可以

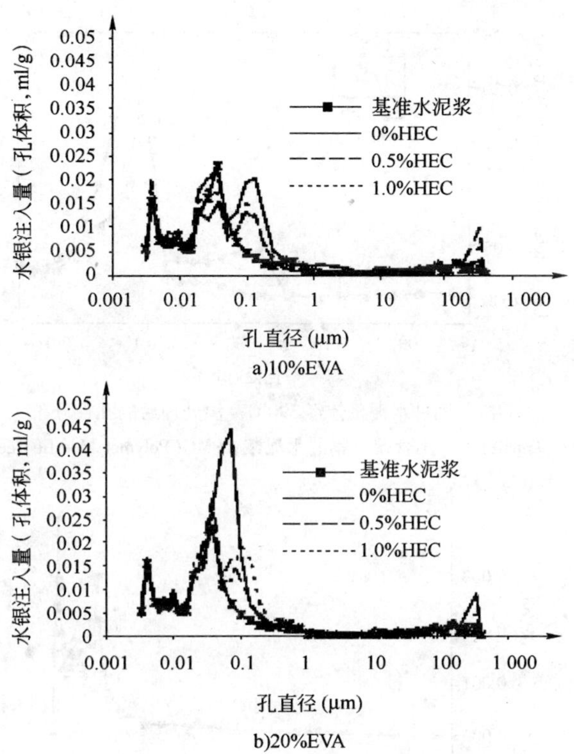

图 7-15　HEC 含量对 EVA 改性水泥浆体孔径分布的影响

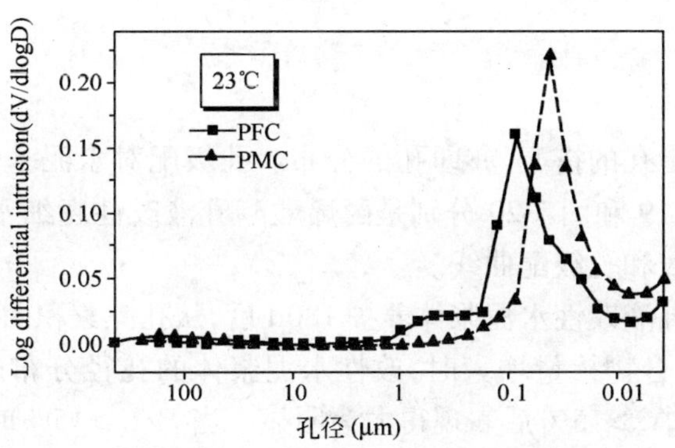

图 7-16　两种水泥浆在 23℃温度下养护 28d 后的孔径分布

发现，聚合物对水泥浆体中直径在 5nm 以下的孔几乎没有影响，因为聚合物乳液的尺寸通常大于 5nm。

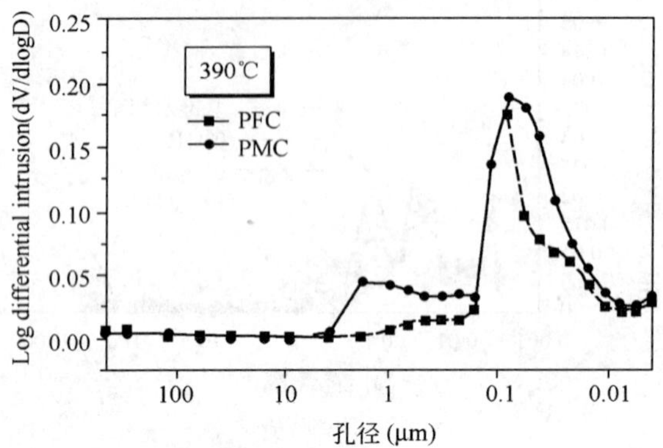

图 7-17　两种水泥浆体经 390℃高温处理后的孔径分布

（注：PFC（Polymer free cement）——不含聚合物的水泥浆；PMC（Polymer Modified cement）——聚合物改性水泥浆。）

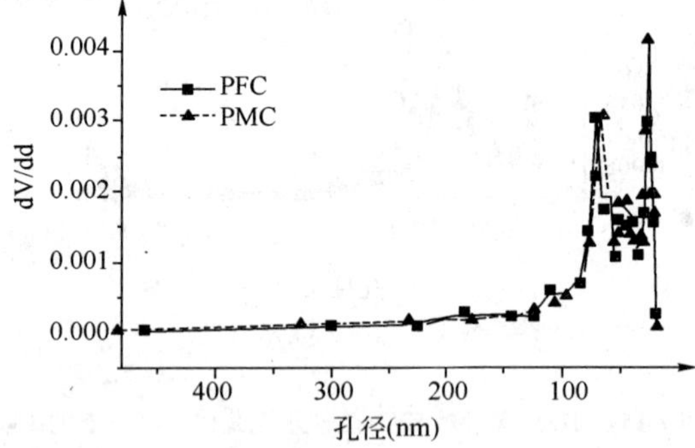

图 7-18　两种水泥浆小尺寸范围的孔径分布

二、孔级配

孔级配主要指孔的搭配，亦即孔的分布。孔级配对水泥基材料的使用性能有重要影响，图 7-19 和图 7-20 分别是丙烯酸酯乳液改性超细水泥浆体 180d 龄期的孔隙累积曲线和孔级配曲线。

将丙烯酸酯乳液改性水泥浆体养护 180d 后，从孔隙累积曲线和孔级配曲线都可以看出，当聚合物掺量增大时，改性水泥浆体的孔径分布向减小的方向移动，这种趋势在 $P/C \geqslant 15\%$ 后表现得尤为明显。当 $P/C \geqslant 15\%$ 时，不同聚灰比条件下几乎所有孔隙累积曲线和孔级配曲线表现出来的孔径分布均小于基准材料（$P/C = 0$），这时总孔隙率降低，大孔（有害孔）减少，小孔（凝胶孔）增多。从图中还可以看出，$P/C \leqslant 15\%$ 时部分浆体的孔隙率增大，这可能是由于聚灰比较小时聚合物成膜不充分，再加上聚合物具有引气作用，因此使得水泥石的孔隙增

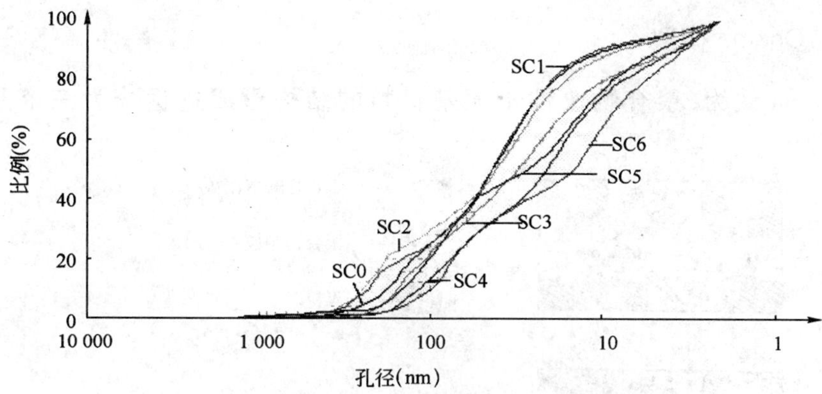

图 7-19　丙烯酸酯乳液改性超细水泥浆体的孔隙累积曲线

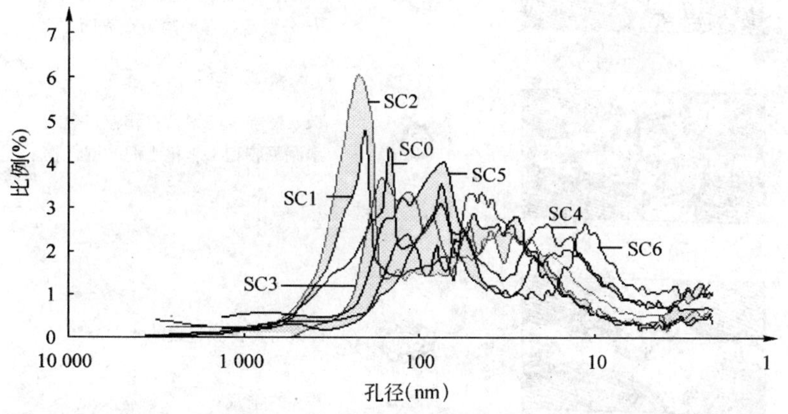

图 7-20　丙烯酸酯乳液改性超细水泥浆体的孔级配曲线

多,孔径增大。聚合物改性水泥浆的孔径变化还可以通过定量分析来描述。例如,当丙烯酸酯乳液掺量为20%时,小于150nm 的孔占总孔隙的95%;当掺量为25%时,小于 150nm 的孔占总孔隙的 91%;而在未掺加聚合物的水泥浆中,小于150nm 的孔占总孔隙的 85%,由此可见,掺加聚合物后水泥浆体的孔径分布确实得到了优化和改善[9]。

第三节　聚合物在水泥石中的结构形成过程

对于聚合物改性胶结材料内部结构的形成过程,提出过许多模型,比较成熟的有 Ohama 模型、Konietzko 模型和 Puterman 模型。这其中以 Ohama 模型最为著名。

一、Ohama 模型[27]

Ohama 认为,聚合物改性水泥基材料的结构形成过程分为三个阶段,见图 7-21。

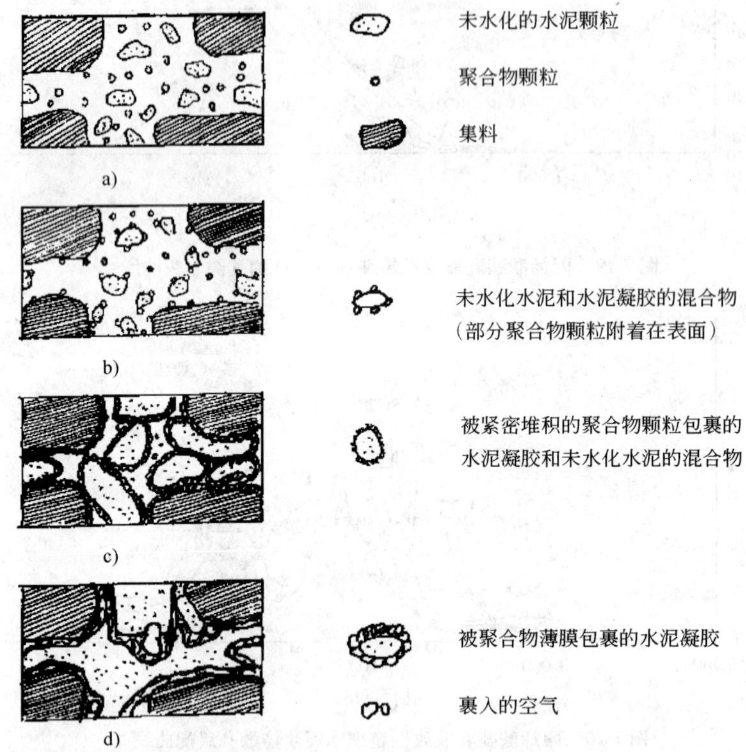

图 7-21　聚合物改性混凝土结构形成过程的 Ohama 模型

(1)第一阶段:当聚合物在水泥混凝土搅拌过程中掺入混凝土后,聚合物颗粒均匀分布在水泥浆体中,形成聚合物水泥浆体。在这一体系中,随着水泥的水化,水泥凝胶逐渐形成,并且液相中的 $Ca(OH)_2$ 达到饱和状态。同时,聚合物颗粒沉积在水泥凝胶(凝胶内可包含着未水化水泥)颗粒的表面。这一过程类似于水相中的 $Ca(OH)_2$ 与矿料表面的硅酸盐反应形成一层硅酸钙凝胶的过程。

(2)第二阶段:随着水分的减少,水泥凝胶结构在发展,聚合物逐渐被限制在毛细孔隙中。随着水化的进一步进行,毛细孔隙中的水量在减少,聚合物颗粒絮凝在一起。水泥水化凝胶(包括未水化水泥颗粒)的表面形成聚合物密封层。聚合物密封层黏结了集料颗粒的表面及水泥水化凝胶与未水化水泥颗粒混合物的表面。因此,混合物中的较大孔隙被有黏结性的聚合物所填充。由于水泥浆体中的毛细孔隙尺寸在0.2～2μm之间，而聚合物颗粒尺寸一般在0.05～0.5μm之间，所以这种认为聚合物颗粒主要填充在水泥浆体孔隙中的理论是可以接受的。当聚合物是聚酯类和环氧类等具有反应活性的乳液时，这一阶段过程中在聚合物颗粒与矿物的硅酸盐表面还可能发生化学反应。

(3)第三阶段：由于水化过程的不断进行，凝聚在一起的聚合物颗粒之间的水分逐渐被全部吸收到水泥水化过程的化学结合水中去，最终聚合物颗粒完全凝结在一起形成连续的聚合物网结构。聚合物网结构把水泥水化物联结在一起，即水泥水化物与聚合物交织缠绕在一起，因而改善了水泥石的结构形态。

二、Konietzko 模型[28]

Konietzko 将聚合物乳液改性混凝土的结构形成过程分为四个阶段，如图7-22所示。

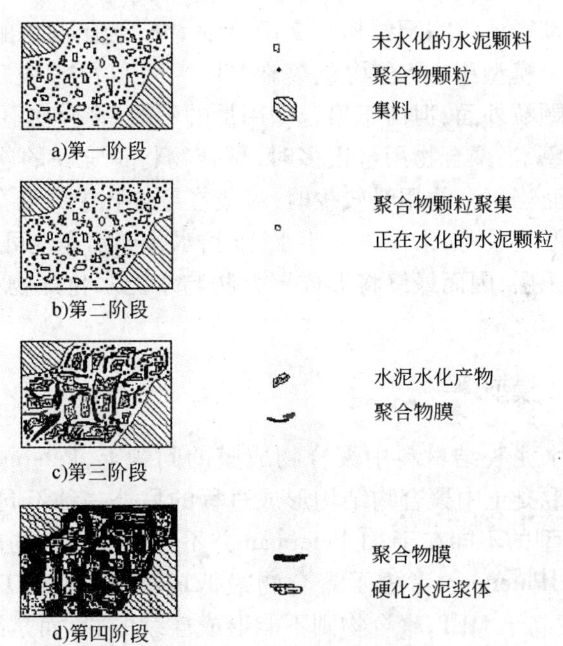

图7-22　聚合物改性混凝土结构形成过程的 Konietzko 模型

(1)第一阶段：聚合物均匀分散在水泥混凝土体系中。随着水泥颗粒的水化，体系中一部分水被水泥水化所结合。

(2)第二阶段：由于体系中水分减少，聚合物开始堆积在一起，水泥进一步水化。

(3)第三阶段:聚合物成膜阶段,聚集在一起的聚合物越来越多,水分进一步减少,聚合物就会融合在一起聚合成膜。此时聚合物会产生一定的结构强度。聚合物成膜过程见图 7-23。

(4)第四阶段:聚合物膜在水泥混凝土中形成空间连续的网状结构,并且硬化水泥浆体也在聚合物网孔中形成连续结构,最后这两种结构相互交织形成双重网状结构,一起把混凝土中的集料包裹在中间。

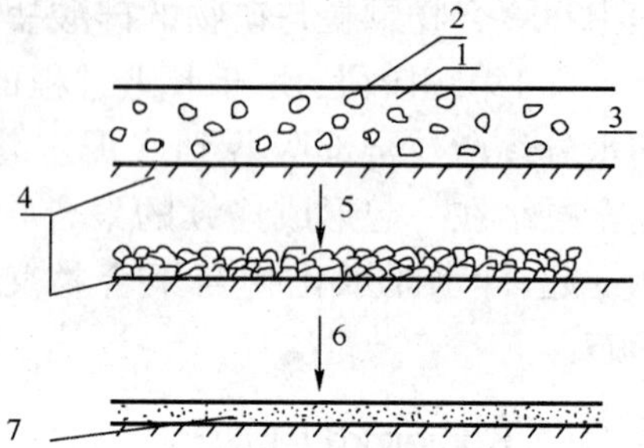

图 7-23 聚合物膜在水泥水化物上的形成过程
1-水;2-聚合物颗粒;3-聚合物乳液;4-水泥水化物;5-聚合物颗粒聚积形成封闭的袋状结构;6-聚合物颗粒间水分排出;7-聚合物颗粒聚积形成均匀的聚合物膜

Konietzko 模型和 Ohama 模型的区别在于,后者认为聚合物是空间网结构,水泥硬化浆体包裹在聚合物网中间,互不连接;前者则认为两者都形成空间网结构。实际上,尽管在 Ohama 模型中,聚合物包裹在集料和水泥水化颗粒外面,但由于聚合物用量的不同,聚合物不可能是唯一的连续结构。可以想象,当聚合物用量很多时,聚合物将是唯一的连续相,水泥和集料为分散相。然而当聚合物用量较少时,聚集在毛细孔中的聚合物量较少,聚合物颗粒堆积层的厚度较薄,水泥进一步水化时,水化产物完全可能挤破这个尚没有足够强度的堆积层,因而最终将形成聚合物与水泥水化产物相互穿透的两相网络结构[29]。

三、Puterman 模型[30]

在乳液改性水泥胶结材料中聚合物成膜的问题上,Puterman 和 Malorny 提出了聚合物改性混凝土中聚合物结构形成过程的另外一种不同观点。Puterman 模型与 Ohama 模型的不同在于:①Puterman 并不认为聚合物的成膜是在水泥水化后才开始的;②Puterman 考虑了聚合物最低成膜温度(MFT)的影响。他认为,如果养护温度高于 MFT,聚合物则不能形成连续的膜,而是沉积在微粒上变成一个聚合物层。这个聚合物层虽然具有透水性,但它仍然会使硬化水泥浆体具有较高的强度和较好的韧性。按照这种说法,则水泥颗粒可能在水化初期就被聚合物部分或者全部封闭,接下来,水泥仍然能够继续水化,在这样的水化过程中,聚合物被包裹在水泥水化产物中。

参考文献

[1] 廉慧珍,童良,陈恩义. 建筑材料物相研究基础. 北京:清华大学出版社,1996.

[2] S. Chandra, Historical Background of Polymers Used in Concrete, Ostende (Belgium) 3 ~ 5 8th Polymers in Concrete Icpic, 1992.

[3] Oshua B. kardon, Member, Asce, Polymer-Modified Concrete: preview, Journal of Materials in Civil Engineering, 1997.

[4] 张中. 测试技术的新进展及其在水泥混凝土材料研究中的应用(一). 中国建材科技,1995.

[5] 张中. 测试技术的新进展及其在水泥混凝土材料研究中的应用(二). 中国建材科技,1996.

[6] 张中. 测试技术的新进展及其在水泥混凝土材料研究中的应用(三). 中国建材科技,1996.

[7] 杨南如,岳文海. 无机非金属材料图谱手册. 武汉:武汉工业大学出版社,2000.

[8] Cook, D. J., Morgan, D. R., Chaplin, R. P., Sirivivatnanon, V.. Hydration characteristics of premix polymer cement materials. Polymer in Concrete, Proceedings of the First International Congress on Polymer Concretes: 5th to 7th May, The Construction Press.

[9] 申爱琴. 水泥混凝土路面裂缝修补材料研究. 博士学位论文,西安,2005.

[10] 李虎军,王琪. 水溶性聚合物改性水泥的研究 II——水溶性聚合物对水泥水化过程的影响. 功能高分子学报,1999,12(3).

[11] Sugama, T., Kukacka, L. E.. Products Formed in Aged Ca—Polyester Complexed Polymer Concrete Containing Cement Paste. Cement and Concrete Research, Vol. 12. 1982.

[12] I. Odler, and S. Abdul-maula. Possibilities of quantitative determination of the Aft (ettringite) and Afm (monosulphate) phases in hydrated cement paste. Cement and Concrete Research, 1999, 14: 133-141.

[13] 于波,孟令辉. 密闭体系下聚丙烯的热分解行为研究. 河南化工,2006,23(5).

[14] 孙增智,申爱琴. 聚丙烯酰胺改性混凝土的微观分析. 公路,2005,9.

[15] Fichet R. O. ,Gauthier C. ,Clamen G. ,et al. Microstructural aspects in a polymer Modified cement. Cement and Concrete Research,1998,28:1687.
[16] Su Z. ,Sujata K. ,Bijen J. M. ,et al. The evolution of the microstructure in styrene Acrylate polymer - modified cement pastes at the early stage of cement hydration. Adv Cem Mater,1996,3:87.
[17] 方萍. 丙苯乳液改性聚合物水泥力学性能和内部结构研究. 混凝土,2001,3:45-48.
[18] 李祝龙. 聚合物改性水泥混凝土路用性能的研究. 硕士论文,1998.
[19] 王茹,王培铭. 聚合物改性水泥基材料性能和机理研究进展. 材料导报,2007,21(1).
[20] 第七届国际水泥化学论文集. 北京:中国建筑出版社,1985:477-491,492-538.
[21] Rakesh Kumar,et al. Study on some factors affecting the results in the use of MIP method in concrete research. Ce and Con Re,2003(33):417-424.
[22] Manmohan D,Mehta P. K. . Study on Blended Portland Cements Containing Santirin Earth. Cement and Concrete Research,1981(1).
[23] [苏]IO. C. 契尔金斯基. 聚合物混凝土. 张留城,夏巨敏,译. 北京:中国建筑工业出版社,1987.
[24] 吴中伟,廉慧珍. 高性能混凝土. 北京:中国铁道出版社,1999.
[25] Silva D. A. ,John V. M. ,Ribeiro J. L. D. ,Roman H. R. . Pore size distribution of hydrated cement pastes modified with polymers. Ce and Con Re,2001,31:1177-1184.
[26] R. Ollitrault-Fichet,C. Gauthier,G. Clamen,and P. Boch. Microstructural aspects in a polymer-modified cement. Ce and Con Re, 1998, 28 (12): 1687-1693.
[27] Y. Ohama. Polymer - based admixtures. Cement and Concrete Composites, 1998, 20:189-212.
[28] A. Konietzko. Polymerspezifische Auswerkungen auf das Tragverhalten modifizierter zementgebundenen Beton(PCC). Dissertation,Braunschweig,1988.
[29] 钟世云,袁华. 聚合物在混凝土中的应用. 北京:化学工业出版社,2003.
[30] Puterman M, Malorny W. Some doubts and ideas on the microstructure formation of PCC,in Sandrolini F(ed.),Proceedings of IX international Congress on polymers in Concrete, Bologna,1998,166-178.

第八章　水泥混凝土路面裂缝修补施工工艺

水泥混凝土路面的裂缝情况比较复杂，修补时应根据具体情况采取相应的措施。混凝土路面裂缝的修补工艺通常分为两大类：一类是先破损再修复，二类是直接修复。目前，工程中普遍采用的裂缝修补方法有压注灌浆法、扩缝灌浆法、直接灌浆法、填充密封法、碳纤维粘贴法、表面覆盖法和条带罩面法等[1~6]。其中，填充密封法适用于表面微裂缝，裂缝宽度在0.1～0.2mm之间；碳纤维粘贴法适用于裂缝宽度大于0.5mm以上的部位，造价较高；压力注浆法适用于0.1～0.5mm左右的深裂缝；表面覆盖法适用于龟裂裂纹，裂缝宽度小于0.1mm；扩缝灌浆法适用于宽度小于3mm的裂缝；直接灌浆法适用于宽度大于3mm，没有碎裂的裂缝；条带罩面法适用于贯穿全厚的大于3mm且小于15mm的中等裂缝[4]。值得注意的是，在高速公路的裂缝修补作业中，由于高速公路对路面的平整度要求较高，裂缝修补后要保证混凝土路面平整、行驶安全舒适，因此在修补时尽量不要破坏原有路面。

第一节　直接注浆法

直接注浆法指清除缝内杂物，直接将浆体灌入裂缝内的修补方法。该方法主要依靠修补材料自身良好的渗透性能，适用于未受泥土侵入或者泥土影响甚微的裂缝，属于直接修复工艺。图8-1是使用S400聚合物乳液改性超细水泥在

a)护围

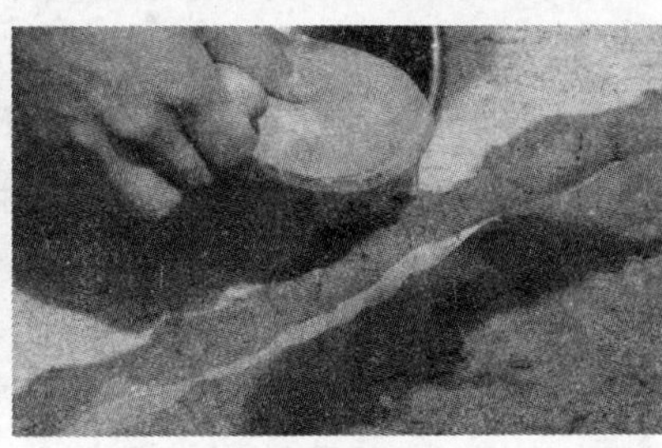

b)注浆

图8-1　直接注浆法施工工艺

广西南北(南宁—北海)高速公路 K27 +668、K27 +983 等多处混凝土路面上实施的直接注浆法裂缝修补。上述修补作业中的裂缝多为小于 2mm 的横向或不规则裂缝。

直接注浆法的基本操作步骤如下:

(1)用钢丝刷和空气压缩机产生的高压气清理裂缝内杂物,然后用螺丝刀和锤子清除掉裂缝两侧松动的混凝土块,再反复用钢丝刷和压缩空气清除掉缝内杂物;

(2)配置砂浆,并将砂浆沿裂缝两侧堆设,形成护围,防止灌缝浆体流散;

(3)配料,现场搅拌灌缝浆体;

(4)将拌好的浆体倒入设置了护围的裂缝内,使其依靠自身的流动度和重力渗入缝内;

(5)观察浆液渗入情况,随时填加浆料,整个注浆过程保证在搅拌后 10min 内完成;

(6)待浆液基本凝结后,拆除护围,铲去高出路面的材料,注意保持路面的平整性,此过程大约需要 30min ~ 1h;

(7)清除修补过程中形成的杂物,修补结束。

第二节　压力注浆法

压力注浆法的原理是将裂缝构成一个密闭性空腔,有控制地预留进出口,并将浆液压入缝隙使之填注密实。压力注浆施工的工艺流程一般为:裂缝处理→埋灌浆嘴(盒)→封缝→密封检查→灌浆→封口检查。

1. 裂缝处理

对于较细的裂缝(小于 0.3mm),使用钢丝刷等工具消除裂缝表面的灰尘、浮渣,再用毛刷蘸甲苯、酒精等有机溶液,把沿裂缝两侧 20 ~ 30mm 处擦洗干净并保持干燥。

对于较宽的裂缝(大于 0.3mm),将裂缝凿成“V”形槽,槽宽和槽深可根据裂缝深度,有利于封缝来确定。凿完后,用钢丝刷及压缩空气将槽及两侧尘屑消除干净。

2. 埋灌浆嘴/盒

处理较细的裂缝(小于 0.3mm)时,可用灌浆嘴/盒。凿成“V”形槽的裂缝宜用灌浆嘴。在裂缝交叉处、较宽处,端部均埋设灌浆嘴,其间距当缝宽小于 1mm 时为 350 ~ 500mm,当缝宽大于 1mm 时为 500 ~ 1 000mm。一条裂缝上必须设有进浆嘴、排气嘴、出浆嘴。在埋设时，通常要在灌浆嘴（盒）的底端上抹一层环氧胶泥，以便将灌浆嘴的进浆孔骑缝粘配在预定位置上。

3. 封缝

对于不凿槽的裂缝，可以用环氧树脂胶泥封缝，先在裂缝两侧（宽 20 ~ 30mm）涂一层环氧树脂基液，然后再抹一层厚 1mm 左右的环氧树脂胶泥。抹胶泥时，应防止产生小孔和气泡，要刮平整，保证封闭可靠。

对于凿成"V"形槽的裂缝，可以用水泥砂浆封缝。先在槽面上用毛刷涂一层厚 1 ~ 2mm 的环氧树脂浆液，涂刷应均匀平整，防止出现气孔和波纹，然后再用水泥砂浆封闭。

4. 密封检查

裂缝封闭后要进行压气试漏检查，且试漏要在封缝胶泥或砂浆有一定强度时进行。具体做法是沿裂缝涂一层肥皂水，然后从灌浆嘴通入压缩空气，凡漏气处都应修补密封，直至不漏气为止。

5. 灌浆

灌浆是裂缝修补的关键工序。灌浆机具、器具应在灌浆前进行检查。在一条裂缝上，可由一端向另一端灌浆。灌浆过程中，应待下一个排气嘴出浆时，即可关闭转芯阀，如此按顺序依次进行灌浆。一般情况下，化学浆液的灌浆压力常用 0. 2MPa，水泥浆液的灌浆压力通常为 0. 4 ~ 0. 8MPa。达到规定压力后，应保持压力稳定，以满足灌浆要求。

灌浆停止的标志是吸浆率小于 0. 1L/min，再继续压注几分钟后，即可停止灌浆，同时关掉进浆嘴上的转芯阀门。灌浆结束后，要立即拆除机具，将其清洗干净。

6. 封口检查

当缝内浆液达到初凝而不外流时，拆下灌浆嘴，再用环氧树脂胶泥或掺入水泥的灌浆液将灌浆嘴处抹平、封口，同时将灌浆嘴清洗干净以备后用。灌浆结束后，用压缩空气或压力水检查灌浆密实程度和效果，发现缺陷应及时补救。

第三节　条带罩面法

对于贯穿全厚的较宽裂缝，应采用此法修补。该方法的实质是通过在裂缝上表面铺设一层快速修补材料以达到修复的目的，属于先破损再修复的修补工艺。

条带罩面补缝法的示意图如图 8-2 所示，其基本步骤如下：

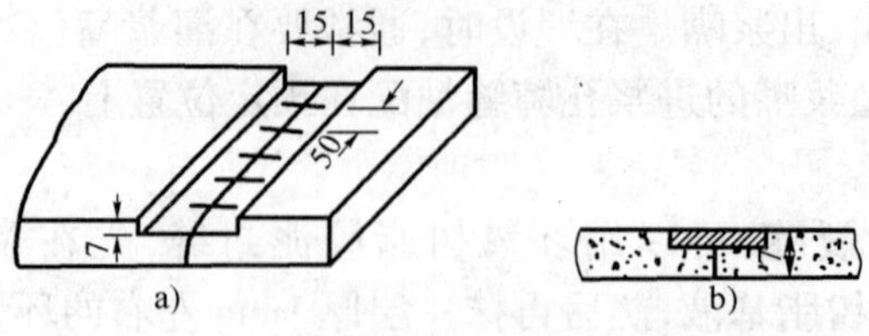

图 8-2　条带罩面补缝法示意图(尺寸单位:cm)

(1)顺裂缝两侧各约 15cm,且平行于裂缝切 7cm 深的两条横裂缝,如图 8-2a)所示;

(2)在两条横缝内侧用风镐或液压镐等凿除混凝土,深度为 7cm;

(3)沿裂缝两侧每隔 50cm 钻一对钯钉孔,其直径大于钯钉直径 2 ~4mm,并且在两钯钉之间打一条与钯钉直径相一致的钯钉槽;

(4)钯钉宜采用 Φ16mm 螺纹钢,钯钉长度大于 20cm,弯钩长 7cm;

(5)将空槽内填满油性修复材料,同时将钯钉插入钯钉孔内安装,如图 8-2b)所示;

(6)将修补混凝土面刷一层黏结材料;

(7)浇筑快速修补材料,并及时振捣密实、抹光;

(8)在进行修补的面板两侧,用切缝机加伸缩缝,然后再用聚氨酯材料灌缝。

第四节　表面覆盖法

表面覆盖法修补裂缝的施工环境宜为 5℃ ~35℃,环境相对湿度小于 85%,避开雨、雪天气。表面覆盖法的修补步骤一般为:表面处理→涂底层涂料(为保证一定的膜漆厚度通常采用辊涂施工)→待底漆表干后涂表层涂料,涂刷两道。

表面覆盖补缝法所使用的涂层材料通常分为两种,即底层材料和表面涂层材料。其中,底层材料的作用主要是封闭混凝土表面裂缝宽度不大于 0.1mm 的细微裂缝,防止混凝土表面的碱性影响到表面涂层材料的性能。底层材料还应该能增加二者之间的黏附性,因此底层材料需具有较好的渗透性、封闭性、柔韧性和抗冲击性,并且与表面涂层材料的黏附力要好。在实际修补工程中,底层材料经常选择环氧类封闭涂料。表面涂层材料需要承受路面上的各种荷载,所以需要有一定的强度和延性。此外,表面涂层材料还应当防止水分、空气和其他有害介质侵入到混凝土内部,避免发生进一步的结构性破坏。表面涂层材料对注浆材料以及起封闭作用的底层材料也应发挥一定的保护作用。在低温和强紫外线等恶劣的气候环境中,表面涂层材料还需有足够的低温柔性和耐紫外线老化性能。耐候性强的表面涂层材料包括常温固化型氟碳类涂料等,但其价格相对较高。

第五节　扩缝注浆法

对于局部性裂缝且缝口较宽时,可采用扩缝灌浆法修补。其实质是沿着裂缝将缝口扩宽,再除去杂物,然后填入修补材料,从而使裂缝得到修复。扩缝灌浆属于第一类修补工艺。该方法同样主要依靠材料自身的渗透性能,但是要求不如“直接注浆法”那么高,主要适用于受泥土杂物侵入较为严重的裂缝。

图8-3是在试验室内模拟的水泥混凝土路面扩缝灌浆修补工艺。

a)扩缝

b)注浆修补完毕后的效果

图8-3　扩缝注浆法修补裂缝

扩缝注浆法的施工过程与直接注浆法大体上一致,二者之间最主要的区别在于扩缝注浆法首先要沿裂缝两侧切出一条10~15mm宽、5~10mm深的“V”形小槽。扩缝注浆法的施工工艺流程大致如下:切割→扩缝→翻挖→黏结界面清理→护围→黏强剂配料→搅拌→浇筑→振捣→抹平→养护→观察→开放交通。

参考文献

[1] 姜艺.水泥混凝土路面几种常用修复方法.中外公路,2007,27(2).

[2] Jiang, Y. and McDaniel, R. S.. Evaluation of the Impact of Concrete Pavement Restoration Techniques on Pavement Performance. Proceedings of the 5th International Conference on Concrete Pavement Design and Rehabilitation. West Lafayette, Indiana, USA. 1993:153-162.

[3] 周六光.水泥混凝土路面裂缝缺陷修补技术研究.重庆大学工程硕士学位论文,2005.
[4] 申爱琴.水泥混凝土路面裂缝修补材料研究.博士学位论文,2005.
[5] 何建杰.水泥混凝土路面快速修补材料与工艺研究.硕士学位论文,2006.
[6] 李田生.水泥混凝土路面裂缝修补技术探讨.公路交通技术,2005,6.

第三篇

新型水泥混凝土路面

第九章　掺矿物质超细粉的高性能混凝土路面

自波特兰水泥问世以来,强度一直是衡量混凝土性能的最主要指标。因此,利用一切物理、化学和工艺措施来尽可能地提高混凝土的强度,是混凝土材料科研领域长期以来的关注重点。然而,大量的工程实践表明,由于混凝土设计强度不足而导致工程破坏的实例并不多见,在大多数情况下,众多的混凝土结构尤其是处于严酷环境中的混凝土材料,常因耐久性不足而丧失功能。由此看出,“高强”仅仅是混凝土性能的一个方面,尽管较高强度的混凝土相对而言也是比较耐久的,但二者却不能等同。正是基于上述情况,随着混凝土材料研究的深入,耐久性被日益重视。

高性能混凝土的概念正是在高强混凝土的基础上为实现更优良的耐久性能而提出的。这种新型混凝土出现于20世纪80年代末至90年代初。“高性能混凝土”(High Performance Concrete,简称HPC)作为一个正式术语是由美国国家标准与技术研究院(NIST)和美国混凝土协会(ACI)首次提出的。在NSIT和ACI于1990年5月举办的讨论会上,HPC被定义为:具有所要求的性能和匀质性的混凝土[1,2]。这些性能主要包括易于浇筑、捣实而不离析,良好的、能长期保持的力学性能,早期强度高、韧性和体积稳定性好,在恶劣的使用条件下寿命长。也就是说,HPC要具有高的强度、高的工作性和优异的耐久性。虽然不同形式的高性能混凝土所要实现的目标是一致的,但对于高性能混凝土的定义,不同国家、不同学者给出的解释却不尽相同,归纳起来主要有以下几种观点。

1. 美国对高性能混凝土的认识

除NSIT和ACI在1990年给出的高性能混凝土定义外,近年来,美国混凝土学会又给出了一个文字上较精炼的定义:高性能混凝土是一种能符合特殊性能综合与均匀性要求的混凝土,这种混凝土往往不能用常规的混凝土组分材料和通常的搅拌、浇捣和养护的习惯做法所获得。

美国教授P. K. Mehta早就提出:“把高强混凝土假定为高性能混凝土,严格地说,这种假定是错误的。”他认为,高性能混凝土不仅要求高强度,还应具有高耐久性等其他重要性能,例如优良的抗化学腐蚀性能、高体积稳定性(高弹性模量、低干缩率、低徐变和低的温度应力)、高抗渗性和高工作性[3,4]。

美国 S. P. Shah 教授在其发表的论文中也提出,尽管高强混凝土具有较高的强度和较低的渗透性,但是高强混凝土并不具有所需要的综合耐久性[5]。美国学者 Virendra K. Varma 则撰文指出,应当把高性能混凝土和高强混凝土加以区分。

美国战略公路研究计划(SHRP)提出高性能混凝土用于公路工程应满足下列要求[5]:

(1)水胶比不大于 0.35。

(2)按 ASTM C666 评价性能,耐久性指数大于 80%。

(3)4h 抗压强度高于 17.2MPa,或 24h 抗压强度高于 34.5MPa,或 28d 抗压强度高于 68.9MPa。

2. 欧洲对高性能混凝土的认识

1992 年法国 Malier Y A 认为:高性能混凝土的特点在于有良好的工作性、高的强度和早期强度、工程经济性高和高耐久性,特别适用于桥梁、港工、核反应堆以及高速公路等重要的混凝土建筑结构。

瑞士苏黎世联邦高等工业学院著名教授、原国际材料与结构研究实验联合会(RILEM)主席 F. H. Wittmann 提出了由普通混凝土达到高性能混凝土的技术途径,如图 9-1 所示。该技术途径可以概括为:通过高效减水剂降低混凝土的水灰比,利用硅粉或微填充料填充水泥粒子间的空隙,采用新型水泥, 通过一定压

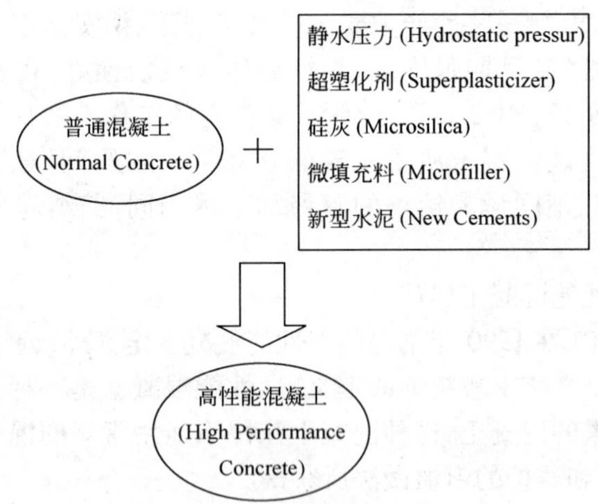

图 9-1 普通混凝土达到高性能混凝土的技术途径

力作用可使混凝土达到高性能。他还具体举例指出，如果将475kg硅酸盐水泥和47kg硅灰、138kg水、1 790kg集料和2%的超塑化剂拌和，所得到混凝土的28d强度可以达到80MPa以上，而且耐久性提高。

3. 加拿大对高性能混凝土的认识

加拿大学者强调的是硬化后混凝土的性能，认为对于近年来建造的暴露于腐蚀环境下的混凝土结构物，其受腐蚀的速率之快表明：抗压强度高低已不是满足高性能混凝土要求的主要标准，而耐久性应当放在高性能混凝土的首位，其主要是指混凝土的抗渗性和尺寸稳定性。

(1)高性能混凝土的抗渗性

混凝土的大多数化学侵蚀都是在水分和有害离子渗透进入结构内部的条件下产生的。混凝土的抗渗性是防止化学侵蚀的第一道防线。混凝土的抗渗性是以美国的AASHTO277方法为标准，在该方法中，氯离子的渗透速度以“库仑”为单位，如果某种混凝土进行6h渗透试验后，通过的电量小于等于500C(库仑)，则认为该混凝土抗渗性较好。

(2)高性能混凝土的尺寸稳定性

尺寸稳定性良好的混凝土的主要特征是：高弹性模量、低干燥收缩、徐变及温度应变率小。尺寸稳定性好的混凝土可以降低预应力的损失，减少混凝土的原生裂纹。为了获得良好的尺寸稳定性，需要限制单位体积水泥用量，选用高弹性模量、高强度的粗集料。经验证明，选用适当的原材料，进行合理的配合比设计，混凝土90d龄期的干缩值可以降低到0.04%以下。

4. 日本对高性能混凝土的认识

(1)以冈村甫为代表的部分日本学者

冈村甫和小泽一雅等认为[6]，高流态、免振自密实的混凝土就是高性能混凝土。也就是说，他们强调的是新拌混凝土的性质。其理由是：①混凝土技术熟练的工人越来越少，自密实的混凝土不需要很高的技术就可以保证混凝土的施工质量，同时也可以保证施工速度；②可以有效地减少混凝土施工时产生的噪声，避免环境污染。

(2)日本大多数学者及工业界的观点

1988年开始实施的日本建设省综合技术开发计划“钢筋混凝土结构建筑物的超轻量与超高层技术的开发”(简称新RC总计划)，把混凝土的高强与超高强作为研究目标。日本许多商品混凝土公司以及开发生产高性能减水剂的公司纷纷从事高强度、高流态混凝土的开发研究。他们认为高强、超高强与高流态的混凝土就是高性能混凝土。

5. 我国对高性能混凝土的认识

我国工程院院士吴中伟教授早在 1996 年就明确提出[7]:“有人认为混凝土高强度必然是高耐久性,这是不全面的,因为高强混凝土会带来一些不利于耐久性的因素……高性能混凝土还应包括中等强度混凝土,如 C30 混凝土。”他认为,高性能混凝土是一种新型高技术混凝土,它是在大幅度提高普通混凝土性能的基础上,采用现代混凝土技术,选用优质原料,在严格的质量管理体系下制成的。除了水泥、水、集料以外,高性能混凝土必须掺加足够数量的细掺料与高效外加剂;配制好的高性能混凝土应重点保证以下性能:耐久性、工作性、各种力学性能、适用性、体积稳定性和经济合理性。

我国知名混凝土专家冯乃谦教授也提出:高性能混凝土首先应当具有高强度;高性能混凝土必须是流动性好、可泵性好的混凝土,以保证施工的密实性,确保混凝土质量;高性能混凝土一般需要控制坍落度的损失,以保证施工要求的工作度;耐久性是高性能混凝土的最重要技术指标[8]。

实践证明,高性能混凝土不仅是对传统混凝土的重大突破,而且在节能、节料以及环境保护等方面都有重要意义。随着人类社会的进步以及科学技术的发展,高性能混凝土被赋予了更多的内涵。在 1992 年里约热内卢世界环境会议上,与会者将高性能混凝土与绿色事业联系起来,提出了绿色高性能混凝土(GHPC)的概念。这样做旨在加强人们在建筑领域对绿色的重视,强化绿色意识,以节约更多的资源和能源,从而把混凝土材料对环境的污染降低到最小程度。

第一节　高性能路面混凝土的定义及实现途径

一、高性能路面混凝土的定义

按照国内外对高性能混凝土的相关表述和理解,高性能混凝土并不是混凝土的一个“品种”,它着重强调混凝土的性能(Performance)或者质量、状态、水平。对于不同的实际工程,高性能混凝土有不同的侧重点,即“特殊性能组合”。

高性能路面混凝土(High Performance Pavement Concrete,简称 HPPC)的定义是结合路面混凝土的特殊性能要求而提出的。高性能路面混凝土是一种在普通路面混凝土的基础上,使用外加剂和掺和料“双掺”技术发展而来的,具有高抗折强度、高耐久性(包括抗疲劳极限、抗盐冻性和抗磨性等)、高工作性和良好体积稳定性。

对于高性能路面混凝土的定义,可以从以下方面进行理解。高性能是相对普通路面混凝土性能而言的,高性能的目标就是要通过更长的使用寿命来实现最佳经济性。HPPC 的高抗折强度主要指使用高性能路面混凝土可以显著提高路面板的承载能力,延长使用寿命或减薄路面的厚度以降低工程造价;HPPC 的高耐久性主要指高性能混凝土路面能够抵抗车轮荷载以及气候和环境的长期破坏作用,在路面的设计使用年限内,保证混凝土路面板能够正常工作。此外,HPPC 还必须具有与施工方式相对应的工作性,避免路面摊铺成型时出现原始缺陷,从而保证混凝土路面的耐久性[9]。

二、高性能路面混凝土的实现途径

大量针对混凝土结构特征的科学研究表明,影响混凝土强度和耐久性的最主要因素有两个方面:一是混凝土中硬化水泥浆体的孔隙率、孔的分布状态和孔的特征;二是混凝土硬化水泥浆体与集料的界面。要想提高混凝土的强度和耐久性,必须降低混凝土中水泥石的孔隙率,改善孔的分布,减少大孔数量。为改善混凝土中硬化水泥浆体与集料界面的结合情况,应设法减少在集料—浆体界面上主要由 $Ca(OH)_2$ 晶体定向排列组成的过渡带的厚度,从而增强界面黏结强度。

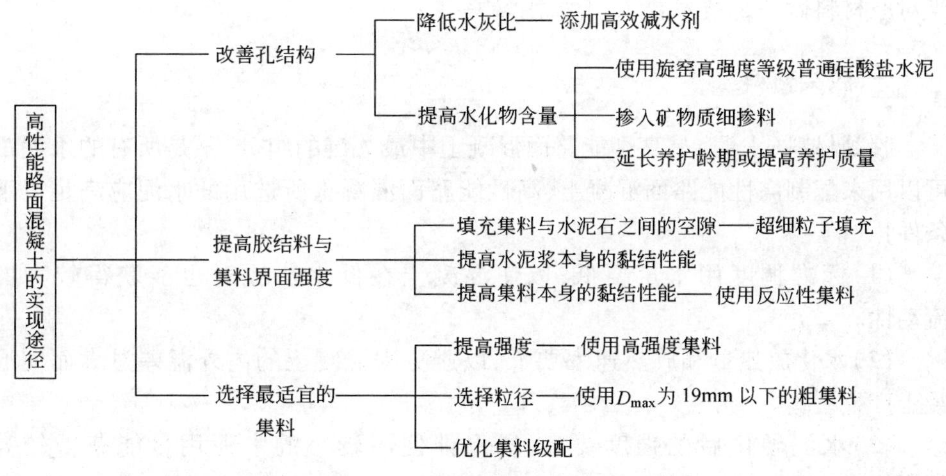

图 9-2　高性能路面混凝土的实现途径

从集料与胶结料之间的界面结构看,为了改善界面结合情况,可以在混凝土中掺入矿物细掺料,如硅灰、超细矿渣、磨细粉煤灰及超细沸石粉等。这些超细的粒子能够与界面上存在的氢氧化钙反应,生成 C—S—H 凝胶,降低了氢氧化钙的富集和定向排列,因而可提高界面强度,同时还有利于提高混凝土的抗渗性和耐久性。

新型高效减水剂是配制高性能路面混凝土不可缺少的组分。高性能减水剂在混凝土中除了降低水灰比、提高混凝土的强度和流动性以外,还能降低混凝土的坍落度损失,这赋予了混凝土高密实度和优异的施工性。在高性能路面混凝土中,集料的数量和质量对混凝土的强度影响很大。因此,在配制高性能路面混凝土时,粗细集料的品种和品质、单位体积混凝土中粗集料的体积含量与最大粒径,也是必须要考虑的因素。

综合上述观点,高性能路面混凝土的实现途径如图 9-2 所示。

第二节　高性能路面混凝土的组成材料

高性能路面混凝土的基本组成材料与普通水泥混凝土大致相同,高性能路面混凝土还须同时使用高效减水剂和矿物细掺料。由于高性能路面混凝土的要求和配制特点,其组成材料的技术标准较普通混凝土有所提高,组成材料中原来对普通混凝土影响不显著的因素,对高性能路面混凝土可能有显著影响,因此应当对原材料做一定技术要求[7~12]。

一、胶凝材料

胶凝材料(水泥)是高性能路面混凝土中最关键的组分,不是所有的水泥都可以用来配制高性能路面混凝土,高性能路面混凝土所选用的水泥应满足以下条件:

(1)标准稠度用水量要低,以使混凝土在低水灰比时也能获得较大的流动性。

(2)水化放热量和放热速率要低,以避免因混凝土的内外温差过大而使混凝土产生裂缝。

(3)水泥硬化后的强度要高,以保证使用较小的水泥用量能获得较高的强度。

配制高性能路面混凝土所用的水泥应选用优质硅酸盐水泥,水泥强度等级应根据所配混凝土强度等级而定。除水泥强度等级、活性外，也需考虑其化学成分、细度、粒径分布甚至微量成分的影响。此外，所选用的水泥还应具有足够的强度、良好的流变性、与高效减水剂的相容性和容易控制坍落度的损失。工程实践证明，我国生产的42.5级以上的普通硅酸盐水泥和硅酸盐水泥完全可以满足配制高性能路面混凝土的要求。

一般来说，配制高性能路面混凝土时宜采用C_3S含量高、C_3A含量低的水泥。颗粒组成良好的水泥也可以使混凝土获得较好的流变性能。好的水泥颗粒级配应控制5～30μm的颗粒含量约占90%，而小于10μm的颗粒应不超过10%。近年来，由于混凝土的碱集料反应得到了足够重视，一些学者提出应严格限制水泥的总碱量（$Na_2O+0.685K_2O$）不超过0.6%，甚至更低。需要指出的是，目前我国生产的水泥的总碱量多数在0.7%以下，如果总碱量降低0.1%，可能会造成较大的资源浪费和经济损失；另外，配制高性能路面混凝土通常会掺加矿物细掺料，这些掺和料均能显著地抑制碱集料反应。因此，配制高性能路面混凝土所用水泥的总碱量只要满足国家现行规范即可。

二、矿物质细掺料

矿物质细掺料是高性能路面混凝土中不可缺少的组分，其掺入的目的是减少水泥用量，改善混凝土拌和物的工作性，降低混凝土水化过程中的水化热，增进混凝土的后期强度，改善混凝土的内部孔结构，提高混凝土的抗渗能力和抗腐蚀能力，防止碱集料反应等。

配制高性能路面混凝土的矿物细掺料主要有硅灰、磨细矿渣、优质粉煤灰、超细沸石粉和其他微粉等。工程应用中，通常是选用硅粉、粉煤灰、磨细矿渣等一种以上的矿物细掺料，并通过试验确定其最佳掺量，以充分发挥其复合掺入后的叠加效应。用于高性能路面混凝土的矿物细掺料的性能指标要求见表9-4。另外，在确定矿物细掺料的品种和掺量时，还应注意以下原则：

（1）应根据混凝土的设计要求和路面的使用环境选择矿物细掺料。

（2）应遵循就地或就近取材的原则选取矿物细掺料。

（3）在节能和环境保护的前提下，充分利用工业废料，使高性能路面混凝土朝绿色混凝土的方向发展。

三、粗细集料

高性能路面混凝土集料的选择，对于保证混凝土的物理力学性能和长期耐久性能有着至关重要的作用。清华大学冯乃谦教授认为，要选择适宜的集料配制高性能混凝土，必须注意集料的品种、表观密度、吸水率、粗集料强度、粗集料最大粒径、粗集料级配、粗集料体积用量、砂率和碱活性组分含量等[8,10]。

1. 粗集料

(1)粗集料的技术标准

配制高性能路面混凝土所用的粗集料，应选择质地坚硬未风化的岩石，如玄武岩、辉绿岩、火成岩、石灰岩等。所选用粗集料的质量要求主要包括颗粒级配、针片状颗粒含量、含泥量、泥块含量、强度（岩石抗压强度和压碎值指标）、坚固性、有害杂质含量和碱活性等。粗集料的各项质量指标，应达到国家标准《建筑用卵石、碎石》（GB/T 14685—2001）中的规定。其具体要求见表 9-1。

除上述技术指标外，粗集料还有其他几方面的要求：粗集料的吸水率应低于 1.0%；粗集料的级配良好，孔隙率达到最小；粗集料的体积用量一般为 400L，即 1 050 ~ 1 100kg/m^3。

(2)粗集料最大粒径（D_{max}）的确定

配制普通路面混凝土时，在允许条件下应选用粒径尽可能大的集料以降低用水量，或者在相同用水量下提高混凝土流动性。但在高性能路面混凝土中，粗集料最大粒径的选择与普通路面混凝土完全不同。根据 H. M. Jennings 的推荐[14]，配制高强高性能混凝土时应选择强度高的硬质集料，其最大粒径在 10mm 以下，级配要求处于密实填充状态。选用 D_{max} 小的粗集料的原因在于：D_{max} 小的粗集料，水泥浆体和单个集料界面的过渡层周长和厚度很小，难以形成大的缺陷，有利于界面强度的提高；与此同时，随着 D_{max} 的增大，集料本身的缺陷几率就越大，能够用其配制出的混凝土强度就比较低。因此，密实填充状态的级配，集料间空隙减少，集料-浆体界面变小，有利于提高混凝土的强度和耐久性。

粗集料技术标准[13]　　表 9-1

项　目	技术要求		
	I 级	II 级	III 级
碎石压碎值（%）	<10	<15	<20
卵石压碎值（%）	<12	<14	<16
坚固性（按质量损失计，%）	<5	<8	<12
针片状颗粒含量（按质量计，%）	<5	<15	<20
含泥量（按质量计，%）	<0.5	<1.0	<1.5
泥块含量（按质量计，%）	<0	<0.2	<0.5
有机物含量（比色法）	合格	合格	合格

续上表

项　目	技术要求		
	I 级	II 级	III 级
硫化物(按 SO_3 质量计,%)	<0.5	<1.0	<1.0
岩石抗压强度	火成岩不应小于 100MPa; 变质岩不应小于 80MPa;水成岩不应小于 60 MPa		
表观密度(kg/m^3)	>2 500		
松散堆积密度(kg/m^3)	>1 350		
空隙率(%)	<47		
碱集料反应	经碱集料反应试验后,试件无裂缝、酥裂、胶体外溢现象, 在规定试验龄期的膨胀率应小于 0.1%		

注:①III 级碎石的压碎值指标,用作路面时,应小于 20%;用作基层或下面层时,可以小于 25%。

②III 级粗集料的针片状含量,用作路面时,应小于 20%;用作基层或下面层时,可以小于 25%。

从断裂力学的角度来看,由于混凝土的强度基本上属于固体材料的破坏强度,因此可以用 Griffith 能量平衡理论对 D_{max} 进行分析,Griffith 断裂方程如下[15]:

$$\sigma_0 = \sqrt{\frac{\pi E\gamma}{2(1-\nu^2)a}} \tag{9-1}$$

式中:σ_0——断裂应力;

E——弹性模量;

γ——表面能;

ν——材料的泊松比;

a——潜在缺陷作为椭圆形的长径。

由式(9-1)可以看出,对于特定的高性能路面混凝土,在 E、γ、ν 确定的情况下,如果潜在的缺陷尺寸(椭圆孔半径)a 几乎看作是集料的 D_{max},那么随着 D_{max} 的增大,断裂应力降低,因此粗集料的 D_{max} 不宜过大。

为了全面考察 D_{max} 的取值范围,对不同最大粒径下高性能路面混凝土的抗折模量和耐磨性能进行试验研究,其变化规律如图 9-3、图 9-4 所示。

由图 9-3 可知,随着粗集料最大粒径的增大,混凝土的抗折模量有所增加,当 D_{max} 为 15 ~ 20mm 时,抗折模量出现最大值,随后又呈现出降低的趋势;在图 9-3 中,混凝土的磨损率随着最大粒径的增大而减小,当 D_{max} 约为 15mm 时,磨损量达到最小,此后随着最大粒径的增大,磨损量又逐渐增加。

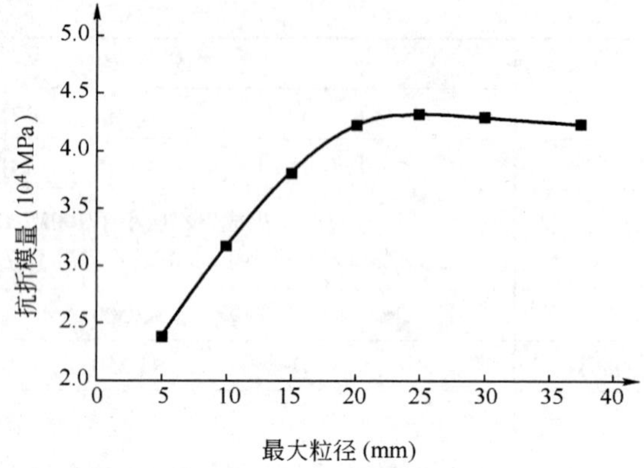

图 9-3　粗集料最大粒径对抗折模量的影响

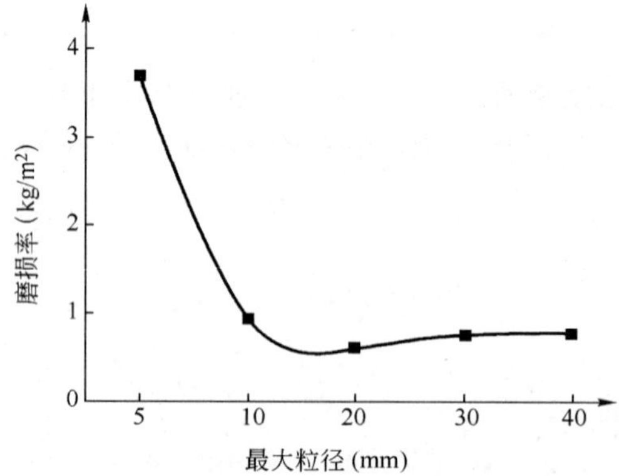

图 9-4　粗集料最大粒径对磨损率的影响

综合考虑强度和耐久性能等诸多因素，建议高性能路面混凝土的粗集料宜选用最大粒径不大于 15mm 的碎石。

2. 细集料

高性能路面混凝土所用的细集料，宜选用石英含量高、颗粒形状浑圆、洁净、具有平滑筛分曲线的中粗砂，其细度模数一般应控制在 2.6 ~ 3.2 之间。较好的高性能路面混凝土用砂要求 0.63mm 筛的累计筛余大于 70%，0.315mm 筛的累计筛余为 85% ~ 95%，0.15mm 筛的累计筛余大于 98%。高性能路面混凝土用砂还应严格控制砂中粉细颗粒的含量和石子的含泥量，且云母含量和含泥量均不宜超过 2%。此外，砂的其他各项质量指标均应达到国家标准《建筑用砂》（GB/T 14684—2001）中规定的优质砂标准。

四、高效减水剂

高效减水剂又称超塑化剂，是高分子表面活性剂，并且有强的固-液界面活性作用。高效减水剂的减水率可达15%～30%，其以较高比例掺入水泥中，没有严重的缓凝及引气量过多的问题。在一定的剂量范围内，混凝土的减水率随高效减水剂掺量的增加而增加，当超过某一定值后，继续增大掺量并不能使减水率进一步提高。因此，对于不同的配合比，存在一个最佳剂量，需进行试验确定。对于高性能路面混凝土，常用的剂量范围为0.5%～2.0%。使用高效减水剂最需要关注的问题是其与水泥的相容性，具体表现为混凝土坍落度损失的快慢。高性能路面混凝土需严格控制坍落度的经时损失。

第三节　高性能路面混凝土配合比设计

自从“高性能混凝土”概念提出以后，它一直是混凝土专家研究的重点和热点，经过近20年的发展，一批重要成果虽相继付诸实践，但缺乏对配合比设计、应用理论和工程技术的系统研究。国际混凝土联合会(FIP)与欧洲混凝土委员会(CEB)提出的在混凝土材料方面有待进一步研究的课题中，首要问题便是高性能混凝土的配合比设计优化问题。

由于高性能路面混凝土所需考虑的影响因素较多，因此，在配合比设计方面，原有的普通混凝土配合比设计方法和原则已不能完全适用。目前，国内外尚无适合高性能路面混凝土配合比的统一的设计方法，现存的方法大多是建立在经验及试验的基础上，粗略地计算具体的配合比，然后通过试配调整，确定最终配合比。

一、配合比设计的基本要求

1. 优良的工作性

良好的工作性是使混凝土质量均匀、获得高性能的前提。没有好的工作性就不可能有好的耐久性。坍落度是表示新拌混凝土流动性大小的指标。在施工操作中，坍落度越大，流动性越好，则混凝土拌和物的工作性也越好。但是，混凝土的坍落度过大，一般单位用水量也增大，容易产生离析，匀质性变差。因此，在施工操作允许的条件下，应尽可能降低坍落度。

2. 高抗折强度

抗折强度是影响混凝土路面结构性破坏的最直接的力学指标。若提高路面混凝土的抗折强度,在相同车辆荷载作用下,混凝土板承受的应力水平相对减小。如果将路面混凝土的28d设计弯拉强度从5.0MPa提高到6.0MPa,那么混凝土抗弯拉疲劳循环周次能提高5~8倍甚至更大,从而保障高性能混凝土路面的使用寿命较普通混凝土路面有大幅度增长。

3. 高耐久性

高性能路面混凝土与普通混凝土有很大区别,最重要的特征是其具有优异的耐久性。在进行配合比设计时,首先要保证耐久性要求。因此,必须考虑到抗渗性、抗冻性、抗化学腐蚀性、耐磨性和抗碱-集料反应等性能。在实际工程中,上述性能受水灰比影响很大,水灰比越低,混凝土的密实度越高,各方面性能越好,体积稳定性也越强。为了提高高性能路面混凝土的抗化学腐蚀性和抗碱-集料反应性能,一般宜掺加适量的超细活性矿物质细掺料。

4. 小变形性能

水泥混凝土路面存在着大量因混凝土变形而设置的纵、横接缝。从路面使用的角度来看,这些接缝无疑是混凝土路面最薄弱、最易破坏的部位。所以,高性能混凝土路面不仅要有高的抗折强度,而且还应具备较小的变形性能。水泥混凝土路面板具有小变形性能,才能减小各种接缝的张开位移量。这样,一方面可以增强各种接缝对荷载的传递能力,增强混凝土板对边角断裂、碎裂的抵抗能力;另一方面,小变形性能降低了对填缝材料的苛刻技术要求,使其更加经久耐用,有利于保持混凝土路面板上接缝部位的完好率。

5. 经济性

在满足工程对混凝土质量要求的前提下,尽可能就地取材,特别要考虑矿物细掺料和高效减水剂的最优掺量。

二、配合比的参数选择

1. 水胶比

水泥要达到完全水化所需的用水量约为水泥用量的25%,此外由于物理吸附作用还有约15%的水被限制在胶体空隙中而不能参与化学作用,所以至少要有水泥质量的40%的水才能达到完全的水化作用。但事实上,当水胶比降到0.40以下时,随水胶比的降低强度却能继续提高。其原因在于,尽管水泥水化不完全,但较低的水胶比能够降低混凝土的孔隙率并减小了孔隙尺寸,而未水化的水泥颗粒则作为一种细集料发挥填充作用。在比较低的水胶比(≤0.40)范围内,水胶比的稍许变化可使混凝土强度发生较大改变,所以严格控制水胶比是保证高性能混凝土质量的关键。马保国等推荐了建筑用高性能混凝土的水胶比参考值,见表9-2。与之相比,路面用高性能混凝土主要强调抗弯拉性能,且需要适当的坍落度(流动性)来保证机械摊铺施工。笔者通过大量研究认为[12],综合考虑路用性能要求、施工难易程度和经济性,路面高性能混凝土的水胶比范围一般为0.30~0.40,且建议控制在0.35~0.42之间,并保证混凝土目标坍落度基本上为2~5cm。

高性能路面混凝土水胶比的确定[25]　　表9-2

混凝土强度等级	C50	C60	C70	C80	C90	C100
水胶比	0.33~0.37	0.30~0.34	0.27~0.31	0.24~0.28	0.21~0.25	0.23~0.29

2.单位用水量

在混凝土配合比设计过程中,确定单位用水量是必不可少的步骤。对普通混凝土,这一参数的确定较为简单,可通过坍落度要求、集料最大粒径及粗集料类型等来确定。而高性能路面混凝土由于掺入了矿物细掺料和高效减水剂,其用水量的主要影响因素发生了变化,坍落度的大小在很大程度上可通过调整矿物掺和料、高效减水剂的掺量来控制。因此,不能用确定普通混凝土用水量的方法来确定高性能路面混凝土的单位用水量。另外,一些现有的高性能混凝土施工实践表明,高性能路面混凝土的用水量与强度通常是反比,故可根据这一关系与强度等级估算初次试配的用水量。建筑用高性能混凝土单位用水量的确定可参考表9-3[25]。由于路面用高性能混凝土对耐久性有严格要求,考虑到混凝土的黏聚性、成型抹面以及开裂等因素,综合国内外研究成果,建议高性能路面混凝土的单位用水量控制在135~150kg/m^{3}之间。

高性能路面混凝土单位用水量的确定　　表9-3

混凝土强度等级	C50	C60	C70	C80	C90	C100
单位用水量(kg/m^3)	185	175	165	155	145	135

3.砂率

影响砂率的因素除了其自身的细度模数与级配外,还与胶凝材料用量、粗集料粒径以及施工工艺有关。大量试验及施工经验表明,当高性能路面混凝土的坍落度较低时,混凝土的最优砂率取值如表9-4所示。

高性能路面混凝土的最优砂率[9]　　表9-4

砂细度模数		2.2~2.5	2.5~2.8	2.8~3.1	3.1~3.4	3.4~3.7
砂率	碎石	30~34	32~36	34~38	36~40	38~42
	卵石	28~32	30~34	32~36	34~38	36~40

三、配合比设计方法

目前,国际上提出的高性能混凝土配合比设计方法很多,主要有美国混凝土协会(ACI)方法、法国国家路桥实验室(LCPC)方法、P. K. Mehta 和 P. C. Aïtcin 方法等。与普通混凝土相比,高性能混凝土不仅在原材料组成中增加了外加剂、矿物细掺料等新的组分,而且除强度外,还需重点考虑不同环境下的耐久性要求。由此可见,高性能混凝土的配合比设计是一个相当复杂的过程。笔者认为,选择合适的原材料,优化配合比参数,或是根据合理的性能-配比参数关系,有目的地进行少量试配,然后由试配结果使性能-配比参数关系中的参数具体化,便是高性能混凝土配合比设计的合理途径。实践经验以及试验是其主要依据。

1. P. K. Mehta 和 P. C. Aïtcin 推荐的配合比设计方法[16]

该方法是一种半经验半试验性的配合比设计方法,其基本要点如下:

(1)采用适宜的集料时,固定浆集体积比 35:65 可以很好地解决强度、工作性和体积稳定性之间的矛盾,配制出理想的高性能混凝土。

(2)根据混凝土强度等级确定用水量。

(3)混凝土的胶结料组成有三种选择:①只用硅酸盐水泥(只在绝对必要时才考虑此种情况);②水泥+矿渣(或粉煤灰),体积比为 75:25;③水泥+粉煤灰+硅粉,体积比为 75:15:10。

(4)高效减水剂掺量按固体计,为胶凝材料总量的 0.8% ~2.0%,建议第一盘试配用 1%。

(5)强度等级 A 的第一盘试配料中粗细集料的比例以 3:2 为宜,即砂率为 40%;强度等级 B-E 的粗细集料体积比可适当增大(A-65MPa,B-75MPa,C-90MPa,D-105MPa,E-120MPa)。

2. ACI 协会推荐的配合比设计方法[17]

美国混凝土协会(ACI)211 委员会制订的《使用粉煤灰和硅酸盐水泥的高强混凝土设计指南》中,指出了一种掺粉煤灰的高性能混凝土配合比设计和优化的方法。此法适用于抗压强度在 41 ~83MPa 之间的普通容重非引气混凝土,主要是采用一系列不同胶凝材料比例和用量进行试拌,从而得到最佳配合比。

3. 法国路桥实验中心(LCPC)建议的配合比设计方法[18~20]

法国路桥实验中心对高性能混凝土的研究走在世界前列,他们所建议的配合比设计方法的主要思想是:在模型材料上进行大量的试验,用胶结料浆体进行流变试验,用砂浆进行力学试验。这样可避免用直接的方法优化高性能混凝土配比参数时所进行的大量试配工作。此方法结合了理论与经验,针对强度范围很小的高强度混凝土(60～100MPa),试验工作量较小。当设计强度等级不高时,可用细掺料用量来调节。掺入适量引气剂有利于混凝土拌和物的工作性和硬化后的耐久性,尤其适合于设计强度等级不高的高性能混凝土。

4. 基于最大密实度理论的方法

(1) Domone P L J 的方法[21]

该方法的主要步骤:配制不同砂率的几组集料,测定各组集料颗粒堆积物的空隙率,确定集料空隙率最小的砂率;然后对多余浆体与混凝土拌和物坍落度间的关系和集料对所需多余浆体的影响进行试验,以研究集料堆积物空隙率与其表面积的综合效应;在以上试验的基础上,再考虑细掺料和砂细度模数的影响,确定最优砂率。其他各步骤与通常的试配方法大体相同。

(2) Carbonari B T 的方法[22]

该方法的主要步骤:测定不同砂率的集料颗粒堆积物的空隙率,选择集料空隙率最小时的砂率,即最优砂率;再通过用所选砂率的混凝土进行强度和坍落度试验验证确定;然后通过一系列不同浆体含量的混凝土的试配,确定最优浆体用量。

5. 全计算法

传统的高性能混凝土配合比设计方法是以经验为基础的半定量设计。陈建奎和王栋民[23]在建立普遍适用的混凝土体积模型的基础上,经科学推导求得了高性能混凝土的用水量计算公式和砂率 S_p 计算公式,并结合传统的水灰(胶)比定则,提出了高性能混凝土配合比设计的全计算法。姜德民等[24]采用这种全计算法对高性能自密实混凝土进行配合比设计,其研究结果表明:采用全计算法进行高性能混凝土配合比设计,材料用量准确,施工性能、强度和耐久性都有足够的保证。全计算法使高性能混凝土配合比设计从半定量走向定量、从经验走向科学成为了可能。

第四节　高性能路面混凝土的技术性能

高性能路面混凝土的主要技术性能包括工作性、力学性能、变形性能、抗渗性能、抗腐蚀性能及耐磨性能等。依托吉林省交通科技发展基金项目《公路水泥混凝土路面耐久性研究》,笔者与吉林交通科学研究所韩继国等对季冻区路面用高性能混凝土进行了深入系统的研究。项目对吉林地区的多种矿物质超细粉及外加剂进行了活性及配伍性试验,确定了矿质超细粉和外掺剂的最佳掺量、复合双掺比例及胶凝材料总量;通过对路用高性能混凝土工作性、力学性能、抗渗、抗冻、抗腐蚀、耐磨及疲劳等耐久性的系统试验研究，提出了路面用高性能混凝土的矿物质超细粉及外加剂等原材料技术指标要求。经研究，课题建立了基于耐久性的季冻区高性能路面混凝土配合比设计方法，并提出了季冻区高性能路面混凝土的性能指标[39]：良好的工作性和易摊铺施工性能；胶凝材料总量不超过385kg/m^3，具有合理的工程造价；混凝土28d抗弯拉强度≥6.0MPa；300次快速冻融循环，相对动弹性模量≥90%；250次盐冻（课题组提出的试验方法）循环，相对动弹性模量≥80%；抗渗标号≥S14；渗水高度≤2cm。

一、工作性

使用滑模摊铺机摊铺高性能路面混凝土时，滑模摊铺施工工艺对混凝土工作性要求比较严格，如果单纯用坍落度来衡量混凝土的工作性，并不能满足施工工艺要求，因此，《水泥混凝土路面滑模施工技术规程》（JTJ 037.1—2000）规定用振动黏度系数结合坍落度来衡量新拌混凝土的工作性。

粉煤灰高性能路面混凝土新拌浆体的工作性及含气量见表9-5，磨细矿渣高性能路面混凝土的坍落度和振动黏度系数与矿渣掺量的变化关系如图9-5、图9-6所示。

粉煤灰高性能路面混凝土的工作性及含气量　　表9-5

配合比 / 编号	减水剂掺量（%）	水胶比	粉煤灰掺量（%）	胶凝材料总量（kg）	坍落度（cm）	含气量（%）	振动黏度系数（N·s/m^2）
F1	1.0	0.35	15	365	1.0	2.6	439
F2	1.1	0.35	15	365	1.5	3.2	393
F3	1.3	0.35	15	365	2.5	4.0	337
F4	1.5	0.35	15	365	3.0	4.3	295
F5	1.0	0.40	20	365	3.5	2.6	192
F6	1.0	0.40	15	365	3.5	2.8	196
JZ（基准）	1.0	0.40	0	365	3.0	3.5	207

表9-5中，在粉煤灰掺量固定的情况下，减水剂掺量越大，混凝土的坍落度越大，振动黏度系数越小，含气量也呈现出不断增加的趋势。采用固定的减水剂掺率，在一定范围内改变粉煤灰的掺量，可以发现随着粉煤灰掺量的增加，混凝土的坍落度增大，振动黏度系数降低。这说明粉煤灰改善了混凝土的工作性能。但当粉煤灰掺量超过15%以后，坍落度增加幅度和振动黏度系数的降低幅度都

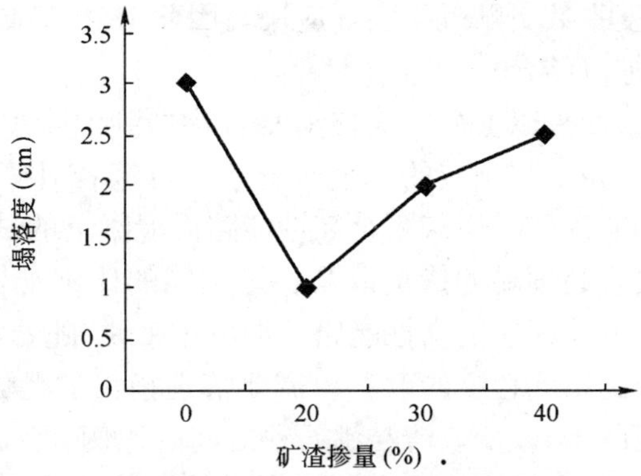

图 9-5　磨细矿渣高性能路面混凝土的坍落度

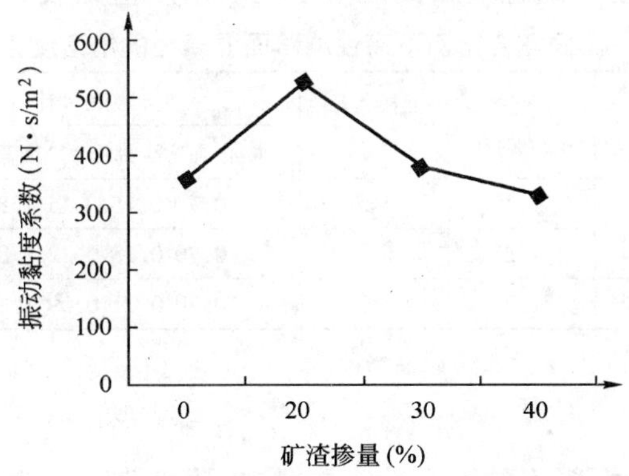

图 9-6　磨细矿渣高性能路面混凝土的振动黏度系数

明显减缓。这可能是由于用粉煤灰取代水泥后，胶凝系统的比表面积增大，加水后会形成絮凝结构。当粉煤灰取代量较高时，絮凝结构对粉煤灰的润滑或分散作用产生影响，粉煤灰分散效果不佳，且其自身的需水量也在增加。

由图 9-5 和图 9-6 可以看出，掺加磨细矿渣后，高性能路面混凝土的坍落度值均小于未掺加矿渣的基准混凝土，且当矿渣掺量为 40% 时，混凝土的振动黏度系数才优于基准混凝土。究其原因，可能是磨细矿渣较大的比表面积和出色的保水特性，使混凝土的静态坍落度值不是十分理想。以矿渣掺量为 40% 的高性能路面混凝土为例，如果单从坍落度的角度来衡量工作性能，那么高性能路面混凝土的工作性较基准混凝土要差；但在实际施工过程中，通过振捣后发现，矿渣掺量为 40% 的混凝土具有相当好的流动性，而且可以均匀成型，相对基准混凝土而言，矿渣高性能路面混凝土中的胶凝材料更为润滑。这也从一个侧面说明，对于黏度较高的高性能路面混凝土，坍落度值并不能准确体现混凝土的实际工作性，而振动黏度系数更贴近于实际应用。因此，在指导高性能路面混凝土施工方面，需将二者加以结合。

另外，将两种或两种以上矿物细掺料复合掺加到混凝土中以制备高性能路面混凝土，是当前道路工程领域的一个研究热点。笔者对矿渣与沸石粉复合高性能路面混凝土和矿渣与粉煤灰复合高性能路面混凝土的试验研究表明[12]，混凝土的工作性与复合超细粉的掺量以及各组分间的比例密切相关。研究发现，对于以上两种复合方式配制的高性能路面混凝土来说，随着复合掺量的增大，混凝土的工作性都得到不同程度的改善。需要特别指出的是，对于矿渣与沸石粉复合高性能路面混凝土，改变矿渣与沸石粉之间的比例，混凝土的坍落度值有明显变化，且变化幅度要大于由掺量不同而引起的坍落度值变化。不同复合比例下，矿渣与沸石粉复合高性能路面混凝土的坍落度值如表 9-6 所示。

不同复合比例下高性能路面混凝土的坍落度值　　表 9-6

项目 编号	水胶比	减水剂掺量（%）	细掺料间比例	配合比	坍落度（cm）
				水泥:矿渣:沸石粉:细集料:粗集料	
K + Z1	0.39	1.2	5:5	0.70:0.15:0.15:1.82:3.38	2.5
K + Z2	0.39	1.2	6:4	0.70:0.18:0.12:1.82:3.38	3.5
K + Z3	0.39	1.2	7:3	0.70:0.21:0.09:1.83:3.39	5.0

二、力学性能

在高性能路面混凝土的力学性能中，抗折强度和抗压强度是被关注的重点。不同材料配制的高性能路面混凝土的强度是有差异的，粉煤灰高性能路面混凝土、磨细矿渣高性能路面混凝土、硅粉高性能路面混凝土、复合矿物超细粉高性能路面混凝土的强度分别见表 9-7 ~ 表 9-10。

粉煤灰高性能路面混凝土的强度　　表 9-7

配合比 编号	减水剂掺量（%）	水胶比	粉煤灰掺量（%）	胶凝材料总量（kg）	抗弯拉强度（MPa）	
					7d	28d
F1	1.0	0.35	15	365	5.53	6.94
F2	1.1	0.35	15	365	5.74	7.0
F3	1.3	0.35	15	365	5.6	6.67
F4	1.5	0.35	15	365	5.33	6.4
F5	1.0	0.40	20	365	4.27	5.87
F6	1.0	0.40	15	365	4.40	6.13
JZ	1.0	0.40	0	365	5.23	6.54

磨细矿渣高性能路面混凝土的强度　　表9-8

编　号	矿渣掺量（%）	水胶比	配　合　比	抗压强度（MPa）		抗折强度（MPa）	
			水泥:矿渣:细集料:石	7d	28d	7d	28d
0	0	0.37	1:0:1.84:3.44	37.1	47.7	5.41	6.58
1	20	0.35	1:0.25:2.33:4.33	42.2	50.9	6.33	8.40
2	30	0.35	1:0.43:2.66:4.93	38.4	48.2	6.95	8.60
3	40	0.35	1:0.67:3.10:5.75	36.9	53.6	6.53	9.07
4	50	0.35	1:1:3.70:6.88	40.1	53.1	6.12	6.80

硅粉高性能路面混凝土的强度[9]　　表9-9

编号	水胶比 W/B	减水剂（%）	各种组成材料用量（kg/m³）				抗压强度（MPa）		抗折强度（MPa）
			水泥	硅粉	砂	石	7d	28d	28d
1	0.43	1.0	345	0	703	1365	46.1	52.4	7.42
2	0.43	1.0	330	15	621	1448	50.4	62.7	8.22
3	0.43	1.0	323	22	579	1490	44.3	55.2	7.19
4	0.43	1.0	316	29	662	1406	43.1	55.0	7.20

复合矿物超细粉高性能路面混凝土的强度　　表9-10

编号	坍落度（cm）	外加剂掺量（%）	含气量（%）	配　合　比	抗弯拉强度（MPa）		抗压强度（MPa）	
				水泥:超细粉A:超细粉B:细集料:粗集料:水	7d	28d	7d	28d
K+Z1	2.0	1.1	3.62	0.7:0.15:0.15:1.88:3.35:0.38	7.1	8.0	40.2	50.6
K+Z2	2.5	1.2	4.15	0.7:0.15:0.15:1.87:3.33:0.39	7.1	7.8	37.2	48.2
K+F1	3.0	1.1	4.08	0.75:0.175:0.075:1.89:3.36:0.38	6.3	7.7	47.3	54.2

注：K+Z表示矿渣+沸石粉，K+F表示矿渣+粉煤灰。

三、变形性能

1.收缩性能

高性能路面混凝土的收缩性能与水泥用量、水胶比、掺和料种类、外加剂种类、混凝土配合比、环境相对湿度和温度等有关。笔者通过试验研究发现[12,26]，在-30℃~30℃温度区间内，单掺磨细矿渣、复掺矿渣与沸石粉和复掺矿渣与粉煤灰的高性能路面混凝土的温缩系数均低于未掺加超细粉的基准混凝土。单掺粉煤灰虽然也能改善高性能路面混凝土的温缩性能，但这种改善作用只在局部温度区段内表现得尤为明显。干燥收缩是高性能路面混凝土的主要收缩形式。磨细矿渣高性能路面混凝土和粉煤灰高性能路面混凝土的干燥收缩与龄期及超细粉掺量间的关系分别如图9-7、图9-8所示。

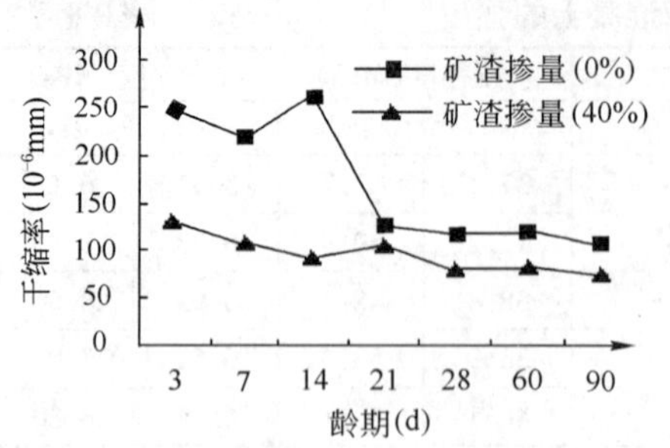

图 9-7 磨细矿渣高性能路面混凝土的干缩性能

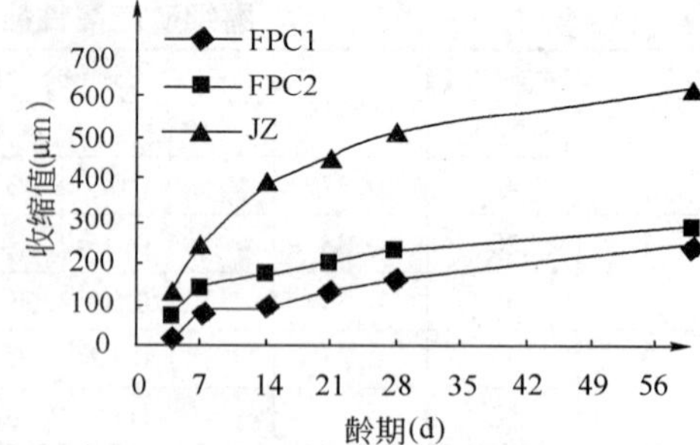

图 9-8 粉煤灰高性能路面混凝土的干缩性能

在图 9-7 中,掺入 40% 的磨细矿渣能显著改善混凝土的干燥收缩性能,磨细矿渣高性能路面混凝土的早期干缩值较大,此后随着龄期的增大呈现出降低的趋势,但混凝土在前后期的干缩值相差不大。

在图 9-8 中,JZ 代表未掺加粉煤灰的基准混凝土,FPC1 代表粉煤灰掺量为 15%、胶凝材料用量为 $365kg/m^3$ 的高性能路面混凝土,FPC2 代表粉煤灰掺量为 15%、胶凝材料用量为 $385kg/m^3$ 的高性能路面混凝土。从图中可以看出,FPC1、FPC2 的干缩率比 JZ 小,说明粉煤灰对改善混凝土的干缩性能有积极作用。比较 FPC1 和 FPC2 的干缩值可以发现,当胶凝材料用量从 $365kg/m^3$ 增加到 $385kg/m^3$ 时,干缩值明显增加,这表明胶凝材料用量对混凝土的干燥收缩有显著影响。因此,在强度及耐久性允许的情况下,可以通过减少胶凝材料用量来改善混凝土的收缩性能。

复掺磨细矿渣和粉煤灰对高性能路面混凝土的干燥收缩有较大改善,其对干缩值的最大降低幅度可达 30% 以上。复掺磨细矿渣和沸石粉的高性能路面混凝土的干缩值与普通混凝土大体一致,这主要是掺入了沸石粉的缘故。磨细矿渣能降低混凝土的干缩值,而根据冯乃谦教授的研究成果[8],掺入沸石粉后混凝土的干缩率会增大,因此,将以上两种超细粉复掺时,对混凝土干缩性能的改善效果不明显。Burg 和 Ost 的研究成果还表明,硅粉可以减少混凝土的干缩值和徐变[27]。

2. 柔韧性

由表 9-7 ~ 表 9-10 中的强度测试结果可以看出,由于高性能路面混凝土的抗弯拉强度较普通路面混凝土有明显提高,致使混凝土的压折比降低,柔韧性增强,变形性能得到改善。但仅用压折比来评价高性能路面混凝土的变形能力是不全面的,同时还需进一步研究混凝土的应力 - 挠度曲线,以便更加深入全面地揭示高性能路面混凝土的变形性能。

不同配合比的混凝土在受力破坏过程中,表现出不同的应力－变形关系。我们通过比较最大挠度,可以直观地分析混凝土的脆性,此外,还可以通过应力－挠度曲线并计算它们所围面积来求得断裂能,比较不同混凝土断裂所消耗能量的大小,进而评价混凝土的柔韧性。

磨细矿渣高性能路面混凝土的应力－挠度曲线如图 9-9 所示,复合矿物超细粉高性能路面混凝土的应力－挠度曲线如图 9-10 所示。

在图 9-9 中,JZ 代表未掺磨细矿渣的基准混凝土,Kt3 代表矿渣掺量为 40% 的高性能路面混凝土。

在图 9-10 中,JZ 代表未掺超细粉的基准混凝土,KF25 代表矿渣与粉煤灰复掺、掺量为 25%,KZ30 代表矿渣与沸石粉复掺、掺量为 30%。图中各曲线的峰值表征极限变形,超过极限变形,混凝土就失去了抗弯拉承载能力。

由图 9-9 中采集到的变形可知,JZ 的最大极限应力所对应的变形为 1.674mm,Kt3 的最大极限应力所对应的变形为 2.425mm。可见,掺加磨细矿渣后,高性能路面混凝土的变形能力显著增强。从图中还可以看出,A_{JZ}的面积明显小于 A_{Kt3} 的面积,也就是说高性能路面混凝土发生断裂所需消耗的能量要高于基准混凝土,因此,其柔韧性更为优异。值得注意的是,图中 JZ 达到最大极限

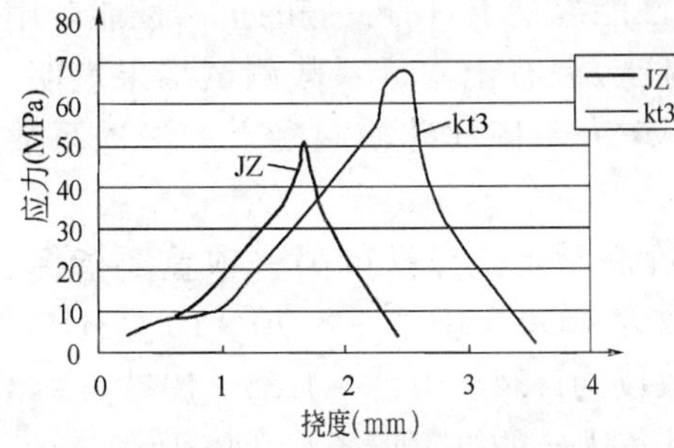

图 9-9　磨细矿渣高性能路面混凝土的应力－挠度曲线

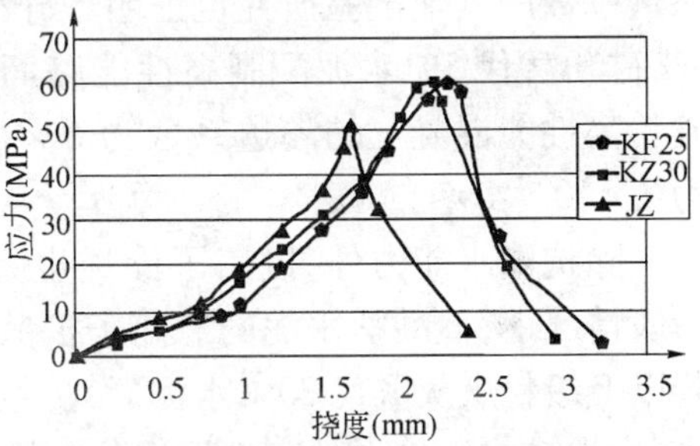

图 9-10　复合超细粉高性能路面混凝土的应力－挠度曲线

应力后,在最高应力点产生一个尖峰,这说明基准混凝土达到极限变形后立即破坏;而磨细矿渣高性能路面混凝土在达到极限应力后,其最高应力点出现一个较缓的波峰,说明混凝土达到极限变形后不会立即破坏,这在工程中是有利的。

由图 9-10 采集到的变形曲线的形式与图 9-9 相类似,JZ 的最大极限应力所对应的变形为 1.674mm,KF25 及 KZ30 的最大极限应力所对应的变形分别为 2.186mm和 2.268mm,且 KF25 和 KZ30 所围曲线面积也要大于 JZ。由此可以看出,加入复合超细粉后,高性能路面混凝土的柔韧性也大为提高,变形性能得到

改善。

四、抗渗性

混凝土的渗透性能与其耐久性有密切的关系，抗渗性能好的混凝土具有好的密实性、好的抗碳化能力、好的抗腐蚀能力以及优良的抗冻性等[28]。高性能路面混凝土由于水胶比比较低，并且又以一部分矿物细掺料代替水泥，所以混凝土不易发生离析泌水现象，水泥浆－集料界面得到改善，抗渗性提高。Barger等[29]认为，如果养护充分，通常粉煤灰、磨细矿渣、天然火山灰等超细粉可降低混凝土的渗透性和吸水性；并且硅灰在这方面的效果特别明显，硅灰可使混凝土的抗氯离子渗透性在1 000C以下（按ASTM C 1202快速氯离子渗透试验测定）。试验研究发现[12,30~32]，粉煤灰高性能路面混凝土、磨细矿渣高性能路面混凝土、复合矿物超细粉高性能路面混凝土均具有优良的抗渗性能。硅粉高性能路面混凝土的抗渗性能如图9-11所示。图中，混凝土的水胶比越大，抗渗性能越差，当水胶比大于0.5时，混凝土的渗透水压力显著降低。加入硅粉后，硅粉能够有效提高混凝土的抗渗性；当硅粉掺量为12%左右时，硅粉高性能混凝土的抗渗性最好；硅粉掺量再增加，抗渗性能反而下降。对硅粉高性能路面混凝土渗透系数的其他试验研究也证明了硅粉高性能混凝土具有良好的抗渗性能。用5%硅粉替代5%水泥配制高性能路面混凝土，混凝土渗透系数测试结果表明：硅粉高性能混凝土的渗透系数为6×10^{-14}m/s，未掺加硅粉混凝土的渗透系数为3×10^{-11}m/s。

除抗渗水能力外，氯离子渗透也是评价混凝土抗渗性的另一项重要指标。一般情况下，硅酸盐水泥的氯离子扩散系数为1.56×10^{-12}～$8.70\times10^{-12}\mathrm{m^2/s}$，若以F级粉煤灰取代30%水泥后，扩散系数仅为$1.34\times10^{-12}-1.35\times10^{-12}\mathrm{m^2/s}$。可见，掺矿物细掺料的高性能混凝土同样具备优异的抗氯离子渗透能力。

五、抗冻性

抗冻性可以间接反映混凝土抵抗水分侵入和抵抗冰晶压力的能力，因此常作为评价混凝土耐久性的重要指标。对于高性能路面混凝土，抗冻性能可以用冻融循环后的质量损失率和相对动弹性模量来表征，而使用相对动弹性模量评价抗冻性更为适宜。粉煤灰高性能路面混凝土经历不同冻融次数后的动弹性模量如图9-12所示。

由图可知，随着冻融次数的增加，相对动弹性模量下降；当冻融循环达到50次时，粉煤灰高性能路面混凝土的相对动弹性模量有一次明显的下降；随后则逐

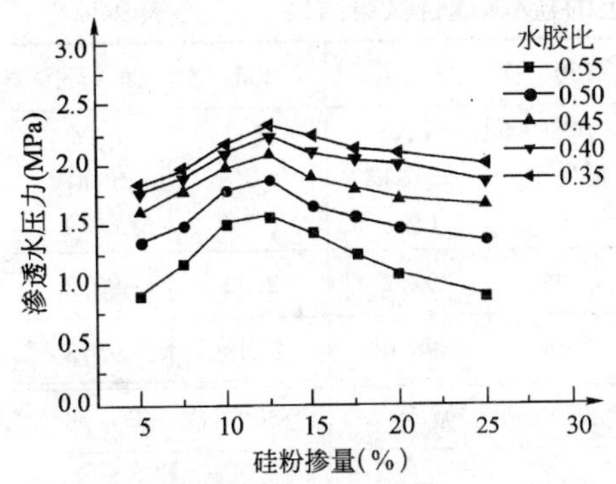

图 9-11　硅粉高性能路面混凝土的抗渗性能

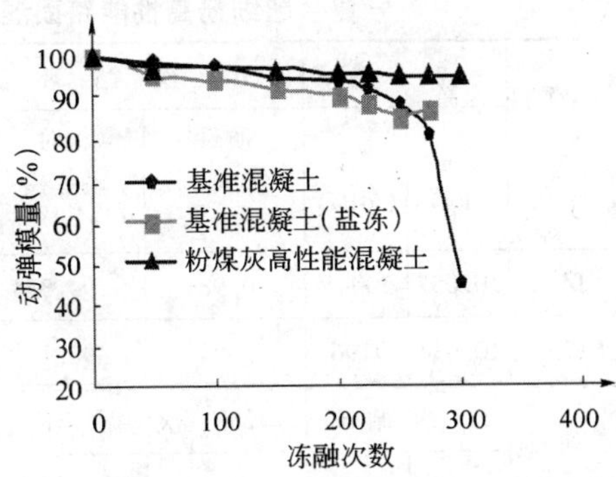

图 9-12　不同冻融循环次数的动弹性模量

渐趋于平缓。在这一过程中,基准混凝土以及盐冻环境下的基准混凝土的动弹性模量下降更为剧烈。当冻融循环达到 300 次时,基准混凝土的动弹性模量降低了 40%,盐冻环境下的基准混凝土已处于破坏状态,而粉煤灰高性能路面混凝土则仍能承受更多次的冻融循环。

磨细矿渣高性能路面混凝土、复合矿物超细粉高性能路面混凝土同样具有优异的抗冻性能,两种高性能混凝土在盐/冻耦合冻融循环下的动弹性模量和质量损失率分别见表 9-11 和表 9-12。

磨细矿渣高性能路面混凝土的盐/冻耦合试验结果　　表 9-11

项目 / 编号	初始		100 次循环		150 次循环		200 次循环	
	质量(kg)	模量(MPa)	质量损失率(%)	相对动弹模(%)	质量损失率(%)	相对动弹模(%)	质量损失率(%)	相对动弹模(%)
JZ	10.05	2423	0.31	92.3	0.98	87.5	2.32	80.5
Kt2	10.12	2413	0.47	94.3	0.77	92.2	1.17	90.2

项目 / 编号	225 次循环		250 次循环		275 次循环		300 次循环	
	质量损失率(%)	相对动弹模(%)	质量损失率(%)	相对动弹模(%)	质量损失率(%)	相对动弹模(%)	质量损失率(%)	相对动弹模(%)
JZ	2.77	75.3	2.89	65.3	3.02	57.2	3.31	54.4
Kt2	1.27	86.6	1.66	83.4	2.18	75.8	2.37	69.4

注:JZ——未掺加矿渣的基准混凝土;

Kt2——磨细矿渣高性能路面混凝土,矿渣掺量 30%。

复合超细粉高性能路面混凝土的盐/冻耦合试验结果 表9-12

项目 编号	初始		100次循环		150次循环		200次循环	
	质量(kg)	模量(MPa)	质量损失率(%)	相对动弹模(%)	质量损失率(%)	相对动弹模(%)	质量损失率(%)	相对动弹模(%)
JZ	10.057	50045	0.98	94.3	1.84	92.2	2.32	90.2
KF25	10.036	9196	1.05	97.1	1.65	96.6	2.48	95.3
项目 编号	225次循环		250次循环		275次循环		300次循环	
	质量损失率(%)	相对动弹模(%)	质量损失率(%)	相对动弹模(%)	质量损失率(%)	相对动弹模(%)	质量损失率(%)	相对动弹模(%)
JZ	2.95	88.1	3.44	85	3.97	51.6	4.63	—
KF25	2.84	94.5	3.29	93.8	3.75	93.4	3.92	92.4

注:JZ——未掺加超细粉的基准混凝土;

KF25——矿渣与粉煤灰复掺的高性能路面混凝土,复合掺量25%。

由此可见,磨细矿渣和复掺矿物超细粉能极大改善高性能路面混凝土的抗冻性能。虽然现行规范并未给出盐/冻耦合条件下混凝土所要求达到的冻融循环次数和质量损失百分比,但即便是依据一般快速冻融规范中的要求,掺矿物超细粉的高性能路面混凝土在经历盐/冻耦合循环后的动弹性模量和质量损失率依然符合甚至优于规定的标准。可以说,矿物细掺料能显著降低盐/冻耦合作用对混凝土的破坏能力,这对撒除冰盐地区混凝土路面的铺筑具有指导意义。

六、抗腐蚀性

矿物细掺料通过降低混凝土的渗透性使混凝土抗化学侵蚀性能增强,但并不能使其完全免受化学侵蚀。笔者研究发现[12,26],将磨细矿渣高性能路面混凝土在5%盐酸溶液中放置40d后,其强度损失较普通混凝土要小得多;将矿渣、沸石粉复掺高性能路面混凝土在5%盐酸溶液中浸泡40d后的强度损失率在15%左右,而普通混凝土则高达40%以上。Stark[33]研究了高性能混凝土的抗硫酸盐性能,认为对于某种F类粉煤灰,掺量大约为20%时可以提高混凝土的抗硫酸盐侵蚀能力,但高于此掺量反而是有害的。ACI233[34]和Detwiler等[35]的研究成果同时表明,磨细矿渣高性能混凝土的抗硫酸盐性能接近或高于V型抗硫酸盐水泥配制的混凝土。

七、耐磨性能

高性能路面混凝土一般具有很高的耐磨性。对粉煤灰高性能路面混凝土来说，当粉煤灰掺量为15%左右时，混凝土具有优良的耐磨性能；但随着粉煤灰掺量的增大，耐磨性会呈现出降低的趋势[12]。磨细矿渣高性能路面混凝土的耐磨性能变化规律与粉煤灰高性能路面混凝土相似，如图9-13所示。当磨细矿渣掺量为30%时，混凝土的磨耗损失率达到最低水平；随着磨细矿渣掺量增加，耐磨性又逐渐降低，当磨细矿渣掺量为50%时，高性能路面混凝土的耐磨性甚至比基准混凝土还差。与前两种高性能路面混凝土相比，硅粉高性能混凝土具有更突出的耐磨性能。挪威相关研究结果表明：120MPa以上的硅粉高性能混凝土，其耐磨性与花岗岩基本相同，磨耗率仅为 0.6×10^{-4} mm/次，每次相当于以63km/h速度行驶的带有防滑铁钉轮胎的货车作用。另外，砂子的粗细程度对耐磨性也有较大影响，笔者研究发现，细度模数为3.1和3.4的中粗砂的耐磨性能明显比细度模数为2.55的细砂好。因此，从耐磨性角度来看，高性能路面混凝土应当选取细度模数较大的砂子，在满足工作性的条件下，最好为中粗砂或粗砂。

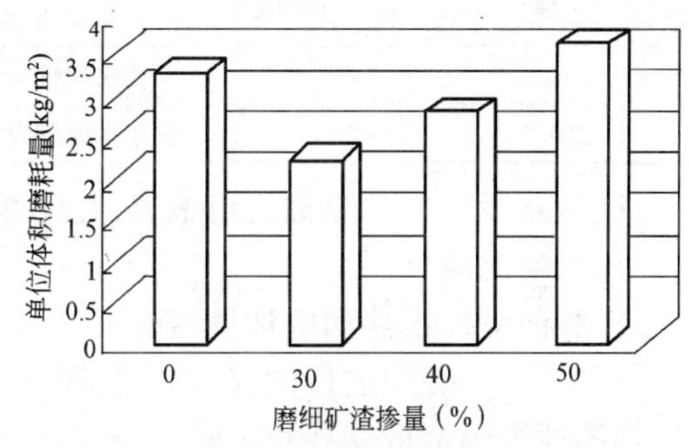

图9-13　不同矿渣掺量时的单位体积磨耗量

八、抗碱－集料反应

矿物细掺料对混凝土的碱－集料反应有抑制作用。将20%粉煤灰、20%沸石粉、10%硅粉分别掺加到砂浆中制作砂浆棒，并测定其膨胀值，试验结果表明：粉煤灰与沸石粉对碱－集料反应的抑制效果大体相同，当掺量为20%时，180d的膨胀率不大于0.03%；硅粉的抑制效果更加明显，掺量10%就可达到上述效果。Detwiler等[36]研究发现，在某些情况下，F类低钙粉煤灰可将碱-集料反应产生的膨胀减少70%以上，C类粉煤灰在最佳掺量时也可以减少碱－集料反应，但其减少程度比大多数F类粉煤灰低。Bhatty等[37,38]则认为，矿物细掺料之所以能抑制碱－集料反应，是由于其可提供水化硅酸钙与混凝土中的碱化合。

第五节　试验路面工程及施工工艺

2006年8月，笔者会同吉林省交通科学研究所在吉林省延吉市江延高速公路连接线处铺筑了不同掺量磨细矿渣的高性能混凝土路面。试验路面的实施方案见表9-13，试验路布置如图9-14所示。

试验路面实施方案　　表9-13

方　案	方案代号	特细矿渣掺量	外加剂品种
试验方案一	KZ1	取代水泥量为25%	长春产Sky型高效引气减水剂
试验方案二	KZ2	取代水泥量为20%	安徽产AH—2型高效引气减水剂

试验路段采用三辊轴机组施工，具体操作过程如下。

1. 混凝土搅拌

拌和前应校正拌和楼计量精确度，拌和过程中应随时检查拌和计量精确度。在投入生产前，必须进行试拌，测定混凝土的工作性、含气量，根据拌和物的黏聚性、均质性等确定最佳拌和时间。

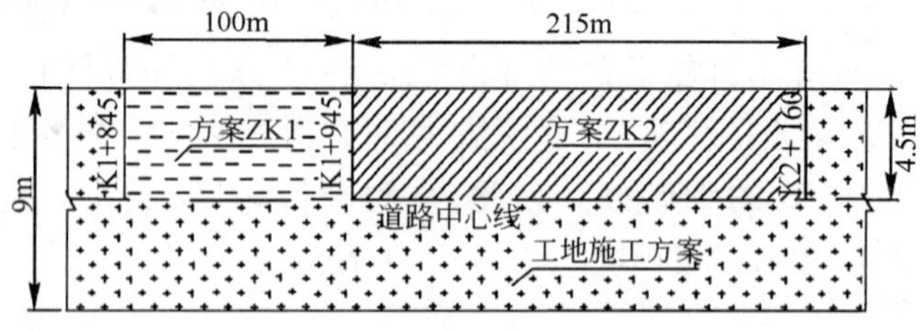

图9-14　试验路面平面布置示意图

2. 混凝土运输

运输车辆应根据施工进度、运距及路况，选配车型和车辆总数。车况优良、载质量5～20t的自卸车，车后挡板应关闭紧密，运输时不漏浆撒料。总运力应比拌和能力略有富余，确保新拌混凝土在规定时间内运到摊铺现场。

3. 作业单元划分

三辊轴摊铺整平机施工以单元进行，每个工作单元都要完成摊铺、振实和整平施工作业。作业单元长度为20～30m，施工时间最少要20min，最多不能超过45min。单元长度过短时，三辊轴摊铺整平机反复调头，影响施工平整度；过长时，提起的浆水灰比越来越大，越来越稀。三辊轴整平机最佳滚压遍数为3～4遍，也可经过现场试验或经验确定。

4. 布料控制

设专人指挥车辆均匀卸料，在摊铺宽度范围内，宜分多堆卸料。人工布料时，应尽量避免布料整平过的水泥混凝土表面上留下人为踩踏的脚印。布料的速度不宜低于30～40m/h，应与摊铺速度相适应。布料的松铺系数应根据水泥混凝土拌和物的坍落度和路面横坡大小确定。坍落度为20～70mm的混凝土拌和物，松铺系数为1.08～1.22；坍落度为1～40mm的混凝土拌和物，松铺系数为1.12～1.25。坍落度高时取低值，坍落度低时取高值。准确布料是保证路面平整度的重要环节，为保证模板内有足够的水泥混凝土拌和物，布料高度应足够高；但布料过高时，三辊轴摊铺整平机振动的遍数过多，易产生分层离析，路面平整度较难保证。

5.振捣机振动密实和拉杆安装

水泥混凝土拌和物的布料连续长度大于10m后，进行振动密实作业。振捣时，每次移动距离不超过振动棒有效作用半径的1.5倍，并且不得大于600mm，振动时间为15～30s。如果布料长度不长就振动混凝土，三辊轴摊铺整平机不能紧跟上施工，拌和物工作性损失后，施工将十分困难。刚振过的混凝土流动性最好，这时宜开始三辊轴摊铺整平机施工，施工效果也最好。振动器在每一位置的振捣持续时间，以拌和物停止下沉，不再冒气泡并出浆为止，但不宜少于15s，也不宜过振。振动过后，应立即安装拉杆，以免造成拉杆插入困难。拉杆插入机的限位开关，应调整到合适的位置，使得拉杆安装在路面板厚的中间。拉杆插入机每次移动的距离与拉杆间距相同。

6.三辊轴摊铺整平机施工

振捣机振动过的拌和物表面，应高出模板顶面5～20mm，表面大致平整，没有人为踩踏和分层离析现象，才能开始三辊轴摊铺整平施工。三辊轴摊铺机位于前面的振动轴始终是向后旋转的，而两根驱动整平轴则可以正反转，实现前后移动。三辊轴摊铺整平机摊铺振动时，采用前进振动后退静滚的作业方式。三辊轴摊铺整平机前进振动时，振动轴将高出的水泥混凝土进一步振实并向前摊铺。振动过后形成的有规律的表面波浪，紧接着被两根整平轴整平。如果采用后退振动，振动轴的振动作用只能将混凝土进一步振实，而不能将高出的混凝土向前摊平。振动过后形成的波浪留在混凝土表面，待三辊轴摊铺整平机回头向前施工时才能整平。如果机械不能及时调头，波浪将不能消除，永久保留在路面上，形成短波缺陷。因此，三辊轴摊铺整平机摊铺振动时，只能采用前进振动、后退静滚的作业方式。

在摊铺振动过程中，应设专人观察混凝土表面的高低情况，过高时应辅以人工铲除，轴下有间隙时，应采用同一作业单元内的混凝土找补。三辊轴摊铺整平机整平作业时,将振动轴抬离模板,用整平轴前后静滚,直到平整度符合要求、路面表面砂浆厚度均匀为止。振动轴是一根偏心轴,三辊轴摊铺整平机进行整平作业时,将振动轴提离模板顶面,是为了避免产生波浪,所以只用两根整平轴整平。静滚遍数应足够多,目的不仅是整平,更重要的是使路面表面砂浆的厚度和水灰比均匀,静滚遍数一般为4~8遍。

7.表面修饰

刮尺饰面是混凝土路面三辊轴机组施工的重要工序。经过整平轴整平后,表面砂浆沿纵向摊铺,使得沿路线方向的砂浆厚度和砂浆水灰比均匀,但沿横坡方向则不够均匀,因此需要刮尺饰面。三辊轴摊铺整平机的施工宜在混凝土初凝时间的1/3以前完成,并立即开始第一遍刮尺饰面。将长3~5m的饰面刮尺纵向摆放,从路面以外沿横坡方向从板的一边向另一边拉刮,使表面砂浆沿横向也均匀。推拉刮尺的速度应均匀,刮尺推拉方向的前缘离开浆面,使刮出的浆被刮尺始终压住。刮尺推拉方向要与浆面保持一定的角度。根据施工温度情况,间隔适当时间后进行第二次刮尺饰面。刮尺饰面的遍数应根据均匀和整平需要确定,刮尺饰面应不少于2遍,最后一遍应在混凝土初凝时间的1/2以前完成。

8.养护

由于高性能路面混凝土掺加了矿物细掺料,必须加强早期潮湿养护,做到及时、充分,否则不但影响强度,而且容易引起开裂。在养护期间,混凝土表面不得见干,可用草帘、麻袋或混凝土养护专用的覆盖物等包裹,并在外面再裹以塑料薄膜,以保持混凝土表面潮湿。养生时间应根据高性能路面混凝土抗折强度增长情况而定,以混凝土抗折强度不小于设计强度的80%为宜,一般为21~28d,不得少于21d。

参考文献

[1] Yao Wu, Li Zongjin. Effects of slag upon the flowability and mechanical propertiesof high strength concrete. Sixth CANMET/ACI international conference on Fly Ash, Slag and Natural Pozzolans in Concrete. American Concrete Institute, Bangkok, Thailand, 1998.

[2] Swamy R N, Sakai M, Nakamura N. Role of superplasticizers and slag for productionhigh performance concrete. Proceedings of the Fourth CANMET/ACI internationalconference on Superplasticizers and Other Chemical Admixtures in Concrete. Montreal, Canada: 1994. Malhotra V M. American Concrete Institute,

Detroit, MI, 1994 (ACI SP-148).

[3] P. K. Metha and R. W. Burrows. Building durable structures in the 21st century. Concrete International, 2001.

[4] Metha P. K. High performance concrete durability affected by many factors. Concrete Construction. 1992, 37(5).

[5] S. P. Saha, S. H. Ahmad. High Performance Concrete and Applications. Edward Arnold, 1994.

[6] Adeline R, Lacheme M, Blaif P. Design and Behavior of the Sherbrooke footbridge. Sherbrooke Canada: International Symposium on High Performance and ReactiveParticle Concrete, 1998.

[7] 吴中伟,廉慧珍. 高性能混凝土. 北京:中国铁道出版社,1999.

[8] 冯乃谦. 新实用混凝土大全. 北京:科学出版社,2005.

[9] 蒋应军. 重载交通水泥混凝土路面材料与结构研究. 博士学位论文,2005.

[10] 冯乃谦. 高性能混凝土. 北京:中国建筑工业出版社,1996.

[11] Mehta P. K. Durability-critical issues for the future. Concrete International. 1997, 2.

[12] 申爱琴等. 季冻区公路水泥混凝土路面耐久性研究报告. 2007.

[13] 中华人民共和国国家标准《建筑用卵石、碎石》(GB/T 14685—2001), 北京:中国标准出版社,2001.

[14] Shane J D, Mason T O, Jennings H M. Effect of the interfacial transition zone-the conductivity of portland cement mortars[J]. J Am Ceram Soc, 2000, 83(5):1137-1144.

[15] 蔡四维,蔡敏. 混凝土的损伤断裂. 北京:人民交通出版社. 2000.

[16] Mehta P K, Aïtcin P C. Principles Underlying, Production of Highperformance Concrete. Cement, Concrete and Aggregate, 1990, 2(12).

[17] ACI Committee 211, Guide for Selecting Proportions for High-Strength Concrete Using Portland Cement and Fly Ash. ACI 211.4R, Detroit, 1993.

[18] de Larrard F. A Survey of Recent Researchesperformed in the French "LCPC" Network on High performance Concrete. Proceedings of High Strength Concrete, Lillehammer, Norway, 1993:20-24.

[19] Regourd M M. Microstructures of High Performance Concrete. High Performance Concrete, E & FN SPON, 1992.

[20] Bache H H. Densified Cement/Ultrafine Paticle Based Materials. Second In-

terna-tional Conf. on Superplasticizers in Concrete, Ottawa, 1981.

[21] Domone P L J, Soutsos M N. An Approach to the Proportioning of High Strength Concrete Mixes. Concrete International, 1994.

[22] Carbonari B T et al. A Synthetic Approach for the Experimental Optimization of High Strength Concrete. 4th International Symposium on Utilization of HSC/HPC, Paris, 1996.

[23] 陈建奎,王栋民. 高性能混凝土(HPC)配合比设计新法——全计算法. 硅酸盐学报,2000,28(2):194-198.

[24] 姜德民,高振林. 高性能自密实混凝土的配合比设计. 北方工业大学学报,2001,13(3):89-96.

[25] 马保国等. 高性能混凝土配合比设计. 武汉理工大学学报,2007,24(5).

[26] 袁春毅,申爱琴,韩继国,赵乐易. 磨细矿渣高性能路面混凝土的耐久性. 中国公路学报,2007,20(5).

[27] Burg, R. G., and Ost, B. W. Engineering Properties of Commercially Available High-Strength Concretes (Including Three-Year Data), Research and Development Bulletin RD104, Portland Cement Association, 1994:62.

[28] M. I. Khan, C. J. Lynsdale. Strength, Permeability, and Carbonation of High-Perfor Mance Concrete. Cement and Concrete Research, 2002, 32:123-131.

[29] Barger, Gregory S.; Lukkarila, Mark R.; Martin, David L.; Lane, Steven B.; Hansen, Eric R.; Ross, Matt W.; and Thompson, Jimmie L. "Evaluation of a Blended Cement and a Mineral Admixture Containing Calcined Clay Natural Pazzolan for High-Performance Concrete." Proceedings of the Sixth International Purdue Conference on Concrete Pavement Design and Materials for High Performance, Purdue University, West Lafayette, Indiana, 1997.

[30] 颜海. 复合双掺矿质超细粉高性能路面混凝土研究. 硕士学位论文,2006.

[31] 刘毅. 掺粉煤灰高性能路面混凝土耐久性研究. 硕士学位论文,2005.

[32] 袁春毅. 高掺量磨细矿渣高性能路面混凝土研究. 硕士学位论文,2005.

[33] Stark, David. Durability of Concrete in Sulfate-Rich Soils. Research and Development Bulletin RD097, Portland Cement Association, 1989:14.

[34] ACI Committee 233, Ground Granulated Blast-Furnace Slag as a Cementitiousin Concrete. ACI 233R-95, American Concrete Institute, Farmington Hills, Michigan, 1995:18.

[35] Detwiler, Rachel J.; Bhatty, Javed I.; and Bhattacharja, Sankar, Supplementa-

ryCementing Materials for Use in Blended Cements, Research and Development Bulletin RD112, Portland Cement Association,1996:108.

[36] Detwiler, Rachel J.; Documentation of Procedures for PCA's ASR Guide Specifica-tion. SN2407, Portland Cement Association,2002.

[37] Bhatty, M. S. Y. "Mechanism of Pozzolanic Reactions and Control of Alkali-Aggregate Expansion" Cement, Concrete and Aggregate, American Society for Testing and Materials, West Conshohocken, Pennsylvania, Winter 1985:69-77.

[38] Bhatty, M. S. Y. and Greening, N. R. "Some Long Time Studies of Blended Cements with Emphasis on Alkali-Aggregate Reaction" 7th International Conference on Alkali-Aggregate Reaction,1986.

[39] 韩继国,申爱琴,等.公路水泥混凝土路面耐久性研究报告.2008.

第十章 纤维混凝土路面

第一节 引 言

纤维增强混凝土简称纤维混凝土,指在素混凝土基体中掺入均匀分散的短纤维而组成的一种复合材料。目前,纤维混凝土材料主要分为钢纤维混凝土和合成纤维混凝土两大类。钢纤维是最早投入工程使用的纤维材料之一,1910年,美国人Porter(波特)把薄钢片掺入混凝土中以改善混凝土的抗拉强度和抗冲击性能,取得了良好的效果,并于1914年申请了这种材料的专利权。在随后的几年中,Graham和Ficklim等人也在这一方面进行了大胆的尝试,并相继获得成功。钢纤维混凝土的理论和工程实践在20世纪60年代取得了空前的发展,尤其在1963年Romualdi和Batson发表了基于断裂分析的纤维间距理论的著作[1]后,钢纤维混凝土受到了工程界的广泛关注。1966年,美国混凝土学会增设了纤维混凝土委员会(ACI Commitee544)。该委员会于1973年在加拿大渥太华举办了纤维混凝土国际会议。在钢纤维混凝土的研究与应用方面,美国和英国发展最快,日本、俄罗斯和澳大利亚等国家也取得了许多成果。

钢纤维混凝土用于修筑路面或机场道面主要有两种形式,一种是直接铺筑在基层之上的单层钢纤维混凝土;另一种是在素混凝土路面之上铺筑钢纤维混凝土罩面层,形成双层式混凝土路面。在以上两种形式中,后者既可以用于新路面的铺筑,也可以用于旧路面的加固。钢纤维混凝土在路面和机场道面中的应用方式基本相同。

美国在20世纪70年代修建了较多的试验工程,以检验钢纤维混凝土路面的实际使用效果。这些试验工程包括依阿华州于1972年修筑的悉达快速道路的55m试验路,密执安州瓦伦于1972年修筑的四车道、长334m的试验路,依阿华州格林县于1973年修筑的4 850m长的钢纤维混凝土罩面试验路等。在机场道面的试验工程中,最早的试验路面是由美国陆军工程师兵团在1972年修建坦波国际机场时铺筑的,该试验路面在54m长的滑行跑道上采用了厚度为10cm和15cm的两种罩面层。此外,美国在许多桥梁行车道的修复工程中也成功采用了钢纤维混凝土罩面层。从工程实用角度来看，钢纤维混凝土路面还处于应用研究阶段，其施工工艺、工程造价、路面品质和平整度等方面仍有待进一步改进。

进入20世纪80年代，随着材料科学的进步，钢纤维材料的缺陷逐渐暴露出来，碳纤维、有机合成纤维、木纤维等新的纤维品种便开始走进人们的视野。与传统的钢纤维相比，新的纤维品种具有完全不同的特点，它们对混凝土的改性作用也各具特色。以聚丙烯纤维为代表的有机合成纤维是继钢纤维之后在混凝土中应用最为广泛的一种纤维材料。有机合成纤维混凝土的工程应用始于英国，英国工程师在西部海岸的工程中将剁碎的聚丙烯纤维掺到混凝土块体中，并用这些块体砌成防浪堤。时至今日，将聚丙烯纤维作为混凝土掺和料已被世界上60多个国家所接受并加以应用。加入聚丙烯纤维最大的优点是能够显著减轻混凝土的塑性龟裂。

聚丙烯纤维对混凝土路面的改善效果还通过不同的试验工程进行了比较。1985年，美国在宾夕法尼亚州322号高速公路上铺筑了1.5km的对比试验路面。该试验段在旧路的外侧车道铺63mm厚的普通混凝土面层，内侧加铺同厚度同强度等级的聚丙烯纤维混凝土面层。1年后检查发现，普通混凝土路面层出现龟裂和严重断裂，纤维混凝土路面层无龟裂产生；6年后再次检查，发现普通混凝土路面断裂明显并且磨损严重，而纤维混凝土路面却仍然良好。在墨西哥，墨西哥城从1989年起就要求市区和郊区的重要公路都采用聚丙烯纤维网混凝土路面，厚度为125~200mm，取消任何的加强钢筋。印度尼西亚雅加达于1990年新开通的6条高速公路同样全部采用了聚丙烯纤维网混凝土结构，铺设厚度为270~300mm。

近10年来，英国、日本、德国、美国等国家已经大量采用纤维混凝土作为修筑路面及机场道面的材料，其工程实践所取得的效果亦非常明显。美国韦氏公司（Webster Engineering And Associates, Inc）通过试验研究认为，每1yead^3（立方码，1yead^3 = 0.765m^3）的混凝土加入700g聚丙烯纤维网，可增加其应变能力并且不会有明显的裂缝出现。挪威的公路实验室则通过试验研究证明，在相同条件下，添加纤维网（测试样品C75）可使混凝土增加52%的抗磨能力，并减少34.4%的材料损失。

我国于20世纪70年代后期开始从事有关纤维混凝土材料的研究，经过不懈的努力，我国在纤维混凝土的基本性能与增强理论研究等方面都取得了重要进展，先后编制出《钢纤维混凝土结构设计与施工规范》、《钢纤维混凝土试验方法》等技术文件，为钢纤维混凝土在土木工程中的应用提供了理论支撑。从1986年起，我国每两年举办一届全国性的纤维水泥及纤维混凝土国际会议，共同研讨纤维混凝土的应用技术问题。在纤维混凝土的应用方面,我国也有一些成功的范例。例如,1996年山东济青高速公路一处桥面混凝土出现严重碎裂,用纤维混凝土修复后,桥面于10d后恢复使用,效果良好,据此,相关单位决定用纤维混凝土对济青高速公路全线进行加固。2004年,笔者会同惠州市公路局在广东省S358公路惠州市惠阳段铺筑了聚丙烯纤维混凝土路面试验段,该试验路面使用美国辅特维纤维增强水泥混凝土,并设计了三种配合比方案,其路面结构如图10-1所示[2~5]。该路面于2004年6月通车,开放交通几年来,基本无裂缝、起皮、剥落等现象,使用状况良好,经相关部门检查验收,质量等级被评定为优级。

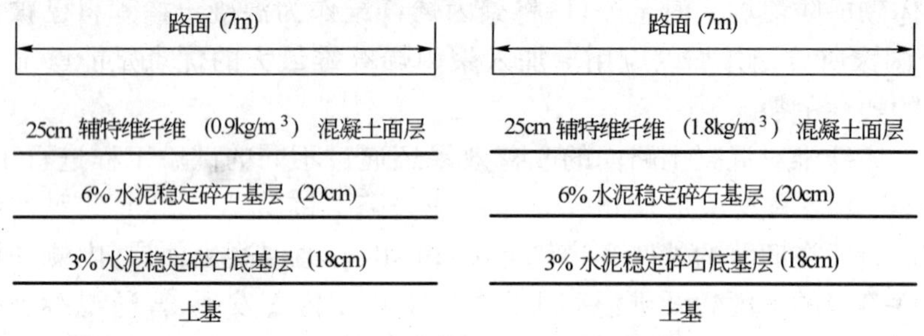

图10-1 聚丙烯纤维混凝土试验路面结构示意图

第二节 原 材 料

一、水泥

对于加钢纤维的纤维混凝土路面,水泥的品种一般选用普通硅酸盐水泥,重型交通路面混凝土通常选用42.5级水泥。由于钢纤维混凝土路面的特殊工作条件以及路面厚度较小,故路面混凝土应尽可能采用强度高、干缩性小、抗磨性及抗冻性好的水泥。一般情况下,普通混凝土路面的水泥用量不宜少于300kg/m^3,而国内外纤维改性混凝土路面的水泥用量大多在340~380kg/m^{3}之间,这样可以有效地提高纤维混凝土的弯拉强度。纤维混凝土路面所用水泥的其他技术要求应符合现行有关标准和规范中关于混凝土所用原材料的规定。

二、碎石

碎石在纤维混凝土中作为粗集料(粒径大于7mm)使用,其品种宜采用岩浆岩或未风化的沉积岩碎石,不宜采用石灰岩碎石。以钢纤维混凝土为例,碎石最大粒径的选取主要取决于钢纤维的长度。钢纤维长度的大小对钢纤维在混凝土基体中的均匀分散有很大影响，也直接关系到钢纤维作用的发挥。钢纤维混凝土中碎石的最大粒径不宜大于20mm，当碎石最大粒径与钢纤维长度之比等于1/2时，钢纤维对混凝土的增强效果最好；当二者之比大于1/2时，钢纤维过于集中并填充于粗集料间的砂浆中，会影响到钢纤维与混凝土基体的界面黏结；当二者之比小于1/2时，钢纤维过长，其分布均匀性和增强效果同样会受到影响。纤维混凝土路面所采用碎石的技术要求见表10-1，标准级配范围见表10-2。

混凝土碎石的技术要求　　表10-1

石料技术等级	≥3	针片状颗粒含量(%)	≤15
压碎值	16～20	硫化物及硫酸盐含量(%)	≤1
磨耗率	≤4	含泥量(冲洗法)(%)	≤1

混凝土碎石的标准级配范围　　表10-2

级配范围	粒径(mm)	筛孔尺寸(圆孔,mm)							
		40	30	25	20	15	10	5	2.5
		通过百分率(以质量计,%)							
连续级配	5～40	95～100	55～69	39～54	25～40	14～27	5～15	0～5	
	5～30		95～100	67～77	44～59	25～40	11～24	3～11	0～5
	5～20				95～100	55～69	25～40	5～15	0～5

三、砂

砂在纤维混凝土中作为细集料(粒径小于5mm)使用，要求颗粒坚硬耐磨、级配良好、表面粗糙有棱角。砂包括天然砂、人工砂和混合砂，公路路面纤维混凝土一般应采用河砂，其细度模数在2.3～3.2之间，即采用中砂或粗砂。路面纤维混凝土用砂的技术要求及标准级配范围见表10-3和表10-4。

河砂技术要求　　表10-3

含泥量(冲洗法,%)	≤3	云母含量(质量,%)	≤2
硫化物及硫酸盐含量(%)	≤1	轻物质含量(质量,%)	≤1
有机物含量(比色法)	颜色不深于标准溶液的颜色		

河砂的标准级配范围　　表10-4

筛孔尺寸(mm)						
圆孔			方孔			
10	5	2.5	1.25	0.60	0.30	0.15
通过百分率(以质量计,%)						
100	90～100	75～100	50～90	30～59	8～30	0～10

四、纤维

纤维根据形状、尺寸和直径的不同可以分为钢纤维、塑料合成纤维、玻璃纤维以及各种天然材料制成的纤维(如木纤维)。纤维的形状有圆形、平直型、波纹状和异型,其典型长度为6~150mm,厚度为0.005~0.75mm。目前,纤维混凝土中掺加的纤维主要分为无机纤维和有机纤维两大类。无机纤维主要指钢纤维,根据形态和加工方式的不同,钢纤维又可以分为铣削钢纤维、佳密克丝胶合钢纤维、剪切钢纤维及熔抽钢纤维等;有机纤维则主要有尼龙、聚丙烯、聚酯人造纤维等。其中聚丙烯纤维在混凝土中较为常用。部分典型纤维的主要性能见表10-5。

部分典型纤维的性能[6,7]　　表10-5

纤维种类	相对密度	直径(μm)	拉伸强度(MPa)	弹性模量(MPa)	断裂应变(%)
钢纤维	7.80	10~1 000	500~2 600	210 000	0.5~3.5
玻璃纤维:					
E	2.54	8~15	2 000~4 000	72 000	3.0~4.8
AR	2.70	12~20	1 500~3 700	80 000	2.5~3.6
合成纤维:					
丙烯酸纤维	1.18	5~17	200~1 000	17 000~19 000	28~50
芳族聚酰胺纤维	1.44	10~12	2 000~3 100	62 000~120 000	2~3.5
碳纤维	1.90	8~10	1 800~2 600	230 000~380 000	0.5~1.5
尼龙纤维	1.14	23	1 000	5 200	20
聚酯纤维	1.38	10~80	280~1 200	10 000~18 000	10~50
聚乙烯纤维	0.96	25~1 000	80~600	5 000	12~100
聚丙烯纤维	0.90	20~200	450~700	3 500~5 200	6~15
天然纤维:					
木纤维	1.50	25~125	350~2 000	10 000~40 000	
剑麻纤维			280~600	13 000~25 000	3.5
椰树纤维	1.12~1.15	100~400	120~200	19 000~25 000	10~25
竹纤维	1.50	50~400	350~500	33 000~40 000	
黄麻纤维	1.02~1.04	100~200	250~350	25 000~32 000	1.5~1.9
象草纤维		425	180	4 900	3.6

1.钢纤维

钢纤维是一种短小、长度不连续、长径比(长度和直径的比)约为20~100、有若干种截面形状的钢质纤维。美国ASTM A 820标准将钢纤维分为四种不同类型,即冷拉钢丝纤维、切削纤维、熔抽纤维和其他类型纤维。钢纤维材质的化学组成见表10-6。

钢纤维材质的化学成分(%)　　表 10-6

元素符号	C	Si	Mn	P	S	其他
含量	2.431	0.231	0.431	0.024	0.015	96.868

钢纤维在机场跑道和公路路面罩面层中应用最为普遍,也可用于桥面及高速公路路面。将钢纤维掺入混凝土中,可以改善混凝土的抗冲击强度和韧性。钢纤维在混凝土中的体积掺量一般在0.25%~2%之间,掺量超过2%时,会降低混凝土的工作性和纤维的分散性。自20世纪70年代末以来,钢纤维体积掺量高达20%的注浆混凝土(SIFCON)已得到应用,其强度和延性远远超过传统搅拌或喷射纤维混凝土。如图10-2所示注浆钢纤维混凝土在公路路面、桥面修补中的应用,在注射水泥浆体之前,工作人员正在模板内布置紧密堆积的钢纤维。

在钢纤维混凝土中,钢纤维与水泥基体的黏结强度通过机械锚固作用得到提高,水泥基体的碱性环境可保护钢纤维不发生锈蚀。钢纤维对混凝土抗压强度的影响很小,掺入体积含量为1.5%的钢纤维可以使拉伸强度提高40%,使抗弯强度达到150%。Altoubat和Lange等[8]的研究表明,钢纤维不会影响混凝土的自由收缩,在发生收缩时,钢纤维会延缓受约束混凝土的断裂,同时通过徐变改善应力的释放。钢纤维对混凝土的耐久性能也有重要影响,且其影响因素与普通混凝土基本相同。试验证明,在高速水流冲刷下,钢纤维混凝土的寿命比普通混凝土长3倍。

图10-2　注浆钢纤维混凝土修补公路路面

在混凝土搅拌时,如果对搅拌方法进行适当调整以便钢纤维浇筑时能振捣密实且引入足够气泡,则钢纤维的加入通常不会降低混凝土的冻融耐久性。只要设计和浇筑合理,钢纤维很少或不会发生腐蚀,任何纤维的表面腐蚀都不会影响结构性能。

2. 天然纤维

在传统钢筋混凝土出现之前,天然纤维早已被用作增强材料。稻草增强黏土砖和马鬃增强砂浆就是天然纤维被用作增强材料的典型例子。天然纤维可以被用于以低掺量生产纤维混凝土,或者偶尔也采用高掺量纤维制备薄片状混凝土。

使用椰子壳纤维、剑麻纤维、竹纤维、黄麻纤维以及植物纤维等未经处理的天然纤维所制备的混凝土虽然显示了良好的力学性能,但在耐久性方面存在不足。许多天然纤维在内部湿度改变时易产生体积变化,伴随纤维湿度变化而产生的体积改变将严重影响纤维和水泥基体之间的黏结强度。

3. 玻璃纤维

在玻璃纤维混凝土研究早期使用的纤维主要是传统的硼硅酸盐玻璃(E 玻璃)纤维和碳酸钠 - 石灰 - 二氧化硅玻璃(A 玻璃)纤维。相关研究表明,E 玻璃纤维和水泥浆体中的碱反应降低了混凝土的强度。随着研究的深入,抗碱玻璃(AR 玻璃)纤维被开发出来,它能够改善混凝土的耐久性。混凝土长期耐久性的改善也可以通过两种对玻璃纤维进行改性的途径得以实现:一种是涂抹特殊配方的化学涂层,有助于降低水化作用引起的脆性;另一种是采用分散的微硅粉浆体充分填充纤维空隙,从而减小氢氧化钙渗透的可能性。Marikunte 和 Shah 等[9]还研究了偏高岭土对玻璃纤维增强混凝土的影响,其测试结果表明偏高岭土不会显著影响混凝土的抗弯强度、弹性模量和韧性。

长期以来,玻璃纤维混凝土强度和延性的损失原因一直是人们关注的焦点。许多相关研究成果一致认为碱性反应和水泥水化是造成强度和延性损失的根本原因,二者的影响机理解释如下:

(1)碱侵蚀玻璃纤维表面降低了纤维的抗拉强度,从而降低混凝土的抗压强度。

(2)持续的水泥水化反应使氢氧化钙微粒渗入纤维束,增加了纤维 - 基体的黏结强度和脆性,但后者通过阻止纤维拔出降低了混凝土的拉伸强度。

4. 合成纤维

合成纤维是随着石化工业和纺织业发展而产生的人造纤维。最常用的合成纤维当属聚丙烯纤维,其具有化学惰性、不亲水且质轻的特点。聚丙烯纤维又称杜拉纤维,材料为白色,半透明状,呈网状或束状单丝结构。聚丙烯纤维可以制作成连续的圆柱状单丝。也可以切成横截面为矩形的纤维丝。两种纤维丝的形态如图 10-3 所示。

聚丙烯纤维主要物理化学特性见表 10-7。

聚丙烯纤维主要物理化学特性 表 10-7

吸　水　性	无
相对密度	0.91
纤维长度	12 ~ 15mm
熔点	160 ~ 170℃
燃点	590℃
热传导能力	低
抗酸碱能力	高
张拉强度	560 ~ 770MPa
弹性模量	350MPa

图 10-3　矩形截面(左)和圆柱状(右)的聚丙烯纤维丝

聚丙烯纤维在混凝土中的增强作用主要体现在以下几个方面:

(1)聚丙烯纤维能够减少混凝土的塑性收缩裂缝和沉降裂缝,有助于改善混凝土断裂后的性能。Supernant 和 Malisch[10] 的研究表明,在混凝土中掺入体积含量至少为 0.1% 的聚丙烯纤维,可以减少塑性收缩裂缝和钢筋上部的沉降裂缝。

(2)聚丙烯纤维可以抑制混凝土的塑性收缩龟裂。混凝土浇筑初期尚成流塑态时,其中相对密度大的物质(砂、石等)会因自重向下移动,同时相对密度小的水将向上运动,从而形成一条微细的毛细管通道。随着塑性沉陷的发展和表面蒸发量的增大,毛细管道会逐渐增加、增大并串联发展为不规则的微细裂纹,形成所谓的塑性收缩龟裂。在普通混凝土中,塑性收缩龟裂严重影响了混凝土的整体性和耐久性。加入聚丙烯纤维后,大量均匀分散的纤维阻止了混凝土中集料的沉降,减少了毛细管通道,从而抑制了龟裂纹的产生。美国新泽西州立大学的试验研究表明[11],聚丙烯纤维对混凝土龟裂程度的控制效果比普通混凝土高出 90% ~100%,这保证了凝结后的混凝土有较大的密度和较高的强度,再加上纤维的约束作用,混凝土能够很好地抵抗温度变形和其他外力引起的裂缝发展。

(3)聚丙烯纤维能够增强混凝土的抗冲击性和柔韧性。试验研究表明,由于纤维在混凝土中的约束不同,混凝土破裂前,聚丙烯纤维大约有 15% 的拉长,承担了部分破裂能量,从而使混凝土的柔韧性比普通混凝土大约提高 40%,抗冲击能力提高了 1 倍,抗疲劳性能增加了3 倍。

(4)聚丙烯纤维可以降低混凝土的渗透性。聚丙烯纤维掺量为 1.186kg/m^3 的混凝土可以减少 79% 的渗水。

(5)聚丙烯纤维可以增强混凝土的耐磨性能。

5. 混合纤维体系

单一纤维的增强作用是有限的,不同尺寸和不同性能的纤维混杂增强,可以使纤维在混凝土中的不同结构和性能层次上相互激发、相互补充,从而达到提高混凝土耐久性的目的。混杂纤维混凝土包括粗纤维和微细纤维,一种普通粗纤维与一种长度小于 10mm、直径小于 100μm 的微细纤维混合后,纤维与纤维之间的距离更加接近,从而可以减少混凝土的微细裂缝,提高抗拉强度。Banthia 和 Bindiganavile 系统地研究了上述混杂纤维混凝土在路面薄层修补中的应用[12]。Trottier 和 Mahoney[13] 的研究表明,在搅拌的同时加入聚丙烯和聚乙烯纤维,单丝纤维会变成纤维单元体,与传统的纤维单丝相比,这种纤维单元体能够提供较好的力学黏结,较多数量的纤维单元也能减少混凝土的塑性收缩裂缝,并且还可以提高混凝土的延性和韧性。Wojtysiak 等[14]则在芝加哥地区的一项工程中混合使用了钢纤维和聚丙烯纤维,测试结果表明,掺有 30kg/m³ 钢纤维和 0.9kg/m³ 聚丙烯纤维的混合纤维混凝土比素混凝土具有更小的坍落度。

第三节　纤维混凝土配合比设计

一、钢纤维混凝土配合比设计

为了便于路面工程的实际应用,钢纤维混凝土的配合比应直接基于钢纤维混凝土的性能及使用进行设计,即在钢纤维混凝土配合比设计中,以钢纤维混凝土的抗折强度作为配合比设计指标,寻求制约钢纤维混凝土抗折强度的主要因素,如钢纤维掺入量、钢纤维长径比、水泥等级与水灰比之间的比例关系等,通过对上述因素进行调整,进而控制钢纤维混凝土的抗折强度。钢纤维混凝土的配合比设计必须满足路面设计要求的拌和性能、硬化后的性能以及钢纤维混凝土路面结构的设计要求。这些指标要求通常体现为抗压强度、抗折强度和弯曲韧度等。一般来说,路面结构设计时通常以抗折强度、抗压强度为主要强度指标。为提高钢纤维混凝土的韧性,应当尽可能选用与混凝土基体黏结较好的钢纤维。路面钢纤维混凝土配合比的强度试验,应根据路面等级和工程要求分别进行抗压与抗折试验。

1. 钢纤维混凝土配合比设计步骤

钢纤维混凝土的配合比设计应满足结构设计要求的抗压强度与抗折强度,以及施工中要求的和易性。钢纤维混凝土配合比设计应采用试验并按以下步骤进行。

(1)水灰比的确定

①根据强度标准值或设计值以及施工配制强度提高系数确定试配抗压强度和抗折强度。钢纤维混凝土配合比设计的试配抗压强度提高系数,按《普通混凝土配合比设计规程》(JGJ 55—2000)的规定采用。钢纤维混凝土的试配弯拉强度,可根据施工技术水平和工程的重要性,按弯拉强度设计值的 1.10 ~ 1.15 确定。

②按试配抗压强度计算水灰比,一般不大于 0.50,并检验水灰比是否超过耐久性要求的最大水灰比。

钢纤维混凝土满足耐久性要求的最大水(胶)灰比见表 10-8。

钢纤维混凝土满足耐久性要求的最大水(胶)灰比　　表10-8

公路等级	最大水(胶)灰比	抗冰冻要求最大水(胶)灰比	抗盐冻要求最大水(胶)灰比
高速、一级公路	0.47	0.45	0.42
二级公路	0.49	0.46	0.43
三、四级公路	0.50	0.48	0.46

(2)纤维掺量体积率

根据试验抗折强度,按规定计算或通过已有资料确定钢纤维体积率,一般钢纤维体积率在0.6%～1.0%之间。对于钢纤维混凝土板厚折减系数较小者,取大值;对于长径比大者,取小值;对于有锚固台者,取较小值。实际工程中,一般是在设计规定范围内,按工程投资承受能力确定钢纤维掺量。

(3)单位体积用水量

根据施工要求的稠度,通过试验或已有资料确定单位体积用水量,如掺用外加剂应考虑外加剂的影响。

(4)单位水泥用量

根据水灰比及单位体积用水量,确定出单位水泥用量,并检验是否低于耐久性要求的最小水泥用量。将计算得到的单位水泥用量与耐久性要求的最小水泥用量(表10-9)做对比,两者当中,取大值。钢纤维混凝土的水泥用量一般不大于500kg/m^3。

钢纤维混凝土满足耐久性要求的最小水泥用量　　表10-9

公路等级		高速、一级公路	二级公路	三、四级公路
最小水泥用量 (kg/m^3)	42.5级	360	360	350
	32.5级	370	370	365
抗冰(盐)冻要求最小水泥用量 (kg/m^3)	42.5级	380	380	375
	32.5级	390	390	385
掺粉煤灰时最小水泥用量 (kg/m^3)	42.5级	320	320	315
	32.5级	340	340	335
公路等级		高速、一级公路	二级公路	三、四级公路
抗冰(盐)冻掺粉煤灰最小水泥用量 (kg/m^3)	42.5级	330	330	325

(5)合理砂率

根据试验或有关资料确定合理砂率,一般选用50%左右,使用时根据所用材料的品种规格、纤维体积率和水灰比等适量调整。

(6)砂石料用量

按绝对体积法或假定质量密度法计算材料用量,确定试验配合比。

(7)按试配配合比进行拌和物性能试验,调整单位体积用水量和砂率,确定强度试验用基准配合比。

(8)按强度试验结果调整水灰比和钢纤维体积率,确定施工配合比。

2. 钢纤维混凝土的配合比及性能

(1)同济大学材料科学与工程系提出的钢纤维混凝土配合比及其强度测试结果,具体数据见表10-10和表10-11。

配 合 比 表10-10

混凝土类型	W/C	水泥(kg/m^3)	砂(kg/m^3)	石(kg/m^3)	钢纤维(kg/m^3)	UEA(kg/m^3)	SN—II(kg/m^3)	备 注
普通混凝土	0.44	350	766	1 150	0	0	6.125	UEA膨胀剂
钢纤维混凝土	0.44	350	761	1 141	45	0	6.126	SN—II高效外加剂

强 度 测 试 结 果 表10-11

混凝土类型	抗压强度(MPa)			抗弯拉强度(MPa)		
	7d	14d	28d	7d	14d	28d
钢纤维混凝土	41.5	46.2	46.5	4.53	5.39	6.63
普通混凝土	31.0	38.0	41.0	3.92	4.15	5.53

注:钢纤维掺量45kg/m^3。

(2)上海建筑科学研究院提出的钢纤维混凝土配合比及其强度测试结果,具体数据见表10-12和表10-13。

配 合 比 表10-12

混凝土类型	水(kg/m^3)	水泥(kg/m^3)	砂(kg/m^3)	石(kg/m^3)	钢纤维(kg/m^3)
钢纤维混凝土	200	435	626	1 113	45
普通混凝土	200	435	632	1 123	0

强度测试结果 表 10-13

混凝土类型	抗压强度(MPa)				抗弯拉强度(MPa)			28d 劈裂抗拉强度(MPa)
	3d	7d	14d	28d	3d	7d	28d	
钢纤维混凝土	31.7	41.0	49.0	55.5	5.55	6.95	7.24	4.65
普通混凝土	25.6	36.7	43.6	46.3	4.44	5.02	5.66	3.21

(3)德国法兰克福国际机场停机坪道面的钢纤维混凝土配合比及其强度测试结果,具体数据见表 10-14 和表 10-15。

钢纤维混凝土配合比 表 10-14

W/C	水泥(kg/m^3)	集料(kg/m^3)				钢纤维(kg/m^3)	充气剂(%)
		砂 0/2	碎石 2/32	玄武岩 8/16	玄武岩 16/32		
0.4	340	560	520	220	560	60	0.04

强度测试结果 表 10-15

龄期(d)	抗压强度(MPa)		抗弯拉强度(MPa)	
	素混凝土	钢纤维混凝土	素混凝土	钢纤维混凝土
3	40.00	42.83		
7	42.10	49.58	5.00	6.76
28	53.00	66.83	6.61	8.64

上述钢纤维混凝土的配合比中,表 10-10 的配合比能适应重交通要求,早期强度高,有利于早期开放交通。

二、聚丙烯纤维混凝土配合比设计

目前,关于聚丙烯纤维混凝土配合比设计的方法绝大多数是在经验以及试验基础上发展起来的定性的配合比设计方法。笔者认为,聚丙烯纤维混凝土的配合比设计方法可以以普通混凝土配合比设计方法为基础,根据纤维混凝土的特点对各个材料以及参数进行适当调整,以便在最大程度上体现聚丙烯纤维对混凝土改性的要求;在此基础上,使用正交试验的方法对比较突出的影响因素进行分析,最终确定最佳配比。

聚丙烯纤维混凝土的半经验半理论设计方法是一种建立在普通混凝土配合比设计方法基础之上,对配比中个别参数进行补充而得出的设计方法。基于该方法的路面纤维混凝土配合比设计应满足施工工作性、强度、耐久性和经济合理性等要求,其设计要点大致如下:

1. 水灰比(W/C)

根据粗集料的类型，水灰比可按统计公式计算，如果粗集料为碎石，则采用式(10-1)：

$$\frac{W}{C}=\frac{1.5684}{f_c+1.0097-0.3595f_s} \tag{10-1}$$

式中：f_s——实测 28d 抗折强度(MPa)；

f_c——试配 28d 弯拉强度的均值(MPa)。

如掺入粉煤灰，应计入按超量取代法代替水泥的那一部分粉煤灰用量(代替砂的超量部分不计入)，用水胶比 $\frac{W}{C+F}$ 代替水灰比 $\frac{W}{C}$。

2. 水泥用量

传统的配合比设计方法先确定单位用水量，然后由此计算出单位水泥用量。在半经验半理论的配合比设计方法中，水泥用量范围可以根据国内外的一些经验方法进行确定，并且最终确定的水泥用量必须符合《公路水泥混凝土路面施工技术规范》(JTJ F30—2003)中满足耐久性要求须达到的水泥用量。由规范可知，各级公路水泥混凝土路面的水泥用量范围大约为 320 ~ 400kg/m^3，掺粉煤灰时，最大胶材用量宜处于 360 ~ 420kg/m^3 之间。除了满足规范中的技术规定，水泥用量选取时还应充分考虑工程经济性等因素。

3. 纤维用量

聚丙烯纤维在混凝土中的体积率有低掺率和高掺率之分，前者的体积率范围为 0.05% ~ 0.3%，后者的体积率范围为 0.3% ~ 1%。不同的纤维掺量体现着混凝土性能改善的不同侧重点。低掺量的聚丙烯纤维有助于提高混凝土的弯拉韧性，并减少早期塑性收缩；高掺量的聚丙烯纤维则着力于提高混凝土的抗冲击性、耐疲劳性以及断裂变形能力等性能，并降低混凝土材料固有的脆性。国外聚丙烯纤维混凝土施工的相关资料建议，纤维体积率的最佳值约为每立方米混凝土掺入 0.9kg 聚丙烯纤维。在国内的高速公路路面工程中，聚丙烯纤维的掺量在 0.9 ~ 1.2kg/m^3 之间。

4. 用水量

纤维混凝土的用水量由水灰比和水泥用量计算得出。对于掺加粉煤灰的纤维混凝土，其初拟单位用水量(m_w)通过式(10-2)进行计算：

$$m_w=\frac{W}{B}\times m_b \tag{10-2}$$

式中：$\frac{W}{B}$——水胶比；

m_b——单位体积胶凝材料用量（kg/m³）。

《公路水泥混凝土路面施工技术规范》（JTJ F30—2003）中规定的满足耐久性和滑模摊铺要求的最大水灰（胶）比和最大单位用水量见表10-16。

满足耐久性和滑模摊铺要求的最大水灰（胶）比及最大单位用水量　表10-16

公路等级及摊铺方式	最大水灰（胶）比	满足抗冻要求的最大水灰（胶）比	满足抗盐冻要求的最大水灰（胶）比	最大单位用水量（kg/m³）	
				碎石	卵石
一级公路轨道摊铺机摊铺	0.44	0.42	0.40	156	153

5. 砂率

砂率的改变会使混凝土的空隙率和集料总表面积发生改变，直接影响混凝土的性质。从混凝土路面抗裂的角度来考虑，砂率不宜过大。但是，在低水灰比时，砂率对混凝土稠度的影响不太明显。路面聚丙烯纤维混凝土的砂率取值可以参考普通道路混凝土，普通水泥混凝土配合比设计中砂率的经验取值范围见表10-17。

普通道路混凝土的砂率选用（%）　表10-17

水胶比	碎石最大粒径（mm）		卵石最大粒径（mm）	
水胶比	20	40	20	40
0.40	29～34	27～32	25～31	24～30
0.50	32～37	30～35	29～34	28～33

第四节　纤维混凝土的性能

纤维混凝土是一种性能优良且具有广阔应用前景的复合材料。绝大多数关于纤维混凝土的研究认为，混凝土中乱向分布的纤维能够阻碍混凝土内部微裂缝的扩展，并且阻滞宏观裂缝进一步发展。正是基于此种原因，纤维混凝土的力学性能和耐久性能较普通水泥混凝土都有显著的改善。关于纤维对混凝土材料的增强机理，目前主要形成了两种理论：一种是复合材料力学理论，另一种是建立在断裂力学基础上的纤维间距理论。复合材料力学理论是建立在复合材料中力的分配基础上的复合材料理论。该理论认为纤维混凝土的强度由纤维的拉应力和基体应力所决定。支持此观点的学者主要有英国的Swamy、Hannant和美国的Naman等。纤维间距理论由Romualdi和Batson提出，认为短纤维能降低混凝土内部裂缝末端的应力集中系数，从而抑制了混凝土内部裂缝的扩展。尽管两种理论所阐述的增强机理存在一定差异，但实际上二者是从两个不同侧面解释了纤维对混凝土的增强作用，且两种机理之间存在固有的必然联系。

一、钢纤维混凝土的性能

1. 强度

(1)抗压强度

钢纤维能够显著改善混凝土的抗拉强度和抗折强度，但对抗压强度的提高却不明显，这一点已经被大量研究所证实[15,16]。钢纤维之所以对混凝土抗压强度的改善作用不明显，主要有两方面影响因素：一方面，钢纤维掺入混凝土后，约束了受压过程中混凝土的横向膨胀，推迟了破坏过程，这对提高抗压强度是有益的；另一方面，由于混凝土基体的抗拉强度低，钢纤维的掺入增加了界面薄弱层，混凝土受压后，大多数破坏首先发生在界面区。上述两方面因素综合作用，最终导致钢纤维混凝土抗压强度的提高不太明显。

(2)抗拉强度

抗拉强度是确定纤维混凝土抗裂能力的重要指标，也是间接衡量混凝土其他力学性能的关键因素。钢纤维对混凝土的抗拉强度有显著增强作用，如图10-4所示。杨萌[17]研究了钢纤维高性能混凝土的轴拉极限强度，结果表明随着钢纤维掺量的增大，混凝土的轴拉极限强度稳步提高。焦楚杰等[18]研究了钢纤维体积率对混凝土劈裂抗拉强度的影响，测试结果显示钢纤维体积率从1%增加到3%，相应钢纤维混凝土的最大劈裂抗拉强度较基体增大了1倍多。在测定混凝土劈裂抗拉强度的同时，他们还研究了钢纤维对拉力作用下裂缝变化的引发、稳定扩展与不稳定扩展三个阶段的影响。其影响过程大致如下：在钢纤维混凝土受力初期，应力很小，钢纤维所承担的拉应力也小，基体起主要受力作用。随着应变增大，钢纤维承担应力加大，混凝土基体达到极限应变的时间推迟，即导致裂缝最初引发推迟。基体开裂后，裂缝间的应力重新分布，原先由基体承担的应力向钢纤维转移；跨越裂缝的纤维将荷载传递给裂缝的两侧表面，使裂缝处材料仍能继续承受荷载；裂缝扩展速度得到延缓，并呈稳定扩展状态；若跨越裂缝传递拉应力的纤维越多，则裂缝稳定扩展持续时间越长，最终达到的峰值拉应力也越高。当拉应力达到峰值，裂缝扩展到临界点，开始出现失稳扩展状态，但由于仍有钢纤维跨越裂缝，因此承载力缓慢下降。总的来说，钢纤维体积率越大，钢纤维对以上三个阶段的影响越显著，因而钢纤维混凝土的劈裂抗拉强度越大。

(3)抗折强度

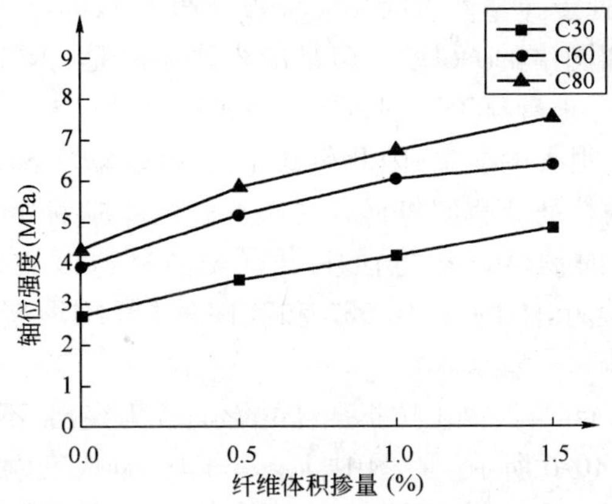

图 10-4 钢纤维掺量与轴拉极限强度间的关系

钢纤维对以抗折强度为表征的混凝土的弯曲性能有突出改善作用。钢纤维与混凝土基体在弯曲荷载下的相互作用可以通过荷载-挠度曲线进行分析。理想的钢纤维混凝土与素混凝土的荷载-挠度曲线如图 10-5 所示。

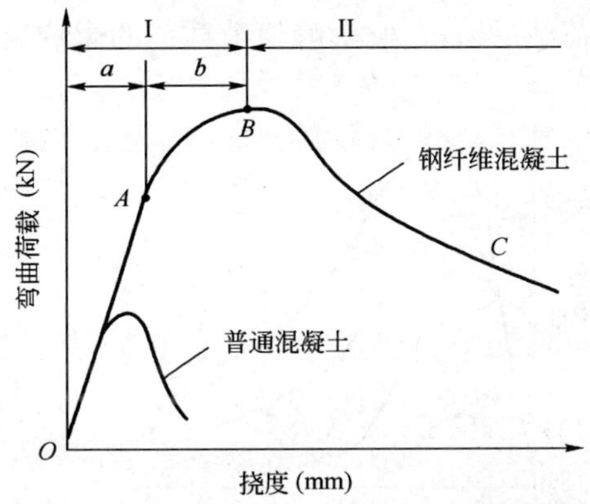

图 10-5 钢纤维混凝土和素混凝土典型荷载-挠度曲线

由典型荷载-挠度曲线可以看出,钢纤维混凝土的荷载-挠度曲线与普通水泥混凝土明显不同。在初始 *OA* 段,钢纤维与基体共同承担荷载,故荷载-挠度曲线的 *OA* 段是直线。当荷载继续增大,拉区变形达到钢纤维混凝土初裂应变时,基体出现裂缝,*A* 点对应的荷载称为抗折初裂荷载。在 *AB* 段,由于裂缝的出现,拉应力变大,受拉面与中和轴的距离增大,受拉区应力分布出现非线性,且拉应变增长速率比压应变大。此时,跨越裂缝的纤维仍能通过界面传递应力,使抗折试件保持平衡,*AB* 段中 *B* 点对应的强度为钢纤维混凝土的极限抗折强度。钢纤维混凝土在这一段处于弹塑性阶段。从极限荷载 B 点继续加载,钢纤维混凝土会达到最终破坏,即图中的 BC 段。但是应当注意的是,钢纤维混凝土在 BC 段的破坏过程与素混凝土有显著区别,在该阶段中,由于数目越来越多的钢纤维脱粘和拔出,需要吸收很大的能量,因此荷载-挠度曲线缓慢下降,呈现出良好的塑性,并有裂而不断的特征。我们将材料在破坏过程中这种吸收能量的特性称之为韧性。常用的弯曲韧性评价方法主要有美国材料试验学会标准 ASTM C 1018、日本土木学会标准 JSCE G 552 和我国的《纤维混凝土结构技术规程》(CEC S30—2004)。

纤维体积率对钢纤维混凝土抗折强度的影响较为突出,不同纤维体积率下的荷载-挠度曲线如图 10-6 所示。在图中,V_1、V_2、V_3 分别代表钢纤维体积率为 1%、2% 和 3%。可以看出,普通水泥混凝土的荷载-挠度曲线仅有很短的上升段,而钢纤维混凝土荷载-挠度曲线的峰值挠度、极限挠度和峰值荷载均随纤维体积率的增加而增大。这表明钢纤维的掺入,推迟了基体的初裂点、峰值挠度点和极限挠度点的出现,提高了材料的抗折强度。此外,荷载-挠度曲线中极限抗折强度与初裂抗折强度的差值也随纤维体积率的提高而增大,说明钢纤维对混凝土的阻裂效应不仅表现在峰值荷载后阶段,它对峰值荷载前的影响也十分明显。

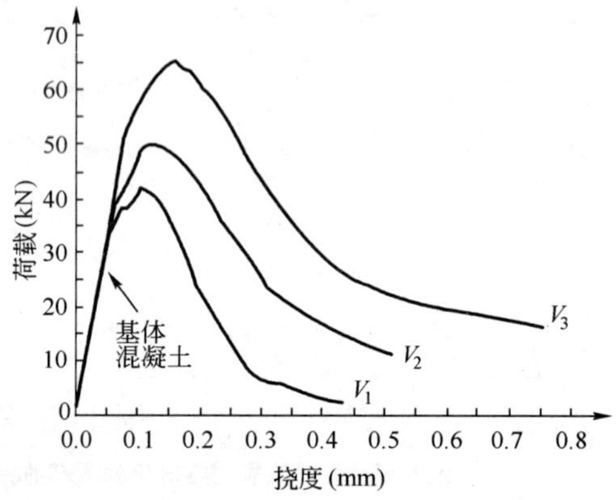

图 10-6 不同钢纤维体积率下的典型荷载-挠度曲线

2. 抗裂性

钢纤维混凝土的抗裂性指材料抵抗开裂的能力,通常以材料出现可见裂缝时的承载能力来表示。由先前的叙述可知,钢纤维的重要作用是推迟和控制混凝土的受控开裂,推迟弯曲和剪切开裂的起始时间,实现多缝开裂。影响钢纤维混凝土抗裂性的因素主要有钢纤维掺量、钢纤维与混凝土界面的黏结强度以及混凝土基体强度等。纤维掺量与抗裂性之间的关系如图 10-7 所示,图中采用抗弯初裂荷载作为抗裂性的表征指标。由图中关系曲线不难看出,初裂荷载随钢纤维掺量的增加而明显提高,钢纤维混凝土的抗裂性不断增强。

3. 抗冲击性能

抗冲击性能是钢纤维混凝土路面的重要使用性能。在冲击荷载作用下,钢纤维混凝土的破坏形式是裂而不碎,这种特性应用在桥面上可以有效避免危害性破坏的出现。许多研究认为,钢纤维混凝土的抗冲击能力随钢纤维掺量的增加而增大,与普通混凝土相比,其最大提高幅度可达数倍甚至是几十倍。梁磊等[19]使用落锤法研究了钢纤维混凝土的抗冲击性能,并采用美国 ACI554 委员会关于混凝土的冲击能量计算公式来确定冲击次数。由试验得出的钢纤维掺量与冲击次数的关系曲线见图 10-8。美国 ACI554 委员会关于混凝土的冲击能量计算见公式(10-3):

$$W = n \cdot mg \cdot H \tag{10-3}$$

式中:W——冲击能量;

n——冲击次数;

H——重锤下落高度;

m——重锤质量;

g——重力加速度。

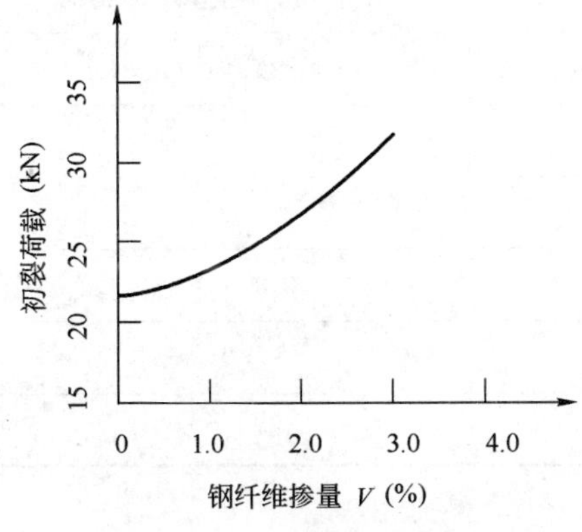

图 10-7　钢纤维掺量对混凝土抗裂性的影响

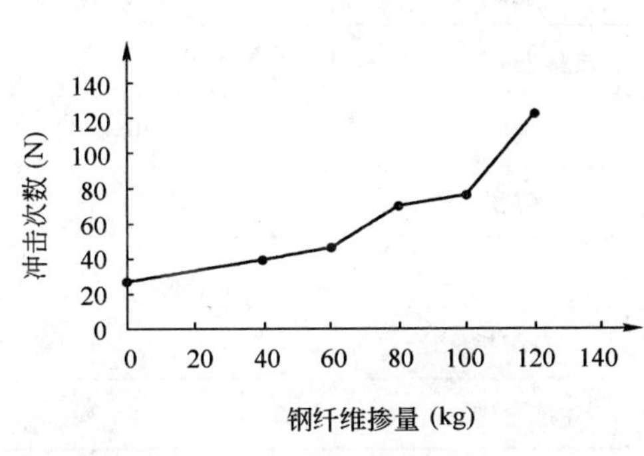

图 10-8　钢纤维混凝土的抗冲击试验曲线

由图 10-7 可以看出,随着钢纤维含量的增加,混凝土的抗冲击性能明显增强;但如果纤维掺量过大,可能会降低混凝土的流动性,并且较大的纤维体积率还将导致造价升高。

宋焕宇等[20]也研究了钢纤维混凝土的抗冲击性能,试验中使用 8kg 钢球从 25cm 高处自由下落撞击到混凝土表面,以混凝土开裂时的受冲击次数来衡量抗冲击性能。测试结果表明,随着钢纤维掺量的增加,混凝土的平均抗冲击性能提高了2~3倍。

4. 耐磨及抗冻耐久性

钢纤维混凝土的耐磨及抗冻耐久性较普通混凝土更为优异。抗冻性能试验表明,经过300次冻融循环后,普通混凝土已完全破坏,而钢纤维混凝土却依然完好。一般认为,在恶劣环境下,钢纤维混凝土具有优良的长期使用性能。钢纤维混凝土的耐磨性能也很好,当钢纤维掺量为1%时,混凝土的耐磨性可提高60%~90%。表10-18列出了美国相关资料关于钢纤维混凝土和普通混凝土力学性能及耐久性能的比较结果。从表中可以看出,钢纤维混凝土的物理力学性能要比普通混凝土好很多,特别是它的抗疲劳强度、抗冲击性能和防止裂缝的能力要更好。

钢纤维混凝土与普通混凝土的性能比较 表10-18

物理力学性能指标	普通混凝土	钢纤维混凝土
极限抗弯拉强度	2~5.5MPa	5~26MPa
极限抗压强度	21~35MPa	35~56MPa
抗剪强度	2.5MPa	4.2MPa
弹性模量	$2\times10^4\sim3.5\times10^4$MPa	$1.5\times10^4\sim3.5\times10^4$MPa
热膨胀系数(10^{-6})	9.9~10.8m/(m·K)	10.4~11.1m/(m·K)
抗冲击力	480N·m	1 380N·m
耐磨指数	1	2
抗疲劳极限	0.5~0.55	0.80~0.95
抗裂指标比	1	7
耐冻融破坏指数	1	1.9

二、聚丙烯纤维混凝土的性能

1. 强度

在聚丙烯纤维对混凝土强度的影响方面,国内外许多试验研究给出了不同的测试结果。苏健波等[21]认为当聚丙烯纤维掺量小于0.1%时,聚丙烯纤维混凝土的抗压强度和劈裂抗拉强度没有明显提高,当聚丙烯纤维掺量大于0.1%时,聚丙烯纤维混凝土的力学性能比普通混凝土还要差。同济大学混凝土材料国家重点实验室对水灰比为0.3、纤维体积率为0.4%的聚丙烯纤维混凝土的力学性能进行了研究[22]，试验结果表明，聚丙烯纤维混凝土的28d抗压强度降低了18.2%，劈裂抗拉强度降低了5%。付华[23]的研究成果则表明，在水灰比均为0.4的条件下，掺3.0kg/m³的聚丙烯纤维能使混凝土的7d抗压强度增大、28d抗压强度降低，劈裂抗拉强度有所提高；掺2.5kg/m³的美国聚丙烯纤维网可以使混凝土的不同龄期抗压强度提高10%～20%。笔者[2]对掺加美国辅特维聚丙烯纤维和普通聚丙烯纤维的混凝土的力学性能进行了试验研究，测试结果显示，辅特维聚丙烯纤维掺量为0.9kg/m³、1.3kg/m³、1.8kg/m³时，混凝土的抗压强度分别提高了2.1%、1.9%和5.5%，而普通聚丙烯纤维掺加后，混凝土的抗压强度则略有下降；对于混凝土的劈裂抗拉强度，掺加上述两种纤维的任何一种都能提高劈裂抗拉强度。

国外关于聚丙烯纤维混凝土力学性能的研究结论也出现了不同程度的差异。O. Kayali[24]等研究发现，聚丙烯纤维对混凝土抗拉强度的提高可达到90%，对劈裂抗拉强度的提高可达到20%。A. M. Alhozaimy[25]等认为，聚丙烯纤维不能提高混凝土的抗压强度与弯曲强度，但可以大大提高混凝土的冲击力及弯曲韧性。G. D. Manolis[26]则认为，聚丙烯纤维混凝土的抗压与抗弯强度随纤维掺量的增长而降低。

在聚丙烯纤维混凝土的抗折强度研究方面，大多数研究资料认为聚丙烯纤维提高了混凝土的抗折强度。孙家瑛等[27]对聚丙烯纤维混凝土的抗折强度进行了试验研究，测试结果表明，当聚丙烯纤维掺量从0增加到0.15%时，虽然混凝土的抗压强度无明显变化，但抗折强度提高了27%。长安大学陈拴发等[28]研究表明，在相同水灰比条件下，聚丙烯纤维可以提高混凝土的抗压和抗折强度。也有一些研究资料提出了与上述结论不同的观点，同济大学姚武等[29]研究发现，在水灰比保持0.44的条件下，掺入聚丙烯纤维后，混凝土的抗折强度会出现一定的损失。

除了聚丙烯纤维对混凝土强度的影响，聚丙烯纤维混凝土在荷载作用下的破坏形式也是大家关注的问题之一。图10-9和图10-10分别为素混凝土和聚丙烯纤维混凝土在抗压试验中达到最大荷载时的破坏示意图。由于环箍效应，素混凝土在加压至最大荷载后，混凝土四周破碎剥落，试件呈棱锥状体；而纤维混凝土由于大量的聚丙烯纤维随机分布于混凝土中（钟秉章等人的研究成果显示，聚丙烯纤维混凝土中每立方米大约有千万根纤维），使混凝土的变形性能显著提高，因而在达到最大荷载后聚丙烯纤维混凝土仍不破碎。

2. 抗裂性能

聚丙烯纤维能显著提高混凝土的抗裂性能。掺入一定量的聚丙烯纤维可以明显抑制混凝土的干缩裂缝。其主要原因在于:聚丙烯纤维的乱向分布形式非常有助于削弱混凝土砂浆的塑性收缩,收缩的能量被分散到每立方米数千万条具有高抗拉强度而弹性模量相对降低的纤维单丝上,从而极为有效地增加了混凝土的韧性;同时,无数纤维丝形成的支撑体系有效地保证了均匀泌水,阻碍沉降裂缝的产生。同济大学混凝土材料国家重点实验室研究了聚丙烯纤维对混凝土抗裂性能的影响[30],测试结果表明,聚丙烯纤维能够延缓混凝土第一条裂缝的产生。戴建国等[31]研究发现,混凝土中掺有体积率为1%的聚丙烯纤维时,收缩裂缝面积和最大缝宽均可降低40%左右,纤维体积掺量为0.1%时,早期塑性收缩裂缝面积可降低45%左右。成喜全等的研究成果显示[32],聚丙烯纤维混凝土的开裂系数比普通混凝土减少58%以上,阻裂作用明显。马一平等[33]还研究了聚丙烯纤维品种和掺量对混凝土抗塑性干缩开裂能力的影响,试验结果表明,直径较小的拉丝聚丙烯纤维比膜裂聚丙烯纤维抗塑性干缩开裂能力要好,且随着纤维掺量的增加,混凝土的抗开裂能力随之增强。

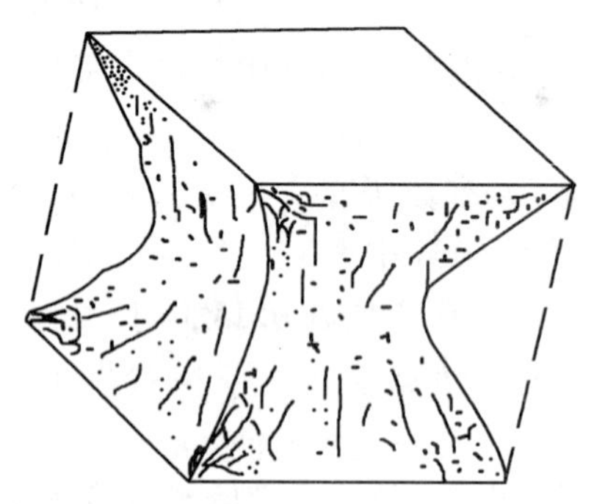

图10-9 素混凝土在抗压试验中的破坏示意图

图10-10 聚丙烯纤维混凝土在抗压试验中的破坏示意图

聚丙烯纤维对混凝土抗裂性能的影响,可以从收缩性能的角度进行研究。在绝大多数情况下,混凝土的开裂通常是由塑性收缩和干缩引起的。在混凝土中掺入聚丙烯纤维后,由于纤维起了类似于筛网的作用,从而减缓了混凝土因快速失水所产生的裂缝,延缓了第一条塑性收缩裂缝出现的时间;当裂缝出现后,聚丙烯纤维的存在又使裂缝尖端的发展受到限制,裂缝只能绕过纤维或者把纤维拔出以继续发展,这就需要消耗较大的能量来克服纤维对裂缝发展的限制作用,纤维的体积率越大,这种限制作用就越强。正是由于在普通混凝土中裂缝尖端没有受到限制，因而普通混凝土中的裂缝比聚丙烯纤维混凝土要多、要宽、要长。在不同纤维体积率下，混凝土塑性收缩裂缝面积、裂缝最大缝宽以及失水速率的变化趋势如图 10-11 所示。图中塑性收缩裂缝面积等三项指标均随纤维含量的增大而显著降低，说明聚丙烯纤维有效地提高了混凝土的早期抗裂能力。在聚丙烯纤维对混凝土干缩的影响方面，存在两种观点：一种观点认为，聚丙烯纤维能降低混凝土的干燥收缩；另一种观点认为，聚丙烯纤维增大了混凝土的干燥收缩。周霖等[34]的研究成果与第一种观点接近，而 V. C. Li 的研究结论则趋向于第二种观点[35]。

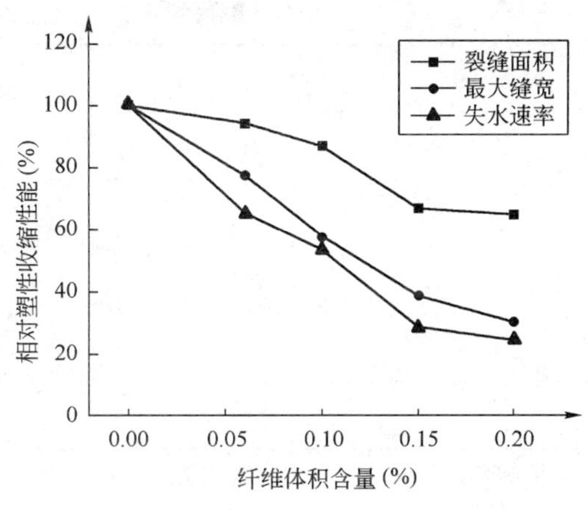

图 10-11　纤维体积率对混凝土塑性收缩性能的影响

3. 抗冲击性能

许多研究表明，掺加聚丙烯纤维可以显著改善混凝土的抗冲击性能。G. D. Manolis[23]研究了聚丙烯纤维含量对混凝土抗冲击性能的影响，发现混凝土的抗冲击性能随纤维含量的增加而逐步提高。曹诚等[36]认为，聚丙烯纤维掺量为 0.1% ~0.2% 时，混凝土的抗冲击性能提高了 4 ~6 倍。聚丙烯纤维改善混凝土抗冲击性能的机理主要体现在以下几个方面：①聚丙烯纤维虽然刚度较低，传递荷载的能力较差，但它能够有效减小裂隙尺寸，增强材料介质连续性，减小了冲击波被阻断而引起的局部应力集中现象；②低模量的聚丙烯纤维材料能够吸收冲击能量；③聚丙烯纤维能有效约束裂缝的扩展。

使用落锤法对聚丙烯纤维混凝土的抗冲击性能进行研究，冲击次数采用美国 ACI554 委员会关于混凝土冲击能量的推荐公式来计算。不同纤维掺量条件下，混凝土的抗冲击性能见表 10-19。由表中测试结果可以看出，纤维掺量为 $0.6kg/m^3$ 时，混凝土抗冲击能力提高近 1 倍；纤维掺量为 $0.9kg/m^3$ 时，混凝土抗冲击能力提高 3 倍以上；纤维掺量为 $1.2kg/m^3$ 时，混凝土的抗冲击能力开始呈下降趋势。由此可见，对于聚丙烯纤维混凝土抗冲击能力的提高存在一个最佳纤维掺量值。

4. 抗渗性能

抗渗性能是聚丙烯纤维混凝土耐久性的关键问题。由聚丙烯纤维混凝土的

聚丙烯纤维混凝土的抗冲击性能　　表 10-19

编　号	纤维掺量(kg/m^3)	冲击次数(N)	锤击能量(N·m)
1	1.2	48	846.7
2	0.9	44	776.2
3	0.9	61	1 076.0
4	0.6	18	317.5
5	0	10	176.4

注:编号 2 和编号 3 中使用的聚丙烯纤维类型不同。

抗裂性分析可知,在混凝土中掺入聚丙烯纤维,可以有效抑制混凝土的早期开裂以及微裂缝的进一步扩展,减少混凝土的收缩裂纹,特别是有效抑制贯通裂纹的产生,降低混凝土的孔隙率,从而提高混凝土的密实度和防水性能。从已发表的关于聚丙烯纤维混凝土抗渗性能的资料来看,大部分研究结论认为,掺加体积率为 0.05% ~0.1% 的聚丙烯纤维,可以使混凝土抗渗性能提高 40% 以上,在相同渗水压力的情况下,可使渗透高度降低 30% ~70%。在研究聚丙烯纤维混凝土抗渗性能时,水灰比、纤维掺量、纤维种类等是需要考虑的因素。曹芳等[37]对美国杜拉纤维混凝土的抗渗性能做了研究,结果表明杜拉纤维不能提高混凝土的抗渗性能。冷发光等[38]对不同水灰比条件下的聚丙烯纤维混凝土抗氯离子渗透性能做了试验研究,测试结果显示,当水灰比较低时,掺加聚丙烯纤维可以提高混凝土的抗氯离子渗透能力,当水灰比较高时,掺加聚丙烯纤维则降低了混凝土的抗氯离子渗透能力。李光伟等[39]研究了聚丙烯纤维掺量和长度对混凝土抗渗性能的影响,研究发现聚丙烯纤维可以改善混凝土的抗渗透能力,且随着纤维掺量与纤维长度的增加,混凝土的渗透系数呈减小趋势。

聚丙烯纤维混凝土的抗渗性能与其抗开裂性能有密切联系,一般来说,混凝土抗开裂性能越好,则抗渗透能力越高。在聚丙烯纤维作用下,混凝土抗渗性能的提高主要有以下几点原因:

(1)聚丙烯纤维抑制了塑性期混凝土表面裂缝的出现,提高了抗渗性能。

(2)聚丙烯纤维能有效阻止微裂缝扩展,并防止微细裂缝贯通。

(3)纤维的存在使应力裂缝趋于闭合,混凝土中纤维的体积率达 0.003% 时就可以使混凝土的裂缝被明显细化。当裂缝宽度超过自愈范围后,裂缝的漏水量与裂缝宽度的三次方呈正比;但由于纤维的存在,即使裂缝的总面积不变，由于裂缝的细化，混凝土的漏水量与细分后的裂缝根数呈反比，即单位体积混凝土内均匀分布的纤维根数越多，裂缝宽度就越窄，混凝土的抗渗性能也就越优异。

(4)混凝土中彼此粘连的大量纤维降低了混凝土表面的析水与集料的分离，从而使混凝土中直径为50～100mm和大于100mm的孔隙含量大大降低，提高了混凝土的抗渗能力。

5.抗冻融性能

混凝土的抗冻性指在饱水状态下多次冻融循环时保持混凝土强度的能力。改善混凝土抗冻性的重要途径就是增加其密实度，改变混凝土的孔结构，特别是尽可能增加毛细孔的比例。在混凝土中加入聚丙烯纤维可以改善混凝土内部的孔结构，减少大孔百分含量，增加毛细孔百分含量，从而提高了混凝土的抗冻融能力。采用慢冻法(一次冻融循环为冻4h融4h)测定的普通混凝土和聚丙烯纤维混凝土的孔结构分布见表10-20。

普通混凝土和聚丙烯纤维混凝土的孔结构测试结果　　表10-20

类　型	项　目	孔径分级(μm)					
		5～50	50～100	100～200	200～300	300～400	>400
普通混凝土	孔个数	249	203	124	67	46	23
	个数百分比(%)	0.35	0.29	0.17	0.09	0.06	0.03
	气孔率(%)	0.08	0.18	0.21	0.19	0.18	0.15
聚丙烯纤维混凝土	孔个数	212	201	118	38	19	11
	个数百分比(%)	0.36	0.37	0.20	0.06	0.03	0.02
	气孔率(%)	0.10	0.25	0.28	0.15	0.11	0.08

从孔结构测定结果可以看出，掺入聚丙烯纤维后，混凝土内部孔的总数量减少，小孔的百分比含量增大，大孔的百分比降低，说明聚丙烯纤维可以降低混凝土的孔隙率。表中小于200μm的气孔的比率提高了10%以上，而大于200μm的气孔数量减少，可见，聚丙烯纤维使混凝土的孔径分布由大孔向小孔转化，提高了抗冻能力。许多相关资料还研究了聚丙烯纤维混凝土经冻融循环后的强度损失情况。董建伟等[40]研究发现，聚丙烯纤维混凝土在经历100次冻融循环后，其强度仍符合要求。王彤等[41]测定了改性聚丙烯纤维混凝土经过100次冻融循环后的质量损失、抗压强度损失和抗折强度损失情况，如图10-12所示。抗冻性试验结果表明，随着混凝土中改性聚丙烯纤维掺量的增加，混凝土的质量损失率、抗压强度损失率和抗折强度损失率均逐步降低，当纤维掺量达到1.8%

时,混凝土的强度损失已经非常小了。此外,由图 10-12 还可以发现,聚丙烯纤维对抗折强度的影响明显大于抗压强度,经历冻融循环后,抗折强度损失率的降低幅度更为明显,这也从一个侧面说明了聚丙烯纤维对混凝土抗折强度的改善程度。

聚丙烯纤维对混凝土抗冻性能的影响可以从纤维的阻裂效应和孔结构两方面进行分析。从阻裂角度来看,由于纤维在混凝土材料内部各方向上随机均匀分布,对材料整体产生微加筋作用,缓解了温度变化所引起的混凝土内部应力的

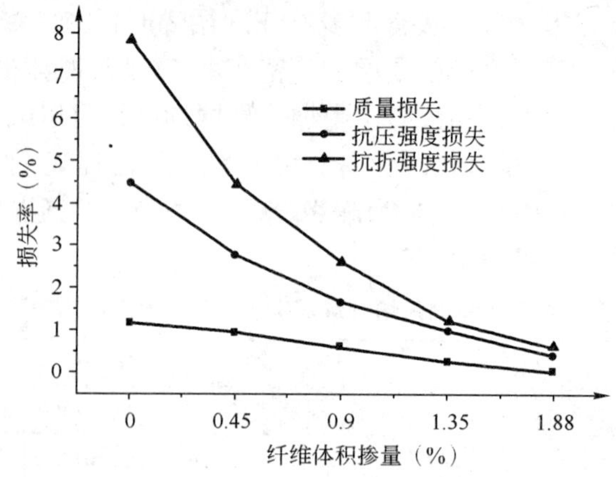

图 10-12 纤维体积掺量与损失率之间的关系

作用,阻止了温度裂缝的扩展,再加上聚丙烯纤维混凝土优异的抗渗性能,其抗冻融性能得以大大提高。从孔结构角度来看,一方面,聚丙烯纤维降低了混凝土的总孔隙率,使其密实度提高,减少了水分进入的途径;另一方面,聚丙烯纤维优化了混凝土的孔,使大孔向小孔转变,降低了水在混凝土中的结冰温度,同时也降低了渗透系数;两者综合作用下,混凝土的抗冻融性能得到显著改善。

6. 耐磨性

聚丙烯纤维混凝土的耐磨性以磨损面上单位面积的磨耗量作为评价指标。磨耗量按式(10-4)计算:

$$G = \frac{m_1 - m_2}{0.0125} \tag{10-4}$$

式中:G——单位面积的磨耗量(kg/m^2);

m_1——试件的原始质量;

m_2——磨损后的质量。

研究表明,在混凝土中掺入一定量的聚丙烯纤维可以提高混凝土的耐磨性

能。李光伟[42]等研究发现，聚丙烯纤维掺量为0.6kg/m^{3}时，混凝土的抗冲磨强度可提高37%～40%。孙家瑛等[43]研究认为，聚丙烯纤维掺量为0.1%、0.2%时，混凝土的耐磨性能较基准试样分别提高了20%和25%。Mindess等[44]也研究了不同纤维掺量条件下的混凝土耐磨性能，试验结果表明，当聚丙烯纤维掺量为0.6kg/m^3、0.9kg/m^3、1.2kg/m^{3}时，与水泥用量相同的普通混凝土相比，聚丙烯纤维混凝土的抗冲磨强度分别提高了33%、49%和58%。

聚丙烯纤维对混凝土耐磨性的改善机理在于，纤维的阻裂效应使混凝土在磨损过程中始终保持其整体性，直接增强了材料抵抗微切削磨损破坏的能力，纤维的粘连作用又使集料之间不至于破损，保证了聚丙烯纤维混凝土内部结构的连续性，因此，聚丙烯纤维混凝土的耐磨性能得到很大提高。

第五节　纤维混凝土路面设计

纤维混凝土路面与普通混凝土路面同属刚性路面，二者的路面结构基本组成是一致的，主要由纤维混凝土面层、基层和垫层三部分组成。纤维混凝土路面结构的力学分析以弹性半无限地基上的小挠度弹性薄板理论为基础。

一、纤维混凝土路面的设计标准及组合原则

在混凝土板内产生应力的原因主要是车轮荷载和温度的变化，除此之外，基层含水率的变化或基层的膨胀也会使混凝土板产生应力。由于这些应力的作用，混凝土板将承受压应力和弯拉应力。实际上，对于纤维混凝土来说，尽管其极限抗弯拉强度和抗剪强度有较大的改善和提高，但纤维混凝土的抗压强度依然比抗弯拉强度大得多，况且路面板在车辆重复荷载的作用下，反复承受弯拉应力和压应力的作用，其破坏仍表现为重复荷载作用下引起的疲劳开裂损坏。因此，设计纤维混凝土板时，应以路面板出现疲劳开裂和折断作为路面结构的临界损坏状态，以抗折强度为设计标准，控制荷载应力和温度应力综合作用产生的疲劳断裂，使其不超过抗拉强度，即：

$$\delta_p + \delta_t \leq \delta_s \tag{10-5}$$

组成水泥混凝土路面的基层、垫层和面层等结构层的功能及作用各不相同。为了合理选择和安排结构层（主要是确定各层采用的材料及厚度），以使整个路面结构不但能承受设计年限中交通荷载的作用，而且能保证良好的路面使用状态，纤维混凝土路面结构组合设计应遵循以下原则：

(1)满足交通荷载的作用。在确定基层和垫层的类型及厚度时,应尽量满足表 10-21 的要求。

基层顶面的当量回弹模量 E_t 表 10-21

交通量等级	特　重	重	中　等	轻
当量回弹模量 E_t(MPa)	140	120	100	100

(2)在各种环境下的稳定性要好(包括水稳定性和温度稳定性)。

(3)考虑结构层的特点,基层、垫层厚度不得小于 15cm。

(4)应综合考虑设计交通量、材料供应、工程造价、施工难易程度等因素,合理确定纤维混凝土路面的类型。根据纤维的类型和掺加方式的不同,纤维混凝土路面可以分为全截面钢纤维混凝土路面、全截面聚丙烯纤维混凝土路面、复合式钢纤维混凝土路面(上层为钢纤维混凝土,下层为普通混凝土)、复合式聚丙烯纤维混凝土路面(上层为聚丙烯纤维混凝土,下层为普通混凝土)和上下夹层钢纤维混凝土路面五种类型。其中上下夹层钢纤维混凝土路面的结构示意图如图 10-13 所示,图中的 A 层和 C 层为钢纤维混凝土层(A 层中的 a 层为补填的素混凝土),B 层为素混凝土层。

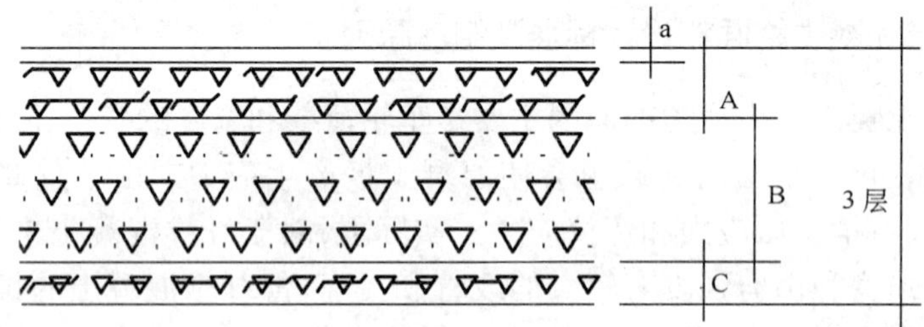

图 10-13　上下夹层钢纤维混凝土路面结构示意图

二、纤维混凝土路面设计

1. 设计参数

(1)标准轴载和轴载换算

纤维混凝土路面设计以 100kN 轴载作为标准轴载。车辆对路面的作用,视其轴重及作用次数,按照等效疲劳损坏的原则,利用轴载换算公式折算成标准轴载作用次数 N_s:

$$N_s = \sum \alpha_i N_i (P_i/P_s)^{16} \tag{10-6}$$

式中：P_i——i级轴载（kN）；

P_s——标准轴载，$P_s=100\text{kN}$；

N_i——i级轴载作用次数（次/d）；

α_i——后轴数系数，单后轴时，$\alpha_i=1$；双后轴时，$\alpha_i=3.8$。

（2）设计年限内标准轴载累计作用次数N_e

$$N_e = 365 \times N_s[(1+\gamma)^t - 1] \times \eta/\gamma \tag{10-7}$$

式中：N_s——建成通车时的年平均日标准轴载作用次数；

γ——交通量平均年增长率，由调查确定；

t——设计使用年限；

η——车轮轮迹分别系数，对于双向混合行驶的道路，取0.3～0.4（以整个路面断面的双向交通量为基数）；对于分道行驶的道路，取0.4～0.65（以该车道断面的单向交通量为基数）；车道窄或交通量大时，系数取高值，反之，取低值。

（3）动荷系数和综合系数

动荷系数K_d依据各级交通量的道路平整度、车速和轴载情况进行考虑；综合系数K_c依据汽车超载、偏载和路面结构工作条件不均匀进行考虑。二者在不同道路等级下的取值见表10-22。

动荷系数K_d和综合系数K_c　　表10-22

交通量分级	特　重	重	中　等	轻
动荷系数K_d	1.15	1.15	1.20	1.20
综合系数K_c	1.35	1.25	1.15	1.05

（4）基层顶面计算回弹模量E_s

$$E_s = nE_t \tag{10-8}$$

式中：n——模量增长系数，$n=n_r(8.4h/E_t+0.58)$；

n_r——计算系数，设传力杆时（板中荷位），$n_r=1$；不设传力杆时（板边荷位），$n_r=0.75$；

h——混凝土板厚度（cm）；

E_t——基层顶面当量回弹模量，对新建路面，可通过查诺模图法确定；对旧路改建，可通过实测路面弯沉，利用式（10-9）计算：

$$E_t = 13\,739/l_0^{1.04} \tag{10-9}$$

l_0——用标准轴载测得的计算回弹模量弯沉值（以0.01mm计）。

（5）混凝土设计强度及抗折弹性模量

路用纤维混凝土设计强度仍以抗折强度为标准,采用28d龄期的计算抗折强度。钢纤维混凝土计算抗折强度及抗折弹性模量不得低于表10-23的规定。

钢纤维混凝土的抗折强度与弹性模量　　表10-23

类型 \ 规定值	计算抗折强度 δ_s(MPa)	抗折弹性模量 E_c(MPa)
全截面	7.0	32
复合式	5.5	30

(6)抗折疲劳强度 δ_f

钢纤维混凝土路面的抗折疲劳强度 δ_f 可以根据使用年限内标准轴载的累计作用次数 N,按照下式确定:

全截面钢纤维混凝土路面:

$$\delta_f = \delta_s(0.944 - 0.077\lg N_e + 0.12 \times l/d \times V_f) \tag{10-10}$$

式中:δ_s——纤维混凝土计算抗折强度(MPa);

l/d——钢纤维长径比;

V_f——钢纤维体积含量(%)。

当纤维体积含量 $V_f = 1.0\% \sim 1.2\%$ 时,式(10-10)可以简化为:

$$\delta_f = \delta_s(1.056 - 0.0635\lg N_e) \tag{10-11}$$

复合式钢纤维混凝土路面:

$$\delta_f = A \times 4.851 \times \delta_s \times 2.05 \times (0.944 - 0.077\lg N_e) \tag{10-12}$$

式中:A——交通量等级影响系数,特重:0.95,重:1.05,中等:1.15,轻:1.25。

2. 路面结构组合设计

由于纤维混凝土路面较普通混凝土路面具有较高的抗折强度与韧性,根据弯拉应力平衡原则,计算所得到的路面厚度要薄一些。在路面厚度减小的情况下,路面总体刚度降低,使得板底的分布压力增大,这就要求基层不仅具有足够的强度、稳定性,而且还要有高标准的平整度。纤维混凝土路面基层宜采用板体性较好的水泥稳定粒料或贫混凝土,基层顶面当量回弹模量应不低于表10-21的规定。

3. 纤维混凝土板厚设计

荷载应力计算及板厚设计可按普通混凝土的相应步骤进行。为了方便计算,各级交通量下的初估板厚可参照表10-24进行选用。大量的实际工程经验表明,面板的最小厚度应满以下要求:采用全截面形式时不小于8cm,采用复合式形式时应不小于10cm。在钢纤维混凝土路面的设计过程中,面板的厚度也可按普通混凝土面板厚度的0.55～0.65取值。由于聚丙烯纤维混凝土路面大多处于试验研究阶段，目前还没有确定其板厚的理论计算公式，因此，国内外多数研究成果认为其板厚可取普通水泥混凝土路面的3/4，如果单纯从改善路面品质和效果的角度来看，也可以取与普通混凝土路面相同的板厚。

各级交通量下钢纤维混凝土面板的初估板厚　　表10-24

交通量等级	全截面钢纤维混凝土面板 $h \geqslant 8$	复合式钢纤维混凝土面板 $h \geqslant 10$
特重	≥15	≥28
重	13～15	15～18
中等	10～13	12～15
轻	≤10	≤12

4.板的平面尺寸和接缝设计

为了防止温度变化引起的胀缩与翘曲，纤维混凝土路面也必须在纵、横向设置许多接缝，将板体划分成一定尺寸的矩形板。由于纤维混凝土强度高，抗裂性好，因此横向缩缝间距(板长)可适当延长，缩缝间距与面板底部的摩阻力、纤维含量及抗拉强度有关。一般情况下，铺筑于基层上的新建路面，采用普通水泥或早强水泥，缩缝间距取20m较为理想、缩缝通常采用锯缝工艺做成夹缝形式。纵向缩缝间距可按路面宽及每个车道宽进行确定，最大不宜大于7.5m。纵向施工缝对于板厚小于15cm者，可采用设拉杆的平缝形式，拉杆位置应设在离板面1/2～1/3板厚的地方。胀缝宜少设或不设。

第六节　纤维混凝土路面施工技术

一、钢纤维混凝土路面施工工艺

根据大量施工实践，在参照相关技术规范和有关研究成果的基础上，钢纤维混凝土路面施工的有关工艺程序和技术要求可总结如下。

1.钢纤维混凝土路面的施工特点和要求

(1)钢纤维在混凝土的混合料中，应具有良好的分散性和均匀性，这是保证钢纤维混凝土路面施工质量的关键。

(2)除保证路面混凝土具有一定的设计强度外，应使钢纤维混凝土拌和物具备较好的和易性，以便于施工。

(3)钢纤维混凝土路面要有良好的路面表面性能。

2. 钢纤维混凝土路面的施工程序

备料和混合料配合比设计→测量放样→基层检验和整修→支立模板和安设钢筋→底层筛撒钢纤维→拌和混凝土→运输混凝土→摊铺混凝土→上层筛撒钢纤维→振动棒振捣混凝土→平板振动器振捣混凝土→补足混凝土→表面整修→接缝施工→养生→拆模→填嵌缝料。

对于全纤维混凝土,则一次性摊铺,不再分层。

3. 施工技术要点

(1)混凝土未浇筑前,均匀筛撒下层钢纤维,然后方可浇筑混凝土。

(2)上层筛撒钢纤维后进行振捣,应尽量使钢纤维全部嵌入混凝土中。

(3)切实掌握压纹时间,锯缝时间应比普通混凝土路面延迟2~3h,具体情况应根据现场施工条件经试验确定。

4. 施工注意事项

(1)要严格按设计用量使用钢纤维,务必使钢纤维在混凝土中形成密实均匀的网状结构。

(2)筛撒钢纤维时,要均匀分布,不准漏撒或成团成堆。

(3)严格控制松铺厚度,松铺整平的表面与模板顶面大致平齐。

(4)在整平的松铺混凝土表面,振动棒振捣后,再筛撒上层纤维。

(5)应严格控制混凝土配合比,特别是用水量,为保证混凝土质量,切缝应适时,伸缩缝间距为15~20m。

二、聚丙烯纤维混凝土路面施工工艺

聚丙烯纤维混凝土的施工工序与普通混凝土基本相同,为了保证施工质量,施工时应按《钢纤维混凝土试验方法》(CECS 13—1989)及普通混凝土路面施工试验规程进行路面材料的抗压和抗弯拉试验。现将聚丙烯纤维混凝土路面施工的有关工艺程序和技术要求归纳如下。

1. 聚丙烯纤维混凝土路面的施工程序

备料和混合料配合比设计→测量放样→基层检验和整修→支立模板和安设钢筋→拌和混凝土→运输混凝土→摊铺混凝土→振捣混凝土→表面整修→接缝施工→养生→拆模→填嵌缝料。

2. 施工注意事项

(1)混凝土拌和:聚丙烯纤维混凝土拌和与普通混凝土基本一致,在拌和过程中,原水泥混凝土配合比无需调整,在混凝土拌和前,应准确称量各种材料,水和水泥误差为1%，集料为3%，待混凝土拌和好准备出料前，在每立方米混凝土中计量加入0.9kg的聚丙烯纤维，强制拌和2～3min后与正常混凝土一样出料运输。

（2）混凝土表面整修：掺入聚丙烯纤维后，均匀散布的纤维在混凝土中呈现三维网络结构，起到了支撑集料的作用，阻止了粗、细集料的下沉，抑制了新拌混凝土的泌水和离析，混凝土的坍落度明显降低。纤维混凝土振捣后与普通混凝土不同，出浆量相应减少，应及时进行表面整修抹平，在此过程中，表面如果存在部分纤维影响抹平，则应泼洒素水泥浆，然后人工拍打抹平。

（3）压纹和夹缝锯割：在现场施工温度及其他条件相同的情况下，压纹和夹缝锯割应比普通混凝土滞后约0.5～1h，这样可以避免因聚丙烯纤维的存在而出现缝边的拉毛现象。在施工过程中，压纹和夹缝锯割工艺应根据现场条件、气温及工程经验，在试验的基础上进行确定。

（4）为了改善聚丙烯纤维混凝土拌和物的和易性，如果需要在混凝土中掺加粉煤灰时，其掺量不应超过10%。

参考文献

[1] J. P. Romualdi, G. B. Batson. Behaviour of Reinforced Concrete Beams with Closely Spaced Reinforcement. ACI, Journal, June, 1963.

[2] 申爱琴,等. 新型混凝土路面材料及施工工艺研究. 西安,2005.

[3] 孙增智,申爱琴. 聚丙烯纤维网在混凝土中的作用机理初探. 华东公路,2005.

[4] 孙增智,申爱琴. 聚丙烯纤维网混凝土的动力学性能. 中南公路工程,2006.

[5] 孙增智,申爱琴,胡长顺. 聚丙烯纤维网混凝土桥面铺装的性能. 公路. 2007.

[6] PCA, Fiber Reinforced Concrete, SP039, Portland Cement Association, 1991: 54.

[7] ACI Committee 544, State-of-the-Art Report on Fiber Reinforced Concrete, ACI 544.1R-96, American Concrete Institute, Farmington Hills, Michigan, 1997.

[8] Altoubat, Salah A., and Lange, David A., "Creep, Shrinkage, and Cracking of Restrained Concrete at Early Age." ACI Materials Journal, American Concrete Institute, Farmington Hills, Michigan, July-August 2001: 323-331.

[9] Marikunte, S., Aldea, C., and Shah, S., "Durability of Glass Fiber Reinforced Cement Composites: Effect of Silica Fume and Metakaolin." Advanced Cement

Based Materials, Volume 5, Numbers 3/4, April/May 1997:100-108.

[10] Suprenant, Bruce A., and Malisch, Ward R., "The fiber factor." Concrete Construction, Addison, Illinois, October 1999:43-46.

[11] 孙伟,钱红萍. 纤维混杂增强水泥基复合材料的物理性能及其机理的研究//中国第六届纤维水泥与纤维混凝土学术会议论文集,1996.

[12] Banthia, Nemkumar, and Bindiganavile, Vivek, "Repairing with Hybrid-Fiber-Reinforced Concrete." Concrete Internationa, American Concrete Institute, Farmington Hills, Michigan, June 2001:29-32.

[13] Trottier, Jean-Francois, and Mahoney, Michale, "Innovative Synthetic Fibers." Concrete International, American Concrete Institute, Farmington Hills, June 2001:23-28.

[14] Wojtysiak, R., Borden, K. K., and Harrison P., Evaluation of Fiber Reinforced Concrete for the Chicago Area—A Case Study, 2001.

[15] 姚武. 钢纤维高性能混凝土的力学性能研究. 建筑石膏与胶凝材料,1999,10:18-19.

[16] 赵国藩,彭少民,黄承逵. 钢纤维混凝土结构. 北京:中国建筑工业出版社,1999.

[17] 杨萌. 钢纤维高性能混凝土增强增韧机理及其基于韧性的设计方法研究. 博士学位论文,2006.

[18] 焦楚杰,孙伟,高培正,周云. 钢纤维混凝土力学性能试验研究. 广州大学学报:自然科学版,2005,4.(4).

[19] 梁磊等. 增强纤维的加入对混凝土抗冲击性能的影响. 混凝土与水泥制品,2007,1.

[20] 宋焕宇,朱宏平,罗辉. 钢纤维混凝土路面的应用研究. 华中科技大学学报:城市科学版,2005,22(1).

[21] 苏健波,李士恩. 杜拉纤维增强混凝土的力学性能研究. 广东土木与建筑,2000,(1):40-46.

[22] 姚武,李杰,周钟鸣. 聚丙烯纤维对混凝土抗拉强度的影响. 混凝土,2001,(10):40-43.

[23] 付华. 三峡加纤维抗冲耐磨混凝土研究[J]. 中国三峡建筑,2001,(3):20-22.

[24] O. Kayali, M. N. Haque and B. Zhu. Some characteristics of high strength fiber reinforced lightweight aggregate concrete. Cement and Concrete Composites,

2003,25:207-213.

[25] A. M. Alhozaimy, P. Soroushian, F. Mirzak. Mechanical Properties of Polypropylene Fiber Reinforced Concrete and the Effects of Pozzolanic Materials. Cement and Concrete Composites. 1996.

[26] G. D. Manolis, P. J. Gareis, A. D. Tsonos, J. A. Neal, Dynamic properties of polypropylene fiber reinforced concrete slabs. Cement and Concrete Composites,1997,19:341-349.

[27] 孙家瑛.聚丙烯纤维对高性能混凝土抗折强度、抗冲击性能影响研究.上海市政工程研究院.2001:24-27.

[28] 陈拴发.聚丙烯纤维混凝土弯曲疲劳性能.西安公路交通大学学报,2001,4:18-20.

[29] 姚武,马一平,谈慕华,吴科如.聚丙烯纤维水泥基复合材料物理力学性能研究(II)——力学性能.建筑材料学报,2000,9:235-239.

[30] 钟秉章,朱强,倪建华.聚丙烯纤维混凝土在水利水电工程上的应用探讨.红水河,2002,(4):38-42.

[31] 戴建国,刘明,黄承逵.聚丙烯纤维混凝土和砂浆的塑性收缩试验研究.沈阳建筑工程学院学报,2000,16(3):195-198.

[32] 成全喜,江书杰,孙锦镖.聚丙烯纤维混凝土抗裂性能试验研究.天津城市建设学院学报,2003,9(4):265-268.

[33] 马一平,谈慕华,吴科如.聚丙烯纤维几何形态对水泥砂浆塑性干缩开裂性能的影响.混凝土与水泥制品,2001,4:38-40.

[34] 周霖.聚乙烯醇纤维在混凝土中的应用.四川纺织科技,2003,(3):27-29.

[35] M. B. Weimann and Li V. C., Drying Shrinkage and Crack Width of an Engineered Cementitious Composites(ECC). Proceedings of the Seventh International Symposium on Brittle Matrix Composites(BMC-7). Eds. A. M. Brandt, V. C. Li and I. H. Marshall. October 2003:37-46.

[36] 曹诚,刘家彬.聚丙烯纤维对混凝土动力学特性的影响研究.混凝土,2000,(5):43-45.

[37] 曹芳,马保国,李友国.混凝土的渗透性能及测试方法的对比分析.混凝土,2002,(10): 15-17.

[38] 冷发光,韩跃伟.克裂速纤维增强混凝土耐久性实验研究.云南水力发电,2001,17(3):42-47.

[39] 李光伟.聚丙烯纤维对混凝土抗裂性能的影响.水电站设计,2002,18(2):

98-101.

[40] 董建伟,王广宇,裴宇波.改性聚丙烯纤维混凝土及其应用.吉林水利,2000,(9):7-10.

[41] 王彤,鲁纯,王先伟.聚丙烯纤维混凝土路面耐久性的试验研究.玻璃纤维,2006,1.

[42] 李光伟,杨元慧.聚丙烯纤维混凝土性能的试验研究.水利水电科技进展,2001,21(5):14-16.

[43] 孙家瑛,魏涛,王学文.聚丙烯纤维对混凝土路用性能的影响.混凝土,2001,6:57-59.

[44] Chen L, Mindess S, Morgan D R, et al. Comparative toughness testing of fiber reinforced concrete[A]. Stevens D J, et al. Testing of Fiber Reinforced Concrete[C]. ACI, 1995, 41-75.

第十一章　聚合物改性混凝土复合式路面

面层为水泥混凝土复合板或水泥混凝土板(CC)及板上沥青混凝土层(AC)所组成的路面结构称为复合式路面[1~4]。

第一条复合式混凝土路面于1893年在美国诞生,该混凝土路面采用不同的集料,分上下两层铺筑,而且上层混凝土水泥用量较高。此后,法国、英国、瑞士等国家也修筑过复合式混凝土路面[5]。20世纪30年代,英国修筑了连续配筋混凝土(CRC)层上加铺沥青层的路面结构,该结构在40~50年代被用于一些市内道路上。法国于1986年在85号洲际公路上修筑了一段复合式路面,路面下层采用配有双层钢筋网浇筑加固的混凝土板,板上喷洒沥青乳液,并铺土工织物,然后铺筑4~5cm厚的沥青磨耗层。近年来,美国在高速公路的拓宽中,把新铺并拉纹的水泥混凝土路面作为承重层,其上铺筑沥青混凝土,收到了良好的使用效果。在复合式路面结构设计方面,国外一些国家的道路研究部门和公路工作者采用不同的理论和方法对此进行了初步计算分析[6~9]。荷兰为解决路面上下层间的结合问题,采用了在层间使用销钉栓接的方法。欧洲许多国家对复合式路面结构进行了受力分析,提出了板厚设计方法。1973年,美国混凝土筑路协会材料与混合料设计分会开始对水泥混凝土复合式路面结构的应用进行研究,并证实了复合式路面结构的可行性。美国波特兰水泥协会(PCA)按照双层板的疲劳和冲刷安全系数与单层板等效原则进行复合式路面设计,提出了结合式复合路面和分离式复合路面两种情况的设计用图。在第二届国际混凝土路面会议上,一些专家则提出按强度较低的下层混凝土求算路面总厚度,而强度较高的上层混凝土厚度取总厚度的0.2~0.4。1981年,Tosky提出可将多层路面体系模型转化为由板单元和弹簧单元交替组成的体系,板单元模拟体系中的弯曲,弹簧单元则模拟体系中的压缩,Khazanovich等[10]人在此基础上为双层板构筑了8个节点24个自由度的单元,其上面4个节点置于上面层的中轴,而下面4个节点则置于下面层的中轴。

我国在复合式混凝土路面的研究应用方面也做了许多工作,“七五”期间,河南、山西、江苏等省成功地修筑了下层为碾压混凝土或经济混凝土,上层为规格混凝土的复合式路面(简称 RCC-PCC 或 EPCC-PCC)。1989 年,四川省交通科学研究所与成都市交通局合作在成都市内道路上铺筑了 500m 复合式混凝土路面试验路,该路面面层总厚度为 22cm,上面层采用塑性混凝土,厚度控制在 7~8cm,下面层采用碾压混凝土或掺加粉煤灰的普通混凝土,厚度控制在 14~15cm[11]。在路面结构设计研究上,长安大学(原西安公路交通大学)曾对水泥混凝土复合式路面的荷载应力和温度应力进行了理论分析与试验研究,根据薄板等刚度原则推导出了相应计算公式并提出了设计方法,以用于复合式路面的修筑和推广[12~15]。西安空军工程大学引入夹层单元对双层板层间不同结合状态进行了计算分析与验证[16]。黄晓明等[17]利用空间八节点单元,上下层间采用 Goodman 模型的夹层单元,对旧水泥混凝土路面混凝土加铺层进行了有限元分析。

总体上,国外水泥混凝土复合式路面的结构设计方法多建立在经验半经验的基础上,施工方法通常采用整体铺筑;国内则常采用理论法即以力学分析为主的设计方法,但国内由于施工机械的限制,上下面层一般不能做到一次摊铺成型。

第一节　复合式路面的类型

复合式路面不仅具有良好的使用性能,而且造价也比较经济。随着公路交通科技的发展,复合式路面结构趋于多样化是路面结构可持续发展的必然要求。纵观复合式路面的发展历程,其结构类型可归纳如下。

1. 上柔下刚复合式路面

常见的上柔下刚复合式路面包括沥青混凝土/碾压水泥混凝土复合式路面(简称 AC/RCC)和沥青混凝土/水泥混凝土复合式路面(简称 AC/PCC)。

AC/RCC 复合式路面综合了沥青混凝土路面和碾压式水泥混凝土路面两者的优点,提高了道路的使用质量,减少了路面车辙深度,可有效地防止沥青路面的拥包和裂缝,路面的抗滑耐磨及可修复性大为提高,行车舒适,无眩光现象,并且可以承受大轴载交通,延长了道路使用年限。此外,AC/RCC 复合式路面施工进度快,工效高,能够提前开放交通。为克服沥青混凝土路面的诸多缺点,目前多采用改性沥青混凝土作为罩面层,其中包括乳化沥青、树脂沥青、橡胶沥青、水泥沥青混凝土、纤维沥青等多种形式。

AC/PCC 复合式路面不仅可以减少沥青用量(与柔性路面相比),又可弥补刚性路面的不足。这种刚柔相济的路面结构,大大改善了路面的使用性能,目前主要应用于旧水泥混凝土路面的改造。加铺沥青层不仅能够增强路面整体承载能力,而且还克服了原有混凝土板由于接缝的存在而平整度不够理想和接缝处易发生病害的缺点。

2. 上低塑下碾压复合式混凝土路面

上层低塑混凝土/下层碾压式水泥混凝土的复合式路面(简称 CCC/RCC),综合了普通水泥混凝土路面和碾压式水泥混凝土路面两者的优点,提高了道路强度和耐久性,节约了大量水泥,施工进度快,经济效益显著,同时克服了全碾压式水泥混凝土路面平整度不够理想的缺点。该类型路面复合层间厚度以上层低塑混凝土不少于 6cm 为宜,下层碾压式水泥混凝土一般选用 16 ~ 18cm 较为经济合理。

3. 素混凝土与钢纤维混凝土的双层复合式路面

素混凝土/钢纤维混凝土复合式路面(简称 CCC/SFRC),充分而有效地发挥了钢纤维混凝土的强化效应,在确保板件稳定的同时,把钢纤维掺入路面的受拉区,最大限度地减少路面厚度及钢纤维用量,使其既能反映钢纤维混凝土路面的优异性能,又能降低工程投资。

4. 普通混凝土与聚合物改性混凝土的复合式路面

普通混凝土/聚合物改性水泥混凝土复合式路面(简称 PCC/PMCC),是将路用性能较优的聚合物改性水泥混凝土用作路面结构的上面层,而下面层采用普通混凝土的一种路面形式。由于聚合物改性水泥混凝土具有弯拉弹性模量低、弯拉强度高、路面表面功能优越、抗冲击、耐疲劳性能好等一系列优点,因此 PCC/PMCC 复合式路面常应用于重交通、自然环境恶劣、对路面表面功能要求高的路段。但是,聚合物改性水泥混凝土较普通水泥混凝土在成本方面有较大提高,不宜在全厚度范围内采用。

除传统的复合式路面结构外,近年来一些新型的路面复合材料和结构组合形式陆续出现,如碾压钢丝网水泥混凝土路面、钢纤维混凝土与素混凝土三分层复合式路面(简称 SFRC/ CCC/SFRC)等[18]。在复合式路面家族中,AC/RCC 路面结构独树一帜,备受人们青睐。PCC/PMCC 复合式路面虽然鉴于成本较高而未得到普遍推广,但目前已引起相关部门的关注。国内外关于聚合物改性水泥混凝土的研究资料颇多,但将聚合物改性水泥混凝土用于铺筑公路面层的实体工程并不多见。2004 年,笔者与广东省惠州市公路局合作,通过理论分析计算与材料试验研究,在广东省 S358 公路惠州市惠阳县新圩至秋长段进行了聚合物改性水泥混凝土复合式路面(PMCC-PCC)的铺筑[1~3],该试验路面采用羧基丁苯乳液(SD622S)改性水泥混凝土作为上面层,普通水泥混凝土作为下面层,其路面结构层设置如图 11-1 所示。

路表面	
PMCC 上面层	12cm
普通水泥混凝土下面层	13cm
6% 水泥稳定碎石基层	20cm
3% 水泥稳定碎石底基层	18cm
土基	

路表面	
PMCC 上面层	8cm
普通水泥混凝土下面层	17cm
6% 水泥稳定碎石基层	20cm
3% 水泥稳定碎石底基层	18cm
土基	

图 11-1 聚合物改性水泥混凝土复合式路面结构示意图

第二节 聚合物改性混凝土复合式路面面层材料设计

聚合物改性混凝土(PMCC-PCC)复合式路面采用聚合物改性水泥混凝土作为上面层材料,这种混凝土是在普通水泥混凝土的拌和物中加入一定量的聚合物,以聚合物和水泥共同作为胶结材料,与集料结合而形成的。在水泥混凝土中加入聚合物后,聚合物在混凝土内形成膜状体,填充了水泥水化物与集料间的空隙,并与水泥水化物结为一体,从而起到增强与集料黏结的作用,其性能比普通水泥混凝土要好很多。如果将聚合物加入到水泥砂浆中,所形成的有机复合材料称为聚合物改性砂浆(简称 PMA)。

聚合物改性水泥混凝土所用的原材料,除一般混凝土所用的水泥、集料和水外,还有聚合物和助剂。国内外用于水泥混凝土改性的聚合物添加剂品种繁多,但主要包括聚合物乳液、液体聚合物和水溶性聚合物三种,其中聚合物乳液是应用最为广泛的一种。聚合物改性水泥混凝土所用的主要助剂有稳定剂和消泡剂。聚合物和助剂的相关性质及指标要求在本书第二篇第四章中已加以详细介绍,此处不再阐述。

一、聚合物改性水泥混凝土的配合比

聚合物改性水泥混凝土的配合比是否适当,是影响混凝土性能的主要因素之一。与常规水泥混凝土的配合比设计相比,聚合物改性水泥混凝土除考虑混凝土的一般性能外,还应当考虑到聚合物改性水泥混凝土的影响因素。影响聚合物水泥混凝土性能的因素很多,其中主要包括聚合物的种类、聚合物的掺量、聚合物与水泥用量之比(聚灰比)、水灰比、消泡剂及稳定剂的掺量和种类等。

聚合物改性水泥混凝土受水灰比的影响不像普通水泥混凝土那样大,因此,

聚合物水泥混凝土的水灰比主要以被要求的和易性(坍落度或流度)来确定。进行聚合物改性水泥混凝土的配合比设计时,除要着重考虑拌和物的和易性与混凝土的抗压强度外,还应根据使用要求考虑其抗拉强度、抗弯强度、黏结强度、抗渗性和耐腐蚀性等。以上各项性能与混凝土的水灰比和聚灰比有密切关系,但聚灰比对此有着更显著的影响。研究表明,当聚灰比为15% ~20%时,混凝土的抗弯拉强度最大。

聚合物改性水泥混凝土的配合比设计除应考虑聚灰比外,其他大致可按普通水泥混凝土进行。一般情况下,聚合物水泥混凝土的配合比为:

(1)水泥:砂=1:2 ~1:3(质量比);

(2)聚灰比控制在5% ~20%范围内;

(3)水灰比根据混凝土拌和物的设计及和易性适当选择,大致控制在0.30 ~0.60范围内。

笔者会同广东省惠州市公路局铺筑了聚合物改性混凝土路面实体工程,聚合物改性水泥混凝土的配合比见表11-1。其中,未掺加聚合物基准混凝土的设计抗弯拉强度为5MPa,加入聚合物后,混凝土的抗弯拉强度提高了5 ~42%[1,2]。

聚合物改性水泥混凝土的配合比　　表11-1

聚灰比(%)	水灰比	砂率(%)	聚合物用量(kg/m^3)	用水量(kg/m^3)	水泥用量(kg/m^3)	砂用量(kg/m^3)	石子用量(kg/m^3)	坍落度(mm)	含气量(%)
0	0.42	34	0	151	360	672	1 304	30	2.5
5	0.35	34	18	126	360	672	1 304	35	4.0
10	0.31	34	36	112	360	672	1 304	30	5.5

注:表中的聚合物用量均指固含量。

二、聚合物改性水泥混凝土的性能

将聚合物掺入到水泥混凝土中,聚合物膜与水泥水化产物结合并形成空间网架结构。聚合物可以填充混凝土内部较大的孔隙,改善孔结构,使大孔减少而小孔增多,孔径分布向减小方向转化。聚合物还可能与水泥发生不同程度的物理化学反应,增强水泥水化产物之间的连接。总之,加入聚合物后,混凝土逐渐向连续而密实的结构转化,材料的力学性能和耐久性能均得到改善[19~26]。

(一)新拌聚合物改性水泥混凝土的性能

1.减水性和黏聚性

聚合物具有较好的减水作用,在规定的流动度下,加入聚合物乳液可减少用水量,且减水率随着聚灰比(P/C)的提高而增大。羧基丁苯乳液(SD622S)的减水效果如图 11-2 所示。由图可以看出,随着聚合物掺量的增加,其减水性能进一步增大。聚合物的减水作用还可以降低混凝土拌和物的水灰比,从而提高水泥和粗细集料之间的黏聚力。

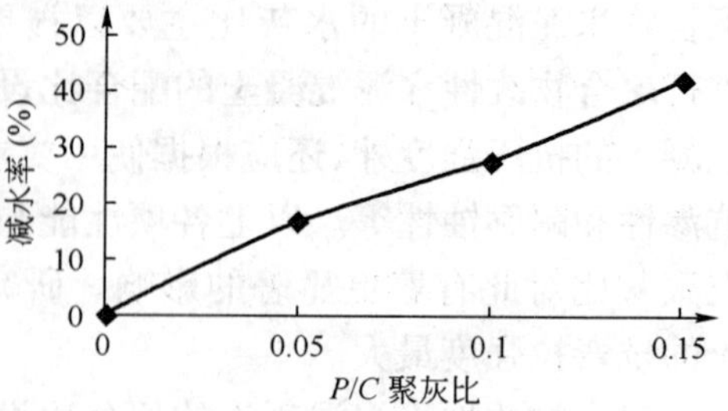

图 11-2　羧基丁苯乳液的减水效果

2. 流动性

当混凝土的水灰比不变时,随着聚灰比的提高,混凝土拌和物的流动性增大。聚合物对混凝土拌和物的流动性有如下改善作用。

(1)滚珠效应

将聚合物掺入混凝土后,数量多、粒径小(约 0.1μm)的聚合物固体微粒如同无数的小球一样分散在混凝土内部。这些微粒起到了类似机械轴承内部滚珠的作用,降低了水泥与粗细集料之间的摩擦,发挥了润滑效应,从而提高了混凝土的流动性。

(2)表面活性作用

聚合物乳液中的表面活性剂与水泥、粗细集料一同经过机械的强力搅拌后可能会引入大量空气,即使考虑到消泡剂的消泡作用,聚合物改性水泥混凝土的含气量仍然要高于普通水泥混凝土,因此混凝土的流动性得以提高。

(3)分散作用

水泥在加水搅拌后会生成絮凝结构,絮凝体内部包含很多的拌和水,降低了混凝土的工作性。乳液中的表面活性物质可以使水泥颗粒分散,释放出絮凝体内的游离水,从而改善了混凝土的和易性。

3. 保水性、泌水和离析

与普通水泥混凝土相比,聚合物乳液改性水泥混凝土具有优良的保水性,这是由聚合物乳液本身亲水的胶体特性和所形成的聚合物薄膜的填充及封闭效果所致。聚合物水泥混凝土的保水能力与聚灰比有关,良好的保水性对于提高养护条件下的长期性能及在高吸水性基底上施工的混凝土是十分有益的。

聚合物乳液本身亲水的胶体特性及减水效应,还可以减小混凝土(砂浆)的泌水和离析现象,这样有益于提高混凝土(砂浆)的强度和抗渗性能。

(二)硬化聚合物改性水泥混凝土的性能

聚合物改性水泥混凝土硬化后的性能主要有力学性能和耐久性能,其中包括强度、弹性模量、抗弯拉疲劳性能、抗渗性能、耐磨性能、收缩性能、黏结性能等。

1. 力学性能

(1)强度

影响聚合物水泥混凝土强度的因素很多,除水灰比、灰砂比、养护条件、测试方法等普通水泥混凝土强度的影响因素外,混凝土强度的发展还要受聚合物本身性能、聚灰比等因素影响,并且这些因素间还存在相互关联。

聚合物的聚灰比不同,对混凝土强度的影响也不同。一般来说,聚合物改性水泥混凝土的抗弯拉强度随聚灰比的增加而有所提高,而抗压强度则基本不变或有时呈现上升或下降的趋势。抗压强度下降的原因主要由于聚合物的弹性模量比水泥低,当复合体受压时起不到刚性支撑的作用,如果聚合物的刚性提高,则抗压强度可随聚灰比的增加而提高。掺加羧基丁苯乳液(SD622S)后,不同聚灰比对混凝土强度的影响如图 11-3 所示。

聚合物的品种不同,本身的性能也不同,对聚合物改性水泥混凝土(砂浆)强度的影响也不尽相同。弹性胶乳有使抗压强度降低的趋势,而热塑性树脂乳液有使抗压强度提高的倾向。在采用相同的聚合物掺量的情况下,氯偏胶乳、氯丁胶乳、丁苯胶乳改性水泥砂浆的强度见表 11-2。表中三种不同类型聚合物改性水泥砂浆的抗折强度均随聚灰比增大而提高,抗压强度均随聚灰比的增大而降低,但丁苯胶乳改性水泥砂浆的抗折强度增加最多,在聚灰比大于 10% 以后,其抗压强度也降低最快。

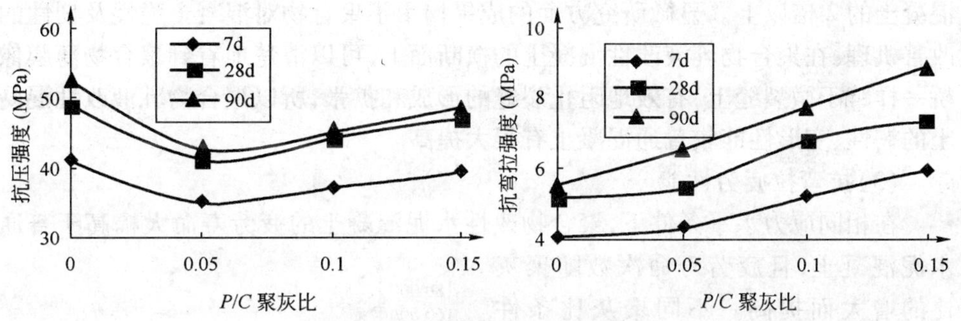

图 11-3 不同聚灰比的聚合物乳液对混凝土强度的影响

不同类型聚合物改性水泥砂浆的强度 表 11-2

类型	不掺	氯偏胶乳		氯丁胶乳			丁苯胶乳		
聚灰比(%)	0	5	10	5	10	15	5	10	15
28d 抗折强度(MPa)	4.6	5.66	6.25	5.74	6.11	6.25	6.2	8.8	9.57
28d 抗压强度(MPa)	46.1	42.4	30.1	42.5	36.8	31.3	42.5	41.4	27.2

(2)韧性和弹性模量

混凝土的弹性模量一般分为静弹性模量和动弹性模量。静弹性模量主要指混凝土在静荷载下的抗弯拉弹性模量,动弹性模量则用以反映混凝土在动荷载下的刚度和松弛瞬时应力的能力。羧基丁苯乳液改性水泥混凝土的动静弹性模量测试结果表明,掺入聚合物乳液后,混凝土的28d抗弯拉弹性模量和3d、28d动弹性模量均有所降低,且弹性模量随着聚灰比的增大而下降,其趋势如图11-4所示。除聚灰比外,弹性模量的下降程度也与聚合物种类有关。试验研究

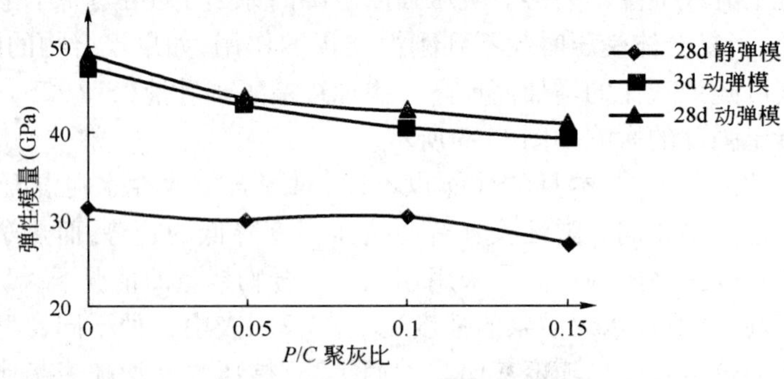

图11-4　羧基丁苯乳液改性混凝土的弹性模量

表明,聚合物水泥混凝土的韧性比普通水泥混凝土要好得多,断裂能是普通水泥混凝土的2倍以上。显微研究方面的成果揭示了聚合物对混凝土脆性及韧性的改善机理:在聚合物乳液改性混凝土的横断面上,可以清楚地看到聚合物薄膜像桥一样跨于微裂缝上,有效地阻止裂缝的形成和扩张,所以聚合物乳液改性混凝土的韧性、变形性能较普通混凝土有很大提高。

(3)抗弯拉疲劳性能

在相同应力水平条件下,聚合物改性水泥混凝土的疲劳寿命大幅高于普通水泥混凝土,且疲劳寿命次数随聚灰比的增大而提高。不同聚灰比条件下,羧基丁苯乳液改性水泥混凝土的疲劳寿命次数如图11-5所示。聚合物之所以能够提高混凝土的疲劳寿命次数,一方面是由于聚合物成膜后对混凝土内部的原生裂缝有约束作用并可以钝化裂缝尖端的应力集中;另一方面,柔性较高的聚合物膜可以吸收冲

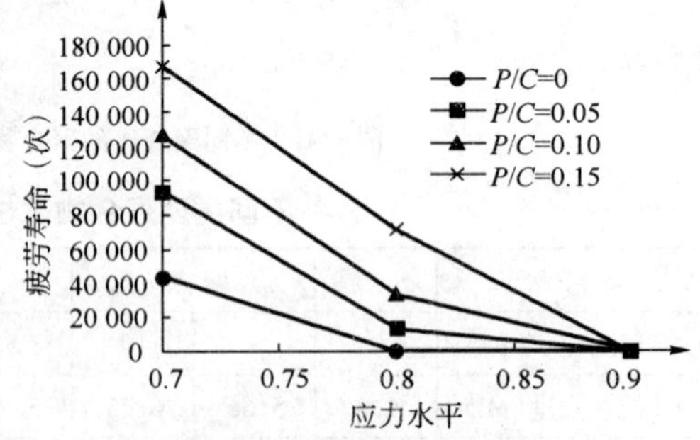

图11-5　聚合物对混凝土疲劳寿命的影响

击能量,有效细化因水化热、温差、干湿、离析等因素作用形成的裂隙的尺度,增强了混凝土内部材料的连续性。

2. 耐久性能

(1)干缩性

聚合物水泥混凝土的干缩受聚合物种类及聚灰比影响,有的干缩增加,有的干缩减小。如羧基丁苯乳液改性水泥混凝土的聚灰比控制在10%以内,其干缩量随聚灰比增大而减小,当聚灰比大于10%以后,干缩量随聚灰比增加而有所增大;聚灰比为12%的丙烯酸酯共聚乳液配制的混凝土比普通混凝土的干缩率减少60%,而氯丁胶乳配制的混凝土的干缩却比普通混凝土有所增加。

(2)耐磨性

普通水泥混凝土中加入适量的聚合物,可以大幅度提高其耐磨性。耐磨性提高的程度与聚合物的种类、聚灰比及磨损条件有关。一般情况下,随着聚灰比的增大,聚合物改性水泥(砂浆)混凝土的耐磨性提高幅度越大。例如,聚灰比为5%的聚酯酸乙烯改性砂浆在相对湿度50%的条件下养护,其耐磨性比普通水泥砂浆提高2倍;聚灰比为20%的聚酯酸乙烯改性砂浆,其耐磨性比普通水泥砂浆提高20倍。经过磨损后的羧基丁苯乳液改性水泥(砂浆)混凝土的磨耗质量损失百分率随聚灰比的变化关系如图11-6所示,混凝土的聚灰比越大,耐磨性越好。研究表明,在混凝土中掺加聚合物后,可以使磨损表面含有一定数量的有机聚合物,这些聚合物对水泥材料的颗粒起着很好的黏结作用,可防止它们从表面脱落。

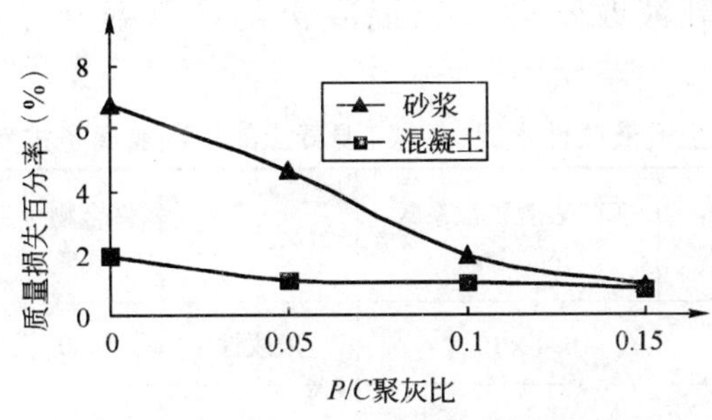

图11-6　聚灰比与混凝土耐磨性的关系

(3)抗渗性

聚合物改性水泥(砂浆)混凝土的抗渗性可以从混凝土的耐水性和抗氯离子渗透性两方面进行评价。耐水性可以用吸水性、不透水性和软化系数来描述,由于聚合物填充了混凝土内部的孔隙,使总的孔隙量、大直径孔隙量和开口孔隙量减少,因而聚合物水泥混凝土的吸水性大大降低。在比较理想的情况下,聚合物水泥混凝土的吸水率可下降50%，软化系数达到0.80～0.85。聚合物还可以降低混凝土的透水性，这主要是由于聚合物能够提高水泥(砂浆)混凝土的密实度。一般来说，聚灰比越大，聚合物水泥混凝土的透水性越低。羧基丁苯乳液改性水泥混凝土的透水性随聚灰比的变化关系如图11-7所示。聚合物类型不同，其相应的聚合物水泥混凝土的耐水性也不同，如丁苯胶乳、氯丁胶乳配制的混凝土的耐水性优良，而聚醋酸乙烯乳液配制的混凝土的耐水性很差，这与乳液本身耐水性的优劣有关。

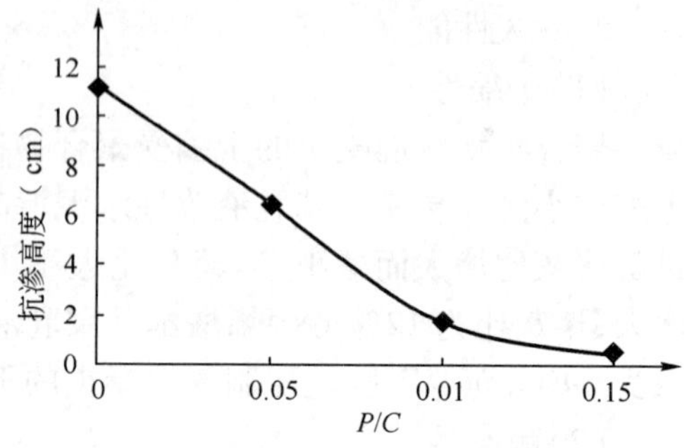

图11-7 不同聚灰比条件下的混凝土渗水高度

氯离子是造成混凝土内部材料破坏的重要因素，由于氯离子是随着水迁移的，因此聚合物水泥混凝土良好的不透水性，将使其具有优良的抗氯离子渗透性。试验研究证明，随着聚灰比的提高，氯离子扩散系数降低，氯离子的深度呈线性下降。不同类型聚合物乳液改性水泥(砂浆)混凝土的氯离子扩散系数见表11-3[27]。从表中可以看出，聚合物乳液品种对氯离子渗透性也有明显影响。当聚灰比为10%时，SBR改性对氯离子渗透性几乎没有改善，而EVA、PAE改性砂浆和混凝土的氯离子渗透能力却明显降低。当聚灰比为20%时，所有三种乳液改性砂浆和混凝土的表观氯离子扩散系数都明显减小。

不同类型乳液改性水泥(砂浆)混凝土的表观氯离子扩散系数 表11-3

砂浆类型	聚合物含量(%)	Cl^-表观扩散系数(cm^2/s)	混凝土类型	聚合物含量(%)	Cl^-表观扩散系数(cm^2/s)
未改性	0	6.4×10^{-8}	未改性	0	2.2×10^{-8}
SBR改性	10 20	6.4×10^{-8} 3.9×10^{-8}	SBR改性	10 20	1.9×10^{-8} 0.93×10^{-8}
EVA改性	10 20	4.4×10^{-8} 2.4×10^{-8}	EVA改性	10 20	0.79×10^{-8} 1.0×10^{-8}
PAE改性	10 20	3.8×10^{-8} 4.4×10^{-8}	PAE改性	10 20	0.62×10^{-8} 0.58×10^{-8}

(4)耐腐蚀性

聚合物水泥混凝土由于聚合物的填充作用和聚合物薄膜的封闭作用使其耐腐蚀性提高。试验证明,聚合物水泥混凝土的耐化学腐蚀性随着聚灰比的增大而提高。一些研究认为,聚合物的耐油、耐油脂能力很强,但不能耐酸。笔者对羧基丁苯乳液改性水泥砂浆和混凝土在酸性环境中的性能进行研究后发现:掺入聚合物后,砂浆和混凝土的耐酸能力有较大提高,且随着聚灰比的增大,其耐酸腐蚀能力总体上呈现出提高的趋势。

聚合物改性水泥砂浆和混凝土的耐酸腐蚀性能,可以从材料经历酸性环境后的外观损失程度、强度和强度损失率三方面综合考虑。将羧基丁苯乳液改性水泥砂浆和混凝土置于浓度为5%的稀盐酸和稀硫酸中浸泡,改性砂浆56d和78d的抗折强度、强度损失率以及改性混凝土56d的抗压强度、强度损失率见表11-4。

聚合物改性水泥砂浆和混凝土的耐酸腐蚀性能　　表11-4

类型	聚灰比(%)	抗折/抗压强度(MPa)									
		对比强度		5%稀硫酸				5%稀盐酸			
		56d	78d	56d	损失	78d	损失	56d	损失	78d	损失
改性砂浆	0	8.09	8.41	2.59	68%	0	100%	3.80	53%	1.34	84%
	5	8.17	8.54	4.01	51%	0	100%	4.82	41%	3.85	55%
	10	9.64	10.77	5.84	39%	2.83	74%	6.06	37%	4.90	55%
	15	12.10	13.21	6.79	43%	4.54	66%	7.74	36%	6.51	51%
改性混凝土	0	47.7						18.4	61%		
	5	41.3						27.7	33%		
	10	44.0						32.6	26%		
	15	47.3						32.9	31%		

从表11-4看,经硫酸和盐酸浸泡后,改性水泥砂浆的抗折强度和改性水泥混凝土的抗压强度均随聚灰比的增大而提高,二者的强度损失率均随聚灰比的增大而降低。以改性水泥砂浆为例,当聚灰比为15%时,其在5%稀硫酸中浸泡后的56d强度损失率较普通混凝土降低了25%,78d强度损失率降低了34%,可见,聚合物乳液对水泥砂浆和混凝土的耐酸腐蚀性能有明显改善作用。

(5)抗碳化性

在聚合物乳液改性水泥砂浆和混凝土中,由于聚合物的填充和封闭作用,空气、二氧化碳、氧气的透过性降低,因而其抗碳化能力大大提高。一般情况下,聚灰比提高,抗碳化能力也提高。图 11-8 为不同聚灰比时几种聚合物乳液改性水泥砂浆 14d 的碳化深度情况[30]。由图可以看出,SPC 乳液(主要成分为丙烯酸酯和 EVA)改性水泥砂浆的碳化深度随聚灰比的增大而下降,但 CR 和 SBR 乳液改性水泥砂浆的碳化深度随聚灰比呈现出先减小后增大的趋势。可见,聚合物种类不同,其抗碳化能力也不同。Al-Zahrani 等曾比较了一系列商品水泥基材料和商品聚合物改性水泥基材料的耐久性[31],也发现不同聚合物乳液改性水泥基材料的抗碳化能力存在差异,有些聚合物改性水泥基材料的抗碳化性能甚至比商品水泥基材料还差,有些则表现出优异的抗碳化能力。

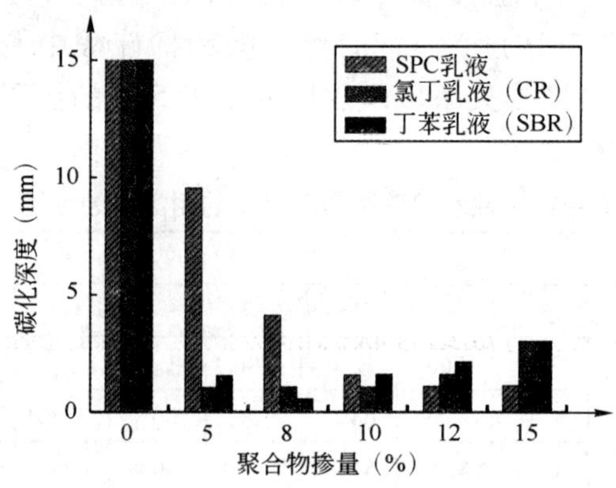

图 11-8　不同聚灰比时乳液改性砂浆的碳化深度

(6)抗冻性

由于聚合物水泥混凝土的吸水率大大下降,孔隙率降低以及存在一定的引气作用,因此它的抗冻性比普通水泥混凝土要好得多。聚合物乳液改性水泥混凝土的抗冻性与其抗渗性、耐腐蚀性、抗碳化性等都存在一定的联系,抗冻性改善的原因主要是聚合物乳液的加入优化了混凝土内部的孔结构。

第三节　聚合物改性混凝土复合式路面结构设计

聚合物改性混凝土复合式路面的结构设计应根据材料自身的特点和路面工程所处环境状况来确定。针对 PMCC－PCC 复合式路面两层或两层以上的面层结构,需要重新确定接缝间距以及设置传力杆。在参照其他类型复合式路面结构设计的基础上,PMCC－PCC 复合式路面的结构设计包括以下内容:

(1)复合式路面层间结合方式分析。

(2)路面应力计算,包括荷载应力、温度应力以及荷载和温度共同作用下的应力计算。

(3)路面结构组合设计及厚度确定。

(4)复合式路面平面设计。

一、层间结合方式

按照经典理论进行结构分析时,一般将层间结合方式按完全结合式和完全分离式两种情况进行考虑。实际上,层间接触面是路面体系中的一个薄弱环节,其结合强度低于上下面层混凝土板的强度,在车辆荷载和环境因素作用下极易发生破坏,影响路面的受力状态和可靠性。一般情况下,可以将混凝土面层结合面看作是一种类似于水泥混凝土中集料与水泥相接触的过渡区,即下面层混凝土存在露出的集料和已经硬化的水泥石,可以作为集料部分;新浇筑的上面层混凝土有大量流动性的水泥浆,二者作用形成结合区。但是在实际情况中,由于上面层混凝土同样存在露出的集料与下面层混凝土发生作用,因此复合式路面混凝土面层结合面的状态远比水泥混凝土中集料与水泥石的过渡区复杂。此外,不同的界面处治方式也会造成结合状态的明显变化,而且在层间接触界面破坏前后,面层板的工作状态大不相同。在接触界面破坏前,面板需要克服相当大的阻力才能移动,而在接触界面破坏后,面板只需克服很小的阻力就能相对滑动。

复合式路面上下面层之间的接触状况可以分为结合式、分离式和半结合式三种状态。对于 PMCC - PCC 复合式路面来说,当上下面层处于结合态时,相当于双层板黏结在一起,上下面层在接触面上各个方向的位移相同;当上下面层处于分离状态时,在外力作用下,上下面层在接触面上可以保持竖向位移相同,而水平方向则存在位移差;当一个接触面上既有结合状态又有分离状态时,接触面在宏观上表现为半结合状态。对于双层板体系,一般可以通过考虑中性面的偏移来研究半结合状态。在工程实际中,有时将半结合状态作为完全结合状态和完全分离状态的叠加。

PMCC - PCC 复合式路面在铺筑初期,层间处于结合或半结合状态,随着荷载及温度的作用,层间存在一定的剪切应力,而结合面处又相对薄弱,破坏开始发生。在聚合物改性水泥混凝土完全凝结后,没有新的水泥水化胶结产物生成,破坏过程成为不可逆过程。破坏产生的分离面,改变了层间剪切应力的边界条件,出现应力集中,进一步加速了破坏过程,宏观上表现为层间结合形式由结合式转变为半结合式直至形成分离式。

二、荷载应力分析

力学模型是进行荷载应力分析的基础，其正确与否将直接影响到最终的计算结果。力学模型的选择应根据路面结构的不同进行适当的假设和简化，并采用相应的计算理论。对水泥混凝土路面而言，其计算理论可分为弹性地基板理论和弹性层状体系理论两大类。采用弹性地基板理论时，可将混凝土板看作是一薄板。依据弹性地基板模型的假设，弹性地基上的复合式双层板可以看成是在均质弹性半空间体地基上的两层弹性薄板，采用小挠度薄板理论进行荷载应力分析，其基本假设如下。

(1)垂直于中面方向的正应变极其微小，可略去不计，即 $\varepsilon_z=0$，由此得 $\omega=\omega(x,y)$，说明竖向位移 ω 仅是平面坐标(x,y)的函数。也就是说，在中面的任一根法线上，薄板全厚度范围内的所有各点都具有相同的位移 ω。

(2)垂直于中面的法线，在弯曲变形前后均保持为直线并垂直于中面，因而无横向剪切应变，即：

$$\gamma_{zx}=\gamma_{zy}=0$$

(3)薄板中面内的各点都没有平行于中面的位移，即 $u_z=0$。

对于弹性地基薄板，板与地基的联系又采用了如下假设。

(1)在变形过程中，板与地基的接触面始终吻合，即板面与地基表面的竖向位移是相同的。

(2)在板与地基的两接触面之间没有摩阻力，即接触面上的剪应力视为零。

根据小挠度薄板假设及内力与荷载的平衡条件，可得到薄板的板弯方程：

$$D\nabla^2\nabla^2\omega(x,y)=q(x,y) \tag{11-1}$$

式中：∇^2——拉普拉斯(Laplace)算子，$\nabla^2=\frac{\partial^2}{\partial x^2}+\frac{\partial^2}{\partial y^2}$；

D——板的弯曲刚度，$D=\frac{E_c h^3}{12(1-\mu_c^2)}$；

ω——板的挠度；

E_c,μ_c——分别为板的弹性模量和泊松比；

h——板厚。

当弹性半空间体上的小挠度薄板受到的地基反力为 $p(x,y)$ 时，由式(11-1)得出的薄板板弯方程为：

$$D\nabla^2\nabla^2\omega(x,y)=q(x,y)-p(x,y) \tag{11-2}$$

在轴对称荷载作用下,上式可转化为:

$$D\nabla^2\nabla^2\omega(r) = q(r) - p(r) \tag{11-3}$$

为了求解式(11-3),需建立未知函数 $\omega(r)$ 与未知反力 $p(r)$ 之间关系的辅助方程。轴对称垂直荷载作用下的半空间体,其表面的垂直位移可由式(11-4)求得,即:

$$\omega(r) = \frac{2(1-\mu_s^2)}{E_s}\int_0^{\infty}\bar{p}(\xi)J_0(\xi r)\mathrm{d}\xi \tag{11-4}$$

式中:$\bar{p}(\xi)$——$p(r)$ 的零阶 Hankel 变换式。

1. 荷载应力的理论解[4,20,21]

根据前面的假设,视 PMCC - PCC 复合式路面为弹性地基上的双层板,板与地基光滑接触。上下两层板之间的接触状况比较复杂,随着时间的推移,先后出现结合式、部分结合式和分离式三种状态。因此,需研究不同结合状态下的计算理论,并假定 $\mu_1=\mu_2=\mu$。

(1)弹性地基上结合式双层板

结合式双层板因层间完全黏结,工作如同单一板,其中性面的位置可根据作用于两板横截面上内力之和为零的条件求得。按照图 11-9 所示,合力为零的条件表示为:

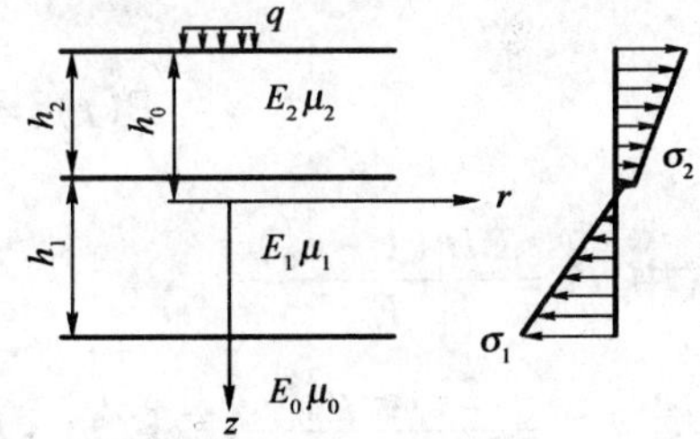

图 11-9　结合式双层板图示及应力分布

$$-\frac{E_2}{1-\mu^2}\left(\frac{\mathrm{d}^2\omega}{\mathrm{d}r^2}+\frac{\mu}{r}\frac{\mathrm{d}\omega}{\mathrm{d}r}\right)\int_2 z\mathrm{d}z - \frac{E_1}{1-\mu^2}\left(\frac{\mathrm{d}^2\omega}{\mathrm{d}r^2}+\frac{\mu}{r}\frac{\mathrm{d}\omega}{\mathrm{d}r}\right)\int_1 z\mathrm{d}z = 0$$

则有:

$$E_2\int_{-h_0}^{-(h_0-h_2)} z\mathrm{d}z + E_1\int_{-(h_0-h_2)}^{h_1-(h_0-h_2)} z\mathrm{d}z = 0$$

积分得中性面的位置为:

$$h_0 = \frac{E_1h_1^2 + 2E_1h_1h_2 + E_2h_2^2}{2(E_1h_1 + E_1h_2)} \tag{11-5}$$

结合式双层板承受的径向总弯矩为:

$$M_r = -\frac{1}{1-\mu^2}\left(\frac{\mathrm{d}^2\omega}{\mathrm{d}r^2}+\frac{\mu}{r}\frac{\mathrm{d}\omega}{\mathrm{d}r}\right)\left[E_2\int_{-h_0}^{-(h_0-h_2)} z^2\mathrm{d}z + E_1\int_{-(h_0-h_2)}^{h_1-(h_0-h_2)} z^2\mathrm{d}z\right]$$

积分得:

$$M_r = -\frac{E_1[(h_1+h_2+h_0)^3-(h_2-h_0)^3] + E_2[(h_2-h_0)^3+h_0^3]}{3(1-\mu^2)}\left(\frac{\mathrm{d}^2\omega}{\mathrm{d}r^2}+\frac{\mu}{r}\frac{\mathrm{d}\omega}{\mathrm{d}r}\right) \tag{11-6}$$

如令：

$$D_{\mathrm{j}}=\frac{E_1[(h_1+h_2+h_0)^3-(h_2-h_0)^3]+E_2[(h_2-h_0)^3+h_0^3]}{3(1-\mu^2)}$$

则：

$$\left.\begin{aligned}M_r&=-D_{\mathrm{j}}\left(\frac{\mathrm{d}^2\omega}{\mathrm{d}r^2}+\frac{\mu}{r}\frac{\mathrm{d}\omega}{\mathrm{d}r}\right)\\M_\theta&=-D_{\mathrm{j}}\left(\mu\frac{\mathrm{d}^2\omega}{\mathrm{d}r^2}+\frac{1}{r}\frac{\mathrm{d}\omega}{\mathrm{d}r}\right)\end{aligned}\right\}\tag{11-7}$$

由式(11-4)可获得结合式双层板的挠度与地基反力表达式为：

$$\omega(r)=\frac{2(1-\mu_0^2)}{E_0}\int_0^\infty\frac{\bar{q}(\xi)J_0(\xi r)}{1+l_{\mathrm{j}}^3\xi^3}\mathrm{d}\xi\tag{11-8}$$

$$P(r)=\int_0^\infty\frac{\bar{q}(\xi)J_0(\xi r)\xi}{1+l_{\mathrm{j}}^3\xi^3}\mathrm{d}\xi\tag{11-9}$$

式中：$l_{\mathrm{j}}^3=\frac{2D_{\mathrm{j}}(1-\mu_0^2)}{E_0}$

$$=\frac{2(1-\mu_0^2)}{3E_0(1-\mu^2)}\{E_1[(h_1+h_2-h_0)^3-(h_2-h_0)^3]+E_2[(h_2-h_0)^3+h_0^3]\}$$

将式(11-8)代入(11-7)中可得到弹性地基上结合式双层板的总弯矩：

$$\left.\begin{aligned}M_r&=\int_0^\infty\frac{\bar{q}(\xi)}{l_{\mathrm{j}}^{-3}+\xi^3}\left[\xi J_0(\xi r)-\frac{(1-\mu)}{r}J_1(\xi r)\right]\mathrm{d}\xi\\M_\theta&=\int_0^\infty\frac{\bar{q}(\xi)}{l_{\mathrm{j}}^{-3}+\xi^3}\left[\mu\xi J_0(\xi r)+\frac{(1-\mu)}{r}J_1(\xi r)\right]\mathrm{d}\xi\end{aligned}\right\}\tag{11-10}$$

如果需求上下板的弯曲应力，根据弯曲应力的表达式：

$$\left.\begin{aligned}\sigma_r&=-\frac{Ez}{1-\mu^2}\left(\frac{\mathrm{d}^2\omega}{\mathrm{d}r^2}+\frac{\mu}{r}\frac{\mathrm{d}\omega}{\mathrm{d}r}\right)\\\sigma_\theta&=-\frac{Ez}{1-\mu^2}\left(\mu\frac{\mathrm{d}^2\omega}{\mathrm{d}r^2}+\frac{1}{r}\frac{\mathrm{d}\omega}{\mathrm{d}r}\right)\end{aligned}\right\}\tag{11-11}$$

将式(11-7)的变形为式(11-12)：

$$\left.\begin{aligned}\frac{\mathrm{d}^2\omega}{\mathrm{d}r^2}+\frac{\mu}{r}\frac{\mathrm{d}\omega}{\mathrm{d}r}&=-\frac{M_r}{D_{\mathrm{j}}}\\\mu\frac{\mathrm{d}^2\omega}{\mathrm{d}r^2}+\frac{1}{r}\frac{\mathrm{d}\omega}{\mathrm{d}r}&=-\frac{M_\theta}{D_{\mathrm{j}}}\end{aligned}\right\}\tag{11-12}$$

代入到(11-11)中,可得出上下层板的弯曲应力公式,即:

$$\left.\begin{aligned}\sigma_{r_2} &= \frac{E_2 z}{(1-\mu^2)D_{\mathrm{j}}}M_r;\sigma_{r_1} = \frac{E_1 z}{(1-\mu^2)D_{\mathrm{j}}}M_r \\ \sigma_{\theta_2} &= \frac{E_2 z}{(1-\mu^2)D_{\mathrm{j}}}M_\theta;\sigma_{\theta_1} = \frac{E_1 z}{(1-\mu^2)D_{\mathrm{j}}}M_\theta\end{aligned}\right\} \tag{11-13}$$

当计算上面层板底面的应力时,取 $z=-(h_0-h_2)$,计算下面层板底面应力时取 $z=h_1+h_2-h_0$。

(2)弹性地基上分离式双层板

分离式双层板的上下层各有一个中性面,位于相应层板截面的一半厚度处。分离式双层板的计算图示为弹性地基上上下层板之间以及下层板与地基之间都是绝对光滑接触的弹性地基双层板,其图示及应力分布见图11-10。

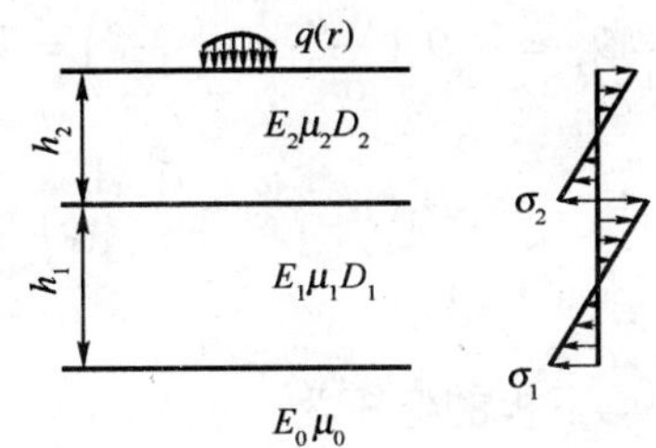

图11-10　分离式双层板图示及应力分布

对这种分离式双层板的求解,按照薄板小挠度理论,上板与下板的弹性曲面方程分别为:

$$\left.\begin{aligned}D_2\nabla^2\nabla^2\omega(r) &= q(r)-s(r) \\ D_1\nabla^2\nabla^2\omega(r) &= s(r)-p(r)\end{aligned}\right\} \tag{11-14}$$

式中:$q(r)$——作用于双层板表面的已知轴对称荷载;

$s(r)$——上下板层间的轴对称反力;

$p(r)$——地基反力;

D_2,D_1——分别为上板与下板的弯曲刚度,即:

$$D_2=\frac{E_2h_2^3}{12(1-\mu^2)},\quad D_1=\frac{E_1h_1^3}{12(1-\mu^2)}$$

$\omega(r)$——板的挠度,按照薄板的假设,上板与下板的挠度相等,并等于地基表面的垂直位移。

将(11-14)中两式相加得到:

$$(D_2+D_1)\nabla^2\nabla^2\omega(r)=q(r)-p(r) \tag{11-15}$$

令 $D_{\mathrm{f}}=D_2+D_1$,则得:

$$D_{\mathrm{f}}\nabla^2\nabla^2\omega(r)=q(r)-p(r) \tag{11-16}$$

式(11-16)与弹性地基上单层板的弹性曲面方程式(11-3)基本相同,因此可以得到分离式双层板的挠度:

$$\omega(r)=\frac{2(1-\mu_0^2)}{E_0}\int_0^\infty\frac{\bar{q}(\xi)J_0(\xi r)}{1+l_{\mathrm{f}}^3\xi^3}\mathrm{d}\xi \tag{11-17}$$

地基反力为：

$$P(r) = \int_0^\infty \frac{\bar{q}(\xi)J_0(\xi r)\xi}{1 + l_f^3\xi^3}\mathrm{d}\xi \tag{11-18}$$

双层板层间反力为：

$$s(r) = \int_0^\infty \frac{\bar{q}(\xi)(1 + l_1^3\xi^3)J_0(\xi r)\xi}{1 + l_f^3\xi^3}\mathrm{d}\xi \tag{11-19}$$

上板的弯矩为：

$$\left.\begin{aligned} M_{r_2} &= -D_2\left(\frac{\mathrm{d}^2\omega}{\mathrm{d}r^2} + \frac{\mu}{r}\frac{\mathrm{d}\omega}{\mathrm{d}r}\right) = l_2^3\int_0^\infty \frac{\bar{q}(\xi)}{1 + l_f^3\xi^3}\left[\xi J_0(\xi r) - \frac{(1-\mu)}{r}J_1(\xi r)\right]\mathrm{d}\xi \\ M_{\theta_2} &= -D_2\left(\mu\frac{\mathrm{d}^2\omega}{\mathrm{d}r^2} + \frac{1}{r}\frac{\mathrm{d}\omega}{\mathrm{d}r}\right) = l_2^3\int_0^\infty \frac{\bar{q}(\xi)}{1 + l_f^3\xi^3}\left[\mu\xi J_0(\xi r) + \frac{(1-\mu)}{r}J_1(\xi r)\right]\mathrm{d}\xi \end{aligned}\right\} \tag{11-20}$$

下板的弯矩为：

$$\left.\begin{aligned} M_{r_1} &= -D_1\left(\frac{\mathrm{d}^2\omega}{\mathrm{d}r^2} + \frac{\mu}{r}\frac{\mathrm{d}\omega}{\mathrm{d}r}\right) = l_1^3\int_0^\infty \frac{\bar{q}(\xi)}{1 + l_f^3\xi^3}\left[\xi J_0(\xi r) - \frac{(1-\mu)}{r}J_1(\xi r)\right]\mathrm{d}\xi \\ M_{\theta_1} &= -D_1\left(\mu\frac{\mathrm{d}^2\omega}{\mathrm{d}r^2} + \frac{1}{r}\frac{\mathrm{d}\omega}{\mathrm{d}r}\right) = l_1^3\int_0^\infty \frac{\bar{q}(\xi)}{1 + l_f^3\xi^3}\left[\mu\xi J_0(\xi r) + \frac{(1-\mu)}{r}J_1(\xi r)\right]\mathrm{d}\xi \end{aligned}\right\} \tag{11-21}$$

分离式双层板上下板承受的总弯矩为上下板各自承受的弯矩之和，即：

$$\left.\begin{aligned} M_r &= M_{r_2} + M_{r_1} = -(D_2 + D_1)\left(\frac{\mathrm{d}^2\omega}{\mathrm{d}r^2} + \frac{\mu}{r}\frac{\mathrm{d}\omega}{\mathrm{d}r}\right) = -D_f\left(\frac{\mathrm{d}^2\omega}{\mathrm{d}r^2} + \frac{\mu}{r}\frac{\mathrm{d}\omega}{\mathrm{d}r}\right) \\ M_\theta &= M_{\theta_2} + M_{\theta_1} = -(D_2 + D_1)\left(\mu\frac{\mathrm{d}^2\omega}{\mathrm{d}r^2} + \frac{1}{r}\frac{\mathrm{d}\omega}{\mathrm{d}r}\right) = -D_f\left(\mu\frac{\mathrm{d}^2\omega}{\mathrm{d}r^2} + \frac{1}{r}\frac{\mathrm{d}\omega}{\mathrm{d}r}\right) \end{aligned}\right\} \tag{11-22}$$

因此上下板的总弯矩可表示为：

$$\left.\begin{aligned} M_r &= \int_0^\infty \frac{\bar{q}(\xi)}{l_f^{-3}\xi + \xi^3}\left[\xi J_0(\xi r) - \frac{(1-\mu)}{r}J_1(\xi r)\right]\mathrm{d}\xi \\ M_\theta &= \int_0^\infty \frac{\bar{q}(\xi)}{l_f^{-3}\xi + \xi^3}\left[\mu\xi J_0(\xi r) + \frac{(1-\mu)}{r}J_1(\xi r)\right]\mathrm{d}\xi \end{aligned}\right\} \tag{11-23}$$

以上各式中：$l_f^3 = \dfrac{2D_f(1-\mu_0^2)}{E_0} = \dfrac{(1-\mu_0^2)}{6E_0(1-\mu^2)}(E_2h_2^3 + E_1h_1^3)$

$$l_1^3 = \frac{2D_1(1-\mu_0^2)}{E_0} = h_1^3\frac{E_1(1-\mu_0^2)}{6E_0(1-\mu^2)}$$

$$l_2^3 = \frac{2D_2(1-\mu^2)}{E_0} = h_2^3\frac{E_2(1-\mu^2)}{6E_1(1-\mu^2)} = h_2^3\frac{E_2}{6E_1}$$

将式(11-20)、式(11-21)及式(11-22)相比较,可得到上下板各自的弯矩与总弯矩的关系:

$$\left.\begin{aligned} M_{r_2} &= \frac{D_2}{D_f}M_r = \frac{E_2h_2^3}{E_2h_2^3+E_1h_1^3}M_r \\ M_{\theta_2} &= \frac{D_2}{D_f}M_\theta = \frac{E_2h_2^3}{E_2h_2^3+E_1h_1^3}M_\theta \end{aligned}\right\} \tag{11-24}$$

同理:

$$\left.\begin{aligned} M_{r_1} &= \frac{D_1}{D_f}M_r = \frac{E_1h_1^3}{E_2h_2^3+E_1h_1^3}M_r \\ M_{\theta_1} &= \frac{D_1}{D_f}M_\theta = \frac{E_1h_1^3}{E_2h_2^3+E_1h_1^3}M_\theta \end{aligned}\right\} \tag{11-25}$$

对于结合式或分离式双层板,可根据已知荷载 $q(r)$,如圆面积均布荷载 $\bar{q}(\xi) = \dfrac{QJ_1(\xi a)}{\pi a\xi}$,集中荷载 $\bar{q}(\xi) = \dfrac{Q}{2\pi}$,写出其 Hankel 变换,再将它们代入式(11-8)~式(11-10)或式(11-17)~式(11-23)中,可得到在已知荷载作用下弹性地基双层板的挠度、反力及弯矩的表达式。

(3)部分结合式双层板

部分结合式双层板上下层的工作状态介于分离式与结合式双层板的工作情形之间,有两个中性面,并随上下层板的结合情形不同而上下移动。当上下层从完全分离的状态逐渐向完全结合的状态过渡时,两个中性面逐渐向一起靠拢。

取 η 为部分结合式双层板中性面位置的变化系数,如图 11-11 所示。部分结合式上下层中性面距分离式双层混凝土路面上下层中性面的距离分别为 $\left(h_0 - \dfrac{h_2}{2}\right)\eta$ 及 $\left(\dfrac{h_1}{2} + h_2 - h_0\right)\eta$,其中 h_0 见式(11-5)。当为分离式双层板时,$\eta = 0$;结合式双层板时,$\eta = 1$。

轴对称荷载作用下部分结合式双层板的总弯矩为:

$$M_r = -\frac{1}{1-\mu^2}\left(\frac{d^2\omega}{dr^2} + \frac{\mu}{r}\frac{d\omega}{dr}\right)\left[E_1\int_{z_1}^{z_2} z^2 dz + E_2\int_{z_3}^{z_4} z^2 dz\right] \tag{11-26}$$

式中积分限分别为:

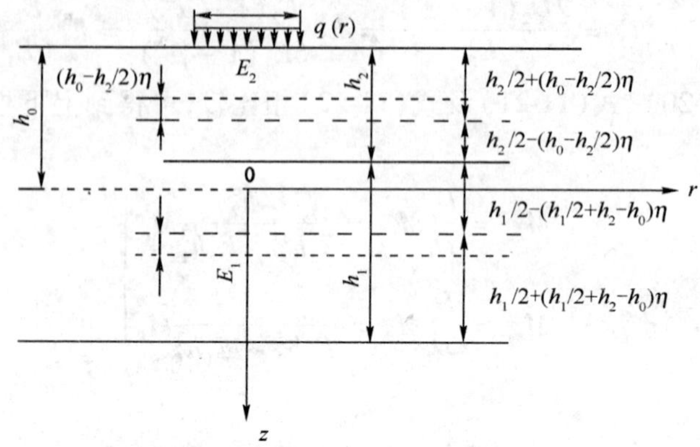

图 11-11　部分结合式双层板计算图示

$$z_1 = -\left[\frac{h_1}{2} + \left(\frac{h_1}{2} + h_2 - h_0\right)\eta\right]$$

$$z_2 = \frac{h_1}{2} - \left(\frac{h_1}{2} + h_2 - h_0\right)\eta$$

$$z_3 = -\left[\frac{h_2}{2} - \left(h_0 - \frac{h_2}{2}\right)\eta\right]$$

$$z_4 = \frac{h_2}{2} + \left(h_0 - \frac{h_2}{2}\right)\eta$$

式(11-26)积分得：

$$M_r = -\frac{G}{3(1-\mu^2)}\left(\frac{\mathrm{d}^2\omega}{\mathrm{d}r^2} + \frac{1}{r}\frac{\mathrm{d}\omega}{\mathrm{d}r}\right) \tag{11-27}$$

式中：$G = E_1\left\{\left[\frac{h_1}{2} - \left(\frac{h_1}{2} + h_2 - h_0\right)\eta\right]^3 + \left[\frac{h_1}{2} + \left(\frac{h_1}{2} + h_2 - h_0\right)\eta\right]^3\right\} + E_2\left\{\left[\frac{h_2}{2} + \left(h_0 - \frac{h_2}{2}\right)\eta\right]^3 + \left[\frac{h_2}{2} - \left(h_0 - \frac{h_2}{2}\right)\eta\right]^3\right\}$

同理：

$$M_\theta = -\frac{G}{3(1-\mu^2)}\left(\mu\frac{\mathrm{d}^2\omega}{\mathrm{d}r^2} + \frac{1}{r}\frac{\mathrm{d}\omega}{\mathrm{d}r}\right)$$

求得双层板的总弯矩后，上下层板的弯矩分别为：

$$M_{r_1} = \frac{E_1\left\{\left[\frac{h_1}{2} - \left(\frac{h_1}{2} + h_2 - h_0\right)\eta\right]^3 + \left[\frac{h_1}{2} + \left(\frac{h_1}{2} + h_2 - h_0\right)\eta\right]^3\right\}}{G}M_r$$

$$M_{r_2} = M_r - M_{r_1}$$

$$M_{\theta_1} = \frac{E_1\left\{\left[\frac{h_1}{2} - \left(\frac{h_1}{2} + h_2 - h_0\right)\eta\right]^3 + \left[\frac{h_1}{2} + \left(\frac{h_1}{2} + h_2 - h_0\right)\eta\right]^3\right\}}{G} M_\theta$$

$$M_{\theta_2} = M_\theta - M_{\theta_1}$$

相应的弯曲应力为:

$$\sigma_{r_1} = M_{r_1}\left\{\frac{1}{\frac{h_1^2}{4} + 3\left[\left(\frac{h_1}{2} + h_2 - h_0\right)\eta\right]^2} + \frac{2}{h_1^2}\right\}$$

$$\sigma_{r_2} = M_{r_2}\left\{\frac{1}{\frac{h_2^2}{4} + 3\left[\left(h_0 - \frac{h_2}{2}\right)\eta\right]^2} + \frac{2}{h_2^2}\right\}$$

$$\sigma_{\theta_1} = M_{\theta_1}\left\{\frac{1}{\frac{h_1^2}{4} + 3\left[\left(\frac{h_1}{2} + h_2 - h_0\right)\eta\right]^2} - \frac{2}{h_1^2}\right\}$$

$$\sigma_{\theta_2} = M_{\theta_2}\left\{\frac{1}{\frac{h_2^2}{4} + 3\left[\left(h_0 - \frac{h_2}{2}\right)\eta\right]^2} - \frac{2}{h_2^2}\right\}$$

2. 荷载应力的有限元分析

计算基本模型为弹性地基上的有限尺寸四边自由板,且板与地基为连续接触。基本荷载取单轴双轮组轮载,轴重 100kN,为便于有限元计算分析,荷载作用面取为正方形。

采用有限元法分析 PMCC – PCC 复合式路面的荷载应力时,所采用的计算参数与理论计算时相同,即板的平面尺寸 5m × 3.75m,泊松比 $\mu_c = 0.15$,PMCC 板的厚度 6 ~ 12cm,弹性模量 $E_c = 25 \sim 27\text{GPa}$,PCC 板的弹性模量为 31GPa,厚度为 13 ~ 19cm,地基的平面尺寸为 a(m) × b(m),深度为 h(m),地基弹性模量 $E_s = 187\text{MPa}$,泊松比 $\mu_s = 0.30$。荷载作用于 PMCC 板的纵边中部,一侧车轮紧靠纵边边缘。

(1)收敛性分析

使用有限元法计算弹性层状结构时,其收敛性不仅与单元的合理划分有关,而且与计算所取的区域大小有关。当计算范围足够大、单元的疏密程度与场变梯度基本相适应时,计算结果收敛于精确解。

在实际的路面结构中,地基为弹性半空间体,为了使地基的无限大特性在计算中得以体现，计算时所取地基平面尺寸比 PMCC 板大，并给定深度初值，然后逐步扩大地基的三维尺寸，以观察其对路面板应力的影响，直至板底最大应力收敛为止，此地基尺寸取为计算用范围。地基尺寸对弯拉应力的影响见表 11-5，这里 PMCC 厚度为 8cm、弹性模量为 27GPa，PCC 厚度为 17cm、弹性模量为 31GPa。

地基尺寸与弯拉应力 表 11-5

地基尺寸 $a \times b \times h$ (m×m×m)	分离式双层板		结合式双层板
	σ_1(MPa)	σ_2(MPa)	σ_2(MPa)
5×5×2	1.08	1.88	1.32
5×5×3	1.09	1.90	1.34
5×5×4	1.09	1.91	1.36
5×5×5	1.09	1.91	1.36
6×5×5	1.10	1.92	1.37

注：表中 σ_1、σ_2 与图 11-9 及图 11-10 中的 σ_1、σ_2 相同，以后各表均按此处理。

从表 11-5 可发现，弯拉应力随地基尺寸的增大而逐步增大至收敛；荷载对地基的影响范围为一有限区域，约为 5m×5m×4m，因此取 $a=5\text{m}$、$b=5\text{m}$、$h=4\text{m}$。

采用有限元法计算时，单元网格划分的不同对计算结果也有很大影响。从有限元的基本理论得知，计算结果的精度一般随网格的不断细化而提高；但根据结构的实际工作状态，网格也不必划分过密，只要划分合理就能取得事半功倍的效果。单元网格划分时，对结构中所关心的部位要适当加密，远处网格逐步扩大。

随着网格的调整与加密，层底弯拉应力计算结果呈一波动曲线而收敛于某值，该值即为结构所关心部位的应力值。单元网格划分对 PMCC - PCC 复合式路面层底弯拉应力的影响见表 11-6。

单元网格划分与层底弯拉应力 表 11-6

编号	单元尺寸(cm×cm)			分离式双层板		结合式双层板
	上面层单元	下面层单元	地基单元	σ_1(MPa)	σ_2(MPa)	σ_2(MPa)
1	10×10	20×20	50×50	1.15	1.65	1.23
2	10×10	10×10	50×50	1.05	1.89	1.35
3	10×10	10×10	25×25	1.09	1.91	1.36
4	10×10	10×10	20×20	1.10	1.93	1.36

注：单元高度按不大于平面尺寸且与平面尺寸最接近的原则对各层厚度进行均分。

表 11-6 中,采用第三、四种单元划分方式时,层底弯拉应力趋于收敛。取其他荷载作用位置对层底应力作进一步分析,当荷载作用位置由板边向板中横向平移 0.2m 时,层底弯拉应力的计算结果见表 11-7。

单元网格划分对层底弯拉应力的影响 表 11-7

编号	单元尺寸(cm×cm)			分离式双层板		结合式双层板
	上面层单元	下面层单元	地基单元	σ_1(MPa)	σ_2(MPa)	σ_2(MPa)
2	10×10	10×10	50×50	0.828	1.45	1.03
3	10×10	10×10	25×25	0.851	1.48	1.04
4	10×10	10×10	20×20	0.853	1.48	1.04

由表 11-7 可以看出,第三、四种单元划分方式下的层底弯拉应力基本相同,具有明显的收敛性,此结果与表 11-6 的结论大体一致。

(2)临界荷位

临界荷位是 PMCC 板中产生最大弯拉应力或最可能损坏的荷载作用的位置,即最不利荷位。临界荷位的确定既要考虑行车荷载与温度应力的综合作用,又要考虑车辆通过这一位置的几率。

PMCC 层厚度为 8cm、PCC 层厚度为 17cm 的复合式路面板(板的平面尺寸、弹性模量及泊松比同上)按图 11-12 及表 11-8 所示的不同荷载位置作用时,所得到的板底最大应力见表11-8(荷载作用位置由板边向板中横向移动)。

不同荷位时的板底最大弯拉应力 表 11-8

轮载距板边距离(m)			0	0.1	0.2	0.8
面层层底弯拉应力(MPa)	分离式	PMCC 上面层	1.09	0.90	0.84	0.78
		PCC 下面层	1.91	1.58	1.47	1.33
	结合式	PCC 下面层	1.36	1.14	1.03	0.90

由计算结果可知,当荷载作用于板纵缝边缘中部,一侧车轮紧靠纵缝边缘时,PMCC 板底应力达到最大值,PCC 板底应力亦达到最大值。而当紧靠纵缝边缘的车轮沿垂直于板纵缝的对称轴逐渐离开纵缝边缘时,板底最大应力呈减小的趋势。因此,可以认为 PMCC 板的临界荷位为板纵缝边缘的中部。研究证明,PMCC 板与普通混凝土路面单层板具有相同的临界荷位。

根据收敛性及临界荷位分析建立的 PMCC－PCC 复合式路面有限元模型如图 11-12 所示。

(3)有限元计算分析

对于 PMCC－PCC 复合式路面来说,面层材料的厚度和模量是荷载应力有限元分析时需要考虑的重要因素,在图 11-12 所示有限元模型的基础上,对不同厚度和模量条件下的荷载应力进行计算,并研究结合程度对荷载应力的影响。

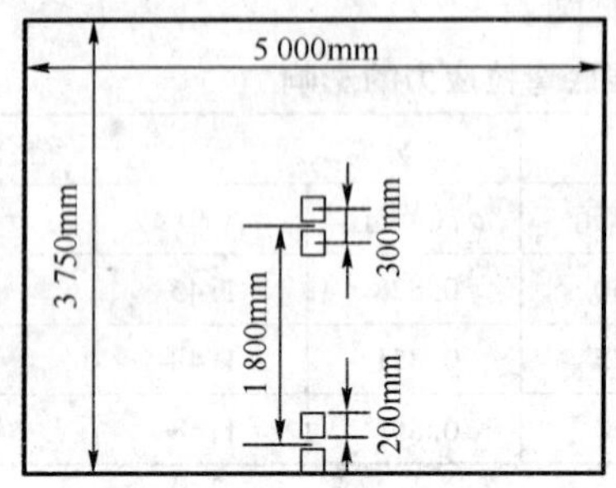

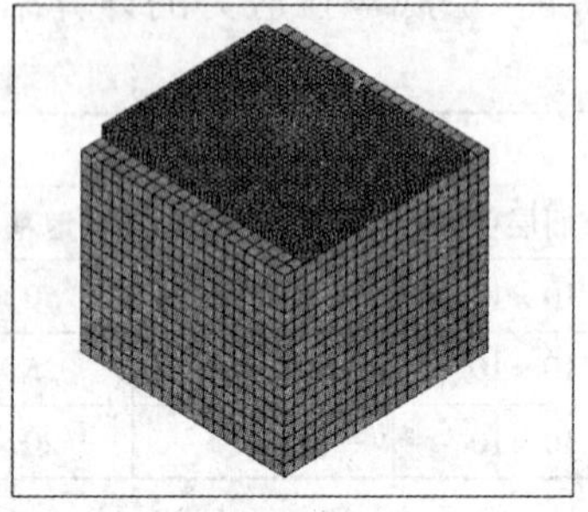

图 11-12 复合式路面有限元模型示意图

①面层模量对荷载应力的影响

在车辆荷载作用下,结合式双层板的应力主要包括板底弯拉应力和上下两层板之间的层间剪切应力。按照有限元计算参数,取结合式双层板上面层厚度为 8cm,下面层厚度为 17cm 时,面层模量对荷载应力的影响如图 11-13 所示。

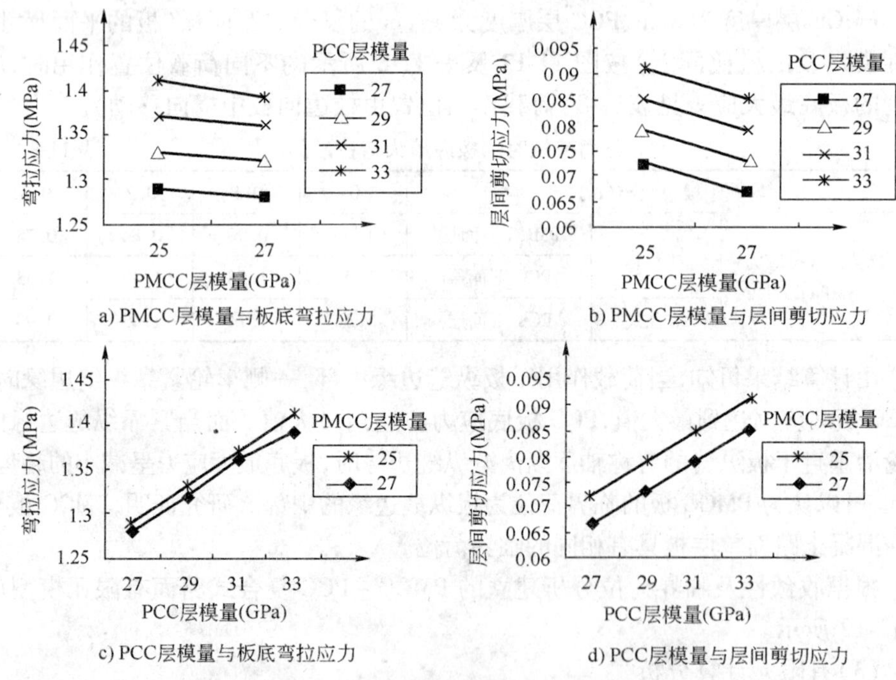

图 11-13 面层模量对结合式双层板荷载应力的影响

由图 11-13 可以看出,结合式双层板的板底弯拉应力、层间剪切应力随 PMCC层模量的增加而减小,随 PCC 层模量的增加而增大。使用上图中的模量,如果采用图 11-1 中的另一种结构形式(PMCC 层厚度为 12cm,PCC 层厚度为 13cm)进行应力计算,其计算结果与图 11-13 具有大致相同的变化趋势。对分离式双层板来说,进行有限元计算时主要考察的应力为上下两层板各自的板底弯拉应力,对于上述两种厚度组合形式,当 PMCC 层模量增加时,上层板的板底弯拉应力增大,下层板的弯拉应力略有减小;当 PCC 层模量增加时,上层板的板底弯拉应力减小,而下层板的板底弯拉应力增大。

②PMCC 层厚度对荷载应力的影响

PMCC 层与 PCC 层材料的实测模量值为 27GPa 和 31GPa 时,根据有限元计算参数,在 PMCC 层厚度为 6 ~ 12cm 范围内,厚度变化对结合式及分离式双层板的荷载应力的影响如图 11-14 所示。对于结合式双层板,板底弯拉应力、层间剪切应力随 PMCC 层厚度的增加而减小;对于分离式双层板,当 PMCC 层厚度增加时,上层板的板底弯拉应力增大,下层板的板底弯拉应力减小。

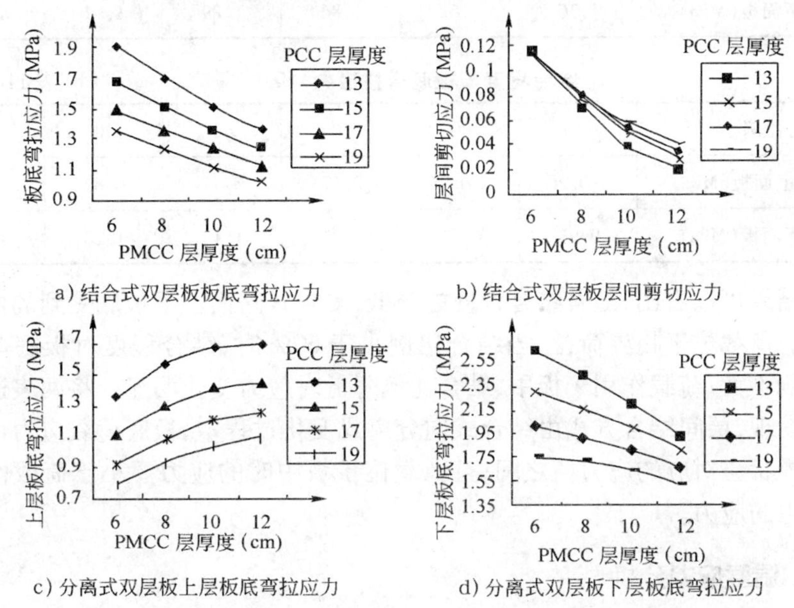

a) 结合式双层板板底弯拉应力　　b) 结合式双层板层间剪切应力

c) 分离式双层板上层板底弯拉应力　　d) 分离式双层板下层板底弯拉应力

图 11-14　PMCC 层厚度对复合式路面荷载应力的影响

③层间结合程度对荷载应力的影响

PMCC - PCC 复合式路面使用初期,层间黏结力较大,可将层间结合方式看作完全结合式。随着时间的推移,由于层间剪切作用,上下面层间的黏结遭到破坏,破坏面的存在造成层间剪切应力集中,加速了层间接触方式由结合式、部分结合式向分离式的转变。在有限元分析中,鉴于 PMCC - PCC 复合式路面上下面板间不存在夹层的实际情况,使用面单元作为层间接触单元,同时控制层间相邻节点的位移以模拟各种层间结合状态。

由计算可知,当荷载位于临界荷位时,结合式双层板的最大剪应力出现在距板边约 0.4m 处,随着荷载作用位置的改变,最大剪应力的位置也发生变化。在对温度应力的分析中可以发现,在温度梯度作用下,PMCC - PCC 复合式路面双层板的最大温度翘曲应力出现在板中部,而层间最大剪应力出现在板角。当结合部分占整个接触面的比例改变时,计算荷载作用于临界荷位和板中时的板底应力,其结果分别见表 11-9 和表 11-10。

结合程度与板底弯拉应力(临界荷位)　　表 11-9

结合比例(%)	100	80	60	40	20	0
PMCC 上面板(MPa)	-0.40	0.84	1.04	1.05	1.07	1.09
PCC 下面板(MPa)	1.36	1.62	1.86	1.89	1.91	1.91

结合程度与板底弯拉应力(板中)　　表 11-10

结合比例(%)	100	80	60	40	20	0
PMCC 上面板(MPa)	-0.26	-0.26	0.17	0.47	0.62	0.71
PCC 下面板(MPa)	0.91	0.91	1.01	1.19	1.28	1.33

由结果可以看出,随着结合程度的降低,复合式路面上下板底受到的弯拉应力增大。荷载位于临界荷位,当结合比例小于 60% 时,结合程度对板底弯拉应力的影响不大;荷载作用于板中,结合比例降低时应力变化明显。将两表进行比较可以发现,层间结合方式由结合式向分离式变化过程中,板底荷载应力值介于两种临界状态对应的应力值之间,且荷载位于板中时的应力要小于荷载作用于板边产生的应力。

三、温度应力分析

双层水泥混凝土路面板的温度应力是受到板本身、上下板以及地基对板温度变形的约束引起的。双层板的温度应力可分解为三个部分:温度沿板厚方向非线性分布引起的内应力 σ_a、上下层板变形约束引起的板间约束应力 σ_b 和地基约束引起的温度翘曲应力 σ_c。其中,温度内应力和温度翘曲应力在概念及算法上与单层板相同。在分析双层板温度应力时，除了采用分析双层板荷载应力时的假设，为了简化计算，还假设上下板导热系数、热膨胀系数和初始硬化等效温度相等[32~34]。

1. 双层板的温度场

PMCC－PCC 复合式路面的温度场可按多层路面体系进行计算，对各层建立如下热导方程：

$$\frac{\partial T_i(z,t)}{\partial t} = \alpha_i \frac{\partial^2 T_i(z,t)}{\partial z^2} \tag{11-28}$$

式中：$T_i(z,t)$——温度场；

α_i——导温系数。

双层板层间无隔温夹层或层间脱空时，可以认为接触面上下两层层面的温度和热流量相等，即满足温度函数条件：

$$\left.\begin{aligned} T_i(z,t) &= T_{i+1}(z,t) \\ \lambda_i \frac{\partial T_i(z,t)}{\partial z} &= \lambda_{i+1} \frac{\partial T_{i+1}(z,)t}{\partial z} \end{aligned}\right\} \tag{11-29}$$

式中：λ_i——导热系数，不同类型、不同强度混凝土的导热系数一般比较接近，绝大多数在0.002 8～0.003 2m^2/h 之间变化，在一般精度下可统一取 0.003m^2/h。

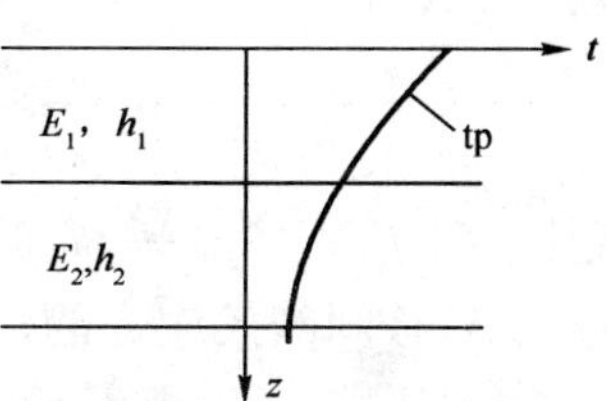

图 11-15　双层板的温度场

在满足式(11-29)条件下，无云晴天的双层水泥混凝土路面的温度场如图 11-15 所示。温度场 $tp(\tau,z)$可表示为：

$$tp(\tau,z) = t_m + \frac{1}{2}t_{h1}e^{-\beta z}\sin(\omega\tau + \beta z) \tag{11-30}$$

式中：t_m——路表日平均温度(℃)；

t_{h1}——路表温度的日较差(℃)；

τ——时刻(h)；

$$\omega = \pi/12(rad/h);$$

$$\beta = [\omega/(2\lambda)]^{0.5}$$

2. 温度应力的计算

(1)温度内应力的计算式

温度沿板厚方向非线性分布引起的上下层板温度内应力的计算式为：

$$\sigma_a = \begin{cases} \alpha E_1[t_1 - tg_1(z - h_1/2) - tp(\tau,z)] & z \in [0,h_1) \\ \alpha E_2[t_2 - tg_2(z - h_1 - h_2/2) - tp(\tau,z)] & z \in (h_1,h_0] \end{cases}$$

式中：α——混凝土热膨胀系数；

h_1, h_2——上、下板厚度；

E_1, E_2——上、下板弹性模量，如图 11-15 所示；

h_0——双层板厚度（$h_0 = h_1 + h_2$）；

t_1, t_2——上、下板的平均温度；

tg_1, tg_2——上、下板的温度梯度。

在式(11-30)温度场下，t、tg 的计算式分别为：

$$\left.\begin{aligned} t_1 &= t_m + \frac{t_{h1}f_{t1}}{2}\cos(\omega\tau - \xi_{t1}) \\ t_2 &= t_m + \frac{t_{h1}f_{t2}}{2}e^{-\beta h_1}\cos(\omega\tau - \xi_{t2} - \beta h_1) \\ tg_1 &= \frac{t_{h1}\beta f_{g1}}{2}\cos(\omega\tau - \xi_{g1}) \\ tg_2 &= \frac{t_{h1}\beta f_{g2}}{2}e^{-\beta h_1}\cos(\omega\tau - \xi_{t2} - \beta h_1) \end{aligned}\right\} \tag{11-31}$$

式中：f_t, f_g, ξ_t, ξ_g——βh 的函数。

(2)板间约束应力的计算式

上下层变形约束引起的板间约束应力的计算式为：

$$\sigma_b = \begin{cases} \alpha E_1[\Delta t_1 + tg_1(z - h_1/2) + tg(z - h_1/2 - h_s k_u)] & z \in [0,h_1) \\ \alpha E_2[\Delta t_2 + tg_2(z - h_1 - h_2/2) - tg(z - h_1 - h_2/2 + h_x k_u)] & z \in (h_1,h_0] \end{cases} \tag{11-32}$$

式中：$h_s = eh_0/(2E_1h_1)$；

$h_x = eh_0/(2E_2h_2)$

$e = [1/(E_1h_1) + 1/(E_2h_2)]^{s1}$

tg——双层板的综合温度梯度；

$\Delta t_1, \Delta t_2$——板间变形协调引起的上下板中面虚拟温度增量；

k_u——板间结合系数，分离式取 0，结合式取 1；

h_s, h_x——分别为结合状况双层板中性面至上下板中面的距离；

e——双层板的拉压刚度。

(3)温度翘曲应力的计算式

地基约束引起的温度翘曲应力的计算式可表示为：

$$\sigma_{cx(y)} = \begin{cases} E_1\xi_g C_{x(y)}(z - h_1/2 - h_s k_u) & z \in [0,h_1) \\ E_2\xi_g C_{x(y)}(z - h_1 - h_2/2 + h_x k_u) & z \in (h_1,h_0] \end{cases} \tag{11-33}$$

式中：$\sigma_{cx(y)}$——x 轴或 y 轴方向的温度翘曲应力；

$C_{x(y)}$——x 轴或 y 轴方向的双层板温度翘曲应力系数，双层板的温度翘曲应力系数取决于板长度 l 或宽度 b 与双层板相对刚度半径 r_g 之比值 l/r_g 或 b/r_g。

(4)分离式双层板的温度应力

分离式双层板结构临界点位于上层板板底($z=h_1$)或下层板板底($z=h_0$)。将分离式双层板的层间结合系数 $k_u=0$ 代入以上三种应力计算式，并将三部分温度应力叠加合并，可得到上层板板底和下层板板底温度应力 σ_{t1} 和 σ_{t2} 的表达式：

$$\left.\begin{aligned} \sigma_{t1} &= \alpha E_1[t_1 - \mathrm{tp}(\tau,h_1) - \mathrm{tg}(1 - C_{x(y)})h_1/2] \\ \sigma_{t2} &= \alpha E_2[t_2 - \mathrm{tp}(\tau,h_0) - \mathrm{tg}(1 - C_{x(y)})h_2/2] \end{aligned}\right\} \tag{11-34}$$

分离式双层板的上、下层板温度应力最大值也可以采用单层板的形式表示为：

$$\sigma_{t1m} = \frac{\alpha E_1 h_1 T_g B_{x1}}{2}$$

$$\sigma_{t2m} = \frac{\alpha E_2 h_2 T_g B_{x2} \mathrm{e}^{-\beta h_1}}{2} \tag{11-35}$$

式中：T_g——板厚等于0.22m时的混凝土路面最大温度梯度；

B_{x1}、B_{x2}——分离式上、下层板的温度应力系数，它可表示为单层板温度应力系数 B_x 与修正系数 η_1、η_2 的乘积，即：

$$B_{x1} = B_x(h_1, l/r_g)\eta_1$$

$$B_{x2} = B_x(h_2, l/r_g)\eta_2$$

$$\eta_1 = C_x^{\,0.32-0.81\ln\left(\frac{E_1h_1}{E_2h_2}+2.5\frac{h_1}{h_2}\right)}$$

其中，系数 η_2 的影响因素与系数 η_1 相同，但关系更复杂一些，在 $C_x=0.8\sim1.1$ 范围内，两者较接近，在一般精度要求时，可予代替。在 C_x 较小时，用 η_1 代替的误差增大，但其值已较小且大多出现在夜间，对路面结构设计的影响是微小的。

(5)结合式双层板的温度应力

结合式双层板的结构临界点位于下层板的底部($z=h_0$)，其温度应力计算式为：

$$\sigma_{t2} = \alpha E_2 [t_2 - tp(\tau, h_0) + \Delta t_2 - tg(1 - C_{x(y)})(h_2/2 + h_x)] \quad (11\text{-}36)$$

结合式双层板的温度应力还可以表示为厚度为 h_0 的单层板温度应力与修正系数 η_3 的乘积，即：

$$\sigma_{t2m} = \frac{\alpha E_2 h_0 T_g D_{x2}}{2} \quad (11\text{-}37)$$

修正系数 η_3 计算式为：

$$\eta_3 = 1.77 - 0.27\ln\left(\frac{E_1 h_1}{E_2 h_2} + 18\frac{E_1}{E_2} - 2\frac{h_1}{h_2}\right) \quad (11\text{-}38)$$

以上各式中的最大温度梯度值见表 11-11。

最大温度梯度值 T_g 表 11-11

公路自然区划	II、V	III	IV、VI	VII
T_g(℃/m)	83～88	90～95	86～92	93～98

在式(11-34)～式(11-37)中，C_x 按 l/r_g 参考《公路水泥混凝土路面设计规范》(JTG D40—2002)中图 B.2.2 确定；B_{x1}、B_{x2}、D_{x2}分别按 l/r_g 和 h_1、h_2、h_0 参考图 B.2.2 确定。

四、平面设计

PMCC－PCC 复合式路面的平面设计内容与普通水泥混凝土路面大致相同，主要包括平面尺寸设计、布设各类接缝的位置和设计接缝结构，使接缝具有一定的传荷能力。

1. 平面尺寸

(1)横缝间距

①缩缝

由于混凝土材料的抗压性能远优于其抗拉性能，可按照面层混凝土因收缩变形受到约束所产生的拉应力不大于材料自身容许拉应力的原则确定缩缝间距。由于施工机械的限制，目前国内的水泥混凝土复合式路面一般采用分层铺筑的方式，因此应分别确定上下面层的缩缝间距，取其中数值较小者作为结构层的缩缝间距。

②胀缝

设置胀缝的目的是为了保证混凝土路面板在气温升高时能自由伸长，从而避免产生过大的热压力。胀缝宽度一般在 20mm 左右，在轴质量增加或行车速度提高时，胀缝可能会成为路面的薄弱点。《公路水泥混凝土路面设计规范》

(JTG D40—2002)规定:在邻近桥梁或其他固定结构物处和与其他道路相交处应设置横向胀缝。设置的胀缝条数,视膨胀量大小而定。低温浇筑的混凝土路面或选用膨胀性高的集料时,宜酌情确定是否设置胀缝。对于 PMCC - PCC 复合式路面,在直线段不设胀缝是可行的。

(2)纵缝间距

对于一次铺筑宽度小于路面宽度的情况,可以设置纵向施工缝;对于一次铺筑宽度大于4.5m 的情况,应该设置纵向缩缝。在路面等宽的路段内或路面变宽路段的等宽部分,纵缝的间距和形式应保持一致,路面变宽段的加宽部分与等宽部分之间,以纵向施工缝隔开。在道路直线段,纵缝与行车方向应平行布置,一般与行车道等宽。当考虑路面宽度和施工情况而采用其他间距时,应尽量避免将纵缝设在车辆轮迹带上。

2. 接缝设计

(1)缩缝

缩缝一般采用假缝,分为不设传力杆和设传力杆两种形式。PCC 层铺筑后,为了防止混凝土温缩和干缩作用产生不规则裂缝,应先对下面层板锯缝。PMCC 层铺筑后,其锯缝位置与下面层板相同。重(特重)交通公路、收费广场以及邻近胀缝或自由端部的缩缝,应采用设传力杆的假缝形式。传力杆设置在相对较厚的面层板的中部,以防止局部应力过大引起混凝土路面碎裂。传力杆采用光面钢筋,尺寸参照《公路水泥混凝土路面设计规范》(JTG D40—2002)中的规定选取。

(2)胀缝

胀缝内设有填缝板,填缝板宽度不大于胀缝宽度。对于 PCC 下面层,填缝板高度与面层厚度相等;对于 PMCC 上面层,填缝板应使胀缝上部留有 3 ~ 4cm 深的凹槽,内注填缝料。在需要设置胀缝处,胀缝必须沿路面板横断面全部断开,且必须设置传力杆,传力杆设于较厚面层板的中部。

(3)施工缝

对于 PCC 下面层,施工缝位置尽可能选在缩缝或胀缝处。设在缩缝处的施工缝,应采用平缝形式,并根据下面层厚度确定是否设置传力杆;设在胀缝处的施工缝,其构造与胀缝相同。对于 PMCC 上面层,施工缝位置及形式应与下面层相一致。当上面层施工中遇到下面层平缝形式的施工缝时,上面层相应位置应设置缩缝或胀缝。

(4)纵缝

复合式路面上下面层纵缝应设置在相同位置。纵向施工缝采用平缝形式,上部锯切槽口,槽内灌注填缝料。纵缝处应设置拉杆,拉杆位于较厚面层板的中部。拉杆采用螺纹钢筋,中部10cm范围内进行防锈处理。

五、板厚设计

PMCC－PCC复合式路面的厚度设计包括两部分:确定总厚度和确定上下面层厚度所占比例。上下面层厚度所占比例可以根据层间受力状况确定,总厚度应根据下面层受力情况确定。

1. 结合式双层板的厚度设计

按照图11-1中的结构示意图,取双层板总厚度为25cm,上面层板模量为27GPa,下面层板模量为31GPa。根据前面所介绍的荷载应力和温度应力分析计算方法,分别确定不同厚度组合下的层间剪切应力。计算结果见表11-12。

不同厚度组合时的层间剪应力　　表11-12

厚度组合(cm)	PMCC层	6	8	10	12	13	14
	PCC层	19	17	15	13	12	11
层间剪应力(MPa)	荷载作用	0.110	0.079	0.048	0.019	0.009	0.017
	温度作用	0.178	0.124	0.073	0.023	0.005	0.020

由上表可知,随着上下面层厚度比例的变化,层间剪切应力先减小后增大,此过程中有最小值出现,且其出现时的上面层板厚度为13～14cm,下面层板厚度为12～11cm。如果按照层间剪切应力最小原则确定厚度比例,那么上下层板的厚度相差不大。但是,考虑到聚合物改性水泥混凝土的造价要高于普通水泥混凝土,按此原则确定厚度比例必然会提高路面结构的成本。实际上,从材料性能的角度来看,由于聚合物改性水泥混凝土具有优良的层间黏结性能,因此可以适当减小上面层厚度,使结合面承受一定的剪切应力。

参考大多数国家目前采用的水泥混凝土复合式路面面层厚度设计方法,根据聚合物掺量来确定上下面层厚度比例。当聚合物掺量达到10%时,上下面层厚度的比值可取为下面层模量与上面层模量比值的0.5左右;随着掺量的增加,可以逐渐减小上面层厚度所占比例,但其厚度不宜小于按照混凝土所用集料粒径确定的最小结构层厚度。当聚合物掺量较小时,应增加上面层厚度所占比例,使其逐步达到下面层模量与上面层模量的比值。试验研究表明,当聚合物掺量低于6.2%时,PMCC层与PCC层的层间黏结性能甚至低于双层普通水泥混凝土，在这种情况下，上下面层厚度比值取为下面层模量与上面层模量的比值。

确定 PMCC－PCC 复合式路面的总厚度时，应选取上下面层混凝土中较大的模量和下面层混凝土的弯拉强度拟定面层总厚度，然后进行验算。结合式聚合物改性混凝土复合式路面的路面厚度设计流程如图 11-16 所示。

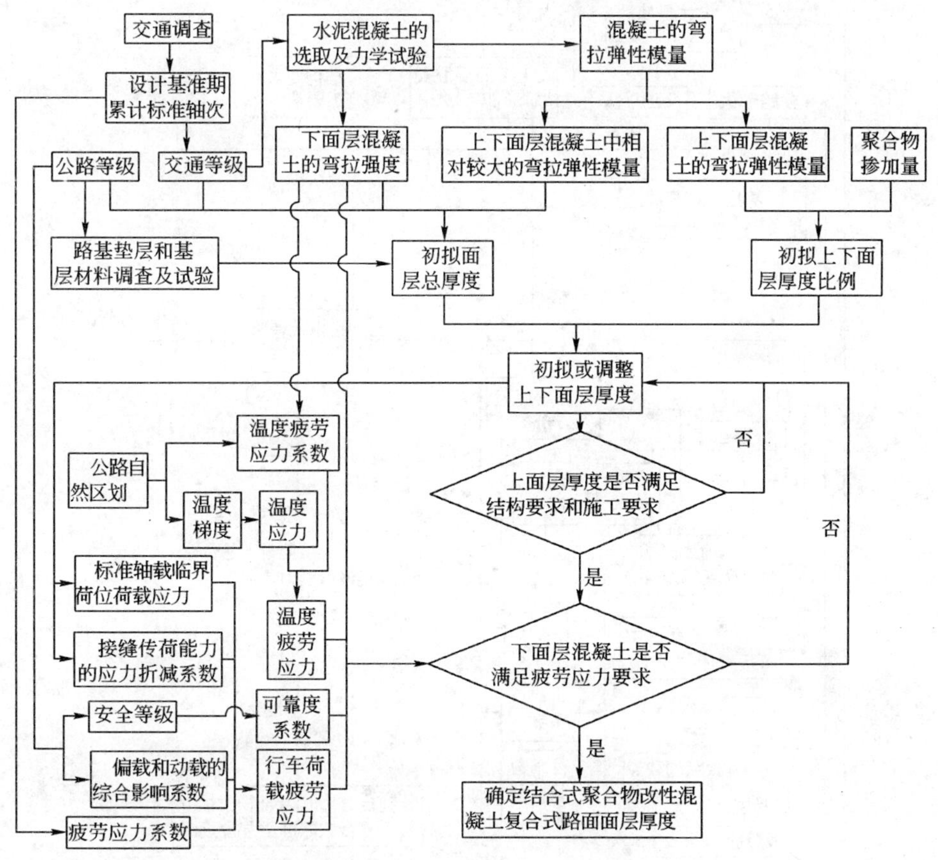

图 11-16 结合式聚合物改性混凝土复合式路面的厚度设计

2. 分离式双层板的厚度设计

分离式聚合物改性混凝土复合式路面的最佳厚度组合应使上下面层板在临近使用期限时的疲劳应力均达到容许弯拉应力。根据图 11-15 中上下面层厚度对分离式双层板的板底应力影响分析，分离式双层板上面层厚度的选取应考虑造价和下面层板受到的荷载疲劳应力等因素，最终比较确定。上下面层总厚度设计的主要依据为下面层板的综合疲劳应力与可靠度系数的乘积必须小于其容许弯拉应力，当上面层厚度比下面层大时，还需对上面层受到的弯拉应力进行验算。

分离式聚合物改性混凝土复合式路面的路面厚度设计流程如图11-17所示。

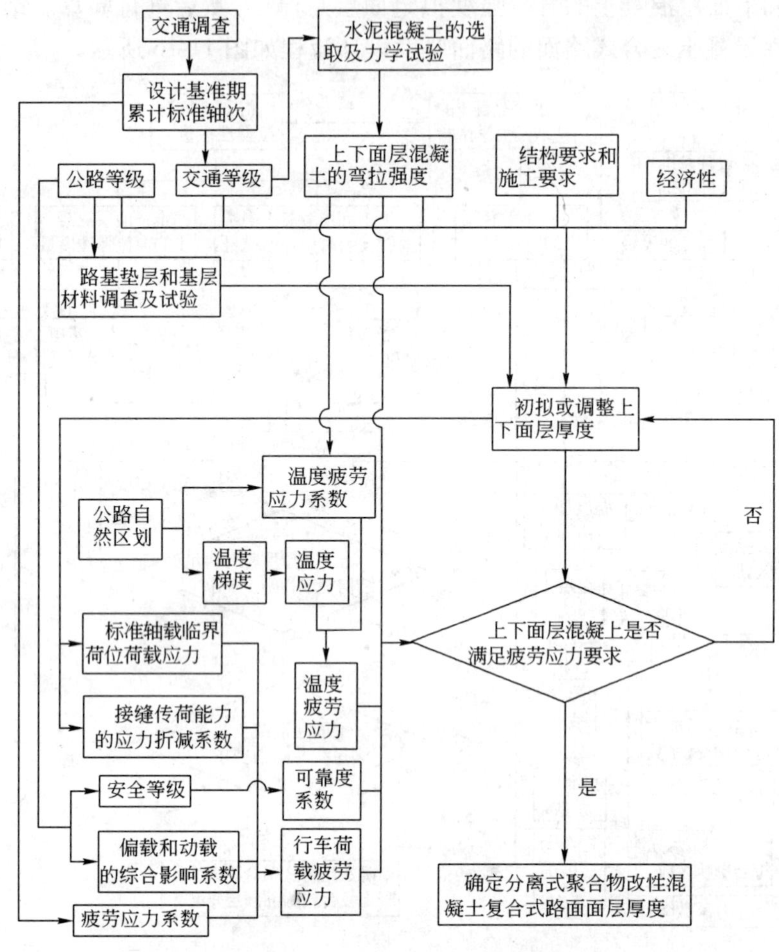

图11-17　分离式聚合物改性混凝土复合式路面的厚度设计

第四节　聚合物改性混凝土复合式路面的施工工艺

1. 施工准备

按照《公路水泥混凝土路面施工技术规范》(JTG F30—2003)中的规定对铺筑复合式路面所用的滑模摊铺机械、小型施工机械设备、测量仪器、基准线和模板以及各种试验仪器进行全面的检查、调试、校核、标定、维修和保养，同时注意对机械化施工主要设备的易损零部件做好必要的储备；将施工时所用的粗细集料分开堆放，排除场地积水，控制砂石集料的含水率不超过限定范围，将聚合物乳液放置于专门的棚内，以防止阳光照射和其他外界因素的影响；检测土基和垫层的各种技术指标是否符合要求，如基层的平整度、回弹弯沉值等。

2. 搅拌和运输

采用大型拌和楼搅拌，正式施工前应对拌和楼进行调试，拌和楼的工作参数需根据工程量的大小、施工进度和施工组织计划来设置。各种原材料按质量计的允许误差不得超过表11-13。聚合物改性混凝土的拌和时间应与普通混凝土一致或稍长，实际拌和时间应根据现场混合料的外观来确定。搅拌均匀的聚合物改性混凝土呈灰色发蓝状，搅拌不充分的聚合物改性混凝土呈灰色发白状。混凝土出料后马上由自卸车运至工地，车斗需加篷布覆盖并适当洒水降温。

原材料质量允许误差　　表11-13

品种	水	水泥	乳液	粗细集料	粉煤灰	消泡剂
允许误差	±1%	±2%	±1%	±3%	±2%	±0.5%

3. 下面层的摊铺和振捣

PMCC－PCC复合式路面的下面层摊铺与普通水泥混凝土路面基本相同，均采用滑模摊铺机进行摊铺。由于下面层摊铺厚度较小，成型困难，因此摊铺速度应比普通水泥混凝土路面稍慢，考虑到拌和料的稠度、供料数量、运输车辆的速度，摊铺速度一般控制在0.5～3.0m/min之间。下面层摊铺完成后立即振捣，滑模摊铺机可以在摊铺的同时完成此项工作；但是由于下面层较薄，振捣棒的插入深度与角度需加以注意，振捣频率不宜过大，最好根据现场具体情况控制在6 000～11 000r/min之间。

4. 上面层的摊铺和振捣

PMCC－PCC复合式路面的上面层厚度较下面层更小，采用滑模摊铺机械施工时，振捣棒很容易触碰到已硬化的下层混凝土，施工质量难以控制。此时，可以考虑采用小型机具施工，并辅以局部人工精平和修正的方法。

摊铺前需检查下层混凝土是否质量完好，对裂缝、边角损坏等施工问题应及时进行修补解决。如发现下面层混凝土表面有积土、积泥或其他杂物时，应及时清扫。摊铺前对下面层混凝土表面喷水润湿，但注意不要积水。

上面层的摊铺工艺与普通水泥混凝土路面类似，摊铺速度要与拌和楼出料速度、运输速度相匹配。摊铺完成后立即振捣，使用插入式振捣棒初振，使用平板式振捣器复振以保证振捣效果。现场施工表明，聚合物改性混凝土的振捣时间较普通水泥混凝土长1/2左右为宜。上面层混凝土的振捣强度需大于普通水泥混凝土路面，其具体步骤如下。

(1)首先使用插入式振捣棒对路面施工缝、模板边缘和角隅处的混凝土进行初振，然后用平板振捣器重叠振捣。此处的振捣尤须注意，如果振捣不足可能会导致接缝处的混凝土面板损坏。振捣时应避免振捣棒碰撞模板、钢筋、传力杆和拉杆，振捣棒距离模板边缘至少200mm以上。

(2)接缝处路面振捣完成后，即可振捣全幅路面。先使用插入式振捣棒初振，同一位置的振捣时间控制在30s以上，现场实际振捣时间应以观察到混凝土全面振动液化，表面不再冒气泡并泛浆，不再下沉时为止。振捣棒的移动间距不宜大于500mm，距离下面层顶面的深度至少30mm，插入式振捣棒拔出时不应过快，以免在混凝土中产生气泡并带出混合料。初振完成后，使用平板振捣器复振，复振时应纵横交错两遍全面提浆振实。纵横振捣时需重叠100~200mm，避免拖振。平板振捣器的振动时间以混凝土停止下沉，不再冒出气泡并出浆为止，同一位置的振动时间不宜少于15s，但也不能过振，面板缺料处及时人工补齐。

参考文献

[1] 申爱琴，等. 新型混凝土路面材料及施工工艺研究，研究报告(一)，聚合物改性水泥混凝土路用性能及复合式路面施工工艺研究. 长安大学，2005.

[2] 申爱琴，等. 新型混凝土路面材料及施工工艺研究，研究报告(三)，聚合物改性水泥混凝土复合式路面结构分析与设计. 长安大学，2005.

[3] 贾玉. 聚合物改性水泥混凝土复合式路面研究. 硕士学位论文，2006.

[4] 胡长顺，王秉纲. 复合式路面设计原理与施工技术. 北京：人民交通出版社，1999.

[5] 查旭东，王燕，韩春华编译. 欧洲水泥混凝土路面综述. 国外公路，1999，3.

[6] Ryell. J. , Corkill. J. T. Long-term performance of an experimental composite pavement. Highway Research Record, 1973.

[7] Nishizawa. Tatsuo, Fukute. Tsutomu, Kokubun. Syuichi. Study of a method for analyzing the mechanical behaviour of composite pavement. Transportation Research record. 1999.

[8] Kohn. Starr D. , Darter. Michael I. Structural design of composite concrete pavements. Purdue University, 1981.

[9] Larsen, T. J. Composite pavement design procedure. Purdue University, 1981.

[10] Khazanovich, L. and Ioannides, A. M. Structure analysis of unbonded concrete overlays under wheel and environmental loads. TRR, 1995.

[11] 王世燮,雍黎明. 复合式水泥混凝土路面在四川的试验与应用推广. 西南公路,1994.

[12] 戴经梁,王秉纲. 双层水泥混凝土路面的荷载应力分析. 西安公路学院学报,1981,4.

[13] 王秉纲. 双层水泥混凝土路面温度翘曲应力计算. 西安公路学院学报,1983,3.

[14] 胡长顺,王秉纲. 复合式路面荷载应力实用计算方法研究. 华东公路,1995.

[15] 王秉纲,戴经梁,胡长顺. 复合式水泥混凝土路面设计理论与方法的研究. 中国公路学报,1992.

[16] 余定选,冷培义. 考虑夹层作用的双层水泥混凝土道面板的计算. 空军工程学院,1985

[17] 黄晓明,等. 旧水泥混凝土道面加铺层有限元分析方法. 中国公路学报,1996.

[18] 王萍. 国内外复合式路面发展概况//中国公路学会2003年学术年会论文集:公路工程篇. 2003.

[19] 熊剑平,申爱琴. 聚合物水泥混凝土改性机理研究. 郑州大学学报,2006.

[20] 熊剑平,申爱琴,邱粤滨. 聚合物水泥砂浆路用性能与改性机理研究. 公路,2007.

[21] 熊剑平,申爱琴,魏越强. 聚合物水泥混凝土的路用性能. 长安大学学报,2007.

[22] 熊剑平,申爱琴. 聚合物水泥混凝土施工控制因素. 交通运输工程学报,2008.

[23] 孙增智,申爱琴,胡长顺. 聚丙烯酰胺改性混凝土的微观分析. 公路,2005.

[24] 孙增智,申爱琴,胡长顺. 聚丙烯酰胺改性混凝土的弯曲疲劳特性. 长安大学学报,2005.

[25] 孙增智,申爱琴. 聚丙烯酰胺对混凝土耐久性的影响研究. 辽宁交通科技,2005.

[26] 孙增智,申爱琴,胡长顺. 聚丙烯酰胺改性水泥砂浆强度与工艺研究. 公路交通科技,2006.

[27] 钟世云,袁华. 聚合物在混凝土中的应用. 北京:化学工业出版社,2003.

[28] 郑传超,王秉纲. 道路结构力学计算(上册). 北京:人民交通出版社,2002.

[29] 夏永旭,王秉纲. 道路结构力学计算(下册). 北京:人民交通出版社,2002.

[30] 詹镇峰,刘志勇.聚合物水泥砂浆性能试验研究.化学建材,2003,6.

[31] Al-Zahrani M M, Maslehuddin M, Al-Dulaijan S U, Ibrahim M. Mechanical proper-ties and durability characteristics of polymer-and cement-based repair materials. Cement & Concrete Composites. 2003,25(4-5):527-537.

[32] 谈至明,姚祖康,刘伯莹.双层水泥混凝土路面板的温度应力.中国公路学报,2003,16(2).

[33] 谈至明,姚祖康,刘伯莹.水泥混凝土路面的温度应力分析.公路,2002,8.

[34] 李国胜.复合式路面温度场分布与温度应力分析.公路,2006,11.

第十二章　透水性混凝土路面

近年来,随着全球变暖、臭氧层破坏、淡水稀缺以及环境污染等生态问题日益严重,人类的生存环境正面临着前所未有的挑战。保护地球环境、维持生态平衡、寻求人与自然和谐共处、走可持续发展的道路已经成为人们共同关心的话题。

在现代城市建设中,如何实现城市发展与环境保护的相互融合是一个亟待解决的问题。如果为了城市规模的扩大而忽视了环境保护,那么由此将导致一系列的问题。以 2007 年 7 月中下旬重庆、武汉、济南等大城市遭受的特大暴雨袭击为例,在暴雨袭击过后,城市的主城区出现大面积积水,导致交通严重阻塞,市民出行艰难,给当地的经济发展造成了巨大损失。究其原因,除了降雨强度巨大、城市排水系统泄洪能力不足等因素外,城市化速度加快而城市透水能力不断减弱也是不容忽视的客观现实。在快速的城市化进程中,城市地表已经逐步被建筑物和各种混凝土等阻水材料所覆盖,不透水区域比例大幅度提高,部分地区甚至超过了 80%,这使得城市的透水功能被严重削弱,雨水不能直接从地表渗入地下,增加了地表径流,如果城市排水系统一旦阻塞,必将产生大量积水。此外,城市透水功能减弱还滞缓了地下水的"补充",尤其是一些发达地区,由于城市不透水区域比例很高,再加上生态绿地配套建设不完善,城市蓄水功能随之下降,在这种情况下,地表植物很难正常生长,因此城市内的"热岛效应"十分明显。

鉴于不透水道路在城市排水以及生态建设方面存在诸多弊端,发展并推广透水性铺装使雨水能够直接渗入地下而形成"地下水",正成为一种行之有效的选择。在使用透水性铺装时,除采用透水地面砖外,铺筑透水性混凝土路面也能收到很好的透水效果。在一些实际工程中,如果在透水砖下面铺设透水性很差的水泥材料,那么透水砖的渗透作用将会大打折扣;相比之下,透水性混凝土在施工性能、经济性以及舒适性等方面均要优于前者[1]。可以看出,透水性混凝土作为一种新型的环保建筑材料,其应用范围将会日益广泛,因此,发展生态环保型的透水性混凝土路面材料具有重要的社会和经济意义。

第一节　透水性混凝土发展概况

由于透水性混凝土路面材料具有很多生态方面的优良特点，欧美及日本等一些发达国家和地区从20世纪70年代就开始研发透水性混凝土材料，这些新型材料被广泛应用于广场、步行街、道路两侧和中央隔离带、公园内道路以及停车场等（图12-1），对调节城市微气候、保持生态平衡起到了积极的作用。美国、日本是世界上研究与使用透水性混凝土路面材料比较先进的国家，它们在高强型透水性混凝土的研究与应用方面也走在世界前列[2]。在欧洲，英、法等国也修建了许多实体工程。

图12-1　铺筑透水性混凝土路面材料的人行道

美国的透水性混凝土一般不含细集料，称为无细集料混凝土，如图12-2所示。美国的佛罗里达、新墨西哥和犹他州已将无细集料混凝土作为路面面层材料应用于停车区路段，其中大多数工程位于佛罗里达州境内。无细集料混凝土在佛罗里达州得以广泛应用的原因在于：①该州容易出现由暴雨引起的骤发洪水，无细集料混凝土路面可以有效地渗透大量地表径流；②佛罗里达州法规规定雨水需就地滞留并让其回流到地下水系统中去；③铺筑无细集料混凝土后，可少设雨水沟渠和蓄水设施，从而减少了成本支出。基于以上原因，佛罗里达州于1979年在萨拉索塔基督教堂附近首次使用无细集料混凝土修建了一个停车场。试验报告表明，这种透水性路面混凝土28d抗压强度达到26.2MPa，透水性能为每平方米每分钟94L，相当于透水系数1.57mm/s。在混凝土中加入一种获得专利的黏结添加剂（水基环氧聚乙烯基丙烯酸乳液）后，透水性混凝土的28d抗压和抗弯强度分别达到27.6MPa和4.49MPa，与普通混凝土相差无几。在此之后，佛罗里达州政府决定使用透水性混凝土修建1.82万平方米的停车场和萨拉索塔大学长1.6km的校园道路路面。在美国其他地区,透水性路面混凝土也得到了不同程度的应用。在新墨西哥州,盖洛普砂砾公司于1990年在一个炼油厂附近修筑了面积为836m^{2}的路面工程。这条路面在频繁的轻交通作用下,经过三个冬季的冻融循环没有出现明显的破坏现象,且透水性能一直保持良好。在新泽西州和宾夕法尼亚州,当地公路部门也已经计划推广应用无细集料混凝土路面[3]。

图12-2　无细集料混凝土的渗透效果

在大量试验工程的基础上,美国相关部门在透水性混凝土研究方面同样做了大量工作。目前,美国许多州已规定并且尝试在路面面层下设置水泥混凝土透水基层以便迅速排水,加利福尼亚、伊利诺伊、俄克拉何马和威斯康星州纷纷提出了关于普通水泥混凝土透水基层的标准技术规范。佛罗里达州则推广了一个名为“透水性混凝土”的无细集料混凝土项目,这种透水性混凝土由单一粒径的粗集料、普通水泥和水制成,不需要添加剂。华盛顿大学的研究人员也对透水性混凝土的性能进行了测试,他们于1996年在西雅图附近的4个停车场铺筑了透水性混凝土路面。7年之后,Benjiamin O. Brattebo和Derek B. Booth[4]对此处透水性混凝土路面的结构耐久性、渗透能力和渗透水的质量进行了综合调查,结果显示,4个停车场的透水性混凝土路面都没有出现明显破坏,地上的雨水均能透过,没有表面溢流现象,透过的水中检测不到铅和废柴油燃料,并且透过的水中锌的浓度比5年前要低很多。

日本对透水性混凝土的应用研究几乎与美国同步。20世纪70年代后期,为了解决因抽取地下水而引起的地基下沉问题,日本制定了“雨水的地下还原政策”并着手开发透水性混凝土铺装[5]。1987年,日本研究者申请了透水性混凝土路面材料专利,该专利采用单粒级粗集料和微细集料,并在胶结材料中加入了有机高分子树脂,最终制备出具有优良透水性的混凝土材料[6]。此后,玉井元治、冈本享久等[6~8]系统研究了透水性混凝土铺装材料的透水系数与孔隙率和强度的关系。在日本,一些公园、停车场、人行道甚至是高速公路路面都使用透水性混凝土进行铺装。例如,日本五福公园和上野不忍池公园中就铺有透水性混凝土路面,这些路面的厚度为70~200mm,水灰比约为0.35,使用5~13mm或2.5~7mm级配的碎石;与此同时,为了美化环境,改善混凝土的单调色彩,部分人行道所采用的透水性混凝土面层还铺有 10mm 厚的彩色混凝土。

日本是一个多雨国家,交通十分发达。因此,日本在开发透水性混凝土路面材料时,不仅专注于材料的透水性能,还对透水性混凝土的维护进行了研究。在透水性混凝土路面的养护方面,为了解决粉尘、泥沙堵塞造成的路面透水功能下降问题,日本采用的恢复路面透水能力的方法有[9]:采用压力为 4 ~ 7MPa 的小型高压清洗机清洗路面,或采用高压清洗和真空吸附相结合的方法来清洗路面,以上方法均可使路面的透水功能恢复到初期的 80%。

与美国和日本相比,欧洲对透水性混凝土的研究主要集中在英、法两国,但研究范围不够广泛。英国工程师早在 1970 年就铺筑过无细集料混凝土路面,当时采用整层摊铺的方式,在诺丁汉修筑了长 183m 的复合式路面试验段,其结构如下:面层上层为 50mm 厚无细集料混凝土,面层下层为 203mm 厚的正常密度普通混凝土层并用单层金属网加强,基层由 203mm 厚 50mm 粒径的单级配干燥石灰石组成,其上覆盖有一层防水聚乙烯薄膜。这条试验段起初的工作性能良好,然而 10 年后,试验路被认为是失败的,因为无细集料混凝土的孔隙被尘土填塞,路面产生积水,在冻融循环和水力抽吸作用下,最终导致表面松散剥落[3]。除了试验工程,英国阿伯泰邓迪大学(Abertay Dundee) Wolfram Schluter 和 Chris Jefferies[10]研究认为,透水性混凝土在雨天的排水效果优异。考文垂大学的学者还对透水性混凝土在生物降解方面的作用进行了研究,其成果显示,透水性混凝土可以作为一个现场好氧生物反应器,对碳氢化合物的降解效果非常好[11,12]。在法国,透水性混凝土已被广泛用于路边排水和路肩透水,其国内大约 60% 的网球场都是使用透水性混凝土建造而成的。法国有关透水性混凝土的大多数试验都是在 des. Pouts et Chaussees 中心实验室完成的。des. Pouts et Chaussees 中心实验室研究了透水性混凝土的水净化作用,认为透水性混凝土能够储存污染性微粒,从而使这些微粒不被水冲到地上,研究表明,透水性混凝土的过滤作用能使悬浮污染粒子浓度下降 64%,使铅的浓度下降 79%[13,14]。Nissoux 和 Merrien[15]还对孔隙率为 15% ~ 30% 的透水性混凝土进行了试验研究,测试结果显示,透水性混凝土的 28d 抗压强度一般在 14MPa 以下,渗透率分别为 $2.1m^3/(m^2 \cdot s)$ 和 $2.9m^3(m^2 \cdot s)$。

在国外透水性混凝土铺装材料蓬勃发展的情势下,我国在此领域的研究力度明显不足,对高强高性能透水性混凝土的开发就更为滞后,应用技术水平也比较低,这与我国作为一个混凝土大国的地位极不相称。国内一些科研院所、高校曾经开展过透水性混凝土的研究,20 世纪 90 年代初,中国建筑科学研究院在原国家建筑材料工业局的资助下曾经进行了“透水性混凝土与透水性混凝土路面砖的研究”项目,该课题成果于 1995 年开始在试点工程中应用,取得了良好效果。中国建筑材料科学研究院王武祥教授级高级工程师对透水性混凝土做了系统研究,并开发了抗压强度为 5 ~ 20MPa,抗折强度为 1 ~ 4MPa,孔隙率为 5% ~ 30%,透水系数为 1.0 ~ 15.0mm/s 的透水性混凝土材料[16]。为了提高透水性混凝土路面材料的强度,清华大学杨静、蒋国梁等[17]采用小粒径集料、矿物细掺料和有机增强剂,研制出了抗压强度达35.5MPa,透水系数为 2.9mm/s 的高强透水性混凝土路面材料,取得了突破性进展。总体上看,国内对透水性混凝土的胶结材料特性、集料级配、配合比设计方法、成型方法以及透水系数测定方法的研究还有待进一步深入。

尽管各国对透水性混凝土的研究应用程度不相一致,但是近几年来透水性混凝土已经被更多国家所关注,近期一些混凝土科技会议、部分拟建或在建工程均决定使用透水性混凝土。例如,2006 年 5 月 24 ~ 26 日举办的美国混凝土科技论坛将“聚焦透水性混凝土”作为大会开幕议题,大会主办方美国国家预拌混凝土协会(NRMCA)将透水性混凝土称为新型高效的混凝土制品。2007 年 5 月,美国国家预拌混凝土协会(NRMCA)出台的报告也指出,透水性混凝土对建设环保型交通大有益处。在应用方面,为迎接 2008 年北京奥运会,北京市对部分道路进行了大修,根据北京市路政局的规划,北京市将有 36 条道路进行改造,一种新型防滑透水性混凝土砖被用于铺筑人行道。可见,随着人们对透水性混凝土认识的不断增强,透水性混凝土材料将有更加广阔的推广应用空间。

第二节　透水性混凝土的定义及分类

透水性混凝土(pervious concrete)也称多孔混凝土(porous concrete)[18],它是由特殊级配的集料、水泥、外加剂和水等经特定工艺配制而成的,其内部含有很大比例的贯通性孔隙。由于透水性混凝土的集料级配特殊,其内部形成了蜂窝状结构,这有助于提高混凝土的透水性能,但同时也对混凝土的强度产生了不良影响,蜂窝状的透水性混凝土及其结构模型如图 12-3 和图 12-4 所示。从图中可以看出,透水性混凝土以水泥胶结浆体薄层包裹在粗集料颗粒的表面,作为集料颗粒之间的胶结层,从而形成骨架-孔隙结构。

透水性混凝土按照实际使用状况可以分为两大类:一类是直接摊铺在路基上的透水性混合料,经压实、养护等工艺可以构筑成透水性混凝土路面;另一类是由透水性混凝土经特定工艺和模具成型的混凝土制品,成型后将它们铺装在透水性路基上,称作透水性铺装。

图 12-3　蜂窝状的透水性混凝土

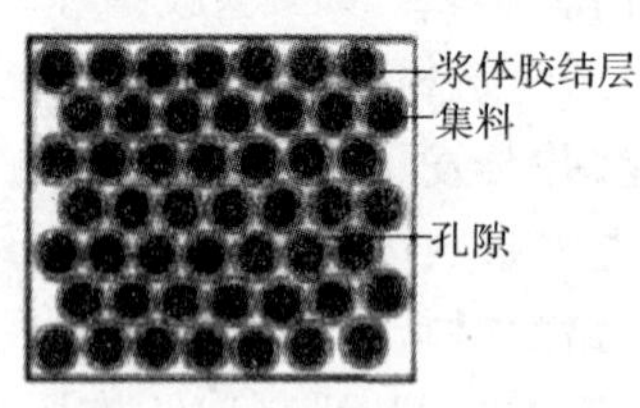

图 12-4　透水性混凝土的结构模型

透水性混凝土根据其组成材料不同,又可分为三种主要类型:水泥透水性混凝土、高分子透水性混凝土和烧结型透水性制品。在道路路面工程中常用的是水泥透水性混凝土[19]。

1. 水泥透水性混凝土

水泥透水性混凝土是以硅酸盐系列水泥为胶凝材料,采用单一级配集料,不用或少用细集料配制而成的无砂、多孔混凝土。这种透水性混凝土一般采用较高等级的水泥,水灰比在 0.22 ~0.35 之间。水泥透水性混凝土拌和物较干硬,需采用压力成型和振动成型,形成具有连通孔隙的混凝土。硬化后的混凝土内部通常含有孔隙率为 15% ~25% 的连通孔隙,其表观密度低于普通水泥混凝土,一般为 1 700 ~2 200kg/m^3。水泥透水性混凝土的抗压强度可达 15 ~35MPa,抗折强度可达 3 ~5MPa,透水系数在 1 ~15mm/s 范围内。这种透水性混凝土成本比较低、制作简便、耐久性较好,适用于用量较大的道路铺筑。但是,水泥透水性混凝土含有较多的连通孔隙,所以提高其强度、耐磨性及抗冻性是技术难点。

2. 高分子透水性混凝土

高分子透水性混凝土是采用单一粒径的粗集料,以沥青或其他高分子树脂为胶结材料配制而成的透水性混凝土。根据所用胶结材料的不同,高分子透水性混凝土还可以分为沥青透水性混凝土、聚合物透水性混凝土等。

与水泥透水性混凝土相比,高分子透水性混凝土强度较高,但成本也高。这种混凝土对温度变化非常敏感,尤其是温度升高时,有机胶凝材料容易软化流淌,使透水性受到影响,再加上耐候性差、在大气作用下容易老化,因此高分子透水性混凝土在道路路面工程中应用较少。

3. 烧结型透水性制品

烧结型透水性制品是将废弃的瓷砖、长石、高岭土、黏土等矿物的粒状物和浆体进行拌和,经压制成型或高温焙烧而成的具有多孔结构的砖块体材料。该类透水性材料强度高、耐磨性好、使用寿命长,但在焙烧的过程中需要消耗大量能量,制品的成本比较高,主要适用于用量较小而档次要求又较高的路面部位。

第三节 透水性混凝土的技术特点

透水性混凝土是一种生态型环保混凝土,它既具有一定的强度,又具有一定的透水透气性,可以很好地缓解不透水铺装对环境造成的影响。从技术性能上看,透水性混凝土除了能够排除地表积水外,它在净化雨水、降低路面交通噪声等方面的效果同样很明显。与不透水的混凝土路面铺装材料相比,透水性混凝土具有以下优点:

(1)透水性混凝土路面能够使雨水迅速渗入地表,还原成地下水,使地下水资源得到及时补充,透水性路基还可以发挥“蓄水池”功能,这种功能有利于保持土壤湿度[13]。

(2)透水性混凝土具有较大的孔隙率,其自身可以与外部空气和下部透水垫层相连通,有利于调节城市空间的温度和湿度;此外,透水性混凝土对城市地表的透水透气作用,还可以维护城市地表的生态平衡。相关研究表明[14],透水性混凝土对由暴雨引起的城市污水还有一定的净化作用[7,14,20]。

(3)透水性混凝土路面凭借其特有的多孔吸声结构,可以吸收车辆行驶时产生的噪声,从而创造一个安静舒适的交通环境。透水性混凝土路面的吸声降噪机理在于:一方面,当噪声声波打在路面表面上时,声波引起小孔或间隙的空气运动,紧靠孔壁表面的空气运动速度较慢,由于摩擦和空气运动的黏滞阻力,一部分声能转变为热能从而使声波衰减,与此同时,小孔中空气和孔壁的热交换引起的热损失也能使声能减弱;另一方面,汽车轮胎行驶在多孔透水性路面上时,由于轮胎花纹空气爆破及泵吸噪声的强度降低,汽车行驶噪音也会出现减弱的现象。透水性混凝土路面与普通混凝土路面的降噪效果如图 12-5 所示。由图可以看出,夹在轮胎沟槽和普通混凝土路面之间的空气无法透出,形成压缩噪声和膨胀声;夹在轮胎沟槽和透水性混凝土路面之间的空气从孔隙中透出,不易形成噪声。

(4)透水性混凝土路面能够消除雨天行车产生的“漂滑”、“飞溅”等现象,缓解了雨天给行人出行和车辆行驶带来的不便。在冬季,透水性混凝土路面也不会形成黑冰(由霜雾形成的一层几乎看不见的薄冰,极其危险),提高了行人、车辆的通行安全性。

(5)透水性混凝土路面表面的自然色对光线具有良好的反射性,这一点也是大多数混凝土路面结构物所具有的。透水性混凝土较大的孔隙能够积蓄较多的热量，这有利于减少路面对太阳光热量的吸收，从而避免形成“热岛效应”（图12-6）。

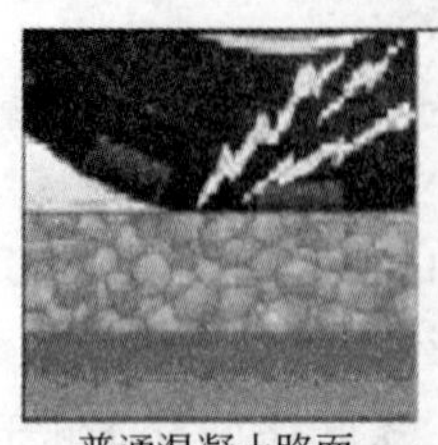

普通混凝土路面　　透水性混凝土路面

图12-5　两种不同类型混凝土路面的降噪效果

图12-6　“热岛效应”示意图

（6）在降雪季节，地热可以通过透水性混凝土路面的孔隙把积起的固体状雪融化成液体状水，然后再渗透到地下以补充地下水。

（7）透水性混凝土被认为是绿色建材，它的原材料可以使用再生集料，而它本身也是可再生利用的。这样，建筑师和工程师就可以用它来建造环境友好的建筑结构。

虽然透水性混凝土具有以上诸多优点，但其在强调透水性能和环保效应的同时必然会给其他性能带来影响，所以透水性混凝土将会不可避免地存在一些缺陷，其主要缺点如下：

（1）透水性混凝土与密实性水泥混凝土相比，其本身的抗压强度和抗折强度较低，用这种混凝土修筑的路面不能行驶重型交通车辆。

（2）透水性混凝土对路基的要求比较高，其基础的高度必须能够达到蓄水和渗水的要求。

（3）透水性混凝土路面通常被限制在缓坡地段使用[21]。

（4）透水性混凝土路面的运行成本较高且清扫非常困难，特别是垃圾和污物随着雨水渗透到透水性混凝土的空隙中后，其空隙率急剧下降，如果长时间得不到清理，透水性混凝土的渗水作用甚至会完全失效。

第四节　透水性路面混凝土的组成材料

透水性路面混凝土的组成材料主要包括水泥、粗集料和拌和水。根据不同的性能指标要求，必要时还应按规定在上述材料中加入少量的增强剂、黏结剂、减水剂以及矿物质掺和料等外加剂材料。

1. 水泥

配制普通透水性混凝土时，最好选用硅酸盐水泥、普通硅酸盐水泥，也可以用矿渣硅酸盐水泥、粉煤灰硅酸盐水泥或快硬水泥，所选用水泥的强度等级一般应在42.5MPa以上。水泥浆的最佳用量以刚好能够均匀包裹集料的表面，形成一种均匀的水泥浆膜为适度，同时，还需控制最小水泥用量，因为过多的水泥用量会造成透水性的丧失，且成本增加。

无论采用何种水泥，均需要降低游离石灰的溶出，以避免对植物生长造成影响，同时还需要兼顾混凝土的耐久性。为此，最好选用硅酸二钙（C_2S）含量少的水泥，或者选用掺加火山灰质混合材的水泥。

2. 集料

透水性混凝土所用的集料主要包括普通集料和特种集料两种。集料可以采用普通的卵石、碎石，也可以采用特制的陶粒、浮石等轻集料，再生型集料也是透水性混凝土集料的选择之一[22]。再生集料颗粒一般可以分为三种类型：第一种是混合型，粒径大致集中在9.5～26.5mm，为表面包裹着水泥砂浆的石子，呈多棱角状，表面粗糙，约占总质量的70%～80%；第二种是纯集料型，主要指一小部分与砂浆完全脱离的石块，粒径通常较大，在31.5mm以上，约占总质量的20%；第三种则指小部分的水泥石颗粒。三种再生集料的表面特征如图12-7所示。

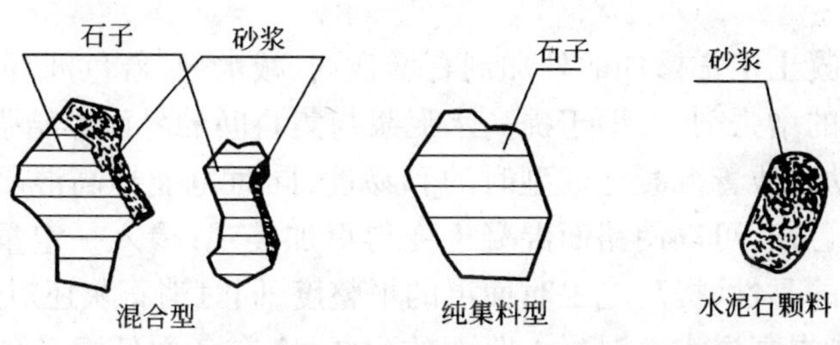

图12-7　用于透水性混凝土的再生集料的表面特征

集料的性质对透水性混凝土的性能有着重要影响，因此对集料的颗粒直径、级配、颗粒形状以及强度等指标应加以严格控制。集料粒径的大小应根据透水性混凝土结构的强度和厚度要求而定，通常情况下，集料的粒径不宜过大，最大集料粒径应不大于25mm，且粒径大于20mm的集料含量应控制在5%以内。在必要时也可以掺加部分细集料，但细集料含量不宜太多。

集料的级配是控制透水性混凝土质量的重要指标。若集料粒径过大，则堆积骨架中会产生大量空隙，当浆体使用量相同时，透水性混凝土的透水系数大，强度偏低；反之，则强度较高，透水性比较差，这与普通混凝土无太大差异。为了同时保证透水性混凝土的强度及透水功能，粗集料通常应采用粒径较小的单一粒级,常用的有 10～20mm 或 5～10mm。表 12-1 给出了不同国家推荐采用的透水性混凝土路面的集料级配。

不同国家推荐采用的透水性混凝土路面的集料级配[23]　　表 12-1

英国	筛孔(mm)	—	14	10	6.3	3.3	0.075
	通过率(%)	—	100	90～100	95～45	10～20	2～5
法国	筛孔(mm)	25	19	12.5	6.3	3	0.075
	通过率(%)	100	90	40	25	20	4
南非	筛孔(mm)	—	13	10	6.73	3.36	0.074
	通过率(%)	—	100	90～100	40～45	22～28	3～5
日本	筛孔(mm)	—	13	5	2.5	1.25	—
	通过率(%)	—	100	50～100	8～25	0～6	—

在透水性混凝土的集料级配方面,还有一些相关研究成果给出了集料级配的合理范围:>10mm:0～10%,>5mm:40%～95%,<2.5mm:3%～10%。此外,粗集料还应满足强度和压碎值等指标要求,其中粗集料中的针、片状颗粒含量按质量计不大于 15%,粗集料宜用碎石且碎石中的含泥量不大于 1%。

3. 外加剂

透水性混凝土中常掺加的外加剂有增强剂、减水剂、着色剂、消石灰、早强剂等。掺入适量的增强剂,有助于提高水泥浆与集料间的界面黏结强度;掺入适量的减水剂,有助于改善混凝土成型时的和易性,同时也能提高混凝土的强度;添加一定量的着色剂,可以使路面混凝土变得更加美观;掺入一定量的消石灰,可以增加水泥浆的黏性,提高施工时面层的平整度,同时消石灰还对酸性雨有中和作用,因此也能提高透水性混凝土路面的耐久性;在冬季低温条件下施工时,加入适量的氯化钠等早强剂,还可以加速混凝土的硬化。

4. 矿物质掺和料

在透水性混凝土中加入矿物质掺和料,可以提高透水性混凝土的强度,改善透水性混凝土路面的耐久性。美国佐治亚州混凝土制品协会(GCPA)在 2006 年 8 月出台的技术报告中规定了粉煤灰等矿物质掺和料在透水性混凝土中的用量[24]:粉煤灰用量不得超过胶凝材料总质量的 25%,磨细粒化高炉矿渣用量不得超过胶凝材料总质量的 50%,当同时掺加三种矿物质掺和料时,其总替代量不应超过水泥质量的 50%。该报告还指出,当透水性混凝土路面的周围环境温度降低到 50℉(华氏度,10℃)以下时,磨细粒化高炉矿渣掺量要减少到 30%。

5. 拌和水

拌制透水性混凝土所用的拌和水质量要求与普通水泥混凝土完全相同，其技术指标应符合《混凝土用水标准》(JGJ 63—2006)中的要求。

第五节 透水性路面混凝土的配合比设计

目前，透水性混凝土的配合比设计在国内还没有比较成熟的方法，由于透水性混凝土与普通水泥混凝土在结构上存在很大差异，因此采用传统的混凝土配合比设计方法不能满足透水性混凝土的大孔隙率、透水的特性。

根据透水性混凝土所要求的孔隙率和结构特征，可以认为 $1m^3$ 混凝土的表观体积由集料堆积而成。因此，透水性混凝土配合比设计的原则是将集料颗粒的表面用水泥浆包裹，并通过水泥将集料颗粒互相黏结起来，成为一个具有一定强度和透水性的整体。透水性混凝土的配合实践证明，$1m^3$ 无砂透水性混凝土的质量应为集料的紧密堆积密度和单方水泥用量及用水量之和，其范围大致为 1 600 ~ 2 200kg/m^3。根据这个原则，可以初步确定无砂透水性混凝土的配合比。

透水性混凝土的配合比设计主要包括两部分：一部分是原材料的选择及用量确定，另一部分是配合比设计参数的确定。其中原材料的选取原则在组成材料中已加以介绍，此处不再赘述。

一、配合比设计参数的确定

进行透水性混凝土配合比设计时，主要应考虑的参数有孔隙率、水灰比和集浆比。

1. 孔隙率

在选定透水性混凝土的配制强度后，需要确定混凝土的孔隙率，孔隙率需考虑到应用中的需要。对绿化透水性混凝土而言，要给予植物生长及所需养分储存以充足的空间，因此孔隙率要求在 20% 以上；对于用于路面的透水性混凝土，在保证强度的前提下，孔隙率宜为15% ~20%。

2. 水灰比

透水性混凝土的水灰比决定着浆体的流动性。水灰比大则浆体的流动性大，被包裹的集料表面光滑，但浆体易滴淌，聚积在试件的底部不利于形成连通孔隙。对于特定集料级配而言，透水性混凝土可采用的水灰比范围较窄，通常在 0.3 ~ 0.45 之间，如果加入了减水剂，水灰比范围在 0.20 ~

0.35之间。对于特定的某一集料，透水性混凝土均有一个最佳的水灰比。当选用的水灰比（W/C）小于最佳值时，水泥浆可能会过于干稠，混凝土拌和物的和易性较差，水泥浆体不能充分包裹集料表面，不利于透水性混凝土强度的形成；当选用的水灰比（W/C）大于最佳值时，水泥浆可能会堵塞透水孔隙，这样既不利于透水也不利于强度提高。透水性混凝土最佳水灰比的确定有以下两种方法。

(1)在集料、水泥用量一定的情况下，从小到大选定几组不同的水灰比分别拌制混凝土，通过试验分别测出它们的抗压强度，并绘制 $W/C—f$ 曲线，求出最大抗压强度所对应的水灰比，即为最佳水灰比。

(2)在实际应用中，水灰比常常根据经验来判断，如果水泥浆在集料颗粒表面包裹均匀，没有下沉现象并且颗粒有类似金属的光泽，这就说明水灰比较为适合。

3.集浆比

集浆比是指集料用量与水泥用量的比例。选择合理的集浆比，是保证透水性混凝土具有相互贯通孔隙的关键所在。当水泥用量一定时，增大集浆比，集料颗粒周围包裹的水泥浆厚度变薄，此时混凝土的孔隙率增加，但其强度会减小；当水泥用量一定时，减小集浆比，集料颗粒周围包裹的水泥浆厚度增大，透水性混凝土的强度提高，但其孔隙率将减小，透水能力降低。一般情况下，透水性混凝土的集浆比应控制在3～6之间。另外，小粒径集料的集浆比应适当比大粒径的小一些。

二、原材料用量的确定

1.用水量

在一般情况下，透水性混凝土不进行和易性试验，也没有必要进行坍落度测试。透水性混凝土的用水量是否适宜，可以通过经验方法判定。经验判定方法的标准大致如下：目测观察所有集料颗粒表面，若表面均形成平滑的水泥浆包裹层并且包裹层有光泽、不流淌，就可以认为用水量比较适宜。对于使用卵石、碎石作为集料的透水性混凝土来说，其用水量一般为80～120kg/m^3。值得注意的是，透水性混凝土的实际用水量应根据透水性及强度要求由试验确定。

2.集料用量

1m^3 混凝土所用的集料总量通常取集料的紧密堆积密度数值，该值大致为1 200～1 400kg/m^3。集料中主要采用粗集料，细集料用量应控制在20%以内。

3.水泥用量

在保证最佳用水量的前提下，适当增加水泥用量能够使集料周围水泥浆膜层的稠度和厚度变大，可有效提高透水性混凝土的强度。但水泥用量过大会使浆体增多，孔隙率减少，降低透水性。如果集料粒径较小、集料的比表面积较大，则应适当增加水泥用量。水泥用量随着所用集料粒径的增大而减少，一般控制在 250～350kg/m^3 范围内。

三、配合比设计步骤

借鉴普通水泥混凝土配合比设计方法中的体积法设计思想，探索一种简单有效的透水性混凝土配合比设计方法，这种方法的基本原理为混凝土的体积应是各组成材料绝对体积的总和。假定新成型的混凝土的体积是 1m^3，那么各组成材料实体积之和也应为 1m^3，于是有：

$$\frac{m_w}{\rho_w}+\frac{m_c}{\rho_c}+\frac{m_g}{\rho_g}+\frac{m_j}{\rho_j}=1-p \tag{12-1}$$

式中：m_w，m_c，m_g、m_j——分别为1m^3 混凝土中水、水泥、粗集料、减水剂的质量(kg)；

ρ_w，ρ_c——分别为水、水泥的密度(kg/m^3)；

ρ_g，ρ_j——分别为粗集料、外加剂的表观密度(kg/m^3)；

p——透水性混凝土的孔隙率。

在确定水灰比并且计算出粗集料的空隙率后，透水性混凝土的水泥用量为：

$$m_c=\frac{(1-V-p)}{\left(\dfrac{1}{\rho_c}+\dfrac{W_c}{1\,000}\right)} \tag{12-2}$$

式中：V——粗集料的空隙率；

W_c——水灰比。

水泥用量确定后，由水灰比以及外加剂掺率可以分别计算出 m_w 和 m_j，粗集料质量也可最终由式(12-3)得出：

$$m_g=\left(1-p-\frac{m_w}{\rho_w}-\frac{m_c}{\rho_c}-\frac{m_j}{\rho_j}\right)\times\rho_g \tag{12-3}$$

通过水泥用量 m_c 和粗集料用量 m_g，集浆比(m_g/m_c)随之确定。需要指出的是，如果透水性混凝土中还需加入硅灰、粉煤灰等矿物质掺和料时，配合比设计的基本思路仍为混凝土的体积应是各组成材料绝对体积的总和，即：

$$\frac{m_w}{\rho_w}+\frac{m_c}{\rho_c}+\frac{m_g}{\rho_g}+\frac{m_j}{\rho_j}+\frac{m_k}{\rho_k}+p=1 \tag{12-4}$$

式中：m_k——矿物质掺和料的用量；

ρ_k——矿物质掺和料的表观密度。

第六节　透水性混凝土路面的结构

透水性混凝土路面是一种有渗透能力的路面,考虑到透水性混凝土路面能够渗透雨水、控制地表径流并且有助于增加地下水,美国环保局(EPA)早在2004年就特别指出:透水性混凝土路面是不透水路面铺装的一种有效替代选择,它能在不牺牲使用强度的前提下显著地减少不透水铺装的数量[25]。

透水性混凝土路面通常带有一个下伏的石质蓄水层,这个蓄水层在路面结构中处于基层的位置,在雨水渗透进入天然土基之前,该蓄水层将发挥捕获并储存雨水的作用。透水性混凝土路面的结构如图12-8所示。透水性混凝土路面对基层有着严格的要求,在路面设计中,基层的设计必须考虑以下几方面因素:

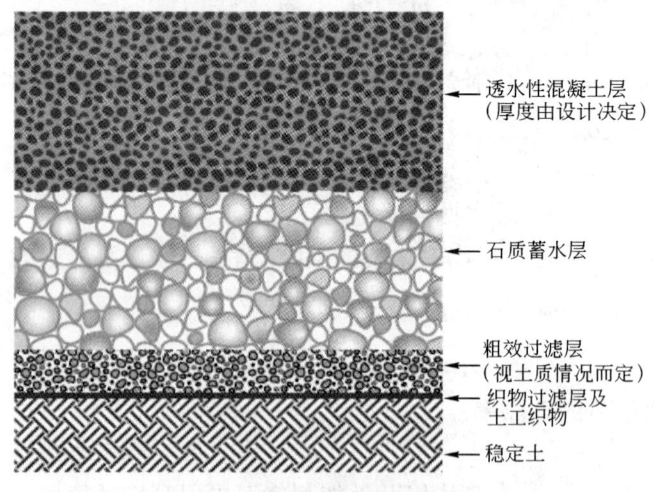

图12-8　透水性混凝土路面的结构

(1)基层必须是开级配的,这意味着基层填充物颗粒的粒径将被控制在一个限定的范围内。在这种情况下,小颗粒就不会阻塞大颗粒之间的空隙。考虑到实际应用中的地下水储存因素,所有粒径的开级配碎石应当有38%~40%的空隙空间。

(2)基层必须由碎石而不是圆形的河砾石组成。圆形的河砾石在压力作用下会出现旋转,这将导致路面结构变形;相比之下,碎石基层的多棱角嵌挤结构对保持路面表面的稳定性十分有利。

透水性混凝土路面除了需要有一个符合要求的基层外,其铺筑之前的地基处理也非常重要。地基必须被充分压实以便能提供一个长期稳定的路面。当透水性路面被铺筑在砂性土或含砾土地基上时，ASTM D 1557 标准推荐的土基最大压实度为92% ~96%；如果路面铺筑在粉性土或黏性土地基上，那么地基之上需要铺一层开级配碎石，并且细粒土与碎石之间要用土工织物隔开。需要注意的是，当路面基层的土质为膨胀土时，基层压实过程中切勿过压。另外，在浇筑透水性混凝土之前，地基还要进行润湿处理，这样做是为了防止透水性混凝土干燥过快。

对于任何一种混凝土路面而言，面层铺筑的方式和质量将直接影响到结构物自身的使用性能。透水性混凝土路面的面层既可以用固定式摊铺机铺筑，也可以用滑模摊铺机铺筑。适当的养护对于保持透水性混凝土路面面层的完整性至关重要。通过养护，透水性混凝土路面可以获得必要的强度，同时还可以有效防止混凝土出现松散的现象。透水性混凝土路面的养护必须在混凝土浇筑完成后 20min 内开始进行，并且连续 7d 不间断。塑料薄膜通常被用于路面养护作业。

第七节　透水性路面混凝土的性能测试方法

透水性路面混凝土的主要性能测试指标有孔隙率、透水系数和强度。由于目前国内没有此方面的标准规范，因此其中一些测试方法需要参考美国和日本的相关资料。

一、孔隙率的测定方法

透水性混凝土中的孔隙有三种：第一种是封闭的孔隙，第二种是开口但不连续的孔隙，第三种是贯穿混凝土且连续的有效孔隙。在三种孔隙中，前两者过多存在对混凝土的透水性是不利的，第三种孔隙的存在是混凝土透水性的保证。

透水性混凝土的总孔隙率可以按式(12-5)计算：

$$p_{\text{total}} = \left[1 - \frac{(m_2 - m_1)}{V_1}\right] \times 100\% \tag{12-5}$$

式中：V_1——透水性混凝土试件的外观体积(m^3)；

m_1——透水性混凝土试件的饱和质量(kg)；

m_2——透水性混凝土试件的干燥质量(kg)。

透水性混凝土的连通孔隙率可以按式(12-6)计算：

$$p_{\text{连}} = \left[1 - \frac{(m_3 - m_1)}{V_1}\right] \times 100\% \tag{12-6}$$

式中：m_3——透水性混凝土试件在自然状态下的质量(kg)。

日本《透水性混凝土河川护堤施工手册》中提出的连续孔隙率测试方法如下：首先测量试件外形尺寸，计算出试件的外形体积 V_0；然后将试件浸泡在水中使其饱水后称其在水中的质量 W_1；最后取出试件空干多余的水并擦干表面，按一定时间间隔称其质量，待读数稳定后确定试件在空气中的质量 W_2；则透水性混凝土的连续孔隙率 P 为：

$$P = \left[1 - \frac{(W_2 - W_1)}{V_0}\right] \times 100\% \tag{12-7}$$

二、透水系数的测定方法

我国对透水性混凝土透水系数的测定主要有两种方法：一种为简易透水系数测定方法，另一种为日本混凝土工学协会推荐的大孔混凝土透水性试验方法。后一种方法参考了《土壤透水性试验》(JIS A 1218)，采用定水头并根据达西公式来测定混凝土的透水系数。两种透水系数测定方法的试验示意图如图 12-9 所示。此外，针对透水性混凝土的现场透水系数测定，美国还开发了一种埋入式环状渗透装置用以获取现场数据。

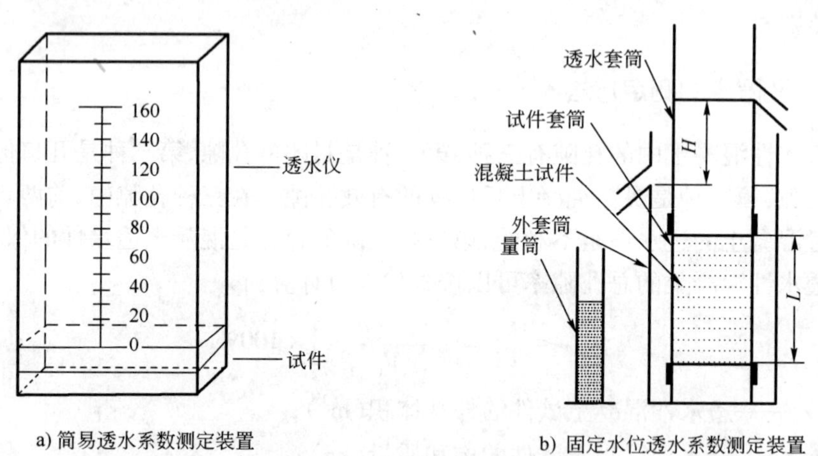

a) 简易透水系数测定装置　　b) 固定水位透水系数测定装置

图 12-9　两种透水系数测定方法的试验示意

1. 简易透水系数测定方法

在简易测定方法中，透水性混凝土的透水系数分为变水位(T_1)和定水位(T_2)两种。这两种情况的透水系数可分别按式(12-8)和式(12-9)进行计算：

$$T_1 = \frac{(160 - 140)}{t_1} \tag{12-8}$$

$$T_2 = \frac{160}{t_2} \tag{12-9}$$

式中：t_1——水透过混凝土进行渗漏，水面下降到160mm时开始计时到水面下降至140mm时的时间；

t_2——水透过混凝土进行渗漏，水面下降到160mm时开始计时到水全部渗漏完毕时的时间。

2. 固定水位透水系数测定方法[26]

该方法测定的透水系数可以用式(12-10)进行计算：

$$T = \frac{L}{H} \times \frac{Q}{A} \times \Delta t \tag{12-10}$$

式中：T——透水性混凝土的透水系数(mm/s)；

L——透水性混凝土圆柱体试件的高度(mm)；

H——水槽出水口至套筒出水口之间的距离，即水位差(mm)；

Q——从水槽出水口流出的水量(mm^3)；

A——透水性混凝土圆柱体试件的横截面积(mm^2)；

Δt——水量Q流出的时间(s)。

3. 美国埋入式环状渗透仪测定现场透水系数[27]

埋入式环状渗透装置(Embedded Ring Infiltrometer Kit，简称ERIK)由直径为6in的内置PVC管、直径为12in的外置PVC管、内径为2in的储水量筒和一个带有记录器的测时设备组成。该装置的储水量筒上带有红色标记，其作用主要是用来指示环状渗透仪中的水位变化。在储水量筒的底部附近还存在两个手动调节阀，它们通常被用来控制量筒的对外输水量和输水速度。整个埋入式环状渗透装置的示意图如图12-10所示。

使用ERIK测定透水性混凝土的现场渗透系数时，其基本步骤大体如下：

(1)将内置PVC管(6in)和外置PVC管(12in)放置在透水性混凝土顶面之上；

(2)环绕两种不同尺寸(直径为6in和12in)PVC管的底部，分别使用有机硅树脂进行密封处理；

(3)使用有机硅树脂封缝后，干燥大约15min；

(4)向环状槽中注入足量的水，并且检查PVC管底部是否有侧漏现象；

(5)在内置 PVC 管的内壁上做固定标记，注水使水面到该标记处；

(6)调节储水量筒的人工阀，始终保持内置 PVC 管的水面在标记处；

(7)记录时间和量筒的对外输水量，最终计算出透水性混凝土的渗透系数。

图 12-10　埋入式环状渗透装置示意图

（注：储水量筒中的水位下降 9in，相当于内径为 6in 的渗透测试管中的水位下降 1in。）

第八节　透水性路面混凝土的施工工艺

透水性混凝土的施工工艺，大致可以分为搅拌、成型和养护三个阶段。在每个施工阶段，必须严格按照设计要求进行施工，以确保透水性混凝土的强度、孔隙率、构造等各个方面都符合要求。

一、搅拌工艺

透水性混凝土路面材料的搅拌工艺关键在投料顺序和搅拌时间。透水性混凝土搅拌时的投料顺序有多种，根据实际情况可以采用一次全部倒入法、预拌水泥浆法、包裹粗集料法和水泥裹沙法等几种。

1. 一次全部倒入法

这种方法是将所有的原材料一次性倒入搅拌机，边加水边搅拌，一般搅拌 2 ~4min后即可出料。该方法适用于混凝土搅拌量比较小、机械拌和能力较强的情况。

2. 预拌水泥浆法

预拌水泥浆法指首先拌制比需要量大 3 ~ 4 倍的水泥浆，然后将集料与已拌好的水泥浆一起搅拌，再将这些拌好的混凝土通过一个以一定频率振动的筛子，筛去多余的水泥浆，留在集料表面的水泥浆恰好是设计的。

3. 包裹粗集料法

包裹粗集料法就是先将粗集料、水泥和水拌和，使水泥浆均匀的包裹在粗集料表面，然后边搅拌边撒入细集料，使其均匀的混入水泥浆体中，二者共同包裹在粗集料表面。这种搅拌方法适用于细集料比较细的情况。

二、成型工艺

1. 透水性混凝土的浇筑

由于透水性混凝土拌和物比较干硬，其浇筑不同于流动性普通水泥混凝土，应当采用铺路机进行铺平。

2. 透水性混凝土的振捣

由于透水性混凝土中的水泥浆量较少，一般只能包裹集料颗粒，因此在浇筑过程中不宜强烈振捣或采用夯实。施工经验证明，采用高频振捣器会使混凝土过于密实而减少孔隙率，严重影响混凝土的透水效果，所以宜用低幅低频振捣器。

3. 透水性混凝土的辊压

对于大面积制作的透水性混凝土，在振捣完成之后，应进一步使用实心钢管或轻型压路机压实压平透水性混凝土拌和料，使混凝土表面达到平整、美观的要求。考虑到混凝土拌和物的稠度和周围环境温度等因素，可根据实际情况采取多次辊压。特别注意的是，在辊压前必须清理辊子并涂油，以防止辊子黏结混凝土。

三、养护工艺

通常情况下，透水性混凝土的拆模时间比普通混凝土短，其侧面和边缘很容易暴露于空气中，所以应使用塑料薄膜及时覆盖构件的表面，并在浇筑后 1d 开始洒水养护。如果遇到干热天气，可在浇筑后 8h 即可开始洒水养护，以避免出现过早失水现象而影响混凝土质量。

洒水养护时，应在距混凝土构件 2 ~ 3m 处用散射水喷洒，常温下每天至少洒水 4 次。洒水时不宜用压力水直接冲击混凝土表面，这样会将未硬化混凝土中的部分水泥浆带走,造成一些较薄弱的部位,透水性混凝土的湿养护时间不少于3~7d。

参考文献

[1] 蒋正武,孙振平,王培铭.若干因素对多孔透水混凝土性能的影响.建筑材料学报.2005:10.

[2] 李铭臻,石云兴,冯乃谦.新编建筑工程材料.北京:中国建材工业出版社.1998.

[3] 杨和平译.无细集料混凝土路面应用的进展.国外公路,1997,17(2):17-20.

[4] Benjiamin 0. Brattebo, Derek B. Booth. Long-term stormwater quantity and quality performance of permeable pavement systems. Water Research, 2003, 37(1): 4369-4376.

[5] 道路透水性路面.国外公路,1995,15(1):44-46.

[6] 玉井元治.コニクリートの高性能.高機能化(透水性コニクリート)コニクリート工学.32(7):133-138.

[7] 玉井元治.绿化コニクリート(コニクリート材料)コニクリート工学.32(11):64-69.

[8] 冈本享久、安田登、増井直树ほか,ボーテヌコソクリート制造·物性·试验方法,コニクリート工学,1998,(3):52-56.

[9] 透水性コニクリート铺装—特许 PERMEACON.佐藤道路株式会社.12-13.

[10] Wolfram Schluter. Modelling the outflow from a porous pavement. Urban Water, 2002, 4(1): 245-253.

[11] Stephen J. Coupe, Humphrey G. Smith, Alan P. Newman et al. Biodgradation and microbial diversity within permeable pavements. Protistology, 2003, 39: 495-498.

[12] C. J. Pratt, A. P. Newan, P. C. Bond. Mineral oil bio-degradetion within permeable pavement: long term observations. Water Science Technology. 1999, 39(2): 103-109.

[13] M. Legret, V. Colandini, C. Le Marc. Effects of a porous pavement with reservoir Structure on the quality of runoff water and soil[J]. The Science of the Total Environment, 1990(189/190): 335-340.

[14] J. D. Balades, M. Legret and H. Madiec. Permeable pavements: pollution man-

agement tools[J]. Water Science Technology,1995,32(1):49-56.

[15] J. L. Nissoux and P. Merrien, Les bandes d'arrêt d'urgence en béton poreux. Étude du matériau. Bull Liaison Laboratoires de Ponts et Chaussés 92,1977.

[16] 王武祥. 透水性混凝土路面砖的种类和性能. 建筑砌块与砌块建筑,2003,121:17-19.

[17] 杨静,蒋国梁. 透水性混凝土路面材料强度的研究. 混凝土,2000.

[18] Pratt, C. J. ,J. D. G. ,Schofield et al. Research into the performance of permeablepavement,reservoir structures in controlling stormwater discharge quantity and quality[J]. Water Science Technology,1995,32:63-69.

[19] 冯乃谦. 新实用混凝土大全(第二版)[M]. 北京:科学出版社,2005:838-846.

[20] Ranchet J. Impacts of porous pavements on the hydraulic behavious and the cleaning of water[J]. Techniques Sciences & Methods,1995.

[21] SD-20:Pervious Pavements. California Stormwater BMP Handbook. New Development and Redevelopment(www. cabmphandbooks. com). January 2003.

[22] 王琼,严捍东. 再生骨料透水性混凝土初步研究. 安徽理工大学学报:自然科学版,2004,24(1).

[23] 王武祥,谢尧生,夏桂清. 透水性混凝土的性能与应用. 中国建材科技,1994,3(4):1-5.

[24] Guide for Construction of Portland Cement Concrete Pervious Pavement. GCPA Pervious Spec, Rev August 2006.

[25] Environmental Protection Agency(EPA). (2004). "Post – construction stormwater management in new development and redevelopment. " <http://cfpub.epa. gov/npdes/stormwater/menuofbmps/post. cfm>. August. 4,2004.

[26] 德重英信、佐伯 昇、川上 洵. 振動締固め方式による透水性コニクリートの配合比設計法に關する研究. 土木学会论文集,1999.

[27] Marty Wanielista,Manoj Chopra. Performance Assessment of Portland Cement Pervious Pavement. Stormwater Management Academy/University of Central Florida/Orlando,FL 32816. June 2007.

第十三章　其他新型混凝土路面

除介绍过的聚合物改性水泥混凝土路面、纤维混凝土路面、透水性混凝土路面外,近年来为了适应交通发展和城市建设的要求,一些其他新型混凝土路面也应运而生,如低噪声混凝土路面、彩色混凝土路面等。低噪声混凝土路面可以显著改善城市人居环境,彩色混凝土路面在美化城市交通方面具有积极意义。从本质上讲,新型混凝土路面的出现,是公路交通以及城市建设发展到一定阶段的必然产物,大多数新型混凝土路面都是在对普通水泥混凝土路面进行改进的基础上发展而来的。

第一节　低噪声水泥混凝土路面

在现代城市交通中,道路交通噪声已经成为环境噪声污染的最重要来源。道路交通噪声主要产生于汽车发动机以及轮胎与路面间的相互摩擦作用,对于大中型货车,在中高速度行驶时,发动机产生的噪声要大于轮胎与路面间的滚动噪声;对于小型汽车,滚动噪声则要大于发动机噪声。研究表明,在轮胎－路面相互作用产生的滚动噪声方面,水泥混凝土路面的噪声比普通沥青路面略高[1]。目前,随着汽车工业的发展,发动机的噪声已得到有效控制,因此降低轮胎与路面间的滚动噪声具有重要意义,低噪声水泥混凝土路面正是通过这一途径来实现较低噪声的目的[2]。

一、水泥混凝土路面噪声及形成机理

车辆在水泥混凝土路面上行驶时产生噪声的过程是非常复杂的,产生的噪声包括发动机的噪声、进排气的噪声、冷却风扇的噪声、车体结构振动的噪声、轮胎－路面相互作用的噪声、水泥混凝土表面引起的振动与宏构造平台反射的噪声、车轮高速行驶时与路面不规则气流漩涡形成的噪声、轮胎下面高压雨水的压力噪声等。水泥混凝土路面主要噪声的形成机理如图 13-1 所示[3]。

1. 泵吸作用引发的噪声

轮胎在路面上滚动时,与路面接触的部位被压缩变形,将花纹内的空气挤压排出,形成局部不稳定的空气体积流。同时,当轮胎通过路面上的洞穴时,空气会被挤压进洞穴,形成压强较大的气团。然后当轮胎滚离接触面时,空气又会迅速填回轮胎的花纹或从洞穴中释放出来。这种空气体积流的快速脉冲运动形成单极子噪声源,发出长长的嘶嘶声。减小这种噪声必须降低轮胎花纹对路面孔隙中空气的压缩程度,并使压缩气体顺畅排出。

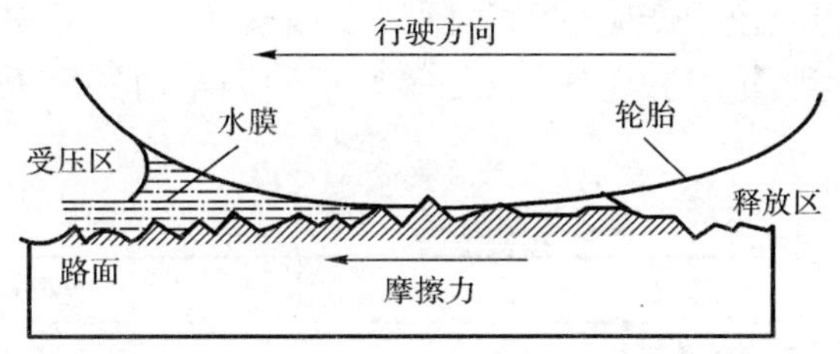

图 13-1　水泥混凝土路面噪声形成机理

2. 振动作用引发的噪声

轮胎在凹凸路面上滚动时产生振动,激发弹性振动噪声,包括胎面花纹接地时产生连续打击路面的振动噪声、胎面相对于路面滑动时产生的强制振动噪声、轮胎前部受压区和后部释放区由于突然的变形产生的振动噪声以及由于道路表面的凹凸不规则、纵向宏构造和轮胎均匀性不良产生的胎面和胎侧弹性振动噪声等,这些噪声表现为隆隆声。当汽车急速起动、急速制动和急转弯的时候,汽车轮胎的胎面元素相对于道路表面会发生局部自激振动,这样会产生刺耳的尖叫噪声[4]。

3. 空气动力性噪声

由于轮胎快速滚动,轮胎前方的气流被迅速喷射出去,轮胎后方的气流又迅速填回到轮胎驶过的空间,在轮胎前方产生引射现象和势核区。气流的引射与填回使气流之间产生复杂多变的应力。涡流强度高,气流各处的压强和流速变化产生喷射噪声;在轮胎后方区,由于空气分子黏滞摩阻力的影响,具有一定速度的气流与相对静止的气流相互作用,形成带有涡流的气流。这些涡流不断形成又不断脱落,每一个涡流中心的压强均低于周围介质的压强。当每一个涡流脱落时,湍动气流就会出现一次压强突变,这些突变压强通过介质向外传播,形成涡流噪声。除非车辆以相当高的速度行驶,否则空气动力性噪声对整个轮胎噪声影响不大,可以不予特别注意。

4. 摩擦噪声

行驶车辆轮胎的被压缩表面与路面接触并作相对运动,在接触面上产生摩擦，摩擦力以相反的运动方向作用于胎面，引起胎面张弛振动而产生摩擦噪声。摩擦引起的张弛振动幅度与摩擦力有关，摩擦力大，则振动幅度大。张弛振动频率与摩擦力大小无关，但当张弛振动频率等于物体固有频率时，产生共振，便形成强烈的摩擦振动噪声。

二、路面噪声的影响因素

轮胎与路面相互作用产生的噪声同许多因素有关，如行驶速度、车辆类型、轮胎类型、路表类型、轮载和轮压、温度等。不同因素对路面噪声水平的影响范围见表 13-1[5,6]。

不同因素对路面噪声水平的可能影响范围 表 13-1

影 响 因 素	可能影响范围(dB)
行驶速度	25(30 ~ 130km/h)
路表类型	9 ~ 13
轮胎类型	10 ~ 15(包括轮压)
温度	4(0℃ ~40℃)
道路状况(干/湿)	5
施工水平	2 ~ 7
横向接缝	1 ~ 2

由表 13-1 可以看出，各因素对噪声水平的可能影响范围存在较大差异。行驶速度是最为显著的影响因素，路表类型和轮胎类型次之。出于对不同影响因素进行单独分析的想法，Donovan[6]最先分析了横向接缝对路面噪声水平的影响。对于新建工程来说，这种影响仅为1 ~ 2dB，而且其影响水平主要取决于接缝设计。值得指出的是，在对现有道路进行路面噪声水平评估时，横向接缝的影响必须要被考虑到。

国内外许多研究表明[7 ~ 10]，改善轮胎因素和路面状况因素，对降低轮胎 - 路面噪声水平具有重要意义。轮胎因素主要包括轮胎结构和花纹，路面状况因素主要包括路面的纹理和路面的平整度。

1. 轮胎因素

各种轮胎按产生噪音的大小排序为：光面或纵向直线花纹轮胎 < 纵向普通花纹轮胎 < 双向混合花纹轮胎 < 横向普通花纹或越野花纹轮胎 < 横向直线花纹轮胎。

不同类型轮胎之所以形成大小各异的噪声，其原因是各种花纹轮胎的泵吸效应强度不同。与纵向花纹相比，横向花纹更容易造成封闭空腔，空腔中的空气受挤压强度较高，噪声较大。另外，花纹块的大小、花纹沟槽的深度和数目等也对噪声有一定影响。在同种花纹情况下，增加花纹高度、减小花纹与轮胎轴线的夹角，轮胎噪声会增加；采用窄轮胎结构与合适的花纹宽度，轮胎噪声则会降低。

2. 路面状况因素

从路表面方面来看，影响轮胎－路面噪声产生的声学特性有两方面：路面表面构造和声阻抗（或声吸收）。路面表面的力学阻抗（刚度），对于目前常用的筑路材料来说，产生的影响很小，因而一般都不予考虑。

密实的路面表面，可高度反射噪声，其声阻抗接近于无限大（即声吸收接近于零）。由此可以看出，路面表面噪声的形成取决于表面构造。试验研究发现，波长处于 10～50mm 范围内的表面构造可以产生噪声。因此，降低水泥混凝土路面噪声水平的基本方法是使波长大于 10mm 的表面构造深度（波幅）尽可能小，而波长小于 10mm 的表面构造深度尽可能大。不同路面表面构造波长对轮胎变形的影响如图 13-2 所示[11]。

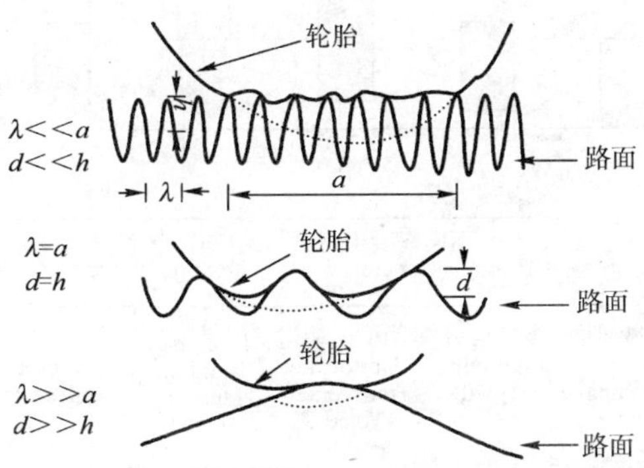

图 13-2　三种不同路表构造波长时的轮胎变形

由图可以看出，当波长与轮胎印迹尺寸处于相同数量级时，波幅大将使轮胎变形相应增大，而轮胎的高振幅会产生高噪声，因此需尽量降低此波长范围内的路表构造深度；对于波长小的路面表面，轮胎变形小，胎面与表面构造间的空隙可以消散空气压力，使空气泵吸噪声降低，因此应尽量增大此波长范围内的路表构造深度，这样有利于提供更多的空间，以消散泵吸空气压力。

三、水泥混凝土路面降噪措施

由于水泥混凝土路面的行车噪声要比沥青路面大得多，在噪声敏感地区，噪声大已经成为混凝土路面不能被广泛使用的重要影响因素。2005 年 1 月，交通部颁发的《公路水运交通科技发展战略》将交通噪声列为必须解决的问题之一。目前,降低水泥混凝土路面的轮胎-路面噪声并确保其抗滑力的主要技术措施包括纵向整平技术、双层混凝土降噪、纵向构造、改性混凝土降噪技术、粗构造设置技术、喷涂/粘撒法和金刚石研磨法等。其中,喷涂/粘撒法和金刚石研磨法是旧水泥混凝土路表面常用的降噪措施。使用不同降噪措施的混凝土路表面的噪声强度水平如图 13-3 所示[12]。

1. 纵向整平技术

目前,使用混凝土摊铺机修筑的混凝土路表面常常会出现波长为几厘米的横向起伏,这种宏观构造是滚动噪声的一个产生来源。为了消除这种横向起伏,可以采用安装纵向整平板的措施来压平摊铺留下的横向或斜向表面起伏。根据试验测定,当车速为 100km/h 时,这一措施大约可降低 2dB 噪声。

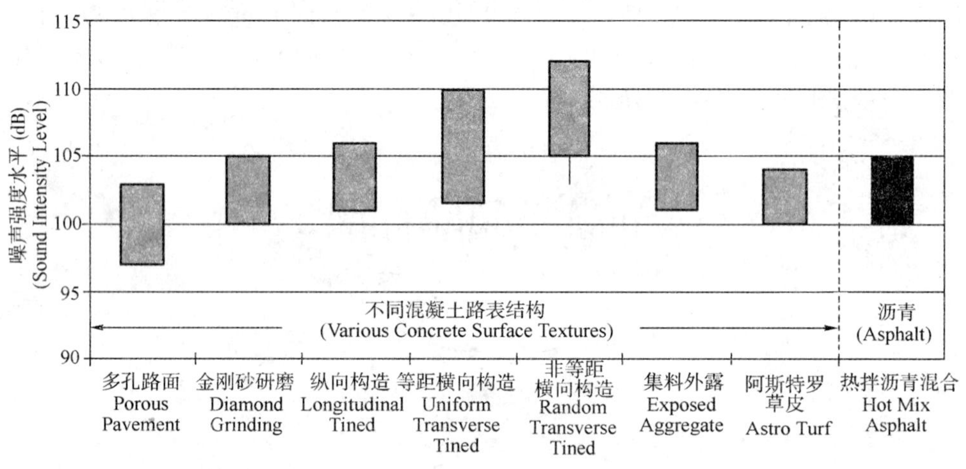

图 13-3　不同混凝土路表结构的噪声强度水平

2. 双层混凝土降噪

选用小粒径(8 ~ 10mm 以下)、耐久性和耐磨性好的粗集料,可以减少混凝土路表面的宏构造。如果配以高含量(25% ~ 40% 以上)的硅质砂,则可形成抗滑性好、噪声低且经久耐磨的混凝土路表面。由于优质粗集料和硅质砂的价格较贵,可采用双层式混凝土铺筑法,即下层混凝土采用普通的集料,仅在表层部分(最小厚度约 7cm)采用优质小粒径粗集料和高含量硅质砂。外露集料和多孔混凝土也常作为双层混凝土的上层,双层混凝土表层与本体混凝土路面使用滑模摊铺机一次摊铺成型。

3. 纵向构造

纵向构造的噪声比横向构造低,一般可降低 2dB 左右(车速为 100km/h),

但其抗滑能力不如横向构造[13~15]。20 世纪 70 年代以来，西班牙等国家采用黄麻布、不同种类的扫帚或塑料梳子对路面进行拉毛以形成各种纵向结构。研究表明，用黄麻布和塑料扫帚来拉毛，与用塑料梳子形成的纵向浅沟相比，产生的噪声较低。近年来，德国也越来越多地采用黄麻布制作纵向纹理，从而取代了横向拉毛。如果将纵向整平机与黄麻布相结合，对噪声水平的降低是十分可观的。

4. 改性混凝土降噪技术

根据声学中消耗能量来降低噪声的原理，通过掺加颗粒橡胶或其他聚合物高分子材料以改善水泥胶结料和混凝土结构的方式，可以降低水泥混凝土的弹性模量，使混凝土具有半刚性半柔性的性质，从而达到减振、降噪的目的。

日本、韩国等国家将橡胶粉加入到水泥混凝土中，用于铁路轨枕、铁路交叉道口，不仅极大地减少了振动，降低了噪声，还延长了水泥混凝土的使用寿命，减少了维修，增加了安全性。

5. 粗构造设置技术

不同的构造技术会产生不同的声谱，即使总噪声级位不变，声谱也有所不同。改变沟槽的宽度、深度、间距和定向，可以降低隆隆声，消除声谱中的峰值。在密实的混凝土表面设置间距小于 13mm、不等距、斜向的粗构造，可以改变声谱，消除声谱中的峰值，从而降低噪声。同时，这种粗构造还能形成良好的排水通道，减少溅水和喷雾，进而减小水压力噪声。粗构造的形成可以采用拉毛、刷毛、刻槽、外露集料、撒石屑等措施来实现。一般沟槽宽为 3mm（0.5mm），槽深 3 ~6mm，窄而深的沟槽优于宽而浅的沟槽。沟槽间距在 10 ~57mm 范围内随机变化，且 50% 的沟槽间距不得超过 25mm。硅质砂的含量要求占 30% 以上，以保持足够的抗滑性能，满足行车安全要求水平。

6. 喷涂/粘撒法

喷涂/粘撒法是指在旧水泥混凝土路表面喷涂结合剂，再粘撒细集料，以降低行车噪声、恢复并提高路面抗滑能力的方法。在法国，喷涂/粘撒法所用的结合剂为聚合物沥青，然后再拖布小石屑。荷兰常用的做法是在旧路表均匀喷涂环氧树脂结合剂，然后撒布一层轧碎至 3 ~4mm 粒径的铬矿渣，经碾压后形成类似马赛克的镶嵌式结构。采用这种方法处理后的路表面大约可使旧水泥混凝土路面的行车噪声降低 6 ~7dB，行驶质量可与刚通车的多孔沥青路面相媲美，但其价格较高。

7. 金刚石研磨法[16]

对于横向沟槽过深过宽的旧水泥混凝土路面，可采用金刚砂研磨机沿纵向研磨沟槽脊背以适当减小横向沟槽的深度或形成新的纵向粗构造，从而降低行车噪声。金刚石研磨法在比利时和荷兰等国较为常用,目前使用的研磨机每个工作日可完成 $700m^2$ 的工作量。经研磨的路表面不仅行车噪声下降 4dB 左右,而且更为细小、粗糙的表面构造亦会显著增大路面的摩阻系数。国内外工程实践证明,金刚石研磨法是一种经济有效的恢复和提高路表抗滑性能的措施。

四、低噪声混凝土路面结构

低噪声混凝土路面结构源于欧洲,自从奥地利在维也纳—萨尔兹堡的 AI 高速公路上做了首次试验之后,其他国家先后对其开展了进一步的研究。最具代表性的低噪声混凝土路面结构有两种:一种是露石混凝土路面,另一种是多孔混凝土路面。露石混凝土路面是在浇筑普通水泥混凝土后,在还未固化的混凝土板的表面贴上浸渍了缓凝剂的布或洒布缓凝剂以推迟混凝土固化,然后在表面固化以前将砂浆刮除,让粗集料裸露出来,使路面呈现某种规则的凹凸,从而减少空气抽吸声响。多孔混凝土路面主要通过多孔结构实现降低噪声的目的。该类路面在美国使用较多,常用于铺筑停车场道路,用于公路工程的高强度多孔混凝土路面还处于研究中。两种低噪声混凝土路面结构如图 13-4 所示。

a) 露石混凝土路面

b) 多孔混凝土路面

图 13-4　两种典型的低噪声混凝土路面结构

1. 露石混凝土路面

露石混凝土路面是一种将面层混凝土中的粗集料外露,形成非光滑表面的路面。目前,该路面在澳大利亚、丹麦、比利时、法国和英国等国家已经开始使用[17,18]。露石混凝土路面由于具有随机凸起的集料表面,声波和压力波在轮胎花纹下的空隙中会自行消失,因此降低了噪声。在快速道路中,露石混凝土路面的降噪效果更为明显。

丹麦公路局试验研究表明[19],当车速为 80km/h 时,露石混凝土路面平均噪声比旧混凝土路面低 7dB,比有纵向构造的新建混凝土路面低 2.5dB。英国于 1993 年在 M18 公路上修建了露石混凝土路面试验段，该路面由两层混凝土组成，上层厚度为 40 ~ 50mm，当底层混凝土浇注完 30min 后开始浇筑。整个路面都采用钢筋进行加固，集料的外露深度为 1.5mm ± 0.25mm。表 13-2 显示的是英国运输研究试验室在 M18 公路露石混凝土路面试验段的对比测定结果[20]。

M18 公路露石混凝土路面试验段对比测定结果　　表 13-2

路面型式	声压级代表值(dB,A)	
	轻型车辆	重型车辆
露石混凝土	79.5	86.8
刷毛混凝土	82.1	88.4
热压沥青混凝土	81.7	87.7

从表 13-2 可以看出，露石混凝土路面的平均噪声要比一般刷毛混凝土路面降低约 3dB，甚至比热压沥青混凝土更安静。据调查，露石混凝土路面的降噪效果大致相当于不改变道路表面特征的情况下，车流量降低一半的降噪效果。

露石混凝土路面的施工与一般混凝土路面的施工工艺有所不同，其施工步骤为：浇筑面层混凝土→喷洒缓凝溶液→覆盖聚乙烯薄膜→清刷水泥浆→集料外露养护。铺完表层混凝土后，立即喷洒缓凝剂，缓凝剂中一般掺加绿染料，以便检查识别。喷洒过缓凝剂的路面板，盖聚乙烯薄膜，防止缓凝剂因水化热而蒸发，缓凝剂的最佳用量一般为 0.21%。露石混凝土路面的拌和、浇筑工艺与一般混凝土路面相同。

使石子外露的处理方法一般是用刷子刷面。从浇筑完毕到刷面的时间根据当地气温而定，一般在 12 ~ 48h。如夏季气温大约 25℃时，必须在 12h 左右刷除表面；而在气温为 3℃ ~ 4℃的冬天，则大约要延长到 36h。如若清刷过晚，可采用喷射处理法进行补救。

试验研究表明，露石混凝土路面的最佳纹理深度，即集料的外露高度大约为 1.5mm。同时发现，集料的粒径越小，噪声就越低。从降低噪声的角度来看，表面层应避免采用大于 10mm 粒径的集料，8mm 粒径是良好的，但 4 ~ 6mm 更好。然而从其他方面来看，粒径过小会使集料容易脱落，因此，粒径又不能太小。英国 M18 公路露石混凝土路面试验段采用的集料粒径为 6 ~ 8mm，且要求集料须有棱角、质地坚硬、洁净、耐磨，以便能维持长时间的良好抗滑性能。

2. 多孔混凝土路面

多孔混凝土路面由最大粒径为 8 ~ 10mm 的断级配碎石和 1mm 以下的砂组

成,孔隙率达20%~25%以上。多孔混凝土路面的混合料组成设计应兼顾孔隙率、表面构造和强度三方面的要求。在寒冷地区,为了提高多孔混凝土路面的抗冰冻和抗除冰盐能力,并得到足够的强度,需在混合料内添加聚合物(其固态质量约占水泥质量的10%);但一般不建议在严寒地区使用多孔混凝土路面。

多孔混凝土还可以用作双层式混凝土路面的上层,厚度在4~5mm以上。薄多孔层主要吸收高频率的噪声,而厚多孔层吸收低频率噪声较为有效。因此,在以小汽车为主的高速公路上,宜采用薄多孔层;而在以行驶货车为主或者车速较低的城市道路上宜采用较厚的多孔层,以吸收低频噪声。

多孔混凝土路面具有良好的排水、抗滑以及降低噪声的能力。与普通水泥混凝土路面相比,多孔混凝土路面对轮胎-路面滚动噪声的降低幅度达6dB以上。孔隙率越大,多孔层越厚,集料粒径越小,噪声水平就越低[21]。多孔混凝土路面存在空隙易被堵塞的缺点,在空隙开始堵塞时,多孔层的声学性能不一定退化很多;但当空隙完全堵塞,排水能力降为零时,其噪声吸收能力也同样完全丧失。诸多使用经验表明,多孔混凝土路面在通车2~5年后,多孔层初期的降噪效果就会基本丧失。虽然目前使用高压水清扫机可以局部恢复其孔隙率,但维护费用较高。

第二节　彩色水泥混凝土路面

彩色水泥混凝土路面通常使用彩色混凝土铺筑而成。彩色混凝土是以白色水泥、彩色水泥或白色水泥掺入彩色颜料,以及彩色集料和白色或浅色集料按一定比例配制而成的混凝土。彩色混凝土路面具有施工方便、自然美观、立体感强、坚固耐久、保养维修简便等优点。这种路面杜绝了地面砖所常有的易于松动、高低不平、缝隙长草等缺点,同时将水泥胶结料的坚固和天然石材的美观有机融合起来。彩色水泥混凝土路面主要适用于人行道、各种类型广场、停车场、校园或各种公共场合的休闲道路等。图13-5是铺筑于公园内人行道的彩色多孔水泥混凝土路面。

图13-5　公园内的彩色多孔混凝土人行道

一、彩色路面对原材料的要求

彩色混凝土的主要原材料包括彩色水泥、彩色集料和掺和料等。原材料质量的高低,不仅影响到混凝土路面的性能,也关系到彩色混凝土的设计装饰效果。

1. 彩色水泥

根据我国行业标准《彩色硅酸盐水泥》(JC/T 870—2000)中的规定:凡以白色硅酸盐水泥熟料和优质白色石膏在粉磨过程中掺入颜料、外加剂(防水剂、保水剂、增塑剂、促硬剂等)共同粉磨而成的一种水硬性彩色胶凝材料,称为彩色硅酸盐水泥,简称彩色水泥。

在生产彩色水泥时,加入适量的色散剂和表面活性剂,可使色彩更加均匀。各国生产彩色水泥的方法基本相同,只是掺入的颜料不同,所得水泥的颜色也不同。用于生产彩色水泥的颜料应具备与水泥相容性好、色彩浓厚、颗粒较细、耐碱性强、耐久性好、均匀性好和不含杂质等性能特点。在正常情况下,颜料的掺量一般约为水泥质量的6%,且最大不超过10%。值得注意的是,经过生产和使用实践证明,彩色水泥中的颜料一般使用天然或合成的矿物颜料比较适宜,它们不会与水泥或集料发生化学反应。有机颜料在使用中容易褪色,一般不予选用。

彩色硅酸盐水泥的技术标准主要包括物理力学性能和化学性能两个方面。根据《彩色硅酸盐水泥》(JC/T 870—2000)中的规定,国产彩色水泥的技术标准应符合表13-3中的要求。

国产彩色水泥(42.5MPa)的技术标准　　表13-3

技术标准项目			技术标准			
物理力学性能	水泥细度(筛余)		4 900 孔/cm 标准筛,筛余量不得超过6%			
	凝结时间		初凝不得早于60min,终凝不得迟于10h			
	体积安定性		用沸煮法试验,试件体积变化必须均匀			
	强度(MPa)	强度类别及养护龄期	抗压强度		抗折强度	
			3d	28d	3d	28d
		强度指标	≥15.0	≥42.5	≥3.50	≥6.50
化学性能	烧失量		水泥的烧失量不得超过5%			
	氧化镁含量		熟料中氧化镁含量不得超过4.5%			
	三氧化硫含量		水泥中三氧化硫含量不得超过4.0%			

2. 彩色骨料

彩色混凝土所用的骨料，除应符合设计的色泽要求外，其他的技术性质应符合国家标准《建筑用卵石、碎石》（GB/T 14685—2001）和《建筑用砂》（GB/T 14684—2001）中的要求。特别需要注意的是，彩色集料中不允许含有尘土、有机物或可溶盐，因此在配制时应对集料进行清洗。一般情况下，宜选用天然集料，如花岗岩等。

3. 掺和料

彩色混凝土所用的掺和料，主要包括引气剂、促凝剂、填充料、防水剂和火山灰等，它们各自的掺量应符合设计的要求。

在彩色混凝土中加入 3% ~10% 的引气剂，可以增加混凝土的抗风化能力和抗冻性；加入促凝剂，可以使混凝土具有较高的早期强度，彩色混凝土中应用最广泛的促凝剂是氯化钙，其使用量一般为水泥质量的 2%；为了增加混凝土的和易性和密实度，还可以掺加适量的磨细硅石、黏土和硅藻土等填充料，其掺加量一般占水泥用量的 3% ~8%；在彩色混凝土中加入火山灰质细掺料，可以提高混凝土的强度，最常用的矿物细掺料是优质粉煤灰，但粉煤灰含有一定量的碳质，加入后可能使彩色混凝土变成墨色或减弱原来的颜色，这一点需加以注意。

二、彩色混凝土路面的着色方法[22]

彩色混凝土路面的着色方法主要有配制彩色水泥法、掺加彩色化学外加剂、掺加各种彩色颜料、掺加化学染色剂、干撒着色硬化剂和浸渍混凝土法等。彩色混凝土采用何种着色方法，将直接影响到混凝土的工程造价和美化效果。

1. 配制彩色水泥法

在配制彩色混凝土时，除了使用标准的彩色水泥外，还有四种普通类型的水泥可以选用，这四种水泥是白色硅酸盐水泥、浅色标准硅酸盐水泥、专门生产的某种彩色水泥和带颜料的白色硅酸盐水泥。在以上四种水泥中，把颜料同白色硅酸盐水泥混合为带色水泥，把彩色水泥同彩色外加剂混合在一起，可得到良好的效果。这种方法虽然费用比较高，但所要求的准确颜色是其他方法所不能达到的。

2. 掺加彩色化学外加剂

用彩色化学外加剂着色混凝土，是一种比较简单的着色方法。彩色化学外加剂不同于原来使用的其他混凝土着色料，它是用适当的组分按一定比例配制而成的均匀混合物。工程实践证明，彩色化学外加剂不仅可以提高混凝土所有养护龄期的强度，而且其对水泥和颜料有较好的扩散作用，从而可以取得良好的色彩均匀性。

3. 掺加各种彩色颜料

在混凝土中直接加入矿物氧化颜料，也能使混凝土比较均匀的着色。根据颜料加入混凝土的方法，从施工技术的角度被认为是一种外加剂，但实际上这些颜料并不属于彩色化学外加剂的范畴。在加入混凝土之前，必须对颜料进行仔细选择和配制。

无机矿物颜料与彩色化学外加剂相比，价格比较低廉。但应当满足以下要求：配制彩色混凝土的无机颜料应不溶解于水，其颗粒应比水泥还要细，这样才能均匀地分散在混凝土中，以获得均匀的色调。另外，无机颜料还应具有耐碱、耐光、耐酸雨、耐风化、不褪色等性能，无机颜料应选择惰性物质，不与混凝土中的成分发生有害反应，在正常掺量下不影响混凝土的强度。

4. 掺加化学染色剂

混凝土的着色除采用以上几种方法外，还可以将化学染色剂施加于已养护的混凝土上，这是一种施工简单的方法。真正的化学染色剂是一种金属盐水溶液，这种染色剂浸入混凝土中并与之反应，从而在混凝土孔隙中生成难溶的、抗磨的颜色沉淀物。化学染色剂中含有稀释的酸，以此轻微地腐蚀混凝土表面，这会使化学染色剂成分能浸透较深和反应更加均匀。

5. 干撒着色硬化剂

干撒着色硬化剂是一种现成的产品，它可以用来对人行道、汽车道、城市道路及其他水平表面进行着色、促凝和饰面。

对于高速公路路面、停车场和城市道路等要求高抗磨和防滑的地方，在干撒着色硬化剂的生产过程中，应掺入适量的金刚砂或金属骨料。在混凝土路面养护时，应采用专门的彩色养护石蜡。

干撒着色硬化剂是一种不闪光的产品，所掺加的颜料必须具有良好的耐碱性，并且要求有很强的抗紫外线能力。干撒着色硬化剂所包含的集料颗粒，应按硬度和纯度进行选择，并通过规定的各种筛孔进行筛分，以使其表面具有密实性和抗磨性。

6. 浸渍混凝土法

浸渍混凝土法是先将混凝土表面粗略加工或使集料表面暴露，按规定条件养护一定龄期(1 ~3d)，然后在水泥或其他水硬性胶凝材料凝结和硬化过程中，用液体浸渍新拌混凝土物料的表面。由于湿的混凝土或砂浆在凝固时强度减弱，水泥具有吸收作用，因此此时浇筑到混凝土表面上的颜料液体被吸入到混凝土或砂浆内部的一定深度处，它在孔隙中形成一定的色彩。

参考文献

[1] Alan Woodside, Oliver Hetherington, Gake Anderson. An ear to the ground[J]. Highways, 1997, (5): 26-28.

[2] R Bruce. Sound Engineering Innovation in Pavements. Journal of California Transportation, 2003, 3(4): 34-37.

[3] 吴洪洋.低噪声水泥混凝土路面的适应性研究.贵州工业大学学报:自然科学版,2003,32(1):79-81.

[4] 候子义,庞明宝.低噪音沥青混凝土路面声学分析.公路,2004,49(6):22-24.

[5] Sanberg, Ulf and Ejsmont, Jerzy A. Tyre/Road Noise Reference Book, Informex, SE-59040 Kisa, Sweden, 2002.

[6] Donavan, Paul R. Evaluation of the Noise Produced by Various Grooved & Ground Textures Applied to Existing Portland Cement Concrete Pavement Surface. California Department of Transportation, October 21, 2003.

[7] Miterey, R. J., Amsler, D. E. and Suuronen, D. E.. Effects of Selected Pavement Surface Textures on Tire Noise. Engineering Research and Development Bureau, New York State Department of Transportation, Albany, New York.

[8] Kuemmel, David A., Sontag, Rondal C., et al. Noise and Texture on PCC Pavements-Results of a Multi – State Study, Wisconsin Department of Transportation, Report Number CHTE2000-2, 2000.

[9] Traffic Noise Tire/Pavement iteraction, I – 94 Albert Lea and T. H. 12 Willmar-Combined Studies, Noise Abatement, Research and Development Group, Minnesota Department of Transportation, 1987.

[10] Olek J., Weiss J., et al. Relating Surface Texture of Rigid Pavement with Noise and Skid Resistance. Purdue University, Report Number HL2004-1, January 2004.

[11] 彭良涛等.水泥混凝土路面噪声降低措施分析.路面机械与施工技术,2007.

[12] QD002P-All Concrete isn't Created Equal. American Concrete Pavement Association.

[13] L. Scofield and P. Donavan. "Early Results of the Arizona Quiet Pavement Program". Proceedings of the 80th Meeting of the Association of Asphalt Paving

Technologists, Long Beach, California,2005.

[14] Donavan P.. "Quieting of Portland Cement Concrete Highway Surfaces with Texture Modifications". NOISE-CON 2005, 2005.

[15] P. R. Donavan and B. Rymer. "Quantification of Tire/Pavement Noise: Application of the Sound Intensity Method". Proceedings of Inter-Noise 2004 Prague, the Czech Republic, 2004.

[16] Diamond Grinding Shines in California and Missouri. Reports by State Agencies Demonstrate Advantages of Gringding Concrete Pavements. January 2006.

[17] Burks Green & Partner. "Whispering Campaign"《World Highways》. July/Augest,1998.

[18] E. De Winne. "Continuous Reinforced Concrete Pavements: Design, Maintenance, Strengthening, Cracking, Corrosion, Noise Reducing Surfaces and Recent Innovations".《International Conference on Maintenance & Durability of Concrete Structures》. JNT University, UK, 1997.

[19] 周泽明,苏举,等. 国外水泥混凝土路面抗滑技术综述. 河南交通科技, 1997,2.

[20] Colin Baker, Peter Sobczynshi. British trial of exposed aggregate concrete Pavements. Highways & Transportation. 1997,(11):18-20.

[21] 郑木莲,陈拴发,王崇涛. 多孔混凝土的强度特性. 长安大学学报:自然科学版,2006, 26(4):26-29.

[22] 李继业,等. 道路工程常用混凝土实用技术手册. 北京:中国建材工业出版社,2008.